アインシュタインの時計 ポアンカレの地図

Einstein's Clocks,
Poincaré's Maps

Peter Galison

鋳造される時間

ピーター・ギャリソン
松浦俊輔 訳

名古屋大学出版会

時間の正しい使い方を教えてくれたサムとセーラに

アインシュタインの時計　ポアンカレの地図

目次

謝辞 iv

第1章 同期するということ……1
アインシュタインの時間 2／臨界タンパク光 13／論述の順序 26

第2章 鉱山、カオス、規約……33
鉱山 38／カオス 45／規約 57

第3章 電気の世界地図……65
空間と時間の標準 65／時間、列車、電信 76／時間の商品化 84／測定する社会 89／時間を空間へ 103／中立性をめぐる争い 116

第4章 ポアンカレの地図……127
時間、理性、国家 127／時間の十進化 132／時間と地図に

ついて　143／キトへの派遣　156／エーテルの時間　162／三重の交差　173

第5章　アインシュタインの時計……183
時間の物質化　183／理論=機械　188／特許世界の真実　202／まず時計から　218／ラジオ・エッフェル　226

第6章　時間の位置……245
力学がない　245／二つのモダニズム　253／見上げ、見下ろす　269

訳者あとがき　277
参考文献　巻末 *30*
註　巻末 *7*
索　引　巻末 *1*

謝　辞

本書は多くの学生や同僚との議論から多大な恩恵を受けている。とくにデーヴィッド・ブルア、グレアム・バーネット、ヒメーナ・カナレス、デビー・クーン、オリヴィエ・ダリゴル、ロレーン・ダストン、アーノルド・デーヴィッドソン、ジェームズ・グリック、マイケル・ゴーディン、ダニエル・ゴロフ、ジェラルド・ホルトン、マイケル・ジャンセン、ブルーノ・ラトゥール、ロバート・プロクター、ヒラリー・パトナム、ユルゲン・レン、サイモン・シャッファー、マルガ・ヴィセド、スコット・ウォルターにこの場を借りてお礼申し上げる。さらにとりわけて、キャロライン・ジョーンズにはたくさんの思いやりのある意見をいただいた。長年にわたり、アインシュタイン学者のマーリン・クライン、アーサー・ミラー、ジョン・スタチェルと何度も話し、楽しく学ばせてもらっている。ページ数はさほど多くないが、原稿や図の準備は時間がかかり、助手のダグ・キャンベルや、エヴィ・チャンツ、ロバート・マクドゥーガル、スーザン・ピカート、サム・リポフ、カティーア・シフォー、ハナ・シェル、クリスティン・ズッツの助けがなかったらできないことだっただろう。とくにノートン社の編集者、アンジェラ・フォンデアリッペ、エージェントのカティンカ・マトソンには名案や多くの励ましをいただいたことに感謝する。エイミー・ジョンソンとキャロル・ローズは多くの編集上の改善点を出してくれた。最後に、私の調査をありがたくも手伝ってくれた多くの資料館——とくにパリ天文台、フランス国立文書館、パリ行政文書館、ニューヨーク公立図書館、アメリカ国立公文書館、カナダ国立公文書館、ベルン市立図書館、ベルン国立公文書館——の職員の方々にも大いにお世話になった。

第1章　同期するということ

真の時間はただの時計では決して明らかにはならない――このことをニュートンは確信していた。時計づくりの名人による精緻をきわめた仕事をもってしても、得られるのは、高次の絶対時間のぼんやりした影だけである。絶対時間は人間世界には属さず「神の感覚器官」に属するものだ。潮汐、惑星、衛星――この宇宙にある、運動し変化するすべて――は、単独の、つねに流れる時間の川という普遍的背景に対して、運動、変化するのだと、ニュートンは信じていた。アインシュタインの電気技術的な世界には、われわれが時間と呼べる、「どこにいても聞こえてくるチクタク」のようなものが占める場所はない。運動する時計で定義される系を参照しないことには、意味のある時間を定める方法はない。ある時計の系が他の時計の系に対して運動していれば、時間の流れ方は異なる。静止して時計を見ている人にとって同時の出来事は、運動している人にとっては同時ではない。ただ「時間《タイム》」なのではなく、「複数の時間《タイムズ》」なのだ。その衝撃によって、ニュートン物理学の確固たる基盤にひびが入る。アインシュタインはそのことを知っていた。晩年、アインシュタインは自伝的な記述の途中で、ニュートンに対するお詫びを挟んでいる。いきなり、二人を隔てる何世紀かが消えてしまったかのように親しみを込めて語りかける。自身の相対性理論が打ち砕いた絶対空間と絶対時間について思いを寄せ、「ニュートン、ごめんね《フェアザイ・ミア》。君は君の時代なら最高のことを考える――そして創造の力がある――人間として、ほぼそれしかないという道を見つけていたのに[1]」。

この時間の捉え方における過激な大転換は、以後、今に至るまで、物理学、哲学、工業技術《テクノロジー》の動かしようのない中心を占めている、風変わりではあっても簡単に述べられる思想を生んだ。「時間や、遠く離れた同時性について語るには、時計を同期《シンクロナイズ》させなければならない。二つの時計を同期させたければ、一方の時計から始め、相手の時計に信号を送り、信号が届くのにかかる時間の分を調節しなければならない」というものである。これ以上簡単なことがあるだろうか。それでも、手順によって決まるこの時間の定義で、相対論というジグソーパズルの最後の一片が収まり、その後の物理学が変わることになった。

本書は、その時計を整合《コオーディネート》させる手順をめぐる話である。この時計の整合という主題は、単純なように見えて、高尚な抽象であると同時に産業という具体でもある。今とは大きく異なる十九世紀末から二十世紀初頭には、世界中の至るところで同時性を物質化しようとしていた。そこは、列車の運行を制御し、地図を完成させるために時刻を伝えるケーブルを世界中に敷設するという、すさまじい近代的野心から、理論物理学の最高峰が立ち上がるような世界だった。技術者、哲学者、物理学者が入り交じる世界だった。ニューヨーク市長が時間は取り決めであることについて語り、ブラジル皇帝が海岸でヨーロッパ時間が電信で送られるのを待ち受け、二十世紀の先頭に立つ科学者二人、アルベルト・アインシュタインとアンリ・ポアンカレが、物理学と哲学と工業技術の交差点に同時性を置いたのもこの世界だった。

アインシュタインの時間

アインシュタインが一九〇五年に発表した特殊相対性理論に関する論文、「運動する物体の電気力学について」は、いつまでも繰り返し取り上げられるという点では、二十世紀で最もよく知られた論文となり、アインシュタインが絶対時間を解体したことがその論文の最たる目玉である。アインシュタインの論旨は、大方の理解では、かつての古典力学による「実際的」世界からは根本的に離脱しており、そのためこの論文は、世界との物質的、直観的関係から根本的に分離していると見られ、革命的思考のお手本になったほどである。アインシュタインの同時性に関する再検討は、ある面では哲学、ある面では物理学で、現代物理学とそれまでの時間と空間の枠組みいっさいとの、どうしようもない絶縁を表すようになっている。

アインシュタインは相対性理論に関する論文を、当時の通説だった電気力学の解釈には、ある非対称、自然現象にはない非対称がある、と説くことから始めた。一九〇五年頃の物理学者は誰もが、光の波は――水面波や音波と同様――何かの物に生じる波でなければならないという考えを受け入れていた。光の波（つまり光を構成する振動する電場と磁場）の場合には、その何かはあらゆるものに浸透しているエーテルだった。十九世紀末の物理学者はたいてい、このエーテルは自分たちの時代の偉大な思想の一つと考えていて、エーテルがちゃんと理解され、直観で把握され、数学化されてしまえば、科学は熱や光から磁気や電気に至る現象に統一的に当てはまる構図に達するだろうと期待していた。ところが、アインシュタインが拒否する非対称をもたらしたのは、そのエーテルだった。(2)

アインシュタインが書くところによれば、物理学者の通常の解釈では、エーテル中で静止しているコイルに対して、磁石を動かして近づけると電流が生じるが、これはエーテル中で静止している磁石に対して、コイルを動かして近づけるときに発生する電流と区別できない。しかしそのエーテルは観測されず、アインシュタインの見るところでは、観測できる現象は一つしかない。コイルと磁石が近づいて、コイルに電流が生じる（電灯が点くことが証拠となる）。しかし当時通説だった解釈では、電気力学（マクスウェルの方程式――電場と磁場のふるまいを記述する――と、電荷をもつ粒子がこの場でどう動くかを予測する力の法則を含む理論）は、起きていることに異なる二通りの説明を与える。すべてはエーテルに対してコイルが動いているか、磁石が動いているかに左右される。磁石がエーテル中で静止していてコイルが動いているなら、マクスウェルの方程式は、コイル中の電気が、磁場を横切るときに力を感じることを示す。その力がコイルに電気を流して電灯を点ける。磁石が動いている（コイルは静止している）なら、説明は変わる。磁石がコイルに近づくとき、コイル周辺の磁場が強くなる。この磁場の変化が（マクスウェルの方程式に従って）電場を生み、それが静止したコイルに電気を流し、電灯が点く。つまり標準的な解説では、場面を磁石の方から見るか、コイルの方から見るかによって、二通りの説明が与えられる。

アインシュタインが問題を整理し直すと、現象は、コイルと磁石が互いに近づいて、電灯が点くという一つだけになる。アインシュタインにしてみれば、観測される現象が一つなら、必要な説明も一つだった。アインシュタインの目標は、その一個の説明――エーテルを参照せず、ただその代わりに二つの座標系、一方はコイルとともに動き、一方は磁石とともに動く座標系を、同じ現象に対するまさに二つの視点を与えるものとして描く説明――を提出することだった。アインシュタインによれば、物理学の根本原理、相対性が要だった。

三百年近く前、ガリレオが、どこを基準にするかについて同様のことを問うていた。ガリレオは、海上をなめらかに進む船の、閉ざされた船室にいる観測者を考えて、甲板の下にある実験室で行なわれる力学的実験は、船の運動を明らかにすることはないと推論した。水槽に入れた魚は水槽が陸にあったときと同じように泳ぐだろう。水滴が落ちるときも、真下の床までまっすぐに落ちる。何かの力学を用いて部屋が「本当は」静止しているのか「本当は」動いているのかを区別する方法はまったくない。ガリレオが説くところでは、それこそが、自分が誕生に貢献した落体の力学の基本的な特色だった。

この力学での伝統的な相対性原理の使い方に基づいて、アインシュタインは一九〇五年の論文で、相対性を、物理的な過程は、それが生じる一様に運動する座標系からは独立している、と断じる原理に引き上げた。アインシュタインは相対性原理に、水滴が落下したりボールが跳ね返ったり、ばねが伸び縮みしたりするときの力学だけでなく、電気、磁気、光が示す無数の作用も含めたいと思った。

この相対性の公準（加速されていない座標系のうちいずれが「本当は」静止しているのかを知る術はない）は、さらに意外な追加の前提をもたらした。アインシュタインは、光が秒速三十万キロという光速以外の速さで伝わることは、実験からは示されていないことを取り上げる。そこでアインシュタインは、必ずそうなるという公準を立てた。光は、光源がどんなに速く動いていても、私たちが測定すれば、必ず同じ速さ――秒速三十万キロ――で伝わる。これはもちろん、日常的な物体のふるまいではない。列車が近づいてきて、車掌が駅に向かって郵便袋を進行方向へ投げ落とす。言うまでもなく、駅のプラットフォームに立っている人から見れば、袋は、「列車の速さプラス車掌が郵便袋をいつも放っている速さ」という速さで駅の方へ飛んでくる。アインシュタインは、光の場合にはそうはならないと説いた。誰かにランタンを掲げてこちらから一定の距離のところに立ってもらうと、光がこちらへ秒速三十万キロで伝わるのが見える。相手に秒速十五万キロ（光速の半分の速さ）で進む列車に乗って近づいてもらうと、相手のランタンから出た光は、やはり秒速三十万キロでこちらに届くのが見える。アインシュタインの第二の公準によれば、光源の速さは光の速さには影響しないということである。

この二つの公準はそれぞれ、当時の人々にとっても妥当なことのように見えただろう（少なくとも部分的には）。力学では、相対性原理はガリレオ以来通用していただけでなく、何年か前から、（とりわけて言えば）ポアンカレが、すでに相対性原理の電気力学での問題点や展望を調べていた。(3) さらに光が、至るところに浸透する剛体のエーテルに引き起こされる波に他ならないのだとしたら、エーテルが静止している座標系では、光速が光源の速さに依存しないという前提に立つのは妥当に見える。何と言っても、そこそこの速さについては、音の速さは音源の速さには依存しない。音波が出てしまえば、それは空気中を一定の速さで伝わる。

しかしアインシュタインの二つの公準はどうすれば両立するのだろう。エーテルに対して静止した座標系でライトが灯っているとしよう。このエーテルに対して動いている観測者にとっては、光は、運動する観測者がそのライトに対して近づいているか遠ざかっているかによって、ふだんより動きが速く見えたり遅く見えたりするのではないか。光の速さの違いが観測できるとしたら、それは、観測によってどちらかが相手に対して本当に動いていることを特定することになり、相対性原理に違反するのではないか。ところが、そのような違いは測定できない。どんなに正確な光学実験を行なっても、エーテル中の動きをうかがわせるものはまったく検出できなかった。

アインシュタインの診たてでは、物理学の最も根本的な概念について、「検討が不十分」ということだった。これらの基本概念が適切に理解されれば、相対性原理と光の原理との見かけの矛盾は消える、とアインシュタインは説いた。そこでアインシュタインは、物理学的推論のそもそも最初のところから始めて、長さとは何か、時間とは何か、とりわけ同時性とは何かを問おうと唱えた。電磁気や光の物理学が時間、長さ、同時性の測定を行なうことに依存していることは誰でも知っていたが、アインシュタインはと言えば、こうした根本的な量を決める基本的な手順について、物理学者は十分に批判的な目を向けていないと見ていた。どうすれば、物差しと時計で、世界の現象について紛れのない空間と時間の座標を生み出せるだろう。アインシュタインの判断では、物理学者はまず、物をまとめている複合的な力のほうを相手にするものだという優勢な見方は、話が逆だった。まず運動学《キネマティックス》、つまり、時計と物差しが、力がかかっていない、一定の運動でどうふるまうかが先だという。その上でこそ、動力学《ダイナミックス》（たとえば、電気や磁気の作用があるところで電子がどうふるまうか）が有効に取り扱える。

アインシュタインは、空間と時間の測定を整理することによって初めて、物理学者は一貫性を見いだせるものと信じた。空間的な測定を行なうには座標系が必要だ――アインシュタインの見るところでは、通常の剛体の物差しの系である。たとえば、この点は x 軸上を二メートル、y 軸上を三メートル、z 軸方向に十四メートル進んだところにあるといったことだ。それは良いとして、その次の時間の再検討が驚くべきところで、数学者で物理学者のヘルマン・ミンコフスキーのような当時の人々は、それをアインシュタインの論証の要所と見た。(4) アインシュタインの言い方では、「時間の出番がある我々のすべての判断は、必ず『同時的事象』の判断である。たとえば、私が『あの列車はここに七時に到着する』と言っているときの意味はこういうことだ。『私の時計の短針が7を指すことと、列車の到着とが同時である』(5)」。ある一点での同時性については何の問題もない。時計のすぐそばで起きる事象（たとえば列車のエンジンが私のすぐ横で停止する）が、時計の短い針が7に達したちょうどそのときに生じれば、二つの事象は当然同時である。難しいのは、空間で隔てられた事象を結びつけることだとアインシュタインは説いた。遠く離れた二つの事象が同時であるとはどういうことだろう。私の時計の読みと、ある電車が別の駅に七時に着くということを、どう照合すればいいだろう。

ニュートンにとっては、時間についての問題には絶対の成分が含まれていた。時間は単に「共通の」時計の問題なのではなかった。あるいは、そうではありえなかった。アインシュタインは、「同時」という言葉に意味を与えるための「手順」を求めた瞬間から、絶対時間の教義から手を切った。一見すると哲学的な調子で、この定義の手順を、ずっと実験室や産業界で行なわれそうにはないと思われている「思考実験」を通じて確立した。アインシュタインは、離れた時計をどうやって同期させるかと問うた。「原理的には、座標系の原点にいて、時計を手にし、時刻を測定する事象から出て来る光の信号が到着するのを、自身の時計の針と整合させる観測者を使って、事象の時刻を測定することで納得できるだろう」[6]。残念ながら、光が伝わる速さには限りがあるので、この手順は中心となる時計の場所に左右される。私がAの隣りにいて、Bからは遠く離れているとしよう。もう一人、あなたはAとBのちょうど中点に立っている。

A—私——あなた———B

AもBもライトを点灯して私に合図を送り、どちらも私の鼻先に同時に届く。私は両者が同時に発せられたと言える

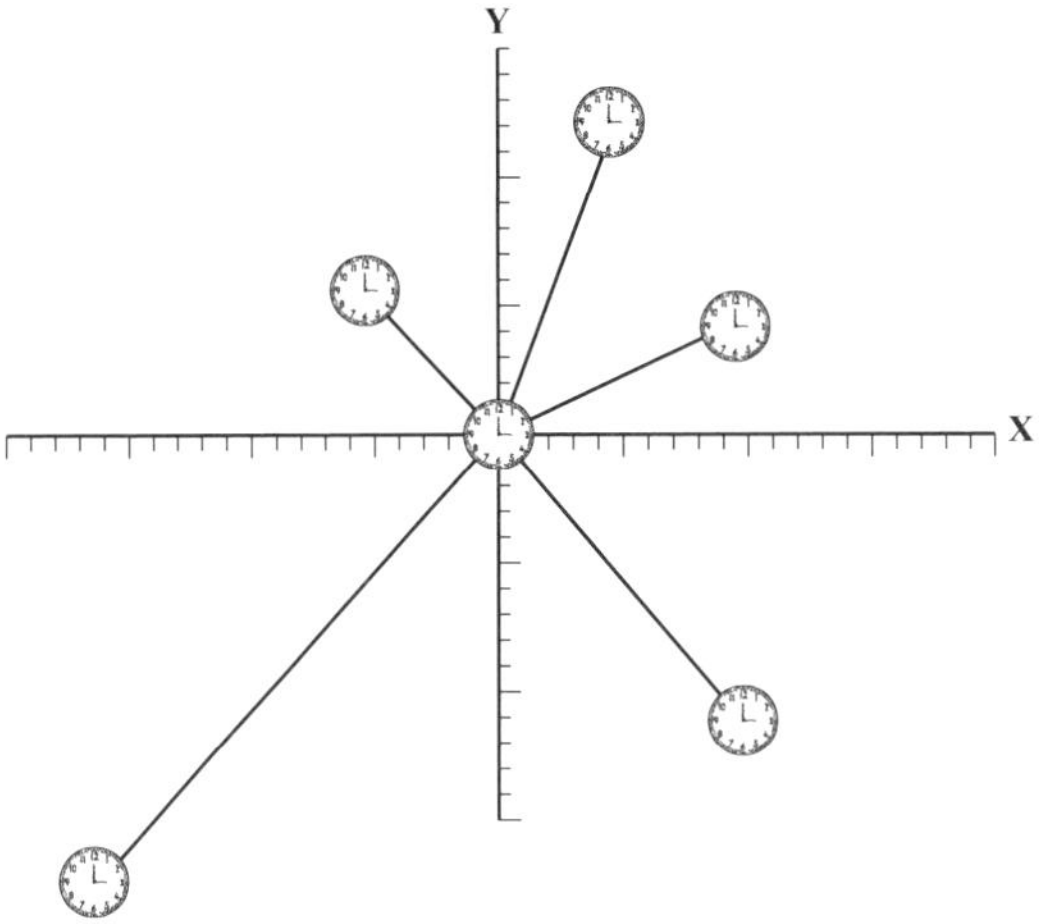

図 1.1　中心の時計による整合．1905 年の特殊相対性理論の論文で，アインシュタインは，中心の時計が他のすべての時計に信号を送る時計の整合方式を導入した——そして否定した．ここにある二次的な時計は，その時刻を，信号が届いたときに設定する．たとえば，中心の時計が時報を午後 3 時に出したとすると，それぞれの二次時計は，信号が届いたときに自分の針を 3 時に合わせる．アインシュタインの異論．二次時計は中心からの距離が違うので，近くの時計は信号が遠くの時計に届く前に合わされてしまう．そのため，二つの時計の同時性は（アインシュタインには受け入れがたいことに）時間を設定する「中心の」時計がどこにあるかという，恣意的な事情によって決まることになる．

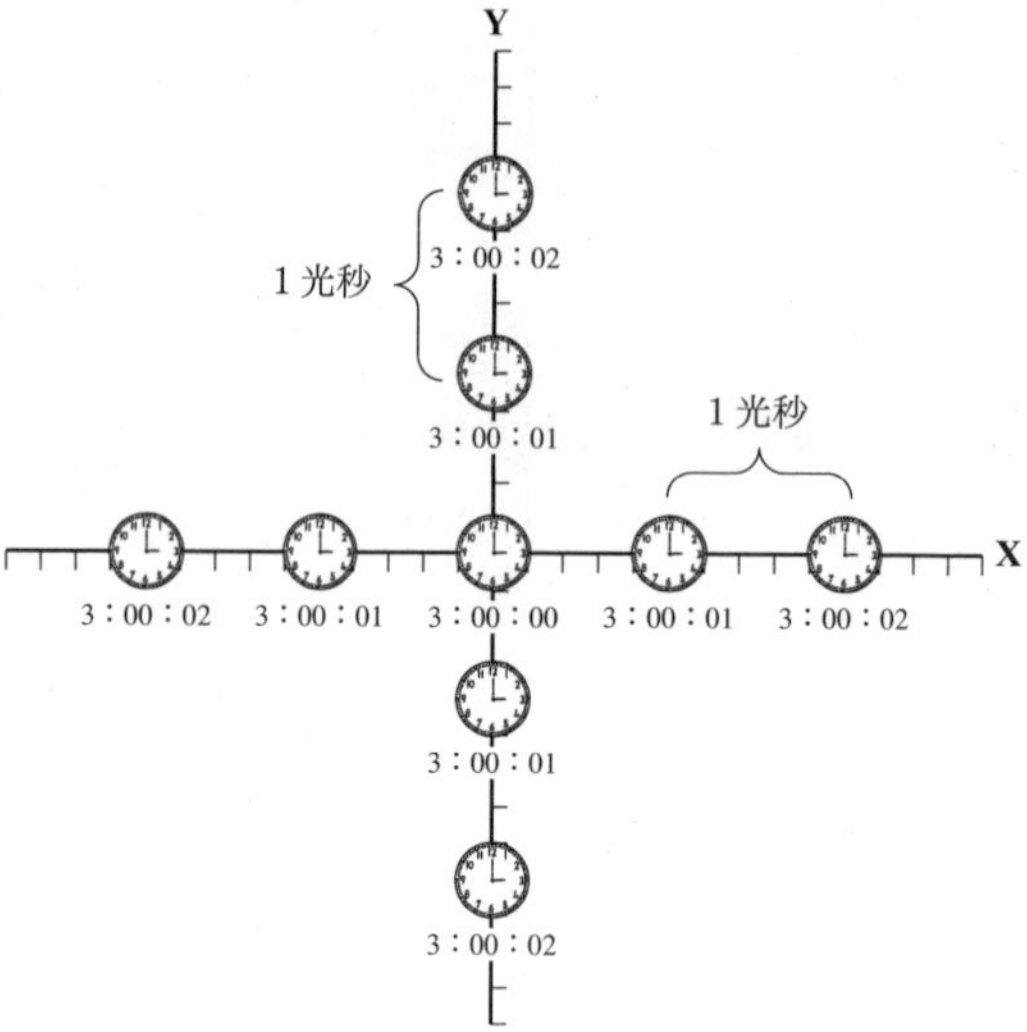

図 1.2　アインシュタインによる時計整合．アインシュタインは，同時性問題に対するもっと良い，恣意的でない答えを次のように論じた．時計を合わせるとき，信号が発せられた時刻に合わせるのではなく，当初の時計の時刻プラス当初の時計から合わせる時計までの距離を信号が進むのにかかる時刻に合わせる．具体的には，当初の時計から遠くの時計まで往復信号を送り，それから遠くの時計を当初時計の時刻プラス往復時間の半分とする．こうすると，「中心の」時計の位置による違いはない——手順はどの地点からでも始められ，紛れなく同時であることを定めることができるだろう．

だろうか。もちろん言えない。Bの信号の方が、Aの信号よりもずっと長い距離を伝わってきたのは明らかで、それでも両者は同時に届いたのだ。すると、Bの信号はAの信号よりも前に発せられていなければならない。私が頑固にAとBは信号を同時に発したに違いないと言い張るとしよう。何と言っても、私は二つの信号を同時に受け取ったのだ。すぐに私は困ったことになる。あなたが見ることからすれば、あなたがAとBのちょうど中点のところに立っていたのなら、Aの信号よりも先にBの信号を受け取っていたはずだ。曖昧さを避けるために、アインシュタインは「Aが光を送る」と「Bが光を送る」という二つの事象の同時性が、受け取る側がどこにいるかによって決まるようにするのを望まなかった。同時性を定義するための手順として、「私が同時に信号を受け取る」こととするのは最悪の心もとない話で、筋の通ったことを語れなくなる。

アインシュタイン青年は、この心もとなさに活を入れて、もっと良い方式を唱えた。原点にいる観測者Aが、その時計が十二時零分を告げるとき、光の信号をAから離れたところにいるBに送る。光の信号はBで反射しAに戻る。アインシュタインはBにその時計を十二時プラス往復時間の半分に合わせさせる。往復二秒だったら、Bには信号を得たときの時計を十二時プラス一秒に合わせさせる。光は両方向に同じ速さで進むとすれば、アインシュタインの方式は、Bに時計を十二時プラス「二つの時計の距離÷光速に相当する時間」の時刻に合わせさせるということになる。光の速さは毎秒三十万キロなので、BがAから六十万キロのところにいれば、Bが光の信号を受け取ると、Bはその時計を十二時零分二秒に合わせる。BがAから九十万キロのところにいるなら、Bは信号を受け取ったとき、時計を十二時零分三秒に合わせることになる。この方式を続ければ、Aでも Bでもこの整合の試みに参加する他の誰でも、みな自分たちの時計が同期していることに同意できる。これなら原点を動かしても違いはない。どの時計も時計の位置に光の信号が届くまでの時間を計算に入れている。アインシュタインはこれを良しとした。いかなる特権的な「主時計」もなく、同時性を紛れなく定義できる。

時計の整合手順を手にしたアインシュタインは、抱えていた問題を解決した。この単純な整合手順と最初の二つの原理をきっちりと適用することによって、ある座標系では同時だった二つの事象が、別の座標系では同時ではないことを示すこともできた。運動する物体の長さの測定は、必ず一つの点を同時に測定することによっている（動いているバスの長さがほしければ、当然、先頭と後尾の位置を同時に測定しなければならない）。長さの計量には前後の位置を同時に測定しなければならないので、同時性の相対性は長さの相対性につながる——私の座標系は、私に対して動いている一メートルの物差しを、一メートルもないと測定することになるのだ。

そのことだけでも驚くべきことだが、この時刻と長さの相対性からは、他にもいろいろな帰結が出て来て、中には他よりも直接的に導けるものもあった。速さはある時間で進む距離と定義されるので、物体の運動を合成することは、アインシュタインの理論では再検討しなければならない。列車が光の速さの四分の三で疾走し、その列車の中で人が光の半分の速さで（列車に対して）走っているとすると、ニュートン物理学では、この人は地面に対して光の「一と四分の一倍」の速さで進んでいることになる。ところがアインシュタインは、時刻と同時性の定義に厳格に従うことで、実際の速さを足すと、ニュートンの場合より小さくなることを示した――実は、列車の速さやそこで走っている人の速さがどうであろうと、必ず光の速さよりは小さくなる。それだけではない。アインシュタインは、以前は頭を悩ませた光学実験を説明することができ、電子の動きについて新たな予測を立てることができた。結局、光速と相対性に関するアインシュタインの出発点となる前提を時計の整合方式と組み合わせると、コイルと磁石とランプに関して二つの異なる説明は実はなく、一つだけだということを明らかにする助けになった。一方の座標系での磁場は、別の座標系では電場となる。違いは視点の違い――異なる座標系から見た結果だ。しかも、あたりに漂うエーテルがなくてすむ。その後まもなく、アインシュタインは、相対性理論を使って科学の方程式で最も有名な、$E=mc^2$を導く。最初は、実験の中でも最も感度の良い、かろうじてできるかどうかというものに限られそうだった。その帰結が実験可能になったのも、四十年たって軍事的・政治的な領域の状勢ががらりと変わってからのことだったが、アインシュタインはそれによって質量とエネルギーが相互に入替可能だということを見いだしていた。

アインシュタインの相対性理論の背後には、時計の整合以外のこともたくさんある。電気と磁気をまとめて把握できたことは、掛け値なしに十九世紀物理学の何よりの大成果だと言ってもいいだろう。理論的には、ケンブリッジの物理学者ジェームズ・クラーク・マクスウェルが、光は電気の波に他ならないことを示す理論を生み出していて、それによって電気力学と光学を統一していた。実用面では、発電機が都市の電灯をもたらし、電車は都市の景観を変え、電信が商業活動、報道、戦争を変えていた。十九世紀末の物理学者は光について正確な測定を行なっていた――なかなか捕まらないエーテルを検出しようという、驚異的に精密な試みだった。新しく受け入れられた電子のふるまいを解剖するために、電気と磁気での作業を精密にしつつあった。そのために、一流の物理学者の多くが（アインシュタインとポアンカレだけではない）、運動する物体の電気力学という問題が、科学の懸案の中でも最も難しく、根本的で、差し迫った問題だと考えるようになった。[7]

アインシュタイン自身の説明によれば、同時性を定義するのには時計を同期させることが必要だという認識は、自身の長い探究を締めくくらせた構想の最終段階だったし、それ——時間の整合——こそが本書の主題である。確かにアインシュタインは、相対性理論での時間の変容を、この理論の最も目立つ特色だと判断していた。しかしその評価はすぐには日の目を見ず、自分はアインシュタインの支持者だと思っていた人々の間でもそうだった。相対性理論を受け入れたのは、電子の偏向の実験がそれを支持するように見えてからだという人もいた。物理学者と数学者がそれをもっとなじみのある言葉に置き換えて、時間の相対性にあまり力点を置かないようにしてくれて初めてこれを用いたという人々もいた。一九一〇年にもなると、白熱する学会、手紙のやりとり、論文と応答を通じて、アインシュタインの同業者の間でも、時間概念の改訂こそが顕著な特色だと見る人々の数が増えていた。その後の何年かで、哲学者も物理学者も、どちらの分野でも時計の同期を勝利と見なし、現代的な思考の目印だとして迎えることがあたりまえとなった。

ヴェルナー・ハイゼンベルクらの若手物理学者は、一九二〇年代、アインシュタインがいくつかの概念（絶対時間など）に対して、観測可能なものを何も指し示していないとして厳しい立場をとっていると考え、新しい量子物理学についてもそれに倣うようになった。とくにハイゼンベルクは、アインシュタインが同時性について、明確で観測可能な手順によって整合のとれた時計だけに依拠すると主張したのをたたえた。ハイゼンベルクらは、自分たちの説に観測可能性を厳しく求めた。電子の位置と言いたいのであれば、その位置が観測できる手順を明らかにせよ。何かの運動量について言いたいことがあるなら、それを測定する実験を明らかにせよ。とりわけ劇的なところを言えば、位置と運動量を両方同時に測定することが原理的にできないなら、位置と運動量は同時に存在することもないということである。アインシュタインはこの結論には不満だったことが知られている。量子論の世界の仲間が、自分たちは他ならぬアインシュタインの時間や同時性についての鋭い批判をいちいち拡張しただけだということをわかってくれるよう懇願したというのに。アインシュタインは、自らの相対論という魔法のランプから飛び出した魔人をランプの中に戻すことはもうできなかったが、新しい物理学が自分の観測可能な手順に関する主張の精神でさらに先へ行きすぎるのを心配した――そうして、何が見えるかを定めるに際して理論が果たす形成期の役割を過小評価した。アインシュタインがひねくれて述べたところでは、「うまい冗談は何度も繰り返すものではない」[8]。

そのうまい冗談が広まった。心理学者のジャン・ピアジェは、子どもの「直観的」時間概念の研究をして、それを重要な研究分野にした。アインシュタインの時間の整合が、新時代の科学的な哲学にとって、手本――まもなく定番の手本――となり始めた。オーストリアの首都に、新しい反形而上学的哲学を立てるべく集まったウィーン学派の物理学者、社会学者、哲学者は、同期した時計による同時性を、適切で妥当な科学概念の見本として歓迎した。ヨーロッパやアメリカのあちこちで、自覚的な現代哲学者が（物理学者だけでなく）、信号をやりとりする同時性を、無為な形而上学的思弁に対抗して立つ、きちんと根拠のある知識の例として迎えた[9]。有力な二十世紀アメリカ人哲学者の一人、ウィラード・ヴァン・オーマン・クワインにとっては、すべての知識が結局は改訂される（論理であってもいずれは変更が必要だとさえ考えていた）。それでもクワインは、科学による理解の全体を調べて、アインシュタインによる、時計と光の信号による同時性の定義を最も長持ちするものとして選び、われわれが「未来の科学の改訂を行なうよう求められたときにいちばん残したくなるのは」アインシュタインの時間概念だと判定している[10]。永遠不変の真理には否定的な風土の中で、知識が大きく変化したことを特徴とする哲学の世紀にしてみれば、それ以上の賞賛はなかった。

もちろんすべての人が時間の相対性を賞賛したわけではなかった。攻撃する人もいれば、物理学をそこから救おうとする人もいた。しかしごくおおざっぱに言えば、一九二〇年代にもなると、物理学者も哲学者もアインシュタインの問題を認識していた。時間とは何か。この問いは、ニュートンの形而上学的な絶対時間よりも、もっと限定された、もっと人間に扱いやすいものを求める科学的概念にとって、一つの標準となった。アインシュタイン自身、自分が絶対時間に対して、十八世紀のデーヴィッド・ヒュームによる批判的な仕事以来の有効な哲学の剣をつきつけたことを示唆していた。ヒュームは「AはBの原因である」という言明は、AがあってBがある規則正しい継起にすぎないと、説得力をもって論じていた。アインシュタインにとっての鍵も、ウィーンの物理学者＝哲学者＝心理学者のエルンスト・マッハによる、知覚から切り離された概念を攻撃する研究だった。無為な抽象観念に対するマッハの攻撃（時として過度な）の中では、絶対時間や絶対空間というニュートンの「中世的」概念以上の非難の的はなかった。アインシュタインも時間を、ヘンドリク・A・ローレンツやポアンカレなど、他の科学者の研究という顕微鏡を通して調べた。こうした哲学的な推理の方向は、それぞれ――これから出会う他のものも――本書の時間と時計の物語をなしている。とはいえ、純粋な思想史では、アインシュタインはあくまで抽象概念の雲の中にとどめられる。この哲学者=科学者は、ニュートンの埃を被った絶対時間の教義に対して、思考実験を振るった。あまりに手が込みすぎていて、時間と同時性といった基本的なことを問えなかった当時の科学・技術の骨組みの裏をかくアインシュタインである。しかしそんな頭に偏った説明で十分だろうか。

臨界タンパク光

確かにアインシュタインとポアンカレは、その成果が物質的世界のまるっきり外側で生まれたかのように振り返られることが多い。この点では、アインシュタインが一九三三年十月始め、亡命・移住研究者支援のために組織された大規模な集会で行なった演説について考えてみると役に立つ。科学者、政治家、一般の人々が入り交じって、ロンドンのロイヤル・アルバート・ホールに集まった。反対派がデモをかけて、騒ぎを起こしてやると脅した。千人の学生が集まって、護衛のような「世話係《スチュワーズ》」を務めた。アインシュタインは戦争が近いこと、憎悪と暴力がヨーロッパを覆わんとしていることを警告した。世界に対して、隷従と抑圧へと動かす力に抵抗するよう求め、政府に差し迫った経済的崩壊を止めるよう請願した。そこで突然、アインシュタイン演説の政治的な脈絡が途切れた。突然、世俗的な危機から引き戻された。まるでそれまでは、ふりかかる災難のような出来事のせいで、アインシュタインに進める限界を超えて話が伸びすぎていたかのように。声の調子も変わって、アインシュタインは、田舎で生産的な単調さだけに囲まれて抽象的な思考に没頭して過ごした時期の孤独、創造性、静けさについて話し始めた。「現代社会にあっても、孤立して暮らすことが多くて肉体的・知的な手間を必要としない職業があります。灯台勤めや灯台船勤めのような職業が思い浮かびます」[11]。

孤独は哲学的・数学的問題に携わる若い科学者にはうってつけだとアインシュタインは主張した。本人の若い頃も、そんなふうに考えられるかもしれないと推測したくなる。ベルンの特許局で生計を立てていた頃を、そのようなはるか洋上の灯台船のようなものに他ならないと読み取ってもよいかもしれない。われわれはアインシュタインを、別世界にある瞑想の楽園のイメージに合うように、特許局の喧噪や廊下でのおしゃべりを無視して物理学の根本について考え直し、ニュートンの絶対時間・絶対空間をひっくり返した、まさしく哲学者=科学者とまつり上げてきた。ニュートンからアインシュタインへ。この物理学の変容を、機械、発明、特許の世界より上の高みに浮かぶ理論間の対立と表すことは易しい。アインシュタイン自身がこのイメージに貢献して、あちこちで相対論を生み出すときの純粋な思考の役割について力説している。「私のような種類の人間であることの本質は、まさしく何をどう考えるかのところにあります。何をして何に苦労するかではありません」[12]。

この世の外にいるような、預言者めいた、物理学の精霊と交霊しているようなアインシュタインの写真をよく見る。宇宙を創造するときの神の自由度について言明するアインシュタイン、特許になる応用を自分と哲学の間に割って入るあまりにも多い雑事として捨て去るアインシュタイン、架空の時計と空想の列車が登場する純然たる思考実験の世界を呼び出すアインシュタイン。ロラン・バルトはこのように創造された人格を、「アインシュタインの脳」という文章で論じた。そこでは、この科学者はその大脳として現れるもの以外の何ものでもない。思考そのもののイコンであり、魔法使いでもあり、かつ肉体、心理、社会的存在抜きの機械でもあるという[13]。

バルトなら、物質世界の上空を漂うと想像される科学者と言えば、アンリ・ポアンカレもいたことは知っていただろう。フランスのたぐいまれなる数学者、哲学者、物理学者であり、アインシュタインとはまったく別個に、相対性原理を取り込んだ詳細な数理物理学を生み出した。ポアンカレはこの結果を、エレガントな言葉で書かれた文章で広い文化的世界に提供し、同時に現代物理学と古典物理学の限界と成果を探った。アインシュタインと同様、ポアンカレも自分を制約のない思考の持ち主と見ていた。科学者が自身の創造的な成果について書いた中でも有名なものに数えられる文章で、ポアンカレは、数学のいくつかの分野にとって重要となった、新たな関数集合の理論に向かって進めた歩みについて語っている。

私は十五日にわたって、自分の［頭にあった］ような関数がありえないことを証明しようとしていた。そのときは何も知らなかった。毎日私は仕事机について、一時間か二時間そこにいて、いくつもの組合せを試してみたが、何の結果も得られなかった。ある夜、ふだんの習慣に反してブラックコーヒーを飲み、眠れなくなった。アイデアがうようよと出て来た。それが一組になってはまるというか、安定した組合せになるまでぶつかり合っているように感じた。……私はほんの何時間かかけて結果を書き留めるだけでよかった。(14)

ポアンカレは、この新しく考案した関数の解説のときだけでなく、よく知られた哲学や一般向けの文章の至るところで、物理学と哲学を、今・ここからは離れた、架空の科学者が理想化された別の宇宙に浮かんでいるような、見立て《メタファー》の世界によって解剖した。「ある人が、空がいつも厚い雲に覆われていて、他の星が見えない惑星に移されたとする。この惑星では、空間の中で孤立しているかのように生きることになる。それでも、この惑星が回転していることはわかるだろう……(15)」。ポアンカレの宇宙旅行者は、惑星が赤道のところが膨らんでいることを示したり、自由に揺れる振り子が徐々に向きを変えることを明らかにしたりすることによって、自転があることを示せそうだ。ここでもポアンカレは、作られた世界を使って、現実の哲学的・物理学的な話をしている。

アインシュタインとポアンカレを、想像力豊かな見立てに富んだ仮想的な世界をこしらえることによって、哲学的に独自の考えを強調するのが目標の抽象的な哲学者であるかのように読むことは確かに可能だ――それに生産的でもある。ポアンカレが、物体が上昇下降したときに長さが極度に変動するほど激しく温度が変化するという話をしたとき［物の長さとともに物差しも伸縮して長さの変化が検出できないたとえ］、そういう仮想的な世界が頭にあった（と考えられるのではないか）。ポアンカレとアインシュタインがニュートンの絶対的な同時性を攻撃したのは、そのような、架

図 1.3　ベルン駅（1860〜65 年頃）．整合した新しい時計群を備えたベルン初の建物．駅舎のこちら側，二つの楕円形アーチのすぐ上に時計が（かろうじて）見える．出典：Copyright Bürgerbibliothek Bern, neg. 12572.

空の列車、空想上の時計、抽象的な電信を採用した、見立てによる思考にすぎないと考えることもできるだろう。

アインシュタインの中心的な問いに戻ろう。アインシュタインは、風変わりな見立てによるものとも見える思考実験を持ち出して、列車が七時に駅に着くというのはどういう意味かを知ろうとした。私は長い間、このことを、たいていは「幼い子どもの頃だけ」に発するような問い（アインシュタインの言う）を、アインシュタインが特異的に「すでに長じて」からも問うた例という読み方をしてきた[16]。これは孤立した天才の無邪気さだったのだろうか。そういう読み方をすれば、時間や空間に関するこのような謎は、あまりにも初歩的すぎて職業的科学者には意識されないものに見える。しかし本当に同時性の問題は、成熟した思考にかかる閾より下にあったのだろうか。一九〇四年から一九〇五年当時、本当に他の誰も、ある観測者にとって、遠くの観測者が七時に列車が到着するのを見ていると言うことがどういう意味なのかを考えていなかったのだろうか。遠くの同時性を電気信号のやりとりによって定義するという考えは、二十世紀初頭の世界からは切り離された、純然たる哲学的な構築物だったのだろうか。

そう遠くない昔、私が北欧の鉄道の駅で、プラットフォームに並んだ優雅な時計をぼんやりとながめて立っていたときには、確かに相対論など頭にはなかった。どの時計も何時何分まで同じ時刻を指していた。おやおや？　良い時計だ。さらに、私にわかるかぎりでは、秒針の間欠的な動きさえ、ぴったりそろっていた。そこにあった時計はただきちんと動いていたのではないと思った。時計どうしで整合しているのだ。アインシュタインは、一九〇五年の論文に取り組んで、離れたところでの同時性の意味を理解しようとしていたとき、整合した時計も視野に入っていたに違いない。実際、ベルンの特許局の向かい側には古い駅があり、駅の中のフォームや玄関には、整合して動く時計が掲げられ、目を引いていた。

工業技術の歴史にはよくある話だが、整合した時計の起源はまだよくわかっていない。何かの工業技術による装置にあるいろいろな部品のうち、どれがそれの決定的な特徴とされるのだろう。電気を使うところ？　いくつもの時計が分岐するところ？　遠くの時計を絶えず制御しているところ？　どう考えるにせよ、すでに一八三〇年代から四〇年代にかけて、イギリスのチャールズ・ホイートストンとアレクサンダー・ベインが、さらにその直後にはスイスのマテウス・ヒップなど、無数の欧米の発明家が、遠くにあるいくつもの時計を、各国の言語で、オルロージュ・メール［母時計］、プリメーレ・ノルマルール［第一標準時計］、マスター・クロック［主時計］と呼ばれる一個の中央の時計にまとめる電気式配布方式を構築するようになっていた。[17] ドイツでは、ライプチヒに初めて電気的に配布される時

図 **1.4**　ヌーシャテルの主時計（マスター・クロック）．美しく装飾をほどこされた時計は莫大な価値と市民の誇りの対象だった．この時計はスイスの時計製造が盛んな地方の中心にあり，時刻は天文台からもらい，その信号を電信網によって送り出していた．出典：Favarger, *L'Électricité* (1924), p. 414.

図 **1.5**　ベルリンのマスター・クロック．この時計はベルリンのシュレジッシャー駅に設置されたもので，駅から出るいくつもの路線に時刻を送り出していた．出典：*L'Électricité* (1924), p. 470.

間システムが配置され、その後一八五九年にはフランクフルトが続いた。ヒップ（当時は電信関係の工場を経営していた）は、一八九〇年、ベルンの連邦宮殿に、百個の時計の文字盤が足並みをそろえて時刻を表示するようにした。時計の整合はすぐに、鉄道に沿って、ジュネーヴ、バーゼル、ヌーシャテル、チューリヒでも取り入れられた[18]。

したがって、整合した時計群という工業技術がアインシュタインの身近にあっただけでなく、アインシュタイン自身、この勃興する技術の考案、製造、特許権取得についての中心地の一つにもいたというわけだ。電磁気の基本的な物理法則と、哲学的な時間の正体に関心を抱く主要な科学者にして、時計を同期させるというこのとてつもない営みのまっただ中にもいた人物が、他にいただろうか。実は少なくとも一人はいた。

一九〇五年の論文で二十六歳の特許局審査官が同時性の定義を変えたのに七年ほど先立って、アンリ・ポアンカレが驚くほどよく似たアイデアを進めていた。ポアンカレは多才な知識人で、位相幾何学の相当の部分の考案、天体力学、運動する物体の電気力学に対する膨大な貢献で、広く十九世紀最大の数学者に数えられている。技術者は無線電信に関するポアンカレの著述を賞賛し、一般の人々は、規約主義に関する哲学、科学と価値、「科学のための科学」擁護論などの、ベストセラーとなった著作を熱心に読んでいた。

本書の目的から言えば、ポアンカレの書いたものの中でも特筆すべきものに数えられるものが、一八九八年の哲学誌『形而上学・道徳雑誌』(*Revue de métaphysique et de morale*) に「時間の測定」という題で掲載された。そこでポアンカレは、フランスの有力な哲学者アンリ・ベルクソンに支持された、われわれには直観的な時間・同時性・持続〔一続きの（ある「長さ」の）時間〕の理解があるという流布した見方を激しく非難した。ポアンカレにとっては、同時性はどうしようもなく「取り決め《コンヴェンション》（規約）」であり、人々の間にある合意であって、不可避的に正しいから選ばれるのではなく、人間の便宜《コンヴィニエンス》を最大にするから選ばれる協定だった。同時性とはそういうものなので、「定義」しなければならず、この定義は、電磁的な信号（電信であれ、閃光であれ）のやりとりによって整合した時計を読み取ることで実行しうる。一九〇五年のアインシュタイン同様、一八九八年のポアンカレは、同時性を手順にのっとった概念にしようとして、電信で伝えられる時報がどんなものでも、伝達の時間を計算に入れなければならないことを唱えた。

アインシュタインは、一九〇五年の論文を書く前に、ポアンカレによるこの一八九八年の論文、あるいはその後に出て来た一九〇〇年の決め手となる論文を読んでいただろうか。その可能性はある。どちらかとする決定的な証拠はないが、それでもこの問題を、狭い範囲と、もう少し広い範囲との両面から探ってみるのは有益なことだろう。これから見ていくように、アインシュタインはポアンカレのこうしたくだりを読んでいる必要はない。時計の整合は、哲学誌に登場し、さらには物理学の公刊物に出ることもあった。実際、電磁的な時計の整合は十九世紀末の人々を魅了するもので、この主題はアインシュタインの好きだった子ども向けの科学の本にも登場して、細かく論じられていた。[19] 一九〇四年から五年にかけて、時計を整合させるケーブルが陸海を問わず、びっしりと張りめぐらされていた。同期した時計は至るところにあった。

アインシュタインについて解説する人々が、その列車、信号、同時性についての話を、拡大された見立てとして、文学的・哲学的思考実験として解釈することに慣れてきたのと同様、ポアンカレの見解についても同様に、お定まりの見立てによる読み方がある。こちらでも、想定されるとおり、哲学的な思弁が立ち上がる。アインシュタインの特殊相対性理論を先取りした話、めざましい一手を打ったが、それを記した本人には、その革命的な論理的帰結までたどる知的勇気が足りなかったという話。この話はおなじみなので、ポアンカレの整合した時間に対する洞察を、それがまったく孤立したもので、世界の中でのポアンカレの位置から切り離された哲学的直観だとするのは、あたりまえのことになっている。しかしポアンカレもアインシュタインも、時間について他に何もない真空の中で語っていたわけではない。

ポアンカレは、科学者が同時性を判断する規則は何かと考える。同時性とは何だろう。最終的で最も強力な例は、経度決定に関するものだった。船乗りや地理学者が経度を決める際には、ポアンカレの論文を支配する同時性という中心的な問題を、正確に解かなければならない。パリにいなくても、パリ時間を計算しなければならないのだ。

緯度を求めるのは簡単なことだ。北極星が頭の真上にあれば、自分は北極にいるということであり、水平線の方へ半分下がれば、緯度はボルドーと同じ北緯四五度になる。水平線上にあれば、赤道直下のエクアドルの緯度にある。緯度の測定については、いつ測定するかは関係ない——北極星の高度はいつも同じだ。よく知られているように、二地点間の経度差を求めるのは、もっと難しい。離れたところにいる二人の観測者が同時に天文観測をしなければならない。地球が自転していなければ問題はない。相手とこちらとが星を見上げて、どの星が北極星（たとえば）の真南にあるかを調べればよい。星図を確かめれば、相対的な経度はすぐにわかる。しかし実際には地球は回っていて、経度差を正確につきとめるには、頭上の星（太陽でも惑星でも）の位置を、確実に同じ時刻に測定しなければならない。たとえば、北アメリカに地図製作チームがいて、パリの時刻を知っており、チームの今いるところでは太陽がパリよりもちょうど六時間遅れて昇るのを見たとしよう。地球が自転するのには二十四時間かかるので、このチームがいるのは、パリから西向きに二十四分の六周したところ（四分の一、つまり九十度に相当する）だということがわかる。しかしその遠征隊が元いたパリの時刻は、どうすればわかるのだろう。

ポアンカレが「時間の測定」で言っているように、移動する地図製作者は、パリ時間に合わせた正確な計時装置

（クロノメーター〔経度測定用の高精度時計〕）を調査に携行するだけで、パリ時間を知ることができた。しかしクロノメーターを携行することには、原理的にも実用的にも問題が生じる。調査に出る方とパリにいる仲間は、同時に天文現象（木星の背後から衛星が姿を見せるなど）を、異なる二つの地点から観測し、その観測は同時だと宣言することもできた。しかしこの手順は見かけほど単純ではない。木星による蝕を使うのには実務的な問題がある。原理的な面でも、ポアンカレが記すように、木星の光が二つの観測地点に達するまでにたどる経路が違うので、その分の時間を補正する必要がある。あるいは——これがポアンカレの方法が追求することだが——調査に出る方が、電信を使ってパリと時報をやりとりすることもできた。

まず、「電信による」時報をベルリンで受け取るのは、その信号をパリから送るのよりは後になる。これは因果関係の規則である。……しかしどれだけ後か。一般には、伝送時間は無視され、二つの事象は同時と見なされる。しかし厳密には、複雑な計算によってわずかでも補正をしなければならない。実際にはそれは行なわれない。観測の際の誤差の中に十分収まってしまうからだ。しかし理論的には補正が必要であることは、ここでの厳密な定義という視点からすれば、おろそかなことではない。[20]

ポアンカレの結論では、時間についての直接的な直観には、同時性の問題を片づける力はない。あると信じれば、幻想に陥ってしまう。直観は測定の規則で補完しなければならない。「一般的な規則はなく、厳密な規則もない。個々の事例に適用される細かな規則が多数ある。こうした規則は独自に我々に課されるのではなく、他の規則を考えて楽しむこともできる。それでも、そうした規則を脇に置こうとすれば、物理学、力学、天文学の法則をややこしくせざるをえないだろう。したがって我々はこの規則を、それが正しいから選ぶのではなく、それがいちばん便宜にかなうから選ぶのだ[21]」。こうした概念——同時性、時間の順序、等しい時間間隔——は、人間の手で可能なかぎり単純にした自然法則を表すように定義された。「つまり、こうした規則はすべて、こうした定義はすべて、無意識の便宜主義の成果に他ならない[22]」。ポアンカレによれば、時間は「規約」である——絶対の真理ではない。

地図製作者は、パリが正午のとき、ベルリンで何時だと見るのだろう。列車がベルンに到着するとき、この町は何時だろう。ポアンカレとアインシュタインは、こうした問題を立てて、一見すると実に単純なことを問うているらしい。答えについても同じだ。二つの離れた事象が同時なのは、その離れた二か所にある整合した時計が同じ時刻を指している――パリで正午、ベルリンで正午――の場合である。そのような判断が手順や規則という「規約」となるのは避けられない。同時性について問うことは、どうやって時計を整合させるかを問うことなのだ。二人の案は、一方の時計から電磁信号を相手に送り、信号が（ほぼ光の速さで）届くのにかかる時間を計算に入れることだった。単純なアイデアだが、時間と空間の概念にとって、相対性理論にとって、現代物理学にとって、規約主義の哲学にとって、世界を覆う電子航法ネットワークにとって、確実な科学的知識についてわれわれが手にしているモデルそのものにとって、息を呑む結果が伴う。

私の狙いはこういうことだ。二十世紀の初頭、同時性は実際にはどう生み出されていたか。ポアンカレとアインシュタインがともに、同時性は電磁信号によって時計を整合させるために、規約による手順を元にして定めなければならないと思うようになったのは、どういういきさつだったのだろう。こうした問題と取り組むには、伝記的な進め方では捉えきれないほど広い範囲のことが必要となる。もちろん、アインシュタインにはあまりにも多くの伝記があるとはいえ、ポアンカレには十分ではない。本書は、時間の哲学的な考え方でもない。それではすぐにアリストテレス以前にまで戻りかねない。計時装置の細かな発達を、電気的なものだけでも包括的に語るものでもない。アインシュタインとポアンカレが運動する物体の電気力学を再編しようと苦労していたときに有していた、十九世紀の電磁気学で広く共有されていた多くの概念の完全な歴史でもない。

本書はむしろ、物理学、工業技術、哲学といったいろいろな層が重なったものを上から下へ切り取った薄片で、海を挟んだ電線からプロイセン軍の行軍まで、いろいろなところで交差する同期した時計の探検物語だ。それは物理学の中核地域に踏み込み、規約主義哲学をくぐり、相対性理論の物理学に戻る。十九世紀末の電信網にある電線をつかみ、引っぱってみよう。それは北大西洋をはるばる渡り、ニューファンドランドの砂利だらけの浜に上がる。それはヨーロッパから太平洋へと進み、ベトナムはハイフォンの港に達する。西アフリカを縦に海底をすべるように進む。陸上の鉄と銅の電線をたどると、それは南米アンデスに入り、アフリカのセネガルの田舎を通り、北アメリカではマサチューセッツ州からサンフランシスコへと大陸を横断する。ケーブルは鉄道の路線に沿って進み、海を渡り、植民地を探検する人々の海辺の小屋と鑿で削られた石による壮大な天文台とを結ぶ。

しかし時刻用の電線は、ひとりでにやって来たのではない。国家的野心、戦争、産業、科学、征服とともにあった。電線は、長さ、時間、電気の尺度について、諸国間で条約によって整合させていたことの目に見える印だった。十九世紀から二十世紀にかけての時計の整合は、単に信号をやりとりするささいな手順ではすまなかった。ポアンカレは、この電気による時間の世界的ネットワークを管理する行政官だったし、アインシュタインは、この電気による新しい工業技術のためのスイス中央情報交換所にいた専門家だった。どちらも運動する物体の電気力学に釘づけになっており、時間と空間に関する哲学的考察のとりこになっていた。この世界全体を覆う同期を理解しようとすれば、現代物《モダン》理学のモダンなところ、アインシュタインとポアンカレがそれぞれのモダンの交差点にどう立っていたかを理解する方向へと進むことになる。

きっとわれわれは、はるかニュートンのいた十七世紀の昔の時間概念と、アインシュタインやポアンカレの十九世紀から二十世紀への変わりめでの時間概念との間にある驚くほどの対照から、何かを学ぶだろう。その二つの考え方は、近代初期と近代との衝突の記念碑として立っている。片や、神の感覚器官の変形としての空間と時間であり、片や、定規と時計によって与えられる空間と時間だ。しかし一七〇〇年と一九〇〇年の隔たりが、手近のものを覆い隠してはいけない。私の関心を引くのは手近の方だ――時間、取り決め、工学、物理学を一体と見るのがあたりまえになった、一九〇〇年の日常世界である。その何十年かの間、機械と形而上学を合体させることには文句なく意味があった。一世紀を経て、物と思考との近さは消えたように見える。

もしかすると、かくも追いつ追われつの科学と工業技術を想像するときの難しさの理由の一つは、普遍的な、あるいはそうなることを目指す観念についての思想史と、もっと局所的な回想、集団、制度についての社会史、個人やその直接の周囲についての伝記やごく細かい範囲の歴史《マイクロヒストリー》というふうに、別々の尺度に乗せるのがあたりまえになったことかもしれない。純粋なものと応用的なものとの関係を語るときには、抽象的な概念を、実験室を通り機械工場の床や日常生活へとたどる語りがある。逆方向に進み、工業技術の日常でのはたらきが徐々に練り上げられ、物質性が抽象化の階段を上がり、理論に達するものもある――工場の床から実験室を通って黒板へ行き、最後には難解な哲学の領分へと進む。実際、科学はしばしばこのように機能している。エーテルの蒸気のような純粋さから、思想が日常の物に凝結し、逆に観念が、固い日常の世界から空気中に昇華するように見える。

　しかし、どちらの構図でもうまく行かない。哲学的考察と物理学的考察は、整合した列車時間や電信時間の採用の「原因」とはならない。工業技術は、抽象的に観念が集まったものから派生したわけではなかった。十九世紀末の電気で整合した時計の広大なネットワークは、哲学者や物理学者に、同時性について新しい規約を採用することをもたらしたり、強制したりはしなかった。今の整合した時間の語りは、漸進的な蒸発や凝結の見立てのいずれにも当てはまらない。別のイメージが必要とされる。

　水蒸気による、閉ざされた大気で覆われた海を想像しよう。この世界が十分暑ければ、水は蒸発する。蒸気が冷えると、凝結し海に雨が降る。しかし圧力と熱が、水が膨張すると蒸気が圧縮されるようなものなら、液体と気体は同じ密度に近づく。その臨界点が近づくと、非常に変わったことが生じる。水と蒸気はもはや安定せず、世界中で、液体と気体のポケットが二つの相の間で、蒸気から液体、液体から蒸気へと行き来するようになる――分子の小さな塊から惑星全体の大きさ近くの体積まで。この臨界点では、異なる波長の光が様々な大きさの水滴で反射するようになる――小さな水滴で紫が反射し、大きい水滴では赤が反射する。まもなく、光はありうるすべての波長で跳ね返るようになる。可視光のすべての色が、真珠貝の光のように反射する。このようなひどくゆらぐ液相気相の変化は、光を「臨界タンパク光」と呼ばれるものにして反射する〔「タンパク光」は「オパールのような光」という意味。アインシュタインには、「臨界状態の近傍における均質液体および混合液体の蛍光の理論」という一九一〇年の論文がある〕。

　これが整合した時間のために必要な見立てである。長い間には、工業技術、科学、哲学の明らかにばらばらの領域では理解できない科学=工業技術的変動が生じる。一八六〇年から後の半世紀での時間の整合は、工業技術の分野から、科学や哲学のもっと純化された領域へと、ゆっくり、均等な歩みで登っていく単純な気化ではない。また、時間の同期という考え方は、純粋な思考の領域に発して機械と工場の物や動作に凝結するものでもない。時間の整合は、抽象的なものと具体的なものを行き来するゆらぎの中、様々な尺度で、臨界タンパク光のような活発な位相の変化の中で登場してくる。

ヨーロッパや北米の——実際にはそこからはるか遠くのところでも——ほとんどどの町についても、記録を調べれば、この十九世紀の末の頃、時間を整合させようとしていた苦労の跡がある。鉄道の駅長、船乗り、宝飾品商などが残した黄色くなったデータもあるし、科学者、天文学者、技術者、企業家のデータもある。時間の整合は、教室の時計を校長室の時計につなぐ個々の学校の建物にとっての仕事でもあったし、町、鉄道の路線、国の仕事でもあった。公共の時計をきちんと整列させようとし、しばしばそれをどう実現するかで必死に苦労することも多かった。中央政府の文書館に戻れば、アナーキスト、民主主義者、国際主義者、将軍たちと、登場人物はどんどん広がる。

本書は、この声の不協和音のただ中で、時計の同期が、単なる手順の整合ではなく、科学と工業技術の言語の整合の問題にもなったことを示そうとする。一九〇〇年前後の時間の整合は、ますます正確になった時計の前進の一つではなく、物理学、工学、哲学、植民地支配、商業がぶつかりあう物語である。一刻一刻、同期した時計は実用でもあり理想でもあった。つまり、銅線にかぶせた天然ゴムの絶縁体であると同時に普遍的な時間でもあるということだった。ドイツでは国家統一の化身として使われ、フランスでは同じ頃、第三共和政による革命の合理主義的制度化の体現ともなったほど、時間の調整はさまざまに解釈された。

私の狙いは、整合した時間をこの臨界タンパク光を通じて追跡し、とくに、アンリ・ポアンカレとアルベルト・アインシュタインによって改訂された同時性をそのただ中に置くことだ。時間生産の現場とその配布経路に入って行くと、時計でまとまる二つの重要な場所に繰り返し行くことになる。アインシュタインとポアンカレの、時計と地図《マップ》という超越的な見立てをすべて、文字どおりの場所につないだところ、すなわちパリの経度局とベルンの特許局である。

ポアンカレとアインシュタインは、その二つの交換所にあって、時間の整合が交錯するところを目撃し、広報し、競い合い、同列に並んだ。

論述の順序

整合した時間の運命は、単純な広がる円にいる、鉄道の管理者、発明家、科学者といった核になる集団からはたどれないので、本書の物語は局所的な語りと世界規模の語りとの間で話の尺度を切替えることになる。第2章（「鉱山、カオス、規約」）では、ポアンカレを、少々変わっているかもしれない形で紹介したい。一九〇二年のベストセラー『科学と仮説』からすると、その人が鉱山技師の教育を受け、フランス東部の危険で緊迫した鉱山の監督として勤務していたとか、パリ経度局の運営に二十年以上、一八九九年には（後に一九〇九年から一〇年にも）長官を務めるなどして、参与していたとか、海底ケーブルや都市の電化に関する論文と電気力学に関する根本問題に関する抽象的な論文が並ぶような電気工業技術に関する主要な学術誌の編集者を務め、しばしば寄稿もしていたとかのことを、誰が想像するだろう。

時間の変容——徹底した世俗化——を理解するには、ポアンカレを見直すことが必要だ。ポアンカレの同時性の規約化は、ただの数学者=哲学者、あるいは数理物理学者と見たのでは（もちろんその両方だったのだが）、二次元に均されてしまう。単に工学への副次的な関心を加える以上のことが必要だ。本書のポアンカレは、特定の問題を解くために、哲学、数学、物理学から、あれやこれやの「資源」を利用しながらふらふらと漂うモナドとして登場するのではない。私は本書を通して、ポアンカレを、物理学での（あるいは哲学、あるいは工学での）いくつかの分岐点で、およそ一貫した行動をとった一連の強力な動きの中に置きたい。それは、あらかじめ作られているポアンカレが、母校エコール・ポリテクニクからただこまごまとした手順をむしり取ったということではない。ポアンカレはその産物でもあるということだ。本人も言うように、ポアンカレとその仲間は、ポリテクニクの「工場出荷証明」を誇らしく帯びていた。第2章はその刻印についての話で、その下では、ポアンカレが鉱山事故を評価することも、太陽系の安定性と運命を占い、抽象的な数学を生み出すことと同じく理にかなったことだった。それによって、ポアンカレに迫り、この物質的なものと抽象的なものとの間のより広い結びつきを捉えることができる。そして、その後の各章でポアンカレが同時性の問題を、いろいろな、それでも交差する物理学、哲学、工業技術の光の下で同時性の概念を再検討することに執着した様々な様子を理解するとすれば、この結びつきが決め手となる。

しかしポアンカレのポリテクニクで受けた教育――その後の鉱山や数学の年月も――という「工場」は、時間の整合という世俗化を位置づける領野としては、まだそれほど広くはない。そのもっと広い領域は、フランスを超え、諸大国が首が折れそうな速さで築きつつあった鉄道と電信のネットワークのぶつかりあいにまで広がる。このネットワークを、しばしば紛争になる境界に重ね合わすことは、一八七〇年代から八〇年代にかけて、時として苦労して、両立しない長さと時間の単位の衝突を整合させることを狙った規範《コード》と取り決めによってのみ達成できた。そこで第3章では、第2章のクローズアップよりも引いたところから見てみる。

第3章「電気の世界地図」は、この地球を覆うネットワークという、はるかに大きな時間の眺め《タイムスケープ》――ぶつかりあう時間の諸帝国――を追いかける。十九世紀後期の何十年かには、地球の地図を描く分野ほど、世界的に通用する取り決めを求めていたところはなかった。この時期、貿易量のとてつもない増大に直面して、船乗りたちは、当てにならないことも多い、異なる経線の格子の地図に不満を抱いていた。新しい土地を征服し、資源を確保し、鉄道路線を建設する、速さを増していた植民地の当局もそうだった。誰もが正確で一貫した地球の地理を求めていた。こうした様々な要請が、一八八四年、アメリカ国務省で行なわれた会合で頂点を迎えた。二十二か国が集まって、一本の本初子午線――経度ゼロの線――をめぐって争い、結局イギリスのグリニッジに決まった。フランス代表団は落胆して、というより地球のゼロの線が大英帝国から広がるハブと僭称されることに怒って、フランスの合理的な啓蒙の刻印を、時計と地図の新しい世界秩序に捺す決意で、時間を十進法にするよう運動した。

第4章「ポアンカレの地図（マップ）」は、中程度の距離をとって、この一八九〇年代の時間を合理化するフランスの運動の最高潮を取り上げる――ポアンカレはそこで決定力のある役割を演じていた。フランスによる革命的な時間の十進化、それとともに円の分割に関する年来の案の評価を任された、ポアンカレ率いる省庁間委員会は、時間の単位に関する取り決め方について、競合する案に直面した。実際、世界中の時計を整合させて正確な地図を作るのが担当のフランス経度局で、ポアンカレが上席のメンバーを務めるようになったのは、まさにこの時期のことだった。この、ヨーロッパ、アフリカ、アジア、南北アメリカの、正確に同期した時刻と測地による地図の世界で、私たちはやっとポアンカレによる一八九八年の同時性を規約として扱うという哲学的な提案に出会う。同時性が時計の同期のさせ方に関する合意でのみ定められるとすれば、ぴったりの前提条件は、電信技術者にして経度を求めていた人々がしたのとまったく同じように、時計を整合させることだった。この動き――最新の地図学と時間の形而上学とに関する発言――は、並外れて重要なことだ。そこにはニュートンによる絶対の神学的時間には占める場所がなく、その代わりに「手順」が立てられた。神の絶対時間があったところに、技術による共通の時間が立った。

　ポアンカレによる一八九八年の時間の規約化には、直接に電気力学や相対性原理について述べたところはない。そのつながりが出て来たのは一九〇〇年十二月、ポアンカレがオランダの物理学者ヘンドリク・アントーン・ローレンツによる以前の業績を再検討していたときのことだった。ローレンツは一八九五年、次のようなきわめて巧妙なアイデアを組み込んだ電子の理論を出していた。エーテルの静止系では、電場と磁場を支配する方程式（マクスウェルの方程式）が成り立つと考えられるが、そこでの時間をローレンツは「真の時間」t_{true} と言っていた。鉄の塊のような何かの物体が、このエーテル静止系で動いていて（エーテルをくぐって進む）、マクスウェルの方程式は、鉄の中と周辺の電場と磁場を詳細に記述するとしよう。物理学は鉄の塊とともに動く系からはどのように記述すべきか。これはまるで、物理学が、動く座標系がエーテルの中を突進しているという事実を考慮に入れようとして、突然、さらにとてつもなく複雑になったように見えた。しかしローレンツは、場と時間変数を定義し直せば、この方程式を単純化して、エーテルの静止系のときと同じように単純にできることを見つけた。事象の時刻を、その事象がどこで起きるかに依存するように定義し直したので、ローレンツは「地方時（オルツツァイト）」t_{local} と呼んだ。ライデン、アムステルダム、ジャカルタなどの（経度で決まる）時間を表すのに、今日の日常生活で使われるのと同じ言葉だ。決定的な点は、ローレンツの地方時は、方程式を単純にするために使われた、純粋に数学的な虚構だった点だ〔以後、「地方時」に相当する英語の"local time"の訳語は、物理学の文脈では、通例に従って「局所時間」とする〕。

ポアンカレは、時間についての最初の論文を、一八九八年、哲学の学術誌に発表した。その目標は、電信のやりとりによる時計の整合が、同時性の規約による定義にとっての基礎をなす点を明らかにすることだった。それは工業技術的で哲学的なことであり、運動する物体の物理とは何の関係もなかった。これに対して第二の論文（一九〇〇）では、ポアンカレはローレンツのt_{local}を、実際の（数学的ではなく）動く座標系の物理学へと劇的に拡張した。確かにポアンカレは、あらんかぎりのことをして、自分の「見かけの」局所時間とローレンツの数学的な局所時間との間には違いがあることに目を向けさせないようにした。それでも、この概念は動いていた。ポアンカレの手の中では、局所時間は虚構の地位を失い、信号のやりとりはエーテルの風に逆らって、あるいはその追い風にのって進むという事実について修正するときに、動く座標系の観測者が自分の時計に基づいて示す時間になった。

ポアンカレの一九〇〇年の局所時間の解釈とともに、三つの系列――物理学、哲学、測地学――が突然、電子的に同期した時計を整合させるところで交差した。ポアンカレは再びローレンツに呼応して、一九〇五年から六年にかけて、同期した時計に関する第三の論文を書いた。ローレンツは一九〇四年、自身の局所時間t_{local}を修正して、架空の動く座標系での電気力学の方程式を、さらに「本当の」エーテル静止系に似るようにした。ポアンカレはローレンツの結果を利用して、中でも局所時間の定義を修正して、まさしく架空の運動する座標系と本当の静止座標系との数学的対応をつけた。しかしポアンカレにとって重要な点は、ローレンツの理論を少し修正したことではなかった。むしろこういうことだった。ポアンカレは、時計がエーテルをくぐって運動するときにそれを整合させると、まさにローレンツの新たな局所時間を与え、その座標系で動く現実の観測者に対してそれを与えることを明らかにしたのだ。ポアンカレは「見かけの時間」と「真の時間」を対立させつづけたが、相対性原理は立派に成り立っていた。一九〇六年には、ポアンカレは光による時計の整合を、現代の知識にとって根本的な三つの事業、工業技術、哲学、物理学の前面かつ中心に置いていた。

このフランスの万能学者は、測地学的な時間から始まり、足場を反形而上学的な規約による時間へ移し、それから局所時間と相対性の物理学への道を開いた。その物理学全体にわたり——また哲学、技術、政治学にもわたり——ポアンカレは自分のいる世界を、合理的で直観的な介入を通じて改善しうると見た。問題を「危機」に押し込んでそれを解決することにいそしんだ。ポアンカレの姿勢は、取り組む構造物の大きな支柱やケーブルをせっせと組み立て直す進歩的な技術者のものだったが、「われらの父祖たち」の作った世界は尊重され、まとめられ、改善されるべきだと唱えていた。

第5章では、「アインシュタインの時計」に目を転じる。一九三三年から五三年にかけての、預言者のような、世界的に有名になった、数学に傾いたアインシュタインではなく、クラムガッセのアパートで自家製の器具をあれこれいじって改造していたアインシュタイン、機械の設計と特許の審査に追われていたアインシュタインだ。これは、第一次大戦後のベルリンで突如有名になったアインシュタインでも、プリンストン時代の世間離れした隠者のような、年をとったアインシュタインでもなく、一九〇五年のベルンで世の中とかかわっていたアインシュタインである。スイスで鉄道、電信、時計のネットワークが工業技術的なインフラとして登場したのは遅かったが、ひとたび始まると、そこでの同期した時間はまさしく公共の仕事だった——ベルンはその中心にあった。ベルンからは電子的な時刻が外に向かって、ジュラ地方の時計産業へ、町で表示される公共の時計へ、鉄道へ、それからもちろん、同期した時計の特許審査にも広がって行った。アインシュタインはそのまっただ中にいた。

それでもアインシュタインの整合した時間への道筋は、ポアンカレの場合とは大きく異なる。アインシュタインの見方はあまり改良主義的ではなかった。自らは異端のアウトサイダーとして育ったアインシュタインは、父祖たちの物理学を、改訂・改良するためではなく、それに代わるものを立てるために精査した。アインシュタインは時間の整合と、もちろんもっと一般的には自分の物理学と哲学を、これらの分野の根本となる前提の批判的再評価の眼目と見ていた。アインシュタインは時間の整合のある面から別の面へと筋道立てて進んだわけではない。アインシュタインが相対性理論と取り組んだときの要素のほとんどは、時間の問題に触れる前からすでにそろっていた。たとえば、一九〇一年にはすでに、ポアンカレが維持しようとやっきになっていたエーテルを、アインシュタインはすでに捨てていた。アインシュタインによる物理学と哲学の境界にある批判的作業への関与は前々からのもので、特許局では、アインシュタインやその仲間の審査官が、三年前から時間の機械群を解剖していた。アインシュタインが電子的に整合した時計によって同時性を定義し始めた一九〇五年五月には、問題は、ポアンカレとは違い、ほとんど虚構のようなエーテルに沿って「見かけ」の時間と「真の」時間を区別するということではなかった。アインシュタインの時計の整合は、十年かけて苦労して組み立てていた理論機械を起動する最後に鍵を回すようなことだったのだ。エーテルはなかった。実際の場や粒子はなかった。時計によって与えられる現実の時間だけがあった。

　最終章「時間の位置」では、アインシュタインとポアンカレの仕事が、並外れて近く、かつそれでも遠く離れていることを見ることができる。整合した時間の、二人の競合する使い方のまさしく容易ならざる関係の中で、二人は、自然に対する進歩的取組みか反動的取組みかというのではなく、現代物理学をモダンにするものについて、顕著に異なる二つの見方で目立っている——熟練のポリテクニク生《ポリテクニシャン》が抱く改革の希望と、アウトサイダーによる既成勢力に対する反抗である。ただ、両者に違いはあっても、どちらも電気的に整合した時刻について、同じ並外れた見通しをつかもうとしていたし、そうする中で、二人は二つの大きな流れの交差点にいた。一方には、時計と地図という記号で組み合わされるモダンで巨大な工業技術的なインフラ、つまり鉄道、船舶、電信がある。片や、知識という使命の新しい意味が登場しつつあった。時間を、永遠の真理や神学的なお墨付きではなく、実用と規約によって定義するものである。工業技術による時間、形而上学による時間、哲学による時間が、アインシュタインとポアンカレの電気的に同期した時計で交わった。知識と力の近代的な結びつきという交差点で、時間の整合は、他の何よりも目立っていたのだ。

第2章　鉱山、カオス、規約

フランスの学界でのポアンカレの地位は、一九〇二年の哲学・科学論文集『科学と仮説』が劇的なヒットとなって、並ぶものがないほどになった。数学、物理学、哲学の頂点に立ち、大きな学術調査隊についての報告担当官であり、経度局長官も務めていた。出世したポリテクニク生の代表であり、最初は数学での評判を蓄積し、鉱山技術の厳しい現場にも直接足を運んでいた。そこが本書の中心的主題——からみあう抽象と具象——で、それはポアンカレとその当時の人々にとっては、後の時代の学者と技術者が予想するよりはるかに密接に結びついていた。理工科学校《エコール・ポリテクニク》出身者がポアンカレに、自分たちの行なう年次講演を使って「一九世紀の科学の業績においてポリテクニク生が果たした役割」についての考察を語るよう求めたのも不思議ではない。ポアンカレは、一九〇三年一月二十五日に行なわれたこの講演に臨んで、近年に講演の栄誉に与った人たちの発表を調べて準備をし、その上でかつての級友や同窓生に向かって話した。「ここで講演された方々を見ますと、将軍、閣僚、工学者、大会社の社長、海を越えた帝国を征服した方々、それを運営する方々、三年前にあの壮大なシャンド・マルス［万国博覧会］に世界全体を呼び寄せた方々がいます」。そうしてポアンカレは、一つの教育機関でこれほどの科学、軍人、先進技術の企業家の集団が生まれたのはどうしてかと問うた。[1]

　労働分業が科学の世界にも浸透していた時代にあって、そのような様々な専門家をまとめるためにポリテクニクは何をしたのかと、ポアンカレは声を大にして問うた。確かに、競争の激しい試験が、いろいろな適性の、才能ある学生を選抜しただろうし、またこの学校の伝統的な「高潔さ」（国のために戦う人々、真理のために闘う人々）が、活力の元となったことを認めはするが、このような様々な職業に通じる世界観を生み出したことには、それ以上のものが働いていたにちがいないと言う。もしかするとそれは、優れた人々との交流だったかもしれない――確かに化学者も物理学者も鉱物学者も、みな成長期に学校で高度な数学の文化から恩恵を受けていた。さらに、ポリテクニクの数学者で最も抽象的な人々の中にさえ、「つねに応用への関心が見られる」――それがわかりやすい、職業として応用を行なった人物の間だけでなく、ポリテクニクが生んだ中でも最も学術的な人々の間でもそうだ。ポリテクニクの歴史でも有数の力のある数学者とされるオギュスタン゠ルイ・コーシーもそうだ。コーシーは社会に拘束される数学に反対したことでも有名だが、力学にも強い関心を抱いていた。ポアンカレはさらに、自身の恩師、アルフレド・コルニュを挙げる。この人は好んで、力学《メカニックス》〔機械学でもある〕はポリテクニク生の魂のいろいろな部分を一つにまとめるセメントだと、何度も言っていたという。「それこそが私が探していたポリテクニクらしさを表す『工場出荷証明』です。うちの物理学者、うちの数学者は、みな、どこか機械技師なのです[2]」。

ポリテクニク生――ポアンカレもその先頭にある――が、方針に力学という「工場出荷証明」を刻印された教育から生まれたとすると、そこからしてすでに、大学で教育を受けた科学者とは違っていた。しかしポアンカレにとってはそれですべてではなかった。大学では、教授は科学の一体性について悩んでいた。ポリテクニク生の関心は別で、思考を行動と結びつけることだった。ポアンカレは、ポリテクニクの卒業生が、大学の研究者の多くを襲う、いわゆる科学の失敗をめぐる憂鬱に陥らないよう予防しているのは、「行動」であると説いた。その抽象的なものと具体的なものの結びつきが、この「工場」の最も根本的な特徴なのだ。科学は変わる。世界も変わる。ポアンカレは、教育を発展させる気は十分にあった。「ポリテクニクは、人間世界のすべてのものごとのように、少しずつ変わって行かなければなりません。しかし、その魂となっているものには手をつけてはいけません。理論と実践の連帯は断ち切ってはいけません。それをばらばらにしてはなりません。それがなければ空虚な名前しか残らないからです[3]」。

ポアンカレがポリテクに入った一八七三年当時には、純粋な知識と有用な応用とをつりあわせるという問題は、かつてないほどフランスを捉えていた。そのほんの二年前には、ドイツは普仏戦争でフランスを屈辱的敗北に陥れ、自らは新たな領土を獲得し、統一された熱狂的な科学組織を築き、勝利を祝う記念碑を得ていた[4]。フランスは今やアルザス、ロレーヌ両地方を失い、その壊滅的な敗北の根源を理解しようと必死にもがいていた。国家の技術的なインフラが問題にされた。出る本出る本が、この国の鉄道の残念な状態や、さらに一般的には新しい時代の戦い方への備えが不十分であることを嘆いていた。しかし個々の工業技術以上に批評家が解剖したのは、技術教育機関だった。それこそが早急の再構築を必要としているらしかった。そうした教育機関の中でも代表格の、ポアンカレが入学したばかりのエコール・ポリテクニクほど重きが置かれたところはない。

ポリテクニクは一七九四年の創立で、アメリカ、イギリス、ドイツには類例がない。軍隊を、啓蒙された科学を使って近代的な軍事力に育てることができる技術者のエリート集団を教育するために設立され、数学、物理学、化学が重視されるところとなった。中でも数学が第一だった。学生は競争が厳しい試験（有名な「コンクール」）で選抜され、ポリテクニクは数学に基づく工学の分野で厳格な教育を受けた同窓生集団を生み出した。学生は卒業すると、代々、国家の行政機構の上層部に入って行き、最初は新生共和国を、後の十九世紀になると、帝政フランスを監督した。イギリスなら、オックスブリッジと陸軍士官学校を合わせたようなものだろうか。アメリカならMITと陸軍士官学校を足して二で割ったようなものだろうか。そのようななぞらえ方は成り立たない。ポリテクニク生は、古典の教育を受けるイギリスの大学よりも科学的で、新興のアメリカの技術者よりも数学的であり、ドイツのエリート物理学生ほど精密な実験室の作業に傾いてはいなかった。ポリテクニクは、かつても今も、独特の教育機関であり、一八七〇年代にもなると、フランスで神話的地位を得ていた。

創立されて間もない頃は、革命派の技術者で数学者のガスパール・モンジュが、幾何学を用いて、実用的工学と高等数学それぞれからの相反する要請をうまくまとめていた。モンジュは自身の射影幾何学が、精神を訓練し、科学的な真理を明らかにし、石材、木材を彫刻し、堡塁を形成すると信じていた。ところが十九世紀最初の二、三十年の間、モンジュの方針はぐらつき始めた。数学を推進する主要な担い手は保守的なコーシーとなり、世界を精神と結びつけるという野心を自覚的に捨てるようになった。科学が上昇し、応用は後退した——新しい、もっと専門的な工学校の創設によって促された傾向だった[5]。

プロイセンによってパリが陥落したとき、フランス人には責めるべき機関にことかかなかった。パスツールは、ドイツの勝利をフランス科学の失敗と見る人々に、フランス中の大合唱とともに、自らの権威ある声を貸し与えた。ポリテクニクでも、非難は声高に響いていた――そこは科学的な工学の一大根拠地であり、卒業生はすでに軍服を着ていた。元学生で、物理学者の間での売り出し中のスターだったアルフレド・コルニュは、壊滅後のこの学校の立場を明確に定めた。科学と世俗へのかかわりとを絶妙につりあわせる立場だった。コルニュはいわば、新たな第三共和政下のポリテクニク生の理想型となり、純粋から応用へとすべるように易々と進んだ。ポアンカレが後に賞賛して述べたところでは、コルニュの業績は光学の広い範囲に及び、物理学者だけでなく天文学者、気象学者、さらには時計業者にも新しい装置と技術をもたらした。ニースで、類まれなほど精密な、強大な振り子のついた天文時計を、指名されて建造したコルニュは、その時計を完成させるために、毎年そこへ行っていた。さらにコルニュは、電気信号をやりとりすることによる時計の整合について、詳細な数学理論を展開した。(6) その純粋と応用の結合も、その電気による時間の整合への特異な関心も、ポアンカレに響かないわけがなかった。

コルニュの授業では、実験室での特異な現象を型どおり実演することが多かった。学生の手でやらせることはしなかったが、コルニュにとって実験は科学の必須の部分だった――科学の目的ではなくても、出発点ではあった。コルニュだけでもなかった。一八七〇年代のコルニュも同僚も、ポリテクニクを巣立つ若い科学者が、確実に実験に対する深い敬意を抱いて卒業して行くようにしていた(装置の操作、複雑な計測、データ分析に立派に習熟しているということではなくても)。学生は、科学的作業の終点として、データを取り込む数学的な構造を見ることをおぼえた。原子だとか電場だとかの個々の仮説がその通りに成り立っているとは信じ込まないことを学んだ。ポリテクニクで化学分野に空いたポストを埋めることになったとき、教員団は何よりも、原子を信じる人々とそうでない人々とのつりあいを維持しようとしていたと言えば、その姿勢がよくわかるだろう。(7)

一八七三年十一月にポアンカレが入って行ったところはそんな世界だった。有能で、鋭敏で、熱心なポアンカレは、周囲の学生を鷹のように観察し、ライバルの品定めについて家に手紙を書き、ときには学生のいじめについて感想を述べたり、イエズス会による政治的陰謀について憶測をめぐらせたりもしている。ポアンカレの関心を捉えたのは力学で、この何より重要な科目でポアンカレの成績は、十九点、二十点の水準へと急速に伸びていった（満点は二十点）。実家には、教授が授業でして見せたのよりも簡単な証明を自分が見つけたことを自慢そうに書いている。また、製図やデッサンでの成績が上がったことも書いている。ポアンカレが、ポリテクニクの学生の一団と地元のクリスタル工場を訪れて労働者を驚かせたことがあるが、そのときポアンカレは、労働者の器用さや、ジーメンス製の炉の技術力に感心したことを書いている(8)。学生の頃から、ポアンカレはポリテクニクの「工場出荷証明」を認識していた。しかし母親に対して伝えた話では、学校の教えは後々言われたほどの輝きを持っていない。

> 私たちはまるで、その動きについて行かないと追い越されてしまう巨大な機械の中にいるようです。X［ポリテクニク］が私たちの前の二十世代でしたことと、私たちの後に集まる $2n+1$ 世代がすることをしなければなりません。ここでは知能のうちの二つの機能しか使いません。記憶と弁舌です。授業を理解するのは、誰でも多少の手間でできることですし、だからこそ、学校は望むだけ詰め込めるのです。……そのため私はこんな選択を迫られています。自分の個人的なことをあきらめるか、自分の位置をあきらめるか。こちらの選択肢は二年しかもたないので、私がした選択は疑いなしです。私の位置から得られる利益は計り知れないからです。けれどもそれは維持しなければならず、［英語に転じて］そこが問題です《ジス・イズ・ザ・クエスチョン》(9)。

コルニュの死去に際しては、コルニュがどれだけ、友人として、助言者として、教師として悼まれるかについて、個人的に語っている——そしてポアンカレの職業人生は、多くの点で同じような道をたどった。どちらもポリテクニクのスター学生で、どちらも高等鉱業学校《エコール・デ・ミーヌ》へ進み、どちらもポリテクニクで教えるよう呼び戻されたのを受け入れ、どちらも技術行政部門で国家に仕えた。二人が受けた教えは深く刻み込まれていた。ポアンカレもコルニュも当時のポリテクニク生も、抽象的知識と具体的知識とのつながりへの肩入れを、生涯維持した。どちらも経度局の幹部を務め、同じポリテクニク生とともに、二人が運営を助けた電気技術専門誌から二人が務めた学術的委員会まで、無数の工業技術的に進歩する事業を動かした。そのことが、二人の受けた教育を証言している。

もちろん、純粋科学と世の中にかかわる工業技術との関係は、ポリテクニクでは――他のどこでも――決してどこかで固まってしまうことはなかった。それは広大でゆっくりと波打つ海のようなもので、工業技術の谷間に堂々たる科学が高く姿を現すことがある。時によっては、勝ち誇る軍事や産業にかかわる工業技術が、純粋な知識を唱える声を上回って高まることもある。一八七一年の敗北の後の短い時期、コルニュたちはこの海を、少なくともポリテクニク周辺では、おおむね同等の主張による滑らかな水面に均した。ポアンカレがポアンカレになったのは、工業技術と数理物理学が同じ力で駆けめぐるこの「巨大な機械」の内部でのことだった。

鉱山

時計の話に転じる前に、ポアンカレの初期の経歴にある二つの時機を見ておくのがよい。そこから、ポアンカレがどういう人で、科学と工業技術の激動の中でどう考え、どこに立っていたかについて、いろいろなことがわかるからだ。簡略表記として、この二つの時機を鉱山期とカオス期と考えてもよい。ポアンカレの仕事の最初の十年――一八七〇年代から一八九〇年頃まで――の間、ポアンカレが取り組んでいたのは、太陽系の新しい、ひどく不安定な力学だけではなく、十九世紀後期フランスの鉱山という、煤だらけの危険な世界でもあった。

一八七五年に卒業したポアンカレは、伝統に従って、他に二人のクラス総代とともに、高等鉱業学校に進んだ。この三人――ポアンカレ、ボヌフォワ、プチディディエ――は、十月からはそこで勉強を始めた。(10) ポアンカレの担任、数学者のオシアン・ボネは、ポアンカレが数学を研究するために、受講科目の負担を減らそうとしたが、高等鉱業学校はそれを聞き入れなかった。そこでポアンカレは鉱山の詳細を勉強しながら数学の博士論文を仕上げた。地質学実習では、たとえば一八七七年には、オーストリア゠ハンガリーまで行っている。

ポアンカレの文化的な仲間も広がりつつあった。かわいい妹のアリーヌによって、哲学者のエミール・ブートルー

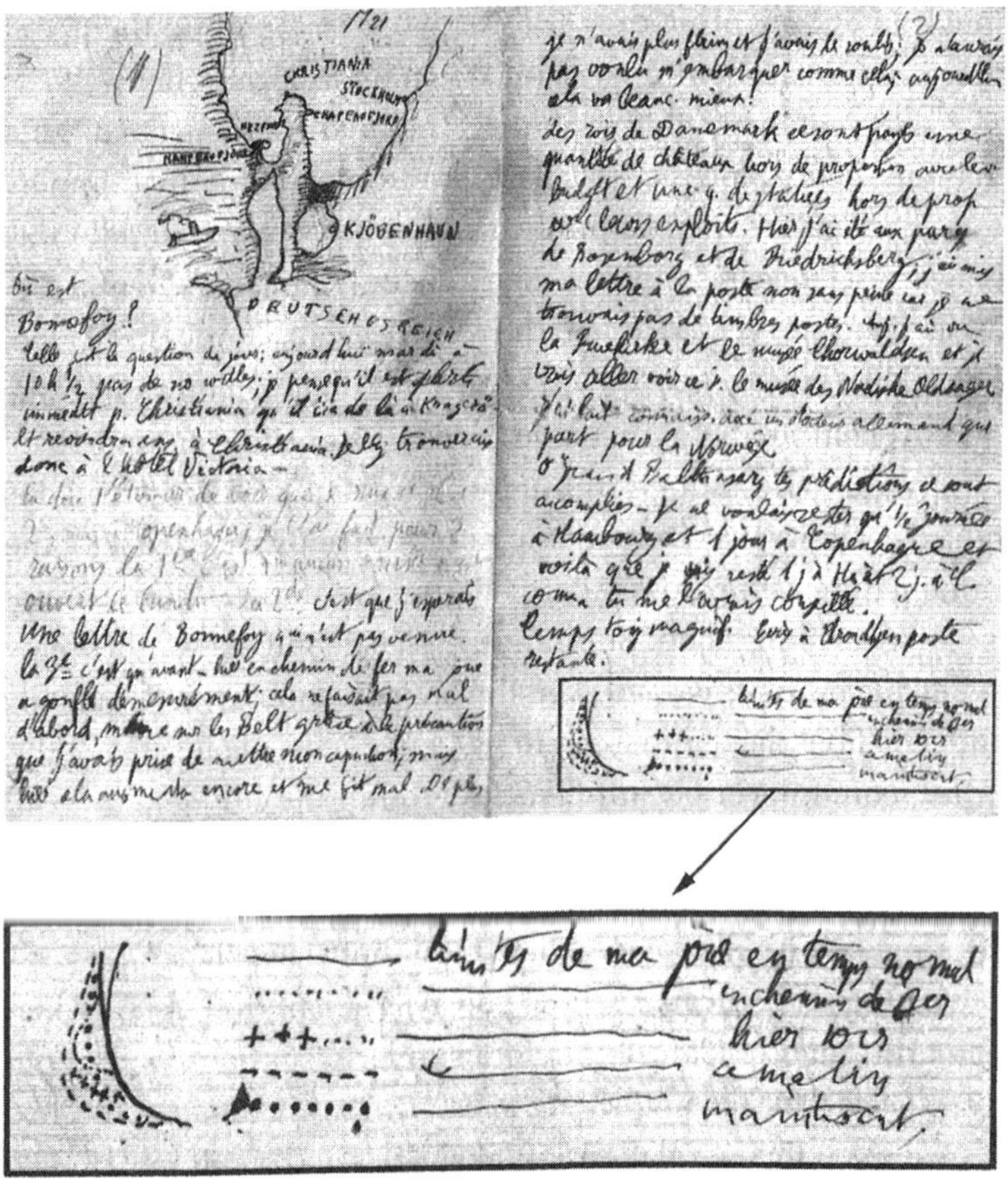

図 2.1　ポアンカレの幸福曲線（拡大図とも）．この手紙はポアンカレから母親宛てに，1879 年夏に書かれたもので，地質学の実習旅行のときの手描きの地図と，「平時」，「昨日」，「列車内」，「現時点」の「自分の喜びの限界」を示す幾何学的な曲線が入っている．出典：Archives Henri Poincaré, M021.

に引き会わされた。アリーヌはその後、このブートルーと結婚する。ブートルーとポアンカレはすぐに哲学の話を始めた。ブートルーは普仏戦争のときまでハイデルベルクで勉強していて、人文学と科学とを結びつけるというドイツ哲学の方針を自分の方針にしていた。生産的で熱心で宗教心もあるブートルーは（ハイデルベルクで吸収したカント主義に従って）、科学の領域の多くが、「外の世界」よりも心の中の方にあると論じた。ポアンカレは、ブートルーを通じて、他の哲学者とも会うようになった。哲学に傾いた数学者ジュール・タヌリなどだ。このグループはブートルーの宗教心を共有してはいなかったが（タヌリは熱烈な世俗の共和派だった）、みな、単純な観察としての科学と精神の産物としての科学の中道を探していた。ポアンカレはその見方が性に合うと思ったらしい。ポアンカレも長年、科学はまさに帰納と演繹の混合が必要だと論じていた。一八七七年頃のあるときにアリーヌに書いた手紙で言うように、観察と帰納は「留保」つきで扱うべきだという。「帰納は当の観察と同じ性質の知識を与えることができるだけだと人は言うだろう。観察は実質については何も教えることができない。……単独の現象を明らかにできるだけで、現象そのものは明らかにできない。我々の中に生む感覚作用だけだ」。ポアンカレは妹に、経験では、知識の十全な一般性の土台として決して十分とはなりえないと言った。「それについて君は僕にどうしてほしい？　いつも我々に属しているることだけを取り上げよう。他のことについては遠慮して、そういうものは我々にとって、内容のないものにとどまることを認めなければならない[11]」。

ポアンカレと同じポリテクニク生、哲学者で科学者のオギュスト・カリノンも、同様に「我々に属さない」知識を警戒の眼で見ていた。一八八五年、カリノンは力学と幾何学の基礎に関する論考を発表した。ポアンカレとも良好な関係にあったらしい。一八八六年八月に二人が会ったときは、カリノンが後で近著の「力学の批判的研究」を一部送っている。この論文は、ストレートに、絶対空間と絶対時間について用心する記述で始まっている。

数学や哲学の多くの著述が、絶対運動の概念を一次的観念《イデー・プルミエール》として受け入れている。この見解には、多くの異論も出されている……合理的な力学の観点からすれば、この問題はまったく重要でないと言っておくのが良いだろう。

他から切り離されていると考えられる点の運動は、純粋に形而上学的な考え方である。なぜなら、そのような運動を想像しうると認めても、それを確かめ、幾何学的条件、たとえばその軌跡の形などを明らかにすることはできないからである。(12)

カリノンは、絶対的なものには手が出せないので、語るのは相対運動についてだけだった。同様に、同時性も利用できなければならないことを説く。特定の位置で運動する二つの天体は、「同じ時刻に」それを見た場合にのみ、同時と呼べることになる。カリノンにとって、人間による事象の記録が重要で、そのためカリノンは、感覚が脳に記録されるのにかかる時間も計算に入れたいと思うほどだった。「時間の概念そのものは、したがって、我々の脳が機能する様式に内属していて、我々の精神のようにできている精神以外にとっては、何の意味もない(13)」。確かにカント主義だが、ドイツ語圏を支配していたものよりは、ずっと心理学的（あるいは心理生理学的）なものだ。ポアンカレはほとんどすぐに返事を書いて、この著作を逐一論じたように見える。その手紙は残っていないが、カリノンの返事は残っていて、そこからポアンカレの第一の感想が、「同じ時刻に」という概念を論じていることが明らかになっている。ポアンカレは、「我々が同時性や継起を判断するのは自分の感覚のみによる」ことに同意していたらしい(14)。

科学的知識の限界、観測の力にかかる制約、科学が行なう際に人間が演じなければならない積極的な役割に関するポアンカレの哲学的思索は、その後の生涯にわたって続く主題だった。しかしそうした哲学的な思索のいずれも、数学の研究（数学の博士論文は一八七八年に提出されている）や、鉱山に関する仕事を中断することはなかった。一八七九年三月、ポアンカレは高等鉱業学校から「普通技術者」という学位を与えられ、四月三日にはヴズール〔フランス東部の町〕の新しい職に着任して、そこで翌日には監督の仕事を始め、その後の何か月か、集中して続けた。一八七九年六月四日には、サン＝シャルルは鉱脈がほとんど掘り尽くされていることを報告した――「鉱脈は貧弱にして安定していない」。九月二十五日には、サント＝ポリーヌ炭鉱で、通気、ガス抜き、水源に注目している――まさしく高等鉱業学校が力点を置いていたような技術者の職務だった。一か月後の十月二十七日、ポアンカレはサン＝ジョゼフ炭鉱へ行って、精錬の作業を視察した。このとき最後に鉱山を訪れたのは、一八七九年十一月二十九日のことだった。

しかしその途上の一か所、マニーでは、定常業務にはならなかった。一八七九年八月三十一日午後六時、二十二人の作業員が交代要員として炭鉱に下りて行った。午前三時四十五分ごろ、爆発があって坑道をふさぎ、瞬時に坑夫のランプを吹き消した。ケージにいた二人は激しくゆさぶられ、別の二人は水ために放り込まれた（幸いそこは五フィート〔約一・五メートル〕ほど下で板に覆われていた）。この四人の生存者は地上へよろめき出た。坑の近くで休憩中だった坑夫長のジュイフは、すぐに部下を率いて鉱山に入り、そこで重なった布が、くすぶる火口のように、ぶすぶすと燃えているのを見た。ジュイフはまっしぐらにそこへ向かうと火を消し、残った木造構造物と石炭に火がつかないように、あるいは再びガスが大爆発するという最悪の事態が起きないようにした。叫び声をたどって、十六歳のウジェーヌ・ジャンロワを発見したが、この少年は翌日、傷のために亡くなった。捜索中に見つかった坑夫の二人に一人はすでに死亡していて、ひどい火傷を負っている者もいた。

ポアンカレは、二次爆発の危険があったにもかかわらず、爆発のほとんど直後の救出作業中に坑に入った。鉱山技術者として任命されている以上、大事故を起こした原因をつきとめるのが職務だった。直接の元になった最初の火元を探して、まずランプに目を向けた。一八一五年、ハンフリー・デーヴィが考案した「安全ランプ」は、ワイヤを細かく編み込んだ網で火を囲み、光と空気は通したが、炎は外に出ないようにしていた。メタンが充満した坑内でランプが破裂すれば大事故が起こるのを待っているようなものだった。４１４と４１７という番号がついたランプは、ヴィクトル・フェリクスとエミール・ドゥセーのものだった。二人は回復しなかった。18番のランプは落盤で完全に破壊されていた——編んだワイヤもガラスも、どこにも見当たらず、棒はねじ曲がり、折れていて、頂部は底部から完全に離れていた。ポアンカレが調査報告書で書いているところでは、まずとくに４７６番のランプに目を向けた。ガラスはなくなっていて、二か所の亀裂があった。第一の亀裂は長く幅も広く、内部の圧力によるものらしかった。もう一つのほうは長方形で、明らかに外からできたものだった。実際、亀裂は、どの作業員に聞いても、標準装備のつるはしで叩いてできるものに似ていた。当該のランプは三十二歳の坑夫オギュスト・ポトーが使用していたものだったが、その遺体の近くにはなく、ポアンカレが観察したところでは、木材の支柱の、地面から十センチばかり上のところにひっかかっていて、エミール・ペロスという作業員の遺体のそばにあった。ペロス自身のランプは、ポアンカレと救助隊によって、別のところで発見された。

報告書の全体にわたって、ポアンカレは事実の記述にむしろ個人的な調子を混ぜている。その後何年も事故調査をしたが、この書き方が冷淡になることはなかった。鉱夫長について、その勇敢さに対して補償を勧告し、医療に関する節は、坑夫の死が即死で長く苦しまなくてもよかったことを願うという沈痛な付言でしめくくられている。ポアンカレの結論は、犠牲者の名を挙げるだけでなく、残された九人の妻と三十五人の子どもの名も挙げている。「会社の寛大な努力もこれほどの悲惨を救うには不十分かもしれない」(15)。

事故の原因を探るときのポアンカレの言葉づかいは分析的になり、仮説とそれに対抗する仮説を出し、両者を一つずつ証拠と突き合わせている。たとえば、坑道で爆発があると、たいてい風上側の坑夫は火傷をして、風下側では窒息するという常識を、ポアンカレは承知していた。マニーの人事故では、死者はみな火傷を負っており、したがって、爆発は最も奥の人物ドゥセーから空気の流れの風下側で起きたと考えるのが論理的になる。落盤もこの推論を強化し、ガス爆発は半月部分（図2・2）で起きたことをうかがわせる。この一見するともっともな考え方に、「同等に事実を説明する」別の仮説が立てられる。とくに言えば、ポアンカレは、爆発がランプ476のあった地点に隣接する木の栓の近くで起きた可能性はないかと考えている。

そこで我々は、これまでのところ同等に成り立つ二つの仮説を手にすることになる。半月部での爆発と、坑道の最上部での爆発である。ドゥセーのランプがないので、それが最初のガスの着火の原因ではなかったことを直接に証明することはできない。しかし様々な検討から、それでも事故の端緒はペロスの作業場で起きたという考えを支持する。(16)

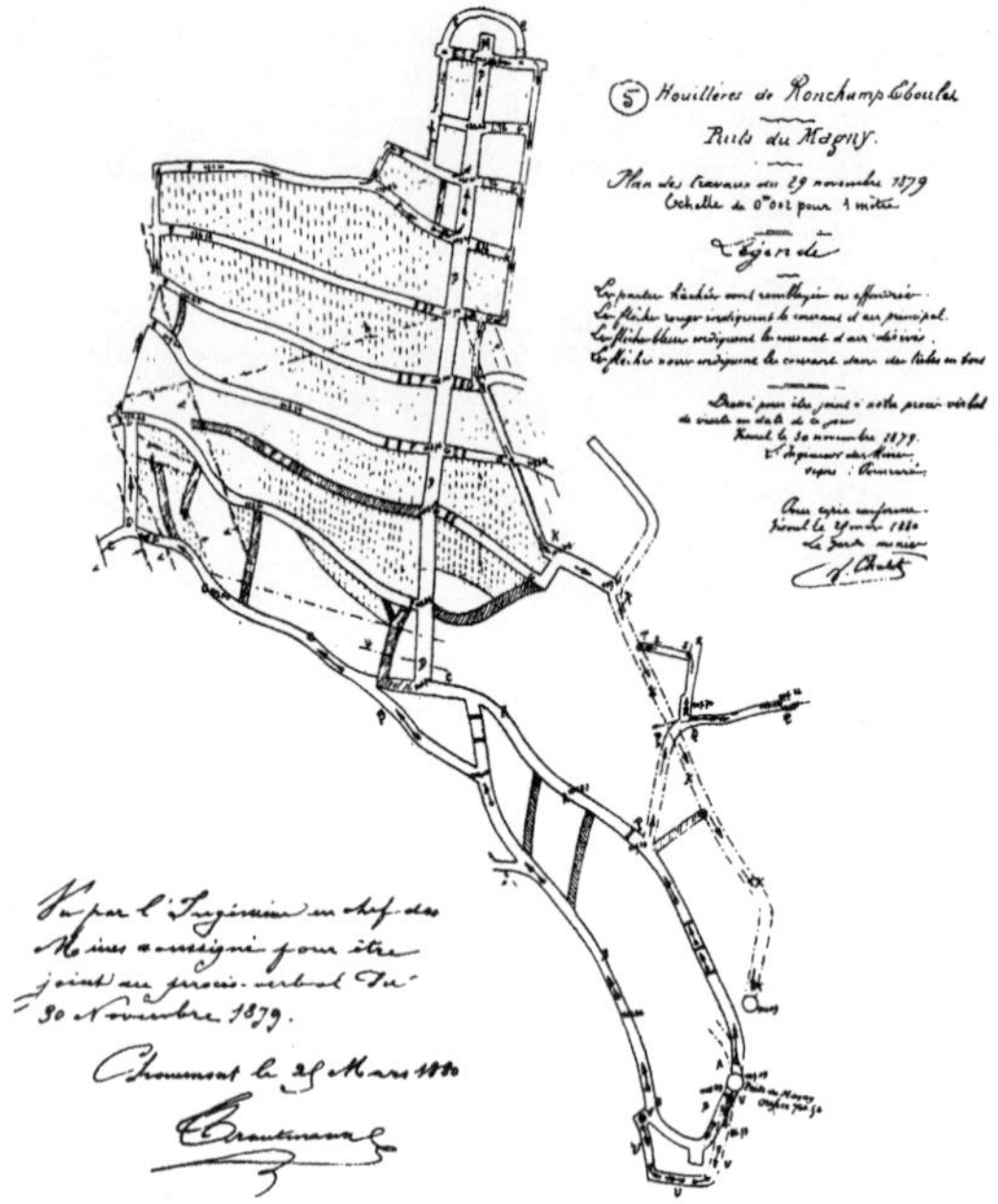

図 2.2　マニーの爆発状況図――ポアンカレは，坑道での空気の流れをたどるためにこの地図を描いた．鉱山安全技師だったときのこと．自身の調査を元に，1879 年 8 月 31 日の致命的な爆発は，地図の上の方にある「半月」坑での爆発によるのではなく，ある坑夫がそうとは知らずに自分のデーヴィ式「安全」ランプに穴を開けてしまったことによるとした．出典：Roy and Dugas, “Henri Poincaré” (1954), p. 13.

ペロスは石炭を積む係で、したがってつるはしは持っていないので、ポアンカレの推理では、ポトーが偶然につるはしでランプを壊し、それから何気なくペロスのランプと交換したにちがいない。この交換の後のどこかで、穴の開いたランプ476が、大気中のメタンに火をつけ、大火災のきっかけとなり、不完全燃焼したガスが空気の主流に遭遇したとき、二次爆発を引き起こしたというのだ。

ポアンカレは調査の間ずっと、一段階ずつ推論を重ね、他にありうるガス源を一つひとつ消去して行った。空気の流れの外にあったものもあれば、排気できないほど古い石炭の鉱脈もあった。ポアンカレはさらに、議論に決着をつけるのは、遠くのガス源から来るガスはいずれもトンネルの天井側にあり、したがって、低いところにひっかかったランプ476と接触はしないという事実であるとも述べた。ガスの通りがゆっくりならペロスは窒息しただろう。ところが、医療担当者によれば、ペロスは立ったまま死んでいたという。そこでポアンカレは結論を出した。ガスはゆっくりではなく、突然入ってきたのだ。おそらくランプ476からほんの一歩のところにあった本来のガスの通り道から。ガスが穴の開いたランプに当たり、坑夫たちは被災した[17]。

ポアンカレは何か月かこの調査の仕事をした。一八七九年十一月二十九日には鉱山に戻り、換気装置の追跡調査をし、テストを行ない、流れを測定し、坑のあちこちでの相対的な気圧を求めた。報告書をヴズールに出したのは一八七九年十二月一日だった。その同じ日、公教育省はポアンカレに、カーン理学校での講師の職に就くよう勧告した。しかし数学もその他の研究も、鉱山学から完全に関心をそらすことはなかった。一八七九年の末にはまだ、数学の仕事と同時に鉱山技師としての仕事も進めたいと思っていた。実際、鉱山局を離れることはなく、一八九三年には主任技術者となり、一九一〇年六月十六日には総監となっている。一九一二年に亡くなる直前には、自分と何人かの仲間で出した、文化系、工業技術系、科学系の人々を集めた本に、「鉱山」という文章を発表した。ポアンカレの部分は、キャプションなしのデーヴィ・ランプの小さな写真で始まっているが、本人にとっては、三十七年前、マニーのまだくすぶる鉱山を思わせる象徴だったにちがいない。ポアンカレは、この文章の後の方で、「火花一つで十分発火する……それに続く恐ろしいことは書きたくない」と書いている[18]。

カオス

ポアンカレは、鉱山で使う機器類――ランプ、昇降機、通風装置――の概略を描いて改善している間も、数学の問題に取り組んでいた。それは物理学の問題でもあった。その問題は、これこそ天体力学の大問題というべきもの、つまり三体問題に収斂した。問題を言葉にするのはごく易しい。単独の物体の運動は、運動する物体はそのまま動き続けるものという、ニュートンが運動の法則として立てた掟で定まる。ニュートンの万有引力を使えば、引き合う二つの物体の動きも解くことができた。惑星は太陽の引力だけを受ける（惑星どうしの引力はない）という単純化した仮定を使えば、ニュートンもその後継者たちも、太陽を回る天体の動きを計算することは簡単にできた。ところが、太陽と月と地球のような、三つ以上の互いに引き合う物体で構成される系となると、状況ははるかにやっかいなことになった。この問題を解くには、十八本の相互に関係する等式が満たされなければならない。空間が三本の座標軸 x、y、z で表されるなら、軌道上の物体の運動をすべて記述するには、三つの天体それぞれについて、瞬間ごとの x、y、z の位置が必要となる（これで方程式は 3×3 の九本になる）。それとともに、それぞれの物体の各方向への運動量が要る（これでさらに九本）。適切な座標の表し方を選ぶと、この十八本は十二本に帰着できる。

十九世紀半ばの多くの数学者にとって、その研究分野の趨勢は、さらにいっそう厳密な表し方――正確な定義、一片の疑念もないように組み立てられる証明――に向かっていた。そんな水も漏らさぬ論理による証明を求める情熱は、ポリテクニクの教育課程を動かすものではなく、ポアンカレの生涯の関心の対象になることはなかった。また、天文学では、方程式を解くためのより良い方法の研究によって、惑星がどこにあるかについて、予測の精度を上げることができたが、ポアンカレ自身はそのような方法を追い求めることはなかった。天文表（天体の位置を並べたもの）のチャートがあれば、航海には十分役に立った。そのような数字を求めるのは、科学的にも実用的にも重要で、それこそがポアンカレのようなポリテクニク生が求めるものだった。しかし通常のやり方で続けることも選択肢にはなかった。ポアンカレは、天文表を求める通常の近似法では、惑星の位置について、ひどく間違った予測が出るのを明らかにすることができた。純粋数学者の厳密さへの固執に引きずられることもなく、また応用する天文学者の伝統的な数値計算の方法への依存が空しいことも確信したポアンカレは、劇的に異なる新しい方法を必要としていた。

ポアンカレは、その天体力学に入れる新しい項目を、図解を通じて見つけた。自分で微分方程式の「質的」特徴と呼ぶものに注目したのだ。微分方程式は、物――点、惑星、水など――で構成される系が、ある時点からその次の無限小時間を経た時点に移るとどう変化するかを述べている。それだけでは、予測をするのには大して使えない。少し後のある時点で惑星がどこにあるかを知っても、船乗りの助けにはならない。役に立つもっと長期的な予測をするためには、天文学者は無限小の変化をいくつも足し合わせ、たとえば今度の六月に火星がどこにあるかを計算しなければならなかった。多くの力学者にとって、そのような問題を解くのは、この足し算（積分）を行ない、最終的な結果を簡単でわかりやすい形にするということだった。それはポアンカレの目標ではなかった。

ポアンカレは、鉱山を離れた頃から、微分方程式を独自のやり方で攻略することを目指した。言わば、一滴の水が流れて行くのをたどるのではなく、水面をなす「すべての」小滴による流れの模様を規定したいと思った。流れの一般的なパターンを求め、系の全体としての特徴を引き出そうとした。たとえば、渦はいくつできるか――六つか、二つか、まったくなしか。そのような進め方からは、特定の小滴が何センチも流れた後の速さを出すすっきりした式も提供しなければ、今度の四月十二日の火星の位置を近似する数値計算の新方式を提供するわけでもない。ポアンカレが求めたのは、方程式が示す外形と、それが表す物理的系を捉える「構図《ピクチャー》」だった。どんな条件の下でなら、小惑星や惑星が宇宙空間へ飛び去ってしまうのか。太陽に向かって行くことになるのか。もちろんそういう研究は抽象的で数学的だったが、同時に具体的でもあった。ポアンカレは何よりも、曲線とその質的なふるまいを把握したいと思った――式や数値予測の詳細や最終的な厳密さが見えるのは、その後だった。[19]

自分の推論を代数の氷の刃より、豊かな視覚的=幾何学的手法にかけることで、ポアンカレは、ずっと昔のポリテクニクの数学的野心に、それをさらに精巧にして戻ろうとしていた。オイラー、ラプラス、ラグランジュの抽象的な式はポアンカレの側にはなかった。何と言っても、ラグランジュは幾何学を信用せず、その解析力学の大著を代数だけの上に立て、幾何学的作図には依拠させないことを誓ったではないか。一つの力学的な類推も一枚の図も、その本のページを汚すことのないようにと。

対照的に、ポアンカレはその幾何学的方法で正確に作業し、力学的な類推は手近にあった。三体問題につながる微分方程式に注目していた一八八一年にはすでに、自分の質的な、直観的野心を浮かび上がらせていた。

これら三体の一つがずっと天の一定の領域にとどまるか、永遠に遠ざかり続けることもありうるか、二体間の距離が無限の未来には大きくなるか小さくなるか、永遠にある範囲内に収まるか、そういったことを問うことはできるのではないか。三体の軌道を質的に作図する方法を理解してしまえばすべて解けるような、この種の無数の問いを考えることができるのではないか。[20]

ポアンカレは、生涯にわたり、微分方程式の数理と三体問題の物理学の問題に戻ったように、この幾何学的=視覚的領域と物理学的領域の結合に何度か関心を戻す。一八八五年に言っているところでは（自分の数学論文でも重要なものの一つについて）、「この覚書のどの部分を読んでも、そこで取り上げたいろいろな問題と、太陽系の安定性という天文学の大問題との類似には目を奪われないではいられない[21]」。力学――機械――はいつもそばにあった。それこそが工場出荷証明だったのだ。

ポアンカレは微分方程式のふるまいを質的に理解する方針で前へ進み、世界中の一流数学者の関心を惹くに足る成果を上げた。一八八五年の半ば、『ネイチャー』誌はスウェーデン王オスカル二世の六十歳の誕生日を記念する数学コンテストが行なわれるという告知を掲載した。ポアンカレは優勝候補だった。スウェーデンの数学誌『アクタ・マテマティカ』の編集人で、有名な数学者のイェースタ・ミッタク＝レフラーは、審査委員を集める任務を負っていた。まずポアンカレのポリテク時代の師、シャルル・エルミートを迎え、それからそのエルミートの師で、おそるべきドイツ人数学者であり、生涯にわたって厳しい論理的厳格さを擁護した、カール・ワイエルシュトラスを迎えた（ミッタク＝レフラー自身、ポアンカレと友好的な関係を保っていた）。応募の締切りは一八八八年六月一日で、第一問がまさしく三体問題に関する問いだった[22]。

懸賞の告知から提出の間に、フランス科学アカデミーはポアンカレを迎え入れた。これは顕著な名誉だった。一八八七年一月三十一日現在三十二歳で、フランスの科学エリートの一団に加わったのだ。アカデミー会員になるということは、経度局から、法務、軍事、学術の領域にわたる、省庁間委員会に至るまで、広い範囲の行政機関に呼ばれることがあるということだった。ポアンカレは、この新しい公務にもすぐに慣れると、もっと広い人々に向けてものを書くようになった。ポアンカレが書いた、新聞、雑誌、科学解説誌などの百本近くの記事や、多数の著書のうち、アカデミー会員に採用される前に書かれたものは片手で数えられる程度だった。

生涯にわたり、視覚的で直観的な方法はポアンカレの道案内の役目をした。研究を始めた当初から、問題を解く方法として非ユークリッド幾何学を用いていた。そして今度は、微分方程式を十年にわたって考える間に磨いていた視覚的（トポロジー的）手法を使って、「星々はかねて定められし矩《のり》をまたがざればなり」という意味のラテン語の格言の下に、懸賞に参加した。この格言で多くのことが伝わる。専門的には、ポアンカレは惑星どうしの引力によって生じる運動に制約をかけ、太陽系の安定性を確認しようとしていた。しかしこのポアンカレのモットーは、数学の範囲を超えて、身のまわりの世界が基本的に安定していることへの心底からの信頼も反映していた。二位以下にも立派な論文はあったが、ポアンカレが楽々優勝した。結果を出すだけでなく、ポアンカレの成果を数学の頂点に置くような新しい方法をいくつも出していた。すべてが順調だった。少なくともそう見えた。

懸賞論文を提出した後（たぶん、自身の質的で視覚的に方向づけられた成果が太陽系の安定性を明らかにする上での役割について考えて）、ポアンカレは一歩退いて、数理科学や教育での論理と直観の役割を調べる研究をした。ポアンカレが言うには、今の数学者は、昔の数学書を見直すと、成果に厳密さが足りず穴が開いていると見るという。かつての概念——点、線、面、空間——は、今や不条理なほど曖昧に見えた。「我等の父祖たち」の証明は、それ自身の重みを支えきれない脆い構造物に見えた。ポアンカレは、今や数学者は、その父祖たちとは違って、「何かの有益な目的があるまっとうな関数とは、できるだけ似ないようにしているように見える」奇妙な関数の群れがあることを知っていると評価した。この新しい関数は、連続だが、傾きを定義することさえできないような奇妙な構成のされ方をしている。ポアンカレが嘆いたところでは、さらに悪いことに、その奇妙な関数の方が多数派であるらしい。単純な法則は、個別の場合に他ならないらしい。新しい関数が、実用の目的に役立つよう考えられた時代もあった。今では数学者はそれを父祖の推論の欠陥を見せつけるために考えている。厳密に論理的な道を進むとしたら、数学の入門者を、始めから奇怪な新関数の「怪奇博物館」になじませることになるのではないか。

しかしポアンカレは、この怪奇なものによる道を読者——学生であれ純粋数学者であれ——にたどるよう勧めているのではない。直観は、数学教育で涵養すべき知的能力の中で、後回しにしてよいものではないと、ポアンカレは論じた。論理がいかに重要であろうと、直観を介してこそ、「数学の世界が現実世界と接触を維持できる。そして純粋数学は現実世界なしにできるとはいえ、必ず直観に戻って、記号を現実から隔てる深淵に橋をかけることが必要となる」。実践家はつねに直観を必要とするし、純粋幾何学者一人につき百人が現実の問題に直面している。しかし純粋数学者でさえ、直観に頼る。論理は証明や批評をもたらすことができたが、直観は新しい定理、新しい数学を生み出すための鍵だった。ポアンカレはあっさりと、直観のない数学者は、文法以外何もなしに独房に閉じ込められた作家のようなものだと言う。ポアンカレの見方は、したがって、教育は（明らかに当時教えていたポリテクニクのことをふまえている）直観的なものを強調すべきであって、われわれの数学の祖先の数学的系譜に連なるためだけに役に立つ、形式的で直観的でない機能は捨てるべきであるということだった[23]。

この数学的直観への訴えかけが活字になったのは、ポアンカレの受賞論文が発表されようとする頃だった。しかし一八八九年七月、ミッタク＝レフラーの下にあった『アクタ』誌で編集者を務めていた、エドヴァルト・フラグメンという二十六歳のスウェーデン人数学者が、授賞対象となった証明にいくつかの問題点があることを知らせてきた。フラグメンはそれをミッタク＝レフラーに伝え、ミッタク＝レフラーは、七月十六日、一つの例外を除いて「ほとんどすぐに消すことができるでしょう[24]」と明るく伝えてきた。ポアンカレはすぐに、その例外は簡単には修復できないことを理解した。これは誤植でもなければ、もう少し丁寧な数学を何行か加えれば埋められるような単純な溝でもなかった[25]。その成果には根本的に間違っているところがあったのだ。賞金だけでなく、ポアンカレ本人、掲載誌、審査員の評判もかかっていた。ポアンカレはどこが間違っているかを明らかにしなければならなかった。

問題は次のようなことだった。微分方程式の研究のときと同様、ポアンカレは三つの天体を考えていた。小型の小惑星が、木星と太陽の系を回っている。この小惑星の軌道としては、どういうものがありうるだろう。一つはとくに単純なふるまいで、毎度同じ地点に、同じ速さで戻ってくるという、単純な周期運動である。そのような反復する軌道をもっと劇的に単純な形で表すために、ポアンカレは驚くべきアイデアを提起した。軌道そのものについては考えないというのだ。ポアンカレは、小惑星が一周するごとに一度状況を調べることができることを認識した——言わばストロボ画像ができる。これは「ポアンカレ写像《マップ》」と呼ばれるようになった〔本書は「地図」のイメージに訴えているので、この意味では「マップ」とする〕。正確に言うと、ポアンカレのマップは、小惑星の運動量と位置を一周ごとにグラフにしていたのだが、その考え方は、このマップを、小惑星の進行方向に垂直な空間に広がる、どんな惑星よりもずっ

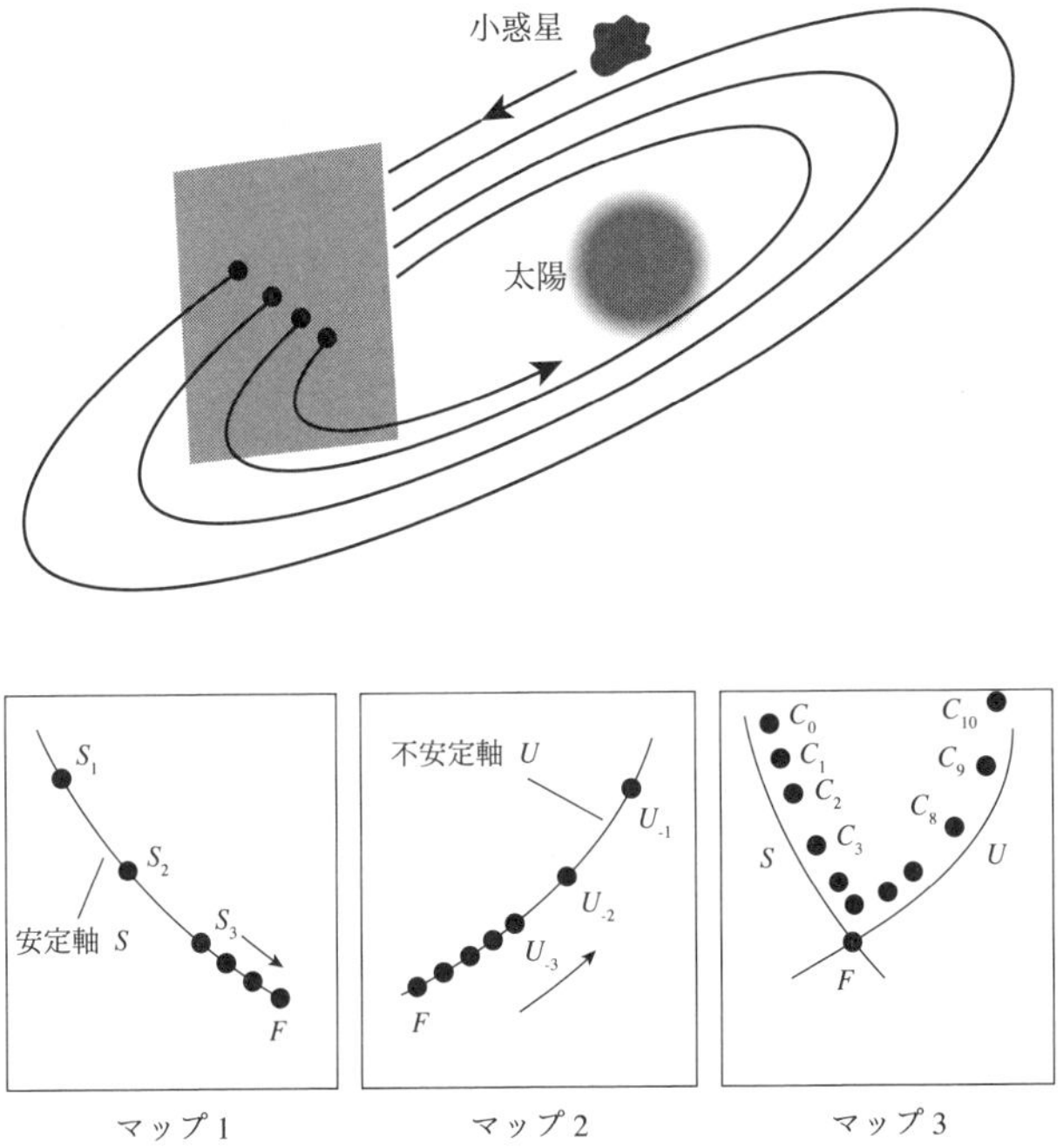

図 2.3　ポアンカレ・マップ．ポアンカレの「ストロボ撮影」図では，シートに間欠的に穴を開けた跡を示す．地図の表現によく似ているので，これは一般に「ポアンカレ・マップ」と呼ばれるようになり，「島」，「海峡」，「谷」と呼ばれるような特徴もある．マップ1は安定した「軸」S を描く．穴の列はこの軸に沿って，不動点 F に向かって収束する．マップ2は不安定な軸 U を示し，穴の列は F から遠ざかる．マップ3は不安定な軸と安定な軸の双方が F で交わるところを示している．このマップ3の場合には，安定した曲線軸 S 近くの穴 C_0 に続く穴は F に向かって進み（S から遠くないところにとどまりつつ），それから F から遠ざかる（曲がった不安定な軸 U に沿ったところにとどまりつつ）．

と大きい巨大な一枚の紙とイメージすることによって捉えることができる。小惑星が戻って来るごとに、その小惑星がこの宇宙シートに穴Fを開けるとイメージする。単純な周期的軌道では、小惑星はシートに穴を開け、それから永遠に同じ穴を何度も何度も通り過ぎる。この穴は不動点と呼ばれる。もっと一般的に言えば、ポアンカレのアイデアは、空間内の軌道全体よりも、小惑星による二次元のシートに開けられた穴のパターンを調べることだった。

ところが、小惑星の軌道の最初の位置や速さが違うと、そのような単純な繰り返しで進むとはかぎらない。たとえば、別のまったく同じ小惑星が、Fの近くではあってもそこは通らずにシートと交差するとしよう。一つの可能性は、周回ごとに穴を開けると、シートにFに近づく穴の列ができ、永遠の未来にFに達することが考えられる。穴の列をつないだ曲線Sを考えよう。Fを通る曲線状の軸Sは、小惑星が任意の時刻から始まって（つまり、その穴開けが曲線上の任意の地点で始まって）、穴Fを通って周回する軌道に、毎回少しずつ向かって行く場合、「安定《ステイブル》」と言われる（図2・3のマップ1）。逆に、遠い過去においてFを通った小惑星が、曲線状の軸U上でFから徐々に遠ざかるとき、Fを通る曲線は「不安定《アンステイブル》」と呼ばれる。

受賞論文でのポアンカレの説は、小惑星の穴開けがFのような不動点から遠ざかっても、いずれ別の不動点に落ち着くということだった。そのような結果は、境界に区切られた秩序のある世界、つまりポアンカレの星がその境界内に散りばめられているという、先の希望的な標語に完全に合致する世界を記述することになる。自分の論旨をもっと詳しく調べるようフラグメンに後押しされて、ポアンカレは一八八九年秋の間、問題を解剖しているうちに、惑星系が安定しているとする自信が崩れ始めた。そのいっぽうで、受賞論文の公刊は進められていた。

一八八九年十二月一日の日曜日、ポアンカレはミッタク＝レフラーにこう告白している。

この発見でもたらされた落胆を先生に隠そうとは思いません。そもそも、残る結果、つまり周期解、漸近解の存在［および、以前の方法についての私の批評］が、いただいた立派な賞に値すると、先生がお考えかどうかもわかりません。

また、多くの再検討が必要となり、補足を印刷にかけていただけるかどうかもわかりません。フラグメンには電報を打ちました。いずれにせよ、先生のような親しい仲間うちに悩みを打ち明ける以上のことはできません。事態がもっと明瞭になりましたら、まとまったお手紙を差し上げます[26]。

十二月四日水曜日。ミッタク＝レフラーはポアンカレに、フラグメンからポアンカレによる状況の評価を聞いて「極度に困惑」していると手紙で伝えた。「御論が大半の幾何学者によって、いずれにせよ天才のなせるわざであると見なされることや、御論が天体力学の分野でのこれからのすべての努力にとって出発点となることを、私が疑っているというのではありません。したがって、賞を出したことを私が悔やんでいるなどとは思わないでください。……しかし以下は最悪の事態です。先生の書簡が届くのが遅すぎて、御論はすでに発送されています」。ミッタク＝レフラーはさらに、先生がフラグメンに出した手紙に基づいて、予想される安定は、実はあらゆる場合について証明されたのではなく、また私に対して正しい原稿を送る予定であることを説明する手紙を書いてください、と伝えている。さらに、フラグメンを推薦する言葉があるといい――大学には空きがあるとも。「確かに、『アクタ』の成功によって私と対立するようになった人たちは、これをとやかく言うでしょうが、私はそれを平静に受け止めます。先生とともに誤解されるのは困ったことではないし、先生がいずれ、この並外れて難しい問題の最も奥に隠された謎を解明されることを、私はしっかりと納得しているからです[27]」。

翌日、ミッタク＝レフラーは行動に移り、ベルリンとパリに、誤りのある『アクタ』を一部も配布しないよう要請する電報を打ったことをポアンカレに伝えた。パリでは、シャルル・エルミートとカミーユ・ジョルダンだけは、すでに本誌を受け取っていた。ベルリンではカール・ワイエルシュトラスだけだった。たとえばジョルダンに対しては、ミッタク＝レフラーは、誤りが紛れ込んでしまい、正さなければならないことを伝える手紙を書いた――受け取られた本誌を、誤りをすぐに取り除いてくれる「お国のかた」の手に委ねていただけませんか、と。エルミートには、「くれぐれも、この残念な話を誰にも口外なさらないでくださいますよう。明日詳細をすべてお伝えします」と懇請している。ミッタク＝レフラーは、流出したほかの『アクタ』を一つ一つ追跡して、すべて回収できるという希望を抱き始めた。ポアンカレに対しては、「ありがたいことに、クロネッカー先生［やはり有名なドイツの数学者で、ワイエルシュトラスの宿敵］はまだ小誌を受け取っていません」と打ち明けている。しかし、ミッタク＝レフラーの側の人々までも、この動きに憤慨し始めた。ワイエルシュトラスは、ミッタク＝レフラーの砂糖でくるんだ手紙に返信をよこし、不満を明らかにしている。「さらに申し上げるなら、事態は先生のみならず、エルミートとポアンカレ本人にとってもそう簡単ではないと考えます」。ワイエルシュトラスは冷たく、ドイツでは受賞論文は、それが審査された通りの形で印刷されることが公理［自明とされる前提］だと記している。ワイエルシュトラスはさらに、安定性の問題はポアンカレの論文にとって周辺の問題ではないとも言った。むしろ、ワイエルシュトラスがポアンカレ論文の序文として機能するはずだった報告に示したように、それこそが中心にあった。ポアンカレの論文にその本体的な研究全体の何が残るのかと、ワイエルシュトラスは問うた。[28]

ポアンカレは論文を書き直した。残ったのは（あるいはむしろ、溝を埋めるために生み出したものは）、ポアンカレ――あるいは他の誰でも――がそれまで考えていたありうる運動の範囲をまったく超えたものだった。この新しい宇宙を支配するのはカオスであって、安定ではなかった。以下のようなことが起きた。ポアンカレとともに、不動点Fで安定の線と不安定の線が交わるとしよう（これは想像しにくいことではない。馬の鞍を考えよう。把手から馬の背骨に沿った方向にまっすぐビー玉を転がすと、鞍の中央、安定点に落ち着くまで、行ったり来たりの振動をする。しかしビー玉が右か左に押されると、落ちてしまい、戻ってこない。つまり不安定点）。そこで例の小惑星が、安定軸上ではないが、その近くから動き始めるとしよう。だんだんFのほうへ向かい、ごく近くまで行き、そこで不安定軸の作用で外れ、Fから遠ざかり始める。これを描いたのが図2・3のマップ3で、開けられた穴の列、C_0、C_1、C_2、…C_7、C_8、…として表されている。ここまでは、ポアンカレは難なく来ることができた。[29]

しかし安定軸と不安定軸が他のどこかで、たとえばポアンカレがホモクリニック・ポイントと呼んだHで交わるとしてみよう。Hは、ホモクリニックの前提によって、安定軸S上の点であり（小惑星のその後の穴をFのほうへ押しや

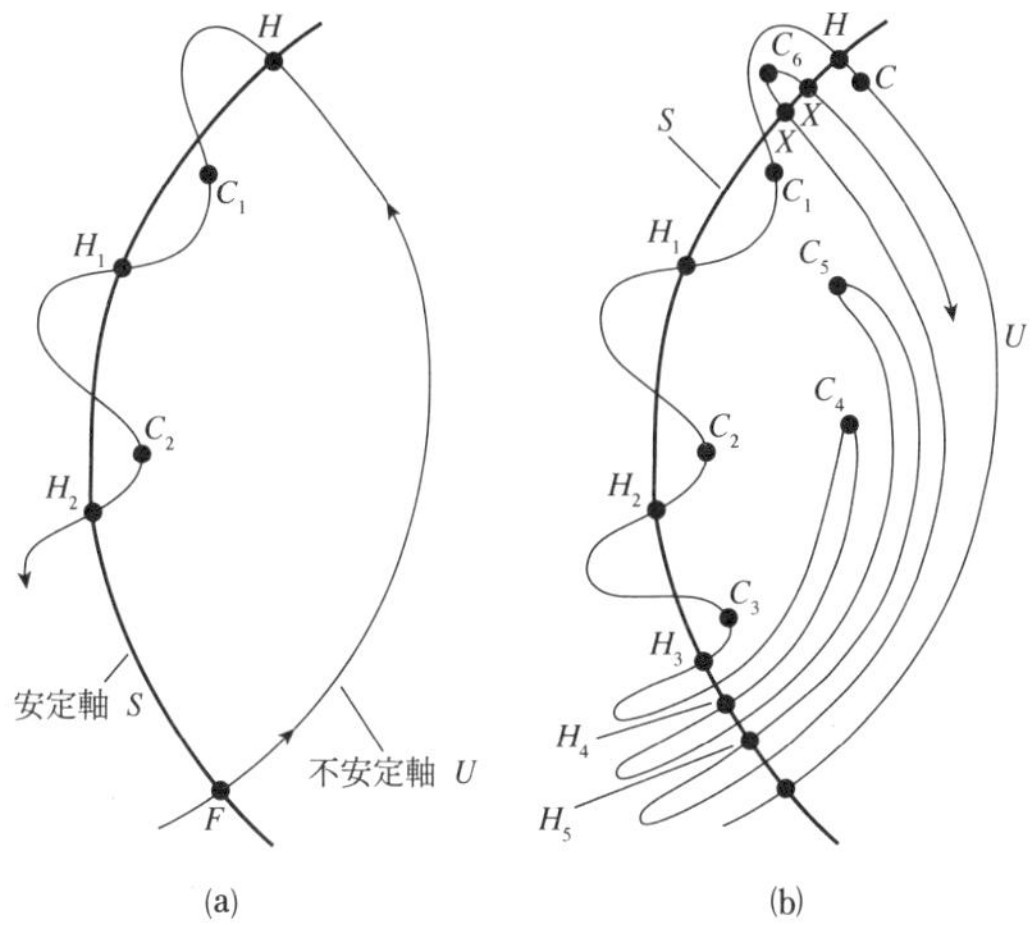

図 2.4　ポアンカレ・マップでのカオス．安定軸と不安定軸が交わるとき，続いて複雑性が生じうる．実は，ポアンカレが最初に提出した受賞論文で未解決のまま残していたのは，まさしくこのカオスを誘発する交差の可能性だった．本文でも述べたように，これによって，不安定軸はものすごく複雑に延びる．(a)で始まり，その後の展開はさらに(b)のようになる．S と U の新たな交点（X で記している）が計算に入れられるので，(a)のふるまいでさえ，その後に続く複雑化の始まりにすぎない．ポアンカレが，もっと整った表し方が明らかにする「格子細工」が描けるようになるのを断念したのも理解できる．

る）、かつ、不安定軸U上の点でもある（つまりFの付近から始まる小惑星は最初はゆっくり、その後加速して、一連の後点《コンセクエント》［次々とできる穴］をU上のFからHまで離れたところに開ける）。そこで小惑星がHを通って飛んでいるとしよう。S上にとどまらなければならないので、その後シートに当たってくぐり抜けるたびに（H_1、H_2、H_3、等）、S上をFに向かって進む。しかし不安定軸上のどんな点も、必ずUにとどまるので、HはUの上にもある以上、Hの後点もU上になければならない。そこで、伸ばしたU軸が、今グラフにしたHの各後点、H_1、H_2、H_3などに当たらなければならない。こうなりそうな一つの形を図2・4 aに示す。

今度は別の小惑星CがHの近く、ただしU上にあるとしよう（図2・4 b）。HはS上にあるので、C（Sの近くにある）はFのほうへ進み始める。これは図2・4aで今見たことである。同時に、Cは最初U上にあるので、その後点（C、C_1、C_2、C_3、など）は、Uが延びるにつれて、U上になければならない。つまり、C、C_1、C_2の列はFに向かう。しかしいずれ、Cの後点がFに近づくにつれて、その後のCは図2・3のマップ3にあるように、不安定軸U沿いに後退する。UはHでSと交差するので、Cの列は、U上を遠ざかるとき、いずれまたSと交差する（ここではC_6で示されている）。U軸は、SとH_3で交差した後、びゅんとC_4まで戻ってそこに当たらなければならず、その後U軸は再びFに向かって戻り、H_4でSと交わらなければならない。C_6の前後に延びるU軸は、S軸に当たったので（記号Xとなっている二点）、新たに二つのホモクリニック・ポイントが得られ、マップはさらにとんでもなく複雑になる。

この複雑性全体の結果として、不安定軸と、その上あるいは付近にある小惑星は、ある範囲のふるまいに収まるどころか、ポアンカレ・マップ全体をさまよい、並外れて複雑で、ポアンカレ自身、描ききれないことを証明するほどの運動を生み出す。その後、受賞論文を『天体物理学の新方法』で公刊するために増補したとき、結果として得られる図を描くのに苦労した。

この二つの曲線と、無限に多い、それぞれが二重の漸近線を持つ解に対応する交差によってできる図を表そうとするとき、この交差は、無限に細かいメッシュで一種の格子模様、からみあう繊維、網目をなす。二本の曲線のうちどちらもそれ自身を切ることはないが、非常に複雑な形で自身に折り重なり、格子にある網目のすべてを無限回切ることになる。

ポアンカレはさらに、「私はそれを描こうという気にもならない」が、「三体問題の複雑なところについて感触をもたらすのにこれ以上ふさわしいものはない[30]」と言っている。

この受賞論文がもめながら公刊されてから百年たって、ポアンカレのカオス探究は大流行となり、新しい科学の夜明け、古典的な科学による単純な予測を超える革命的な前進ともてはやされた。二十世紀末の物理学者、哲学者、文化理論家の中には、複雑性の科学（と呼ばれるようになった）を「ポストモダン物理学」の一形式とたたえる人々もいたし、高性能の計算機がポアンカレ・マップを精細に描き出し、ポアンカレが紙の上に見るのはあきらめたものを明らかにしている。こうしたマップの中には、新しい物理現象を明らかにするものもあれば、美術館を飾るものもあった[31]。しかし一八九〇年の段階では、ポアンカレが科学のあり方の革命を唱えるようなことはなかった。賞をめぐって打撃となりかねないスキャンダルに直面して、ポアンカレは論証の穴をつくろい、新しい力学を調べながら、自分では求めも望みもしなかったことを見つけた――宇宙の安定性に生じたひび割れである。

　ポアンカレは、急進派の旗を振ることはなく、このようなカオス的軌道の数は無限でも、小惑星が不安定な状況に陥る可能性は、安定した軌道に収まる可能性と比べると無視しうることを示した。ポアンカレは、絶対の安定性は失って、確率論的な安定性に落ち着くしかなかった。改訂版の論文から二年ほど後には、「[不安定軌道は]例外で、[安定軌道のほうが]原則だと言えるだろう」と書いている。安定性から離れてしまうことを喧伝することなく、古典的な天体力学を調べるための新しい質的な方法の力を強調した。「天体力学の真の狙いは、天文表を計算することではない。この目的のためということなら、短期的な予報で満足できるだろう。真の目的は、ニュートンの法則がすべての現象を説明するには十分かどうかを確かめることにある[32]」。ポアンカレにとって、ニュートン物理学の真の試金石は、その質的な特徴を探ることによってもたらされる。「この[ニュートンの法則で十分かどうかを確かめるという]見方からすると、私が今話した暗黙の関係は、明示的な式と同じように役立てることができる[33]」。ポアンカレにとってかかっていたのは、事物の根本にある関係であって、式や、天文学者がせっせと計算して精度の桁数をさらに上げている位置そのものではなかったのだ。

規約

　ポアンカレは物よりも構造に注目するが、そこには、非ユークリッド幾何学の使い方との顕著な類似がある。ポアンカレの当時、多くの人々にとって、十九世紀全体にわたって研究された非ユークリッド幾何学が著しく変化した。

ユークリッド幾何学は、何世紀にもわたり、事実上、確実な出発点から必然的な結論に至るきちんとした推論を定義するものだった。十八世紀以来、カントを読む（あるいはひょっとすると誤読する）哲学者は、ユークリッド幾何学を精神の生地そのものに織り込まれた知識としてまつりあげていた。科学者や哲学者の中には、非ユークリッド幾何学を知識の定義そのものを根本的に変える、直観とは完全に手を切る希望に満ちた現代のしるしと見る人々がいた。また確実性がひどく失われることを恐れる人々もいた。ポアンカレはもっと実践的な立場を維持した。一方では、一八九一年、ユークリッドの公理がどんな経験にも先立って知られるものなら、人間はこれほどたやすく他の公理を想像できないだろうと主張した。他方では、ユークリッド幾何学の公理は単なる実験結果ではありえなかった。もしそうだったら、われわれはつねにそれを改訂することになる。直線の裏付けとして用いなければならない完全な剛体はないのだから、われわれはすぐに幾何学はただの誤りであることを「発見」することになる。たとえば、内角の和が厳密に百八十度にはならない三角形が見つかるだろう。ポアンカレは、われわれの幾何学の選択は、実験的事実によって導かれるが、最終的には選択に委ねられ、われわれが単純さを必要とすることに従うと主張した。

ポアンカレのもっと広い方向を向いたピースの一つは、単純さ、便宜、幾何学の仮説を相手にしていた。仮説とは何か。それはどういう意味で真なのか。ポアンカレの幾何学は「群」、つまり一定の性質を備えた演算を伴う対象の集合に他ならなかった。その演算が持つ性質の一つが、逆元があるということである。整数（…、−3、−2、−1、0、1、2、3、…）は、加法と乗法についてこの性質を備えている。整数を足せば、それを逆転して、同じ数を引くことができる。群にありうる作用の中には、単位元の作用もある。任意の対象を変化させない演算である。加法の場合、0を足すとまさしくそうなる。演算を結合しても、やはりその群にある元が得られる。5を足してから8を足しても、直接に13を足すのと同じ結果になる。われわれは、どの群が使えるかを、世界との遭遇によって学習するが、群の概念そのものは——ポアンカレが哲学的な文章でしばしば唱えていたように——われわれが生まれもった道具だった。意外なことではないが、われわれ人間にとってとくに興味深い群の一つが、空間での剛体の運動だった。ポアンカレは、われわれが多くの選択肢の中から通常のユークリッド幾何学を選択したのは、その根底にある群が、単純な形で空間内での剛体運動——堅い物体がわれわれの現実世界の中を動いている——の群に対応しているからだと論じた。それ以外のことを選べただろうか。もちろん、ポアンカレは、いちばん都合のいい幾何学を選んだにすぎない、と言う。それは他の幾何学が間違っているということを意味するだろうか。それどころか、人は、デカルト座標（点の位置をおなじみ x 軸と y 軸によって表す）を真として持ち上げ、極座標（点の位置を原点からの距離と方位角によって表す）を偽としてけなすということは、もはや（ポアンカレによれば）できない。あらためて言えば、ポアンカレは世界の表し方には自由な選択肢があることを力説していた。この選択は、完全に外部にある何かによって固定されるのではなく、われわれの知識の単純さや便宜によって定まるものである。「私はこれ以上のことは言わない。本研究の目標は、陳腐になろうとしているこうした諸真理の展開ではないからである(34)」。

結局ポアンカレは、規約による選択の役割を強く支持する結果、幾何学の選択はフランス語かドイツ語かの選択のようなものだとまで論じた。ポアンカレは、同じ考えを表現するために、どちらの言語でもまた言い回しでも選べるではないかと説いた。馬の鞍の表面で暮らす、知性のある蟻がいて、二点間の最短距離としての直線を定義するとしよう。蟻の数学者は、「三角形の内角の和は2直角よりも小さい」と言う。われわれは（人間の視点から）、同じ「ユークリッド的状況を、まったく別の形に述べる。われわれは蟻の三角形の辺を曲線と見ることになるからだ。人間の数学者ならこう言うだろう。「基本面と直交する円の一部からなる曲線三角形ができる場合、その曲線三角形の内角の和は2直角より小さくなる」〔ポアンカレはこのくだりの前で、ある平面を基本面として立て、直線を「基本面と直交する円」と定義している〕。どちらの発言も、同じ状況を捉えているが、言い方が違う。つまりそこに矛盾はない。そのような対応関係は、蟻=鞍幾何学の定理は、われわれの通常の幾何学と同じく筋が通っていることを示す。どちらも使えるとさえ言えるだろう。鞍形の「幾何学は、具体的な解釈を受けて、役に立たない論理の営みではなくなり、応用されるかもしれない」。そこが要所だ。いろいろな幾何学があっても、事物の関係の表し方が違うだけだ。どれを使うかは便宜によって決まる(35)。

すべてはポアンカレの数学、哲学——そして後で見るように物理学——を通じて、次のような生産的な主題が提示される——変化しうることの群構造を見つけて、最も便宜に合う表し方を選べ。ただし、そうした自由な決定によって、不動点、不変量——世界の中のわれわれの選択によって変わらないままの部分——を見失わないようにしつつ。

＊＊＊

では、一八九二年のポアンカレはどこにいたのか。フランス数学の擡頭中のスターで、非ユークリッド幾何学を華々しく使い、微分方程式を質的に取り扱う方面で前進し、三体問題についての目覚ましい新手法を使った成果を通じてその名をなしていた。哲学、幾何学、力学で、同時に二つの目標を目指す知識の構想を明らかにし始めていた。個別のことには重きを置かず、問題を立てるときに自由な選択肢があることを見いだした。座標系の選択は自然によって与えられるのではなく、われわれの側での便宜のために作られる。同様に、個別の近似方式は、特定の目的のためにわれわれが選択するものだった。具体的な幾何学の選択さえ絶対の重みは持たなかった。ポアンカレの見方はこういうことだった。使えるときにはユークリッド幾何学を使い、非ユークリッド幾何学を使うことで見返りがあるなら、そちらを使う。微分方程式やそれが表す物理系では、変数——たとえば、水が川を流れ下る流線を記述するための——の選び方は、必ずいくつもあった。重要なのは、そうやって記述を変えた後でも変わらない、根本にある関係だった。水の流れにある渦、結び目、鞍点、幾何学的な線の渦の端点などだ。同様に、線の長さは座標を回転させても変わらない。

ポアンカレの成果のこの二つの面——変動と不動——は一緒に発現し、一体でのみ理解できる。ポアンカレは、何年にもわたっていろいろな形で言う。知識の柔軟な面を道具として扱うこと、手許の問題を単純にする形を選ぶこと。そうして選択を行なってもしっかり定まっている関係をつかむこと。その定まった関係が、永続的な知識を表す。変化するものと不変のものが一緒になって、科学の前進を可能にする。

百年にわたり、学者はポアンカレの規約主義の根本に達しようと苦労をしている。幾何学の役割を強調する人々もいて、それも理由のないことではない。それでも、ポアンカレが何度も強調したように、数学の命題はユークリッド幾何学でも、非ユークリッドの言語によるものでも立てられる。往年の幾何学者による研究を調べた学者もいる——別種の幾何学の普及に力を入れたドイツの大幾何学者フェリックス・クラインなどだ。さらには、いくつもある幾何学から自由に選ぶというポアンカレの構図の起源を求めてソフス・リーに戻った人々もいる。何と言っても、ポアンカレはリーを数学上の先達としてはっきりと名を挙げているし、リーは数学者が行なう多くの選択が恣意的であることについて明確にしていた。たとえば、リーはデカルトが平面上の点によって変数xとyを特定すると言った。しかし（リーによれば）デカルトは、「同じ妥当性で」xとyを線としてもよく、その前提から幾何学を展開することもできたという。さらに、デカルトは特定の座標系によってxとyを定義した——xとyは点のx軸とy軸との距離を指している。そこにも一定の自由な選択がある。「十九世紀の幾何学によってなされた前進は、主に……この二重の恣意性が明らかにそれとして認識されたから可能になった」とリーは書く。ここでリーが言っているのは、数学の進歩は、数学的概念を表す方法がいつも多数あったという認識から出て来るということである。数学の特定の表し方を選び、こちらの幾何学かあちらの幾何学かを選ぶことは、「利点と便宜」の問題だとリーは論じる。ある学者が説得力をもって論じているが、これは「われわれの幾何学の選択が、便宜に根ざす、どうとでもなる選択肢の一つであるとする幾何学観にポアンカレが肩入れした根拠の一つ[36]」だった。ポアンカレが幾何学での選択の自由を強調した由来は、ドイツの博識の学者ヘルマン・ヘルムホルツにたどれることに疑いはない。ヘルムホルツも幾何学の定義から事実的な意味をほどこうとして苦労し、つねづね、われわれの空間概念を定めるうえでの、運動する剛体の中心的な役割を強調していた。ポアンカレの数学的規約主義についての思想も、ベルンハルト・リーマンの無数の幾何学、あるいはそれを言うならポアンカレの師、シャルル・エルミートのもっと新しい成果にたどるべきだということでもあるかもしれない[37]。

この選択の自由の感覚を進めることが、ポリテクニクの厳格で苦しい教育体制の中にあるべき教育的規約主義（と言いたければ）だった。特定の理論に絶対的に加担しないというのはアルフレド・コルニュの授業の傑出した特徴だったし、ポアンカレも学生時代にはその授業に出ていた。選択肢にある理論には、それぞれ有利不利があった。すべては重視される実験で定まる地点によってのみ制約された。ポアンカレにとって、物理学の不変のもの（客観的な知識をもたらすもの）は、実験どうしの不動の関係、絶えず変化する理論の束をくぐり抜けて残る関係だった。ポリテクニクの雇用には公平を期すために、やはり自由な理論の間の選択がはたらいていたことを思い出そう――代表的な科学者には原子論に賛成の人も反対の人もいた。そのような、理論への絶対的な加担を控えるところは、ポアンカレの授業の特徴でもあった。一八八八年、九〇年、九九年には電気と光学について講義したが、主な理論のそれぞれにそれぞれなりの意味を与え、学生が判断するための長所と短所を明らかにしていた。規約主義のリゾーム的「根」がここにもある〔リゾームは横断的にからみあう関係を表すもので、根元から末端へと一方的につながるツリーに対立するイメージ〕。

もう一つ、ポアンカレの妹の夫（エミール・ブートルー）との哲学に関する集まりでのやりとりで、ポアンカレは哲学の領域での規約主義を知っていたことだろう。この哲学者と哲学的なことを考える学者との緩い連携は、ポアンカレに早くから数理科学について、反省的な目をもたらしていた。なまの経験主義は、科学的知識の一般性と範囲を説明するにはとんでもなく不適切と避けられた。純粋な観念論（現実を精神的な生命に帰着する）は観念と世界との合致を説明できなかった。ブートルーやその仲間は、ドイツでのカント復活に強く影響を受け、観念論と経験主義という両極を退けた。こうした哲学者は、科学と人文学は分かちがたく結びついているとして、その両者を、精神の能動的な役割と、純粋に形而上学的なことに対する疑念とによって構造化されていると見た。ポアンカレは、オギュスト・カリノンによる物理学の哲学的基礎についての著作に出会い、同時性の問題へとまっすぐ向かう、この哲学的な中道を進んだ。

幾何学、位相幾何学、教育学、哲学――ポアンカレが世界を読み取るそれぞれの方法が、科学的「選択の自由」がポアンカレには筋が通っていた様子について、何かを語ってくれる。興味深いことに、一八八〇年頃、ポアンカレは恒常的に、「選択の自由」を手を換え品を換えて呼び出すようになり、（一八八七年にそうしていたように）幾何学の公理は実験による事実でも、(一部のカント派ならそう言っただろうが) 人間の精神に前もって刻み込まれているものでもないと唱えた。一八九一年に活字になった簡略で際立つ文では、幾何学の公理についての自分の新たな見方を披瀝している。曰く、「それは規約である」と。

ユークリッド幾何学は正しいか。そんなことに意味はない。メートル法は正しいか、古い度量衡は間違いか、デカルト座標が正しくて極座標は間違いかと問うのも同然だろう。一つの幾何学が別の幾何学より正しいということはありえない。どちらかのほうが便宜に合うということにすぎない。今、ユークリッド幾何学は、最も便宜にかなうものであり、これからもそうだろう。[38]

ここで幾何学の公理の地位は、明示的に自由に選べる言語にある用語や、(引用部分では) 数学者や物理学者が座標系を選ぶときに有する自由にもたとえられている。新たな要素は、ポアンカレがユークリッドの公理か非ユークリッドの公理かの選択を、単に群どうしの選択ではなく、メートルやキログラムによる恣意的な方式と、フィートやポンドによる恣意的な方式との選択として描いているところである。

ポアンカレの「規約」の使い方のこの面を評価するには、ポアンカレが重さや長さに言及するのは、いろいろな取り決めから成る世界全体の歩みと関係していることを認識しなければならない。同時に、これから見るように、ポアンカレのメートルや秒についての関心は、外部からの「影響」、つまり、隠れた磁石がその上にある砂鉄を整列させるように、ポアンカレの科学的・哲学的な仕事を決める影響とは考えられない。「由来」と「影響」という言葉は、曖昧で外にあるものでありすぎて、ポアンカレがとことん、地球規模の取り決めを行なう営みに従事したことを捉えられない。

十進化され、規約化された時間と空間の世界は、ポアンカレにとっては抽象的なものではなかった。ポアンカレは、パリの、というより世界的な電線、会合、国際条約の枷に拘束されていた (し、それに貢献していた)。何と言っても、ここにいたのは、炭坑の奥にも、はるかかなたの天体の安定性にも同じように容易に行けた、完璧なポリテクニク生だった。しかし時計、物差し、電線の機構を目に見えるようにする——何より、十九世紀末の同時性についての規約による理解を把握する——には、もっと広い視野に退いてみる必要がある。われわれは、哲学、数学、物理学での業績の詳細と、ポアンカレも一端を担った、もっと大きな尺度の社会的で工業技術的な時間や空間の規約化との間を、行ったり来たり、出たり入ったりする必要がある。

内は、主時計の振り子の正確な振れであり、外は、海に張りめぐらせられる海底電信ケーブルである。内は個々の列車の時刻表づくり、宝飾品商、天文学者のこまごまとしたことをたどり、そのうえで外へ出て、国内や世界的な地方標準時の法的な目盛合わせをたどる。この精査の過程で、歴史的な光が必然的に、工業技術、科学、哲学の活動によって用いられるいろいろな尺度を対照させる。一八七〇年から一九一〇年にかけて、時間と空間にかかわる取り決めは、〔全体の複数の相の間で光る〕臨界タンパク光を放った。

第3章　電気の世界地図

空間と時間の標準

一八七五年五月二十日午後二時、パリ、外務省庁舎でのこと。勲章で飾り立てられた全権大使に代理された十七人の名が条約に記され、そのきらびやかな称号が紙面に並ぶことになる。「ドイツ帝国皇帝陛下」、「オーストリア゠ハンガリー帝国皇帝陛下」、「アメリカ合衆国大統領閣下」、「フランス共和国大統領閣下」、「全ロシア帝国皇帝陛下」……。メートル法条約の厳かな調印の場である。締約国は、何年にもわたる交渉の末、今や国際度量衡局を誕生させた。この機関が保証の責任を負う新しいメートル原器とキログラム原器が、無数にある国ごとの競合する度量衡に取って代わり、この尺度と他のすべての尺度との関係を確立し、地球の地図《マップ》を作るために、結果を基準と照合することになる。

この代表者会議《コンヴェンション》において、外交が科学と出会った。フランスの外務大臣ルイ・ドゥカーズ公爵が他の各国にこの件を取り上げる外交会議への招待状を送ったのは一八六九年のことだったが、そのときには政治家だけでなく、ドイツの天文学者で、ドイツ度量衡局とベルリン天文台両方の長だったヴィルヘルム・フェルスターのような、指導的な科学者も招いていた。一八七五年三月には、委員会の議論は進んでいて、ドゥカーズは科学の領域から穏やかに退いた。そこには、「相対的な権能」しかなく、自分たちが「絶対の権能」を有する「政治的・協定的次元（*ordre conventionnel*）の問題」に集中するためだった。そちらの結論が拘束力のある国際法の土台を形成することになる。工業技術と法的技術を合わせる条約は、以前にも結ばれている——たとえば一八六五年の電信を管理する条約である。実際、何十もの条約が、貿易、郵便、植民地化での各国間の衝突を取り除くことを狙っていた。今やメートル法という、電信協定よりも枢要な領域で、代表たちが、科学者にも、産業人や政治家にとってと同じように大事な「国際契約」を生み出していた。物理学の実験室での曇りのない精度から工場の煙や蒸気までを支配することになる法的文書だったのである(1)。

ドゥカーズが外交を代表して話しているとすれば、有機化学者で、一八六八年以来、フランス科学アカデミーの常任理事を務めるジャン・バティスト・アンドレ・デュマは、フランスの科学者の熱意を代弁していた。デュマはメートル法に関する特別（科学）委員会の委員長で、今や自分も含めた会議参加者の前に出されている勧告の責任者だった。ある意味でご進講、ある意味で陳情として、デュマは代表の前に立ち、国際標準を定め、維持し、配布する権限のある常設の事務局を、パリに設置するよう唱えていた。何より、デュマは普遍的なメートルを、産業、科学、フランス、世界の標準として正当なものとしたかった。デュマもそうだったが、一八五一年のロンドン万国博覧会を訪れた人なら、誰でもすぐに、各国の方式が入り乱れた「カオス」が支配していたことに気づいただろう。各国の固有の度量衡体系のせいで、面倒な計算なしには比較ができなかった。同時に、その後の博覧会のたびに、メートル法が用いられる領域が着実に成長していることも明らかになっていた。どこでも人々は揃わない尺度を捨てたがっていた。各国民の間にある頭の壁を壊すことを願っていた。デュマにとって、あるいは実際には多数の年長のフランス人科学者にとって、国際標準を求める要請は、すべての「開明的な人々」の耳に届くことになる。物理学と化学の研究室はどこでもメートル法を取り入れており、科学者は今やそれを広く教えていた。工場、建設業、電信、鉄道はメートル法を把握していた。このときデュマは、公的機関に合理的なメートル法を支持するよう迫っていた。

デュマはこんなことを言った。十進法が大事です。応用、純粋両方の科学者にとって、大事なのはメートル法の十進法の特徴です。十二インチで一フィート、三フィートで一ヤード――配管工だろうと物理学者だろうと、こんなごたまぜを大事に守ることはできません。フランス革命の誇りだった「メートル法が測地学に由来することについては」、今や「商業、産業、科学にとってはどうでもよい」。一七九九年に採用される際には、一メートルは地球の四分の一周のちょうど一〇〇〇万分の一とされた。しかしデュマは参会の人々に、現代のメートル法支持者はそんなことは言わないと請け合った。集まった人々は、地球の大きさは、国際標準に必要とされるほどの精度では測量できないことをよく知っていたのだ。デュマにとっては、メートル法を採用する理由は、それが長さをわかりやすい十倍ごとに分けることだった。それこそ純粋科学者が望むものであり、実践的な職人が求めるものだった。この新しい合理的体系を広めるには、拠点が必要だった。そこは「中立で、十進法的で、国際的」なところであるべきだろう。それは言うまでもなく《サヴァサンディール》、パリにあってしかるべきものである[2]。

デュマは聴き手に、メートル法が国際的になったのは、革命後のフランスが、この体系をそうなるように設計していたからに他ならないことを思い起こさせた。遠い昔、古代ヘブライ人は、測定用の原器を寺院に置いていた。ローマ人は標準の物差しをカピトル神殿に置き、キリスト教徒は教皇の下に保管していた（シャルルマーニュの標準の物差しが当初の質を維持していたのも標準を王宮に保管することによっていた）。フランスでは、八十年来、公文書館がこの仕事を行ない、革命時代以来、メートル原器を保存していた。しかし、締約国がメートルを新たな国際的な標準にすることにした今、革命期のメートル原器は、世界中の物差しの原器として使うには、強度も足りないし、不変性も足りないと判断した。

メートル法条約への調印は、メートルを配布する手続を終わらせたのではなく、それを始めたのだった。官僚や科学者は陳情し、圧力をかけ、交渉して、自国にこの方式を実行させようとした。欧米の大実験家の中には、それに貢献した人々もいた。水によるエーテルの「引きずり」を測定していたアルマン・フィゾーや、可視光の波長の何分の一という精度で長さを測定できる干渉計という測定装置を発明したアルバート・マイケルソンといった人々である。フランスの技術者やイギリスの金属学者が、十四年にわたり、鍛金、鋳金を重ね、丈夫で長持ちするインジウム=白金の合金へと向かった。

イギリスの企業は、こうした硬い延べ棒を鍛造して、断面がX字形の曲がりにくいメートル尺を作り、フランスでは、厳密な手順によって標準の物差しを別の尺に、一ミリの千分の二十以内の精度で複製できるようにする、巨大な

図 3.1　万国共通比較測定装置．この装置は白金=イリジウム合金による標準の 1 メートル，つまり「M」用に正確な長さを定める役目をした．技術者，物理学者，政治家，哲学者――とくにフランスの――にとっては，規格化された長さの単位が国際的に成功することは，時間を十進化し標準化しようとするときに期待したことのお手本のように見えた．出典：Guillaume, “Travaux du Bureau International des Poids et Mesures” (1890), p. 21.

「万国共通比較測定装置《ユニバーサル・コンパレーター》」（図3・1）の製造に集中していた。きつい、神経をすりへらす作業だった。イギリスの金属工がその貴重な尺をフランスに送ると、国立工芸学校《コンセルヴァトワール》の技師が標準のメートル尺とまっさらの尺の両方をコンパレーターのブリッジに乗せる。技師は顕微鏡（図中のM）を覗いて、原器のメートルの印にそろえる。そうして技師がレバーを動かし、ダイヤの刃で、地金のぴったり1メートルの位置に細い線を刻む。目盛りを刻むのも難しかった。二台の顕微鏡が、たとえば十センチ間隔にセットされる。技師がその長さを刻むことになる。尺をずらして、第二の十センチの長さを尺に刻み、以下同様となる。各国の代表が自国に持ち帰る三十本の標準尺を用意するために、技師たちはこの操作を一万三千回繰り返した。ダイヤの刃先がちょっとでも滑れば、地金を磨き直すところからやり直しになる[3]。

　最後に、一八八九年九月二十八日、ポアンカレが科学アカデミー会員に選ばれてから二年後、締約国十八か国の代表が、メートル法についての最終的採決を行なうために、ブルトゥイユに集まった。議長が得票を念入りに調べた――満場一致だった――うえで、宣言した。「このメートル原器はこれから先、氷の融点となる温度で、メートル法での長さの単位を表す」。他方、「この原器［キログラム］は今後、質量の単位と見なされることになる」。すべての原器は会議室に展示されていた。メートルは保護用の鞘のような管に収められており、キログラムは三重のガラス瓶に収容されていた。式次第に従って、各国の代表が厳かに器から札を引き、その国に割り当てられるメートル尺の番号をもらい、該当する尺の受領書に署名した。

突然、こうした細かく台本が作られていた行事の進行が止まった。最も重要な幕――メートル原器を地下の金庫に収める――は、地下室を開けるのに必要な三つの鍵があればこそ可能だった。その鍵の一本は、フランス公文書館の館長が持つことになっていたが、その館長がいなかった。議長は、フランス商業大臣の指示を求めましょうと言ったが、代表団は強硬に反対した。スイスの天文学者アドルノ・ヒルシュは、この会議は国際会議であってフランスの会議ではないと説いた。会議は一介のフランスの大臣を相手にしようとはしなかった。それは問題外だった。ヒルシュもその他の代表も、フランスと交渉するときは、その外務大臣だけを相手にしていた。明らかに、足りない鍵を生んでいたのは外交だった。

その日の午後、正確には一時三十分、国際原器を収納する仕に当たる委員会が、ブルトゥイユ天文台の地下に集まった。そこで代表団は、国際原器「M」が、その瞬間から、内側をベルベットで覆われたケースにしまわれ、硬い真鍮の管に収められ、固くねじを締め、鍵をかけ、その地下室に置かれるのを確認した。「M」の傍らでは、原器に付き添う人々が、今度は埋蔵に「立会」（代表の誰かではなくメートル尺）を用意した。この金属製の見届け人は、それから永遠に、その体の状況そのものによって、「M」がどうなっているかを証言することになる。同じ埋葬のような儀式で、条約代表団はキログラム原器「K」を認可し、それを万国標準質量に昇格させてそのように命名した。やはり、そちらの立会とともに、鉄の地下室の永遠の安息の地に収められた。代表団が見守る中、国際度量衡局長が二本の鍵でケースをロックし、地下室の内扉を第三の鍵で戸締まりして、外扉を第四と第五の鍵で閉めた。厳粛な儀式の

図 3.2　メートル原器の埋蔵．1889 年，ブルトゥイユ（パリ近郊）でのメートル原器とキログラム原器の「認可」式では，最も苦労して作られた物理的な物体が，普遍的な基準として永遠に機能できるよう，埋蔵された．ここでは「M」が保護用の金属ケースに入れられて，三重に鍵をかけられた地下室の上の棚に置かれ，「K」は，両脇にそれぞれ三つずつある合わせて六つの「立会」の中心に収まっている．出典：*Le Bureau International des Poids et Mesures : 1875–1975*, p. 39.

最後に、議長がこの後の方の三本の鍵を封筒に封入して、別々に手渡した。一本は国際度量衡局長、一本は国立公文書館の守衛長、一本は国際度量衡委員会の委員長に渡った。それ以後、至聖所《サンクトゥム・サンクトルム》に入るには、三本の地下室の鍵がすべて必要となる。[4]

特筆すべき瞬間だった。「M」という、歴史上最も精密に鍛造され測定された物体、何よりもそれだけのために仕様が定められた人工物が、その埋蔵によって、最も普遍的なものとなっていた。これは明らかにフランスにある物体だが、それでもフランスにあるのではなく、宗教的な匂いはしても、厳格に合理的で、完全に物質的なものだが、とことん抽象的なものだった。「家族、国、教会」が「家族、国、科学」になっていた時代、「K」と「M」は第三共和政の完璧な象徴だった。特定のものとして埋蔵され、普遍性へと引き上げられる。メートル原器の象徴的な響きの効き目がない人はいなかった。フランスは一八七六年にはすでに、標準器、それを作った科学者、革命暦第三年のジェルミナル月に選定された栄光の旧メートル原器をたたえ、豊富に図柄を施したメダルを鋳造することで、新しいメートル原器を記念することまでしていた。[5] 一八八九年の認可の際には、フランス各紙は、「一八七〇年の災厄」〔普仏戦争〕からかくも短い期間で、外国の科学者が、かつてはフランスの精密さを疑っていた人々さえ、今やその勝利を認めた

ことを、「愛国的満足」をもって知らせた。(6)

メートル法条約《コンヴェンション》のインクも乾かぬうちに、代表団は「M」をお手本に製造されることになる新たな標準器を計画していた。科学的・技術的条約は、先頭に立った国、あるいは国々にとっては象徴的な資本を蓄積しただけでなく、輸出にとっての現実の恩恵も生み、国内の対立がある領域も円滑にした。もろもろの条約はまた、国際博覧会での工業製品の突然の対立、デュマが触れていた商業的「カオス」に対する応答でもあった。しかし条約は、交差する鉄道の路線や時刻表どうしの仲介ともなり、列車が衝突すると、そのような取り決めがないことのせいにされた。十九世紀の初めの大半では、地域的（あるいは全国的）な通信、生産、交換の方式が、各地でどちらかといえばばらばらに、勝手に成長していた。十九世紀も後期になると、各方式が、居住地、市場、博覧会にできる無数の境界で衝突した。諸条約が緩和することを意図したのは、この摩擦だった。そうした条約は、電信、電気、鉄道のネットワークが出会うぼろぼろの前線に当てるつぎだった。

政府は船乗りが植民地の境界に航路を引こうとして、地図どうしを必死にがさがさ合わせるのを鎮めるために取り決め《コンヴェンション》を設けた。発電機、歯車の列、蒸気機関の動きを容易にするための取り決めを導入した。そうした衝突を調整するには、苦心して得られる調節器具が必要で、その数も増えた。戦争のための取り決め、平和のための取り決め、電力の取り決め、温度、長さ、重さの取り決め。そしてこれから見るように、時間の取り決めも。

ポアンカレが一八八七年に科学アカデミーに選出された翌年は、こうした新しい標準をめぐる議論が最高潮に達した。アカデミー会員はメートル尺の詳細な冶金に関心を向け、メートルに夢中になって、さらなる取り決めをもたらした。フランスの高名な天文学者の一人がアカデミーに、メートル法を通貨の十進化についてのお手本として用いた論文を提出したのだ。原器が認可された直後には、ある人がアカデミーに、新原器の公文書館にある旧原器に対する忠実さについて問いかけ、これを議論するよう書いたとき、ベルリン天文台の天文学者フェルスターは、規則を定めた。「国際度量衡委員会は、今やメートル法の土台が国際原器によって物として定められているのに、その土台が、不確かな修正を絶えず行なうことに依存するのは受け入れられない［と考える］(7)」。今となっては「M」こそが決める

図 3.3　空気圧による時間の統一．制御室（1888 年頃）．パリのテレグラフ通りにある制御室から，街路の下のパイプラインを通して時間を送り出して，大都市のあらゆる街区の時計を合わせる．出典：*Compagnie Générale des Horloges Pneumatiques*, Archive de la Ville de Paris, VONC 20.

のだ。

ことあるごとに（ある面では原則から、ある面では大英帝国の力への対抗として）フランスに押されて、「コンヴェンション」の概念は広がり、一つの単語に三つの響きが凝縮された。コンヴェンションと言えば、共和暦第二年の革命による公会《コンヴェンション》で、これは時間と空間の十進法による体系を導入した。コンヴェンションは、国際条約、つまり、十九世紀の後半に、他のどの国よりもフランスが前面に押し出した外交の装置を指した。もっと一般的には、コンヴェンションとは広い合意によって定められる量や関係のことである。公会の伝統の中にある、条約《コンヴェンション》によって定まった、何らかの取り決め《コンヴェンション》というわけだ。手袋をはめた手で、磨かれたメートル原器「M」がパリの地下室に置かれたとき、フランス人は、文字どおり度量衡の普遍的な体系への鍵を握った。外交と科学、ナショナリズムとインターナショナリズム、個別性と普遍性が、その地下室の世俗の神聖なものに集中していた。

しかしフランスが空間と質量をブルトゥイユの地下の保護された部屋にしまい込めたとしても、時間はもっと捉えがたいことがわかった。一八八〇年代の初め、あるフランスの雑誌が、時計の並外れた扱いにくさについて嘆いた。時計それぞれの「個性」のせいで、温度を元にした補正によって均一化する試みをいっさいはねつけているという。フランスの天文学者や物理学者がそれを試みなかったということではない。ヨーロッパ中で、近隣どうし、都市間、地域間、国どうしが、時計を標準化して統一しようと苦労していた。一八七〇年代のパリとウィーンでは、蒸気プラントが、地下のパイプに圧縮空気を注入し、その圧力を調節して都市全体の時計を合わせていた。顧客は、空気圧時計専門店の展示を見て回り、ヴィクトリア時代風の厳格さを備えたお気に入りの表示の時計を選ぶことができた。

圧力信号がパリの街路の下を通って届くのに十五秒の遅れが生じるが、当初、これは何でもないように見えた。ところが、一八八一年になると、このわずかな遅れ（配管の両端にある時計が互いに、また天文台の時計とずれることになる）さえ目につくほど、時間に対して敏感になっていた。天文学者はそれを気にしたし、土木技術者もそうだった。じさに世間一般がそうなった。技術者は当初、ずれを無視しようとした。「この小さな不一致は、理論的には当然のことだが、実用的な重みはほとんどない。我々は分を表示する時計しか相手にしていないし、分針は一分ずつ刻み、それ以上の刻みは、おおよそのものであっても作ることはないからである」。それでもこの時計守たちはすぐに、パルスがネットワークのいちばん遠いところにあるところまで届くのにかかる十五秒を差し引きして天文台の時計に合わせるとも言った。正確にするために、空気圧時計のそれぞれに、センターからの距離によって、遅延補正のおもりが取り付けられた。こうして技術者は読者に「実質的にずれはすべて修正されるだろう」(8)と言って安心させた。

時間の整合にある顕著な二つの特徴が、この短い描写から現れてくる。まず、時間の意識が鋭敏になっていたとい

図 3.4　空気圧による時間の統一．展示室（1880 年頃）．ここでは顧客が——商用でも個人用でも——注意深くタイミングをとられた空気のパルスを記録する時計を購入できた．パルスはパリの空気パイプを通じて受け取る．出典：*Compagnie Générale des Horloges Pneumatiques,* Archive de la Ville de Paris, VONC 20.

うこと。十九世紀より前には、時計には分針もないのがあたりまえだった。[9] 今や十五秒のずれが、公共の時計を修正するよう技術者を追い立てる。もう一つは、時間の送信――音速で伝わる圧力の波によるのであれ――は、専門家にも世間一般にも、修正を要する問題に見えていたということ。しかし十九世紀末の世間が秒まで合わせることを望んでいたといっても、天文学者にはずっと前から、もっと高い精度があたりまえになっていた。パリ天文台長で海王星を発見した一人でもあるユルバン・ルヴェリエは、前々から電気による時間の統一を望んでいた。空気圧方式で時計を合わせるのでは、十九世紀末の天文学の作業からすると、不条理なほど不正確ということになっただろう。一八五七年、ルヴェリエは、疑いもなく度量衡の体系を統一する際の同天文台の活躍に促されて、パリの時刻を、天文学者が天文台の各部屋の時計を統一するにあたってすでに行なっているように、電気で標準化して統一することを提案した。物理学者のコルニュとフィゾーは、同天文台の天文学者とともに、この構想を支持した。これはポリテクニクにうってつけの仕事だった。ルヴェリエは時間をおかず、セーヌ河川局に支持を訴えた。ルヴェリエと天文台の天文学者は、自分たちの目標は天文台内部の秩序をパリ市全体に広げることだと主張した。「私はパリ市に対して、同期した動作と、我々が今まで習慣的に満足してきた精度より上の精度とを、公共の時計に与えることを提案致します……パリ市が同意してくだされば……フランスの職人の名を高からしめてきた時計製造の技を、あらためて豊かに向上させる機会が得られるでありましょう[10]」。

パリ市は同意し、直ちに市内の時計を導くために錚々たる委員による委員会を設けた。ギュスターヴ・トレスカが時間標準化推進に加わることになる。ブルトゥイユの地下室に鎮座するメートル原器やキログラム原器の製造を監督したのがこの人物だった。エドモン・ベクレルもフランスの一流物理学者の一人としてそこに加わることになる（放射能で有名なアンリ・ベクレルの父）。高名な建築家、ウジェーヌ・ヴィオレ＝ル＝デュクも委員を務めた。疑いなく、再建の業績で有名だったからだ（大型の教会時計を合わせるのには、とてつもない建築と構造の問題が伴う）。パリ天文台の天文学者シャルル・ウォルフも委員になった。こちらは天文台の電気による時間整合システムの大部分を考案していた。天文学者とその盟友たちが、時計建造のコンペを開催し、まもなく実際に動く試作装置が得られた。

一八七九年一月に委員会がパリ市に答申を出す頃には、ルヴェリエは亡くなっていた。しかしその構想は残った。十あまりの同期された時計がパリの各所に配置され、電信ケーブルで天文台の親時計につながる。天文学者が自分たちの天文台で建造した、一定の定められた精度のモデルに正確に基づいて作られたその子時計には、二十四時間で十五秒進むようにセットされた機構がついていた。天文台からの制御パルスが各公共時計の電磁石を動かし、その磁石が振り子を遅くし、遠くの時計を親時計と同期させる。子時計はそれぞれに時間を電気的に広め、市の建物、重要な広場、教会にある他の公共時計を合わせる。報告が謳うところでは、この先、公衆は四十台の公共時計を得て、それが分単位で正しい時刻を告げる――リセット信号を受け取った直後には、実は秒単位で合っている。それでも、天文台時計がつながらない空間的・法律的限界があった。

我々は、調整すべき時計のリストに、鉄道に属するものはいっさい含めていない。鉄道の時計がお互いに、また市の時計と合致することに公衆は大いに関心を抱くのを理解しなかったのではない。しかし……委員会には、巨大な利害がかかわり、時計の調整から起きた事故の場合に不幸な形で責任が生じかねない複雑な業務に、パリ市を従事させるのは配慮を欠くように見えた。しかし、［鉄道］各社が、列車の乗降口で、規則正しく、すべてが同じ時を指すパリ市のすべての時計を見るとき、自然発生的に自分たちの時計を天文台の時計に合わせることになるのを疑うことはできない。その日、パリでの時間の統一が全フランスの時間の統一となるであろう。(11)

立派な構想は次のようなものだった。天文台はその壁を、ルヴェリエ方式がパリ全体を取り込むよう押し広げる。国の正確さの中心にある一つの時計が増殖して、あらゆる時計商、あらゆる市民が手の届くところで天文学者と同じ時間を得る。それに倣って、鉄道が、さらには全フランスが続く。この一連の象徴的鏡映――時間的な鏡の間――を通じて、ルヴェリエの天文学的にセットされる振り子は、国中のすべての時計の時刻を合わせる。

その時計が動くことはなかった。配管網に着氷し、あちこちで電線が切れた。電流は、親時計の介入なしに時計を動かすはめになった。まもなく、パリ全体の公共時計がそれぞれの時刻を告げるようになった。困惑と怒りで委員会は技術部長を責め、明細をめぐり、また公共時計が正しい時刻のようなものをまったく表示しない明白な失敗をめぐって、非難の応酬を招いた。委員が最新の発明を使うことを訴えた技術部長は、リセット信号を受け取って初めて正確になる時計を罵った。「どの時点でも、時計の盤面を見れば、見た人はその時計が、五分ではなく、数秒の範囲内で正しいことについて絶対の確信を得なければならない」[12]。

一八八二年から一八八三年にかけて、時計が天文台から区から区へと送られる電気による適切な案内を受けていないという報告が当局へ戻り続けた。一八八三年の春には、二次調整装置につながった公共時計で電気信号を受け取っているものは一つもなかった[13]。フランスの創設者側は、フランスが都市間での時間統一を主導することに失敗したことを認めた。踏んだり蹴ったりなことに、時間の標準化は、十二インチが一フィート方式の故郷ロンドンで進むことになった[14]。

栄光の合理的なメートル法を確立した後、同期した時間が自分たちの手からすべり落ちてしまったことは、フランス科学界の幹部たちにとっては癪に障ることだった。一八八九年、パリ天文台長は市当局に、この一時的な混乱は止めなければならないことを訴えた。「時間の配布のパリでの機能のしかたによって、天文台評議会は何度も乱されている。今までに得られた結果は、結局、到底満足できるものではなく、数々の抗議をふまえると、天文台長は、結果として『天文台時間』という呼称は一切排除することを求めなければならなかった」[15]。一九〇〇年の万国博覧会のときには、外国人がこの残念な事態を見ることになる。パリ市と天文台が「パリのような都市にもっとふさわしい」方式を築くことはできなかったのだろうか。こうした状況の下では、鉄道が「自然発生的に」、ルヴェリエが夢見たような天文台＝都市方式をまねる可能性がなさそうだということは、なおいっそう明らかになった。

時間、列車、電信

フランスの鉄道業界が整合した時間を求めなかったということではない。鉄道側も、パリの他の人々と同じく、パリのメートル原器が一八八九年に認可されるのが近づくと、将来の勝利に目を奪われていた。業界誌の『鉄道総評』(*la Revue générale des chemins de fer*) は、一八八八年の時間についての話を、メートル法改革の異例の成功に直接言及することから始めた。

メートル法はフランスの才能の栄光ある創造物の一つで、すでに世界の半分を制しており、全面的な勝利を疑う人はいない。それを築いた人々は新しい暦を加えているが、一日の始まりや正午といった太陽の歩みによって解決されるらしい問題に決着をつけることには関心がない。ある地域の時間を、どのみち恣意的に選んで他の地域に課し、そうして標準あるいは全国的時間を生むという思想を広めるには、鉄道や電信による連絡の速さを必要とした。これが、かつての全国に度量衡が複数あることによる混乱のような、型は同じでも新たな種類の混乱をもたらした[16]。

フランスでは、他の多くの国の場合のように、それぞれの鉄道網が使う時間は、路線の主要都市が提供する時間だった。少しずつ、パリからの路線が各地の奥へと延びるにつれて、地元の時間を置き去りにするようになり、一八八八年には、パリは全国の鉄道時間を固定した。駅の広場や待合室にある時計の文字盤はパリの標準時を正確に表示していたが、プラットフォームの時計は外の時計より三分か場合によっては五分遅れていて、乗客にある程度の誤差を与えていた。つまり、乗客がパリ以外の——たとえばブレストやニースの——駅で待つときは、地元の時間、パリ時間（駅の待合室）、乗り場での余裕を見た時間という、三つの時間を経験していた（列車の時間はブレスト時間より二十七分進んでいて、ニース時間より二十分遅れていた）。同誌は他の国の時間制度も分析し、それぞれの時間問題への答えを検証した。ロシアは一八八八年一月に時間を統一していた。スウェーデンは自国の時計をグリニッジより一時間遅れに定め、ドイツは各地の州《ラント》に基づく複数の時間の下で、少しずつずらしていた。

「アメリカ合衆国や北アメリカのイギリス領の広大な鉄道網以上に時間の問題が切迫しているところは、他のどこにもない」。北米の鉄道各社が一八八三年十一月に、すべての時計を地方標準時ごとに同期することにした決定に基づいて、アメリカとカナダは基準時としてグリニッジを選び、東部の「植民地時間」から西部の「太平洋時間」に至る、巨大な南北の帯で区分けした。同誌はこうまとめている。「アメリカを離れる前に言っておきたいのは、人々に提供される［アメリカの］地図や色絵図は、その明断さや印刷の美しさによって、こちらの古い文明の国々で一般に見られるものよりも優れているように見えるということである」。この『総評』誌によると、国際的な科学者の代表団が一八八四年十月にワシントンDCに集まったとき、鉄道関係者は代表たちに「今さらいかなる変更も無駄である」と思わせることができたという。今や争点は明らかだった。フランス人は——世界は——「アメリカ方式を一般化したものを採用できるだろうか」。このフランスの鉄道誌にとっては、それは地理学者、測地学者、天文学者の手だけに委ねてはいけない問題だった。[17] 疑いもなく、パリの局外に置かれた天文学者を念頭に、記者はこう書いている。「鉄道と電信が［時間］改革を実現して初めて、他の行政当局や自治体も追随する模範が見られると期待できる。そうなって初めて、北米の場合のように、改革を完成させ、その恩恵が感じられるようにすることができるだろう」[18]。

時間改革のこととなると、フランスの鉄道会社、電信会社、天文学者は、イギリスや合衆国を、称賛と不安が入り混じった目で見ていた。アメリカは時間の産業界での配布で、イギリスは世界的に優勢な海底ケーブル網で、それぞれ抜きん出ていた。アンリ・ポアンカレは、一八九三年に経度局に配属されたとき、イギリス人とアメリカ人によって管理される広大な商業的・科学的企てとはまったく違う世界に入ることになった。天文台では時計はとてつもなく正確に動いていたが、パリの街路では恐ろしいほど不正確だった。フランス人、とくにポリテクニク生は、この都市の失敗を嘆いたが、自分たちの、原則に沿った、数学的、哲学的な標準化に対する取り組み方に誇りも抱いていた。自分たちこそが、啓蒙時代のメートル法を輝かしい勝利に導き、それが宣言した普遍的合理性を時間のカオス的領域に拡張し始めていたのだ。

大西洋の向こう側では、北米の時間改革が、ルヴェリエほどの大科学者がいなくてもできると豪語できた。アメリカの時間の整合をめぐる話を、一人の産業人、一つの業界、一人の科学者に帰着することは、多くの試みがあるとはいえ、端的に言ってできない。逆に、この同期に向かう動きは、ずっと臨界タンパク光的だった。何十もの市議会、鉄道の管理者、電信業者、科学・技術界、外交官、科学者、天文台がからみ、いずれも時計を異なる方式で整合させようとしていた。その努力は雑種的で、主張や座標軸がゆらぎ、天文学者は商売人のように時間を売り、鉄道会社は自然の普遍的な秩序に訴えた。

フランスの科学者は、アメリカで最も立派な科学は、数理物理学や数学や純粋天文学ではなく、野心的な「沿岸測地測量所」の成果にあると見た。地図学者と測量技師のチームが、急速に拡張する国の国境、河川、山、自然資源をせっせと図に描いていた。アメリカの地図製作者は、他の同業者と同じく、時間の問題で苦労していた。時間は経度と不可分だったからである。

現地で地方時を求めるということは、空を観測し、太陽が最も高い位置を通過する瞬間によって時計をセットすることだった。あるいは、もっと正確に言えば、特定の星が、真北の地平線からまっすぐ上昇して空を南へ走る架空の線を横切る瞬間〔南中〕を求めるということだった。測量士が、特定の参照点——たとえばワシントンDC——にいたときのその時刻も知っていれば、現地時間とワシントン時間との時間差を計算することができる。二つの時刻が同じなら、測量士は首都と同じ経線上にいるということになる。現地の時間がワシントンより三時間早い〔たとえばワシントンでは正午なのに、現地ではまだ午前九時である〕ことがわかれば、ワシントンから地球八分の一周分西にいることになる。

つまり、地図製作者の問題は、つねにこの一点、すなわち離れたところの同時性の問題だった。今ワシントンでは、あるいはパリでは、グリニッジでは、何時か。そこで探検家、測量士、船乗りは、出発点の時刻に合わせた時計（クロノメーター）を携えていた。経度を求める場合には、現地の地方時をクロノメーターと比較照合するだけでよい。しかし、船室やラバの背中のような不安定な動きのところで基準時間を維持するような精密な時計を手に入れることは、決して容易なことではなかった。気まぐれな温度、湿度、機械的な故障も考慮に入れるならば、安定して正確なクロノメーターを提供することは、これまで攻略された中でも最大級の難しい機械の問題だった。十八世紀の並外れた時計職人ジョン・ハリソンにとって、航海用の正確なクロノメーターを作る努力は、人生全体をかけることになるものだった。[19] ハリソンは才能に恵まれていたが、それでも持ち運びできる時計の探究が終わることはなかった。信頼できて、運搬可能な時計探しは、十九世紀から二十世紀にかけて続いた。天文学者は長年、どこからでも読み取れる巨大な時計として、月の恒星に対する動きを使う精密な方法を工夫しようと苦労していた。しかし月の位置は数学的に確定するのが難しく、野外や船上では、月が実際に恒星や惑星の正面を横切るという稀な機会でもなければ、月がどこにあるのかを測定するだけでも難しかった。

アメリカの測量で最も求められた測定は、新世界と旧世界との経度差だった。しかし地図製作者はまったく合意に達することができなかった。必死の試みの一つ――多くの中の一つにすぎない――は、一八四九年八月に始まり、各方向に七回の大西洋横断航海が行なわれ、それぞれが十二台の正確なクロノメーターを携行していた。この時計船団が最終的に大西洋をはさんだ本当の時間差、ひいては経度差を明らかにすることが期待された。一八五一年には、船に三十七台のクロノメーターを載せ、イギリスのリヴァプールから五回、マサチューセッツ州のケンブリッジから二回の航海を行なった。天文学者は、九十三台のクロノメーターを船に載せて海を渡れば、大西洋の両側での時間差を二十分の一秒以内の誤差で測れると楽観的に主張した。[20]

このように豪語された精度は、まもなく虚ろに響くことになった。船には時を刻む積荷を保護する油断のない係員が乗っていたが、アメリカからイギリスへ向かって測った時間差と、イギリスからアメリカへ向かって測った時間差とは、ありえないほど違っていた。洋上の何かが時計を狂わせていた。天文学者は、おそらく温度が原因だとにらんでいた。沖合の温度は低く、時計の動きを遅くするのだ。このため、船室で眠るだけの時計をマサチューセッツ州ケンブリッジで午後一時ちょうどにセットして出港すれば、ヨーロッパに着いたときには、実際よりも前のケンブリッジ時刻を表示していて、やって来た時計に依存するイギリスの地図製作者は、それを見て、マサチューセッツ州ケンブリッジを、実際の位置よりも西に遠ざかったところに記すことになる。逆に、リヴァプールで合わされ、遅れた船舶時計は、アメリカ人に、実際より少し前のリヴァプール時刻を教え、新世界の地図製作者は、リヴァプールを西寄りの、北米海岸に少し近いところに記すことになる。検査し、計算し、補正しても、役に立たなかった。管理者を増やし、温度補正装置の性能を上げ、時計の性能を上げても、さらに矛盾するデータが増えるだけだった。北アメリカとヨーロッパの経度差という肝心な数字を測定できず、地図製作者は絶望した。

何百年もの間、経度を定めるために同期信号を送れればというのは、地図学者の夢でしかなかった。電信がその問題を突破した。広大な距離を超えて、電流は電線を通じて信号をあっというまに送り届ける。受信と送信が事実上瞬間的と見えるほど速い。一八四八年の夏、ハーヴァード大学天文台や沿岸測地測量所の天文学者は、この新しい電信の使い方をテストした。一人がキーを打つと、遠くにいる相手がトンツーの音を聞く。それぞれの遠距離の打鍵が紙の上に、受信側の印字装置を通される紙に印を残す。ある夜、地図製作者の一人、シアーズ・ウォーカーは、星が南中するのを直接観測して、その観測結果を送信できないかという疑問を口にした。天文学者のボンドが答えた。時計の脱進機を電信の鍵のように動作させて、電信線でつながっているところならどこでも、あらゆるところで時計のチクタクが聞こえるようにすればいいではないか。そのうえで、時計が送る信号を、時計から遠く離れたところにあるなめらかに回転する円筒に印をつけさせればよいではないか[21]。地元でセットされた時計による印と、遠くの時計から既知の時刻に送られた信号でできる印の位置とを照合すれば、測量士は正確に遠くの時刻と現地の時刻を照合することができるだろう。

遠くの12：00：00→｜遠くの12：00：01→｜遠くの12：00：02→｜
現地の12：00：00→｜

たとえば、ここでは、遠くの正午の約半秒後に現地で正午になっている。天文学者は、星が望遠鏡の照準を横切ったときに時計を止めることによって時刻を記録しようとするのではなく、単純に紙の上の線と線の間の距離を測ることができた。その単純な測定から、測量士は経度を得た。

一八五一年の末には、電信ケーブルはマサチューセッツ州ケンブリッジからメイン州バンゴアまで延びていて、そこから時報が飛んで、次の送信で、バンゴアからはるばるカナダのノヴァスコシア州ハリファックスまで進んだ。ア

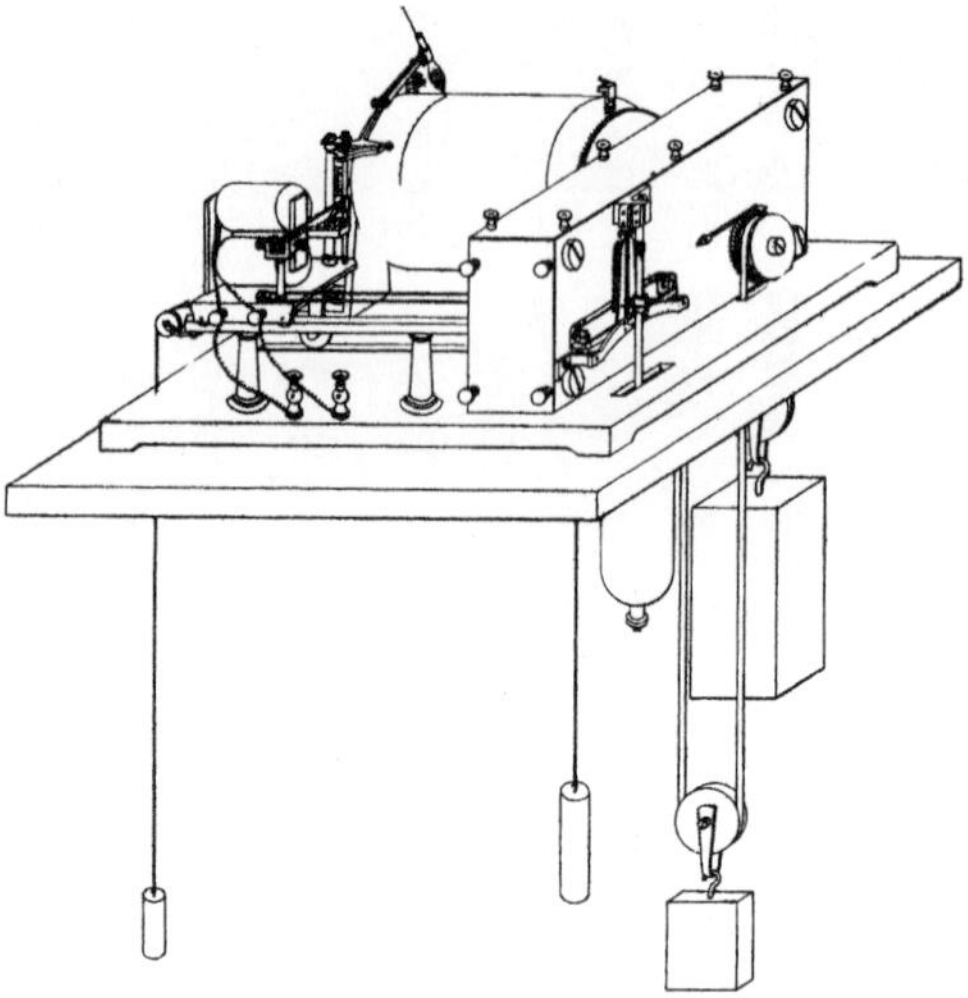

図 3.5　アメリカ方式．電信信号が到着したことを，正確な回転を維持するドラム上に記録することによって，時間の伝送は以前の音響的手段よりはるかに正確にできた．距離がどんどん長くなるため（たとえば大西洋の海底），同期担当者はケルヴィン卿が考案したもっと感度のある方法を使った．入電する時間信号が，鏡を載せた磁石をわずかでもねじり，それによって反射する光線が紙の上で少しずれる．出典：Green, *Report on Telegraphic Determination* (1877), OPPOSITE, p. 23.

メリカの科学者が時刻の電気送信の宣伝を始めると、ヨーロッパにも受け入れる態勢があった。ボンドが記すところでは、「この工夫がイギリスでは『アメリカ方式』とのみ呼ばれて語られているのは喜ばしい状況であり、グリニッジ天文台長がこれを彼の地に導入する準備としてグリニッジに電線を敷いている[22]」。

高速な同期信号の配布を求めたのは、天文学者と地図製作者だけではなかった。列車は維持しなければならない時刻表があり、一八四八年から四九年の段階では、鉄道は、各社が基づく時刻を取り決めによって合わせるための有志団体を作り始めていた。ニューイングランドの大半にとっては、それは一八四九年十一月五日以後のすべての列車は、「コングレス通り二十六番のウィリアム・ボンド・アンド・サン社が提供するボストンの正しい時刻[23]」を採用しなければならないことを意味した。この共通の時刻体系にすでに入っていない鉄道は、まもなくそうするよう促された。

一八五三年八月十二日、プロヴィデンス＝ウスター線で二編成の列車が見通しの悪いカーブで正面衝突した。十四人の死者が出て、新聞は、この悲劇を、せっかちな手をアクセルに置き、脇には遅れた時計を置いていた車掌のせいにした。ほんの何日か前に他にも時計が良くないせいで大事故があったこともあって、鉄道路線には時計を整合させようという切迫した圧力がかかっていた。電信で送られる時刻は、標準的な鉄道技術となった[24]。

鉄道、電信、時計製造の各業者は、天文台をせっつき、逆にせっつかれ、イギリスでもアメリカでも、電気的な時計の整合を加速した。一八五二年の段階では、イギリスの時計は、王室天文官の指揮の下、電気信号を電信に乗せて公共の時計にも鉄道にも送っていた[25]。アメリカもまもなくそうなった。ハーヴァード大学天文台長は、一八五三年の末、時間に関する努力の状況を要約して、「我々の時計の拍子は、この天文台から数百マイル以内のどの電信局でも、事実上瞬間的に聞くことができる」と豪語した[26]。一八六〇年代と七〇年代には、整合した時間が都市と鉄道網にさらに深く行き渡った。報道でたたえられ、街路で見ることができ、天文台や実験室での研究対象だった同期された時計

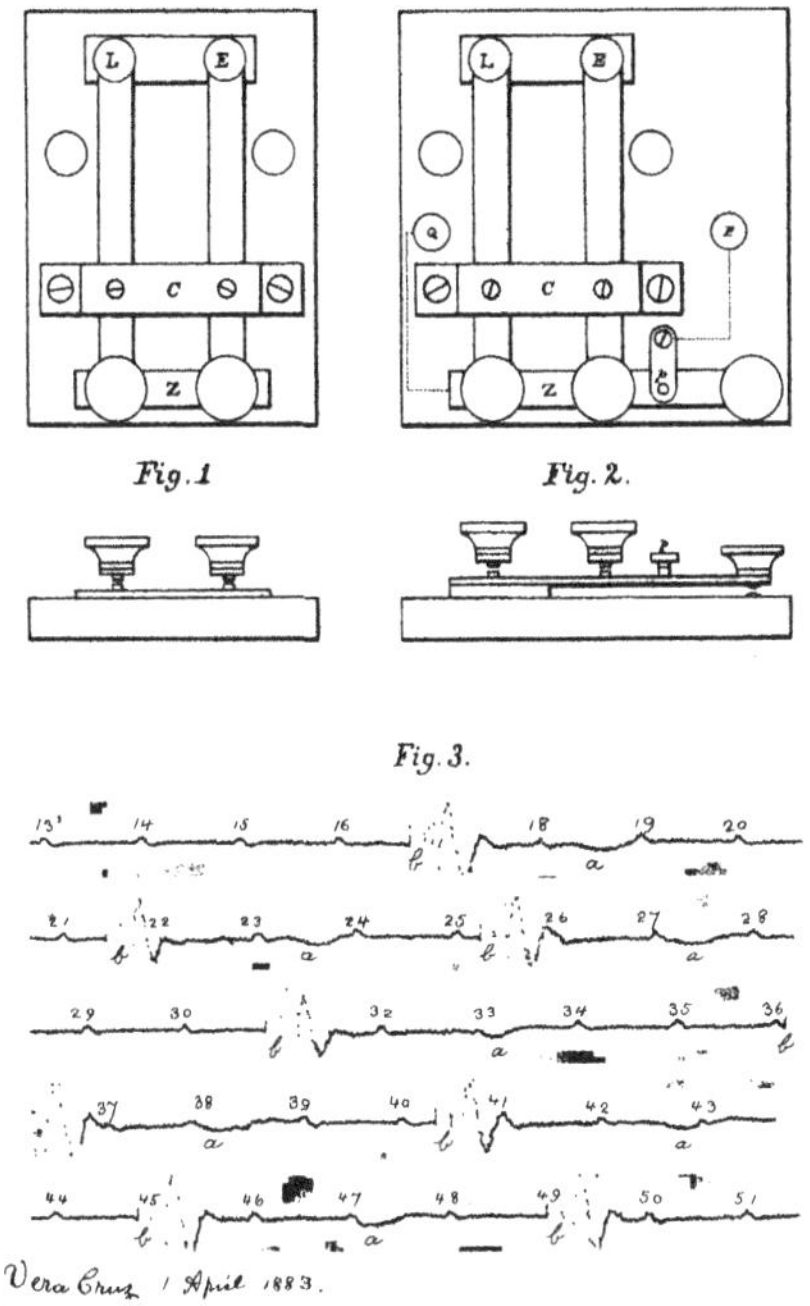

図 3.6　時間の跡．電信のキーと遠くへ送られた時間信号が，「アメリカ方式」で記録された跡（1883）．出典：Ch. Henry Davis et al., *Telegraphing Longitude in Mexico and central America* (1885), 図版 1.

は、決して象牙の塔の科学ではなかった。それは鉄道の駅へ、その近辺へ、教会へと毛細血管のように広がり、そのことは同期した時間が、電力、下水、ガスのように人々の生活にも介在することを意味した。現代都市生活を循環する血液のようなものである。他の公共サービスとは違い、時間の同期は科学者に直接依存していた。一八七〇年代の末、ハーヴァード大学天文台は時刻を送る唯一の天文台だったが、数年の間とはいえ、その業務は全国でも最大級のものだった。ピッツバーグ、シンシナティ、グリニッジ、パリ、ベルリンでも独自の展開があり、互いに分離していた。(27)

時間の商品化

電気的時間の最初の実験からまもなく、ハーヴァード天文台は、天測によって決めた時間をボストンに配布するための電信線を賃借した。一八七一年の段階では、天文台長がそのサービスの責任者で、「人々が時間を伝える方法を見て学び、きちんと認識するように(28)」、目立つ時計を設置することを願っていた。利益も上々だった。一八七五年の事業からあがる利益は二千四百ドルあり、天文台が時間ビジネス用に主任を一人雇えるほどだった。(29)一八七七年には、ハーヴァードの天文台長は大学院生のレナード・ウォルドを時間業務を管理する任に充てた。その頃には、ハーヴァードは装置、時計、電信線に八千ドル以上を投資していた。今度は顧客が必要だった。ウォルドは電信を使って正午の時刻合わせのきっかけにしようと、ボストンの高い建物の一つの上にある支柱で大きな銅の時報球を落とすことを計画した。この陸上からも海上からも見える公開の展示が、天文台の認知度を劇的に上げることを願った。鉄道の大口加入も増えるだろう。宝飾品商と時計製造業も時刻顧客として必要とされていた。もちろん正確な時計を求めてうるさい(あるいはウォルドによればそうなるはずの)個人も。ウォルドは顧客層が広がって、時が実際に金である、あるいは少なくとも買うに値することを、大手製造業者を納得させることを願った。電線は増え、全ニューイングランドのための主時計になることを願う天文台をうねりながら通っていた。(30)

酷使されるウォルドは手当たり次第に手紙を書いて送った。[30] ウェスタンユニオン鉄道会社に勧められて、ニューイングランドの百都市に時間提供サービスを宣伝するための冊子を印刷した。その時間、つまりハーヴァード天文台時間は、見事なフロッドシャム製時計に基づいて、毎日午前十時に何分の一秒かの誤差の範囲で修正される。この親時計とボストン消防局とボストン市役所とをつなぐ主回路に加えて、二つの回路で時間が地域に伝えられる。天文台の時計が故障するというめったにないことがあったときには、ウォルドは時間に飢えた顧客に、時計製造業者のウィリアム・ボンド・アンド・サンズ社から信号を受け取れると約束した。一日じゅう、天文台から二秒間隔でパルス信号が打ち出され、いつの信号かをはっきりさせるために、毎分の五十八秒をとばし、一方、通常は三十四秒から六十秒のときに送り出す信号を、五分ごとに省略する。[31]

ロードアイランド・ボール紙会社の経営者のような市民が、時間を知りたいと思っていた。

ウェスタン・ユニオン・テレグラフのボストン局に貴台から提供されている時間は、実際にはケンブリッジ時間なのか、ボストン時間なのかを知らせていただけますでしょうか。——つまり、両所で信号を送る前に時間差は見込まれているか否かということです——ボストンの文字盤で秒を刻む小さい針はケンブリッジの標準時計の刻み方と正確に対応していますか。正しい信号は、電信によって貴台から直接にプロヴィデンス〔ロードアイランド州都〕に提供されますか——立派な懐中時計を持ったプロヴィデンスと周辺の何人もの市民が、この情報を得たいと思っています。[32]

ボール紙製造会社が何分の一秒という時刻を求めたのだろうか。むしろ、このボール紙業界の大物などが正確な時間を望んだのは、自分の「立派な懐中時計」がそれを求めたからだ。こうした人々は、自分たちの時計を正確に整合させることを、純粋に実用的なことによっては捉えられない価値と見るようになっていた。そのような近代的な時間的な熱意を育むことが、ウォルドの大きな望みだった。本人によるちらし、講演、書簡だけでなく、きっと、ますます大きくなる鉄道の役割も、それこそハーヴァードの時間提供サービスに有利に作用する感受性を生み始めていた。五年間、時間を売っている間に、その意識が大いに育まれた。ウォルドはそのことをこんなふうに書いている。

そのうち、社会は一般に無意識に教育されて、一様な時間の標準を望むようになっていた。正確な時計があちこちにあって、毎日、天文台の信号と照合され、そうやって決められた進み方は、権威があるものと考えられた。実際、利用者はとてもうるさくなって、何分の一秒の誤差も察知して、とやかく言われるようになった。

列車の運行や正午の鐘の時刻合わせは、〇・四秒の誤差を〇・二秒の誤差に改良するような精度を必要としただろうか。もちろんそんなことはない。それでもウォルドは世間の後押しをして、また後押しもされて、さらに精度を高めた。ウォルドは、自分なりの形でモダニズム的時間感覚の創造に参加した。実用性をはるかに超える精度の限界を備えた感度だった。(33)

ウォルドは自分の時間工場で、自身の調整用時計を機構の変動から保護し、電信との接続をシステム化し、時計の誤差を毎日特定する専用の監視員を雇おうと苦労を重ねた。大学の時計を温度の変動から守るために、天文学者は地下室の部屋を周囲から遮断した。「時計室」は天文台の西棟にあって、一八七七年三月二日に完成した。縦横がおよそ十フィート×四フィート二インチ〔約三〇五センチ×一二七センチ〕、高さが九フィート十インチ〔約三メートル〕で、何よりも大事な時計を二重の壁が保護していた。金庫のような扉だけがこの分厚い壁を貫通していた。扉がぴったり閉じられると、フェルトのパッキングで密封された。内側では、三台の宝物のような時計が煉瓦の台に載った大理石の板に置かれていて、その文字盤は錫《すず》の反射板で照らされ、小さな厚いガラスの窓の向こうから見ることができた（すぐそばに人間がいると、正確さが脅かされる）。ベルリン、リヴァプール、モスクワ、パリ、世界中の天文台で、同じようなこだわりの天文学者が、親時計から誤差を削りとっていた。(34)

何分の一秒かの時刻合わせもさることながら、それを販売するとなるとまた別の話になる。ボストンの時間販売地域のはずれに、ハートフォードという、独自の地方時とニューヨーク市時間、どちらを取るか決めかねていた都市があった。ハートフォードの名士、チャールズ・テスケは、一八七八年七月、ウォルドに手紙を書いて、自分の町をハーヴァード天文台時間にしたいという意向を示すと、ウォルドはそれに注目した。テスケは、ハートフォード消防局とその委員会の了承は取っていることを伝えた。消防局と言えば、一般に、地元の人々への時報として正午の鐘を打つ部局だった。ケンブリッジ時間を買って正午と午前零時の鐘を鳴らすという考え方がハートフォードの市長の気に入った。しかし、様々な関心といろいろな時間をまとめるのはそれほど簡単なことではなく、テスケはウォルドに嘆いている。「人々の関心をこの問題に向けさせるのは、死者を眠りからさますようなもので、こちらのハートフォードでは、あらゆる種類の時間があって、誰もが自分の時間が正しいと唱えています」。テスケは、市参事会や市議会を説得するには、相当の努力と天文台側からの妥当な価格が必要だと踏んでいた。しかし単なる金銭以上に、自治権の問題もかかっていた。「ケンブリッジ時間をくれるのか、ハートフォード時間を提供することはできるのか。ケンブリッジとハートフォードの正確な時間差はどれだけか」。何か月かたっても、テスケはまだ、いろいろな反対意見を相手に懸命にはたらきかけていた[35]。

ウォルドは一八七八年十一月の報告を書き上げる際に、ハートフォードが入るところを空白のまま残しておいた。この町が鉄道で刻まれる二つの時間領域の間の地域的境界に位置することを知っていた。「天文台による時報を広く配布するための我々の方式に対する最も確実な支持を探さなければならないのは鉄道であり……鉄道はその路線沿いの町の時間を調整するのがきまりである」。列車の時間は大きな町の中心をたどり、ニューヨーク＝ハートフォード線はハートフォードをニューヨーク時間の半径にきちんと収めていた。しかしニューロンドンやプロヴィデンスからスプリングフィールドまでの領域は、ケンブリッジ時間の区域に入る。「したがって、今後何年かで、ハートフォードは我々がボストン時間を提供するのを止めなければならない地点になるものと思われる」。境界には係争地があるかもしれないが、同時性で領地征服することは論外のことだった。「ニューイングランド全体の地方時は断念すべきである[36]」。

ケンブリッジはハートフォードを失った。テスケは必死に、地元のトリニティ・カレッジ学長も仲間にして運動したが、市議会を動かすことはできなかった。結局、ハートフォード消防局はあきらめて、正午の合図を鳴らすために航海用クロノメーターを購入した。落胆したテスケは、天文台に対して、「もちろん」これは「貴台の時報の細かさを知らない人々には、それで十分だと考え」られたのだと書き送った。自分の町を動かせなかったテスケはハーヴァード時間を自分の店（時計を売っていたと考える人もいる）用に買うという申し出をした。「絶対に正しい時間信号」を得ると決意していたのだ。二年後、コネチカット州は正式にその時間をニューヨーク市の子午線に設定し、イェール天文台からの時報を使うことにした。時間は大学から、ニューヘヴン・ジャンクションを通って、様々な鉄道会社の線路を流れて行くことになる。こうした鉄道路線が、今度は法によって、電気による時間をその路線沿いに伝え、整合した時計を駅に設置し、行き交うすべての鉄道に時間を伝えることを義務づけられた。

鉄道会社の幹部たちは喜ばなかった。こちらは独自の時間を持ち、州のどんな介入もいやがった。ニューヨーク・アンド・ニューイングランド鉄道会社の総支配人は次のような不満を述べている。「この路線の標準時はボストン時間である……しかしコネチカット州のばかげた法律の下で、我々は州境をまたいだらニューヨーク時間を使わなければならなくなる。……面倒で不便なことで、私が知る範囲では誰の役にも立っていない(37)」。

至るところ、突然の尺度の変更だった。かつてのハーヴァード天文台は、船乗りにとっての問題を解決するものだった。またあるときは、天文台職員は、自分たちが遠隔操作でマストの上から落とす時報球が凍りついて動かなくなることを心配していた。さらに今度は、ニューイングランド全体の何百という都市を電信でつなぐ草案を作っていた。アメリカ合衆国全体で、そのような地域ごとの時間の整合が育ち、境界には摩擦が生じた。こちらでは宝飾品商の店、あちらでは鉄道の路線、場合によっては子午線による分割、地域、州。一八七七年の末には、ディアボーン天文台（シカゴ市街地の南）は、数軒の宝飾品商、シカゴを通る主要鉄道会社四社、シカゴ先物取引所の時計を制御していた。ハーヴァードのウォルドが自分の調節装置から熱狂的に百分の一秒の誤差を削ろうとしていたとすれば、ディアボーンのほうは、快活にこんなことを言っていた。「非常に正確な時間を保つためにあまり大きな苦労はしていません。……提供される時間が一秒ほどの範囲内で正確であるかぎり、我々は満足して、実用の目的には十分近いと考えます」。

ディアボーンは正しかった。鉄道の運転手や乗客には、確かに人間の反応時間よりも正確な時計は必要なかった。しかし時間に関する文化の違いはそれ以上のことを映し出した。まず、ハーヴァード天文台の時報業務は、もともと経度決定に始まることだった。そこでは地図製作をできるだけ正確にすべきであるという合意が、合衆国内だけでなく、広く存在していた。測量士は、百分の一秒、千分の一秒しまでは言わなくても、十分の一秒の精度は求めた。次に、ハーヴァード大学で培われていた精度への熱狂は、天文学者の間だけでなく、高級時計製造業者や、ニューイングランドのジェントルマン的な顧客の間にもこだまするようになっていた。正確さの文化は、シカゴよりもボストンで、早く、大きく進んでいた。(38)

しかし最大の対照は、アメリカの天文台どうしよりも、アメリカ（あるいはイギリス）とフランスの間にあった。一八七九年のアメリカあるいはイギリスの天文学者が、鉄道の駅のドアの向こうに時間を担う電信線を引くことを拒んでいる絵は想像できない。そしてきっとそれと同じくらい、アメリカの天文学者が、理性の時代の未完成の事業を完成させることになるからといって時間の統一を擁護している絵を描くことは想像できない。

測定する社会

時間キャンペーンではどの段階でも尺度が揺れている中で、一八七〇年代、コロンビア大学学長のフレデリック・A・P・バーナードが創立したアメリカ計測学会を通じて、世界化に向かう強力な高まりが現れた。バーナードは、著名な科学者の一団を招いて、商業的交換を根拠にするコスモポリタニズムという国際的合意を促した。「物質的な量や価値を決めるために各国の人々が用いる取り決めによる方法が多様であることは、いつの時代にも、商業の運営にとっては果てしのない困惑の元で、国家間の知的相互連絡の点でも深刻な障害となってきた」。ヨーロッパ大陸での計測学改革は、バーナードには希望のしるしに映った。今度は英語圏の両岸の間を渡らなければならないということだ。その欠落を補修することが学会の目標だった。一八七三年十二月三十日火曜日、一団は「[重さ、長さ、通貨を」簡単な共通の物差しによって互いに結びつける」ことに着手しようという憲章を承認した。計測学者は、経度ゼロ、力、圧力、温度の単位、電気の定量化に取り組み、その結果を合衆国議会、各州、教育委員会、大学に注目させることになっていた。要するに、フランスの合理主義を商業のレンズに通して焦点に集め、それを教室から鉄道の操車場まで、アメリカの市民社会に刻むためのロビー活動だった。(39)

合衆国時報局《シグナル・サーヴィス》の計測学者にして天文学者のクリーヴランド・アビーは、パッチワークの時間に対する不満を通じて、この大義へと進んだ。一八七四年、アビーがオーロラ研究にアマチュア観測者を加えたとき、その観測隊は共通の時間基盤に合意できず、各地での様々な観測結果を統合しようとしたとき、アビーは大いに混乱した。計測学会に支援を訴えると、官僚的な公正さによって、直ちに時間の整合についての委員会の委員長に任じられた。アビーは、バーナードとカナダの推進派、サンフォード・フレミングとともに、時間の統一に関する声高なロビイストの一人となって、一八八二年の議会で用いるために、またヴェネチア（一八八一）とローマ（一八八三）での国際会議用にもなる資料を作った。(40)

アビーの計測学会時間チームは、一八七九年、天文学的な意味で真に局地的な時間はとっくの前に消えていて、ごちゃごちゃした鉄道時間がそれに代わっていると論じた。その結果、学会は、「公的機関、宝飾品商、市町村に、公共の時計、鐘などの時報を、それぞれの地元の、あるいは近辺の主要鉄道会社が採用する標準によって調整することを」求めた。一案は、七十五種類あった子午線を、グリニッジから四時間、五時間、六時間分、それぞれ西にある子午線に対応する、三つの地方標準時に区分けすることだった。そのような部分的な統一ならうまく行くとチームは判断した。しかし一国について一個の標準時があれば、もっとずっと良いだろう。グリニッジの西六時間に合わせた完全に全米的な時間は「鉄道及び電信時間」と呼ばれることになる。「これらの企業は、長年にわたり論じられてきた統一に向けて、この段階を踏めば、社会全体の誰もがそれに従うと納得するほど、我々の日常生活に影響を及ぼしている」(41)。ちょうどルヴェリエがフランスの鉄道に天文学者の時間を「模範として」採用するよう求めていた時期に、バーナードやウォルドのようなアメリカ人は、鉄道時間をモデルにした民間時間を求めていた。

耳ざわりなほどモダンな計測学会は、州と国の両方の政府に、日常生活の奥にまで広がるはずの変化を求めて、ロビー活動をすることを決めた。天文台は、鉄道網や電信網と連帯して、大陸のどこへでも時刻を伝えることができた。鉄道と電信の時間を、あらゆる公共の建物、あらゆる国や州の首都、病院、監獄、税関、造幣局、消防署、灯台、造船所、工廠、郵便局、郵便車両に、整合した時計で表示することが求められた。計測学者は、「一八八〇年七月四日を期して」、合衆国全体ですべての目的に使う、単独の法的標準時を望んだ[42]。この戦いに勝つためには、鉄道と電信の幹部や、ウォルドや他の天文台の同じ立場にある人々を含む天文学者を仲間に引き入れなければならないことを、計測学会は承知していた。誰よりも重要な招集のターゲットは、鉄道事務職員時間総合会議の三十三歳の事務局長にして、『米加旅行者用公式鉄道ガイド』の編集者、ウィリアム・F・アレンだった。

アレンはあらゆる時刻表作成の元締め、列車と時刻表のきりのないリストの背後に控える官僚だった。各地の時刻表をまとめるのがアレンだった。アレンは鉄道マンで、誰よりも、無数の鉄路を、旅行者が路線間の接続を調べられるようにするガイドにまとめ上げる責任を担っていた。アレンは、少なくとも一八七九年七月にはどっちつかずだったが、その後、統一計画を支持するようになった[43]。一方では、科学者の大陸規模での活動にせかされていた。科学者は国全体を一個の時間に関する取り決めの支配下に置きたがっていた。他方では、アレンと鉄道は、地方時で活動するのに慣れた一般の人々を取り込まなければならなかった。それでアレンは妥協し、自分たちが事業を行なっている大都市までの路線ごとに時間を固定している現状を受け入れた。一八七九年七月、アビーは、太陽が子午線の近くにあるときを正午と呼ぶことに対するアレンの古い執着を退けた。「提案された変更は、最初の一週間はまごついても、統一時間の利点はそれをはるかに上回ります。古い時間を捨てよ、というのが合言葉です[44]」。

時間改革者はどこにでも姿を現した。チャールズ・ダウドという名の教師は、部外者ながら、自分の区割り方式を採用するようアレンに訴えたが実らなかった[45]。ダウドが鉄道の外側から中を覗き込んでいたとすれば、サンフォード・フレミングはどこから見ても内側の、鉄道員であり事業者であって、中から外を見ていた。このカナダの技術者は帝国に尺度をとった目で巨大な事業にとりかかった。沿岸部の州を通る線路を切り開き、パシフィック鉄道会社用のプランを提唱し、トロントの工業館のデザインに加わり、ビーバーをカナダの最初の切手に載せ、後に太平洋横断ケーブルを請願したフレミングは、世界をカバーすることになる方式を提起した。フレミングには、市議会の実用主義とつきあう気はなく、進歩的で帝国的な尊大さに、傷ついた植民地の誇りという色をつけて登場した。一八七六年、列車と電信という新たな工業技術をもてはやすいっぽう、両者が撒き散らす時間方式を古いとばかにする記事を書き始めた。「我々はまだ……遠い昔から引き継いだ時間測定方式にとどまっている。世界のあちこちで絶えず難点や不便に遭遇しているというのに」。フレミングは、ロンドンからインドへ船で向かう今日の旅行者を想像した。この近代的長期旅行者がイギリスを出港するとすぐに、船の時間は正しくなくなる。グリニッジ時間をパリ時間が引き継ぐが、すぐにローマ、ブリンディジ、アレクサンドリアとなり、インドの港に着くまで、毎日新しい時間が割り当てられる。頭がおかしくなるほどに（フレミングの見るところでは）、ボンベイ時間は地方時と鉄道時に分裂し、鉄道時のほうはマドラスに合わされている。そのような退行的な混乱は、単純にしなければならないとフレミングは論じた。(46)

フレミングは地球全体に一個の普遍的な時間に関する取り決めを求めた。経度ゼロの線に対して本初子午線の名を指定し、文字Aが十五度の線、Bが三十度の線などで、X（三百四十五度）まで続けることによって、二十四の帯それぞれに名をつける。「普遍的」、「コスモポリタン」、「地球」時間は、地球の中心に固定され、長針が必ず太陽を指す想像上の時計によって決められる。地球が自転して、地球の中心から見て子午線Cが太陽への視線を横切ると、それはどこでもC時となる。Dが想像上の線を横切ると、どこでもD時になる。世界中のすべての時計が同時に同じ時刻を表示することになる。ロンドンのビッグベンがC時三十分二十七秒だと言えば、ニューヨークのタイムズスクエアの時計も、東京の市街地の時計もそうなる。「電気による電信が地球全体で完全に同時を確保する手段を提供する」。そこにはアメリカ大陸さえ小さく見えるような尺度での電気的な時間の統一があった。各地の感受性に合わせるために、フレミングは時計の作り方も考えた。懐中時計の文字盤を回転させて、着用した人の地方時の正午に相当する時刻（盤上の表示は場所によってF時だかQ時だかになる）が文字盤のてっぺんにあるようにするのだ。文字盤を二つ並べ、一方は地方時、もう一つは地球時とするデザインもあった。(47)

フレミングにとって、そのような時間の整合は、カナダやアメリカやブラジルのような広い国にとってきわめて重大だった。フランス、ドイツ、オーストリアのようなヨーロッパ諸国にも役立ったし、百八十度の経度差にわたって広がるロシアにとっても明らかに恩恵があった。しかしカナダ人フレミングの目は、まだロンドンに向かっていた。「居住地と駅が地球上のほとんどすべての子午線にあり、文明化された住民にこれから占められる両半球の広大な領域をもつ大英帝国の植民地にとっての重要性はさらに大きい」。鉄道路線と電信網がこの統一を動かした。今やおよそ四十万マイルの電信線が海底と陸上を走っていて、九万五千マイルの線路がヨーロッパとアジアに広がっていた。フレミングのような鉄道マンは、世界がまもなく百万マイルの線路とそれよりもさらに長い電信線を誇るようになると予想した。

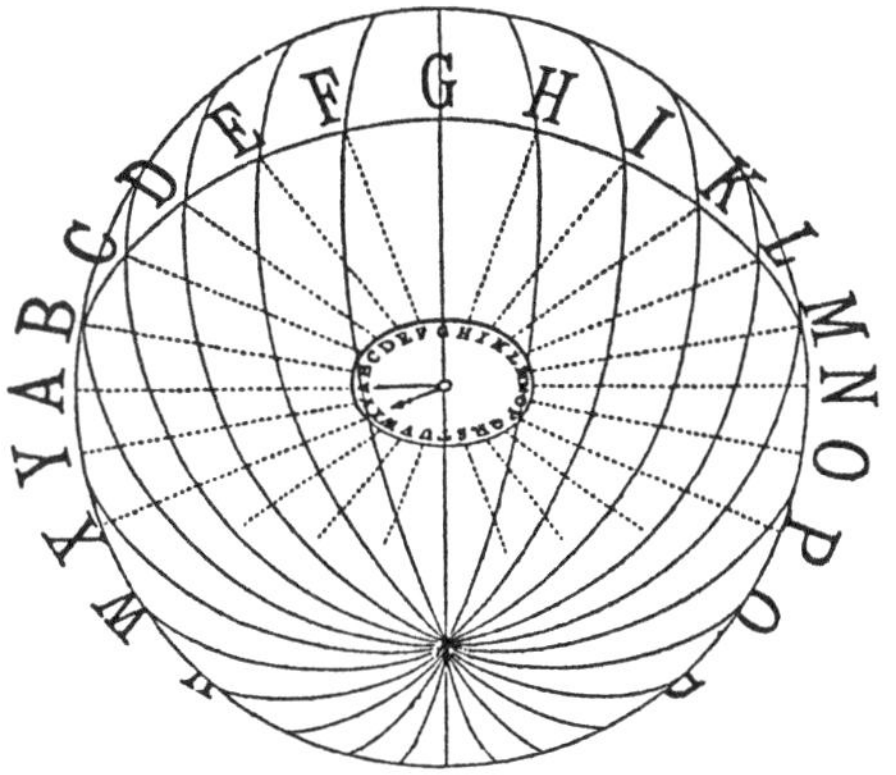

図 **3.7**　フレミングのコスモポリタン時間．サンフォード・フレミングは，技術者としてカナダ中に鉄道を敷設しはじめると，世界中を一個の「コスモポリタン」時間につなぐ電気に基づいた時間の体系の大擁護者となった．この 1879 年の図では，地球そのものを巨大な時計として表し，24 の文字が従来なら 1 時，2 時，3 時と数えていたものの代わりになる．フレミングの期待では，「C 時は地球の中心から太陽へ引いた仮想の線が，取り決めによって「C」と印がついた経線を横切るときの普遍時間となる」．出典：Fleming, “Time Reckoning” (1879), p. 27.

電信と蒸気による連絡網が地球を取り巻きつつあり、すべての国が一つの近隣区域に引き寄せられつつあった──しかし全人種の人々、陸上にいる人々が顔を合わせるようになると、何がわかるだろう。多くの国々が、一日を二つの部分に分け、さらにそれを細分したものによって測っている。最近になって未開文明から抜け出して、まだ十二よりも大きい数の数え方は知らないかのように。みなが、使われているいろいろな時計の針が、考えられるあらゆる方向を指しているのを見ることになるだろう。

フレミングは、このカオス的状況は終わらさなければならないと説いた。(48)

フレミングの最初の論文「地球時間」は、自分が想像した権力ある聴衆には届かなかった。一八七九年、最初の試みを再生利用したが、今度はもっと広い範囲に向け、以前よりも明示的に、普遍的な本初子午線（グリニッジ）の必要性を説いた。歴史のゴミ箱は、この方向性を説いて失敗した例で満ちているとフレミングは記している。経度ゼロの子午線としてカーボヴェルデ（セネガルの五度西）の名が挙がったこともあった。ヘラルト・メルカトルは、アゾレス諸島のコルヴォ島に定めた。そこでは磁針が真北を指すからだった〔磁北極と真の北極の方向が一致するということ〕。スペインはカディスを選び、ロシアはプルコヴォ（サンクトペテルブルクの郊外）、イタリアはナポリ、イギリスはリザード岬（コーンウォール）を選び、ブラジルはその世界の基準をリオにとった。本初子午線を人間の最大の構築物のあるところに置くなら、それは大ピラミッドを通るべきだろう──スコットランドの神秘主義的な王室天文官ピアッツィ・スマイスはそう唱えた。

しかしフレミングは、過去のどの本初子午線もまんべんなく持ち上げておいて、グリニッジに戻った。そこからは世界の四分の三近くの船が出て行くのだという。幸い、イギリスの対向子午線（グリニッジから百八十度離れたところ）はベーリング海峡を通り、カムチャッカをかすめはするが、それ以外は北極から南極まで海を通っている。ベーリング海峡に本初子午線を通しても世界の（グリニッジに基づく）経線に変わりはなく、その線の番号の付け方にわずかな修正が必要となるだけだ。フレミングは、フランス人の国民的なパリびいきを傷つけても、「普遍的な」線を、英帝国の中心となる天文台を通して引いた。船と帝国の力が、歴史、神秘思想、天体力学、他国の国民意識を上回った[49]。フレミングの案は、アメリカの時間改革派の耳には音楽のように聞こえた。アビーは一八八〇年三月に、自分が電信会社と鉄道会社を参加させる仕事をしていることをフレミングに伝えた。バーナードはフレミングのコスモポリタン時間の懐中時計を見せびらかした[50]。

誰もがこの新しい普遍主義に希望を抱いたわけではなかった。バーナードはフレミングに、ピアッツィ・スマイスは反対の考えを押し出してくると警告した。一八六四年、スマイスは大ピラミッドが聖なるヘブライの計測学、現代にも通じる古代の知識を具現していると断じた。「我々の国が今、それが受け継いだ計測学を変更するという問題によってどれほど動揺し、強力な政治勢力によって、その方向へ修正し、改良し、改革するというより、全面的にひっくり返すような一歩を採るよう、どれほど迫られていることか」。フランスの（また一部のイギリスの）計測改革者が進歩、合理、普遍主義を見たところに、スマイスは「国益と国民のつながりにとって致命的な」動きを見た。メートル法派にはイギリスの単位は不合理に映ったが、スマイスはピラミッドを介した古代の神聖な光につながるものとして、インチとキュビトを好んだ[51]。

バーナードは反撃した。北米の改革派は、政治的、文化的力の均衡から、自分たちはスマイスの反対をだいたい無視できると判断した。しかし英国王室天文官のジョージ・エアリーはそれほど楽に倒せなかった。エアリーが一八八一年七月にバーナードに対抗して介入したのは、苛立たせることだったにちがいない（バーナードは直ちにその手紙の写しをフレミングに転送している）。エアリーはバーナードを丁重に扱っているが、フレミングの名を挙げようとはしなかった。エアリーはバーナードに、「私には、先生が、便利と不便に基づいて、人々の集団が望むことを考えることから始めなければならず、その求めに応える手段を考えなければならないように見えます」と警告した。「カナダの物書き」が旅行者の仕事についてどう考えようと、長距離鉄道で懐中時計を合わせ直すかどうかというのは問題ではない、とエアリーは唱えた。ニューヨーク発サンフランシスコ行の列車はニューヨーク時間に時計を合わせよう。復路の客と鉄道員はサンフランシスコ時間に従ってもよい。しかし実際の問題は、長距離のアメリカ旅行にあったのではなく、むしろ時間が変わる境目をまたぐ、「境界線」地区で問題になる。「コスモポリタン時間に関しては、アイルランドやトルコに住む人間がコスモポリタン時間について何を気にするだろうか。それを望むのは、仕事で幅広い経度の範囲を進む船乗りである。……それに効能があるのはそこまでである」。バーナードとフレミングにとって信じがたいことに、エアリーは、当のグリニッジを時間の中枢として選ぶのは下手な考えだと判断した。イングランドの中で公平に位置するには東に寄りすぎていて、天文台の唯一の正統性の主張は、権威があることに行き着く。エアリーにとって、時間が統一されるべきは、イングランド島の中といった、統一が意味をなすところでのみなのだ。これに対して、普遍的な時間を確立しようとするのは、「確固とした」時間の境界という不便な目標に向かう無駄な戦いだった。「それが受け入れられるとは思わない[52]」。

　バーナードはフレミングに手紙を書いて、エアリーの過度に「自説に固執する」見方や、海王星の発見について英仏の間にあった論争に、公然と、しかも間違った介入をしたことなどの、時としてあった過去の失策を挙げて、打撃を和らげようと試みた。バーナードはフレミングに、自分は英国陸地測量部のクラーク大佐に陳情した結果、相当の成果を得て、クラークはこの時間統一の大義を支持してくれるだろうと伝えた。しかしその頃は明らかに微妙な時期だった。バーナードが時間改革を裏づけるための国際法の交渉担当者を得ようとするとき、その政治的手腕のすべてが試されていた。バーナードは時間委員会の委員長職を、もっと有名なウィリアム・トムソン（ケルヴィン卿）と争って敗れた。そのトムソンに対しては「教育」が必要とバーナードは打ち明けた。さらに悪いことに、トムソンがいるのは国際法時間委員会であることも、その委員長職のことも、誰もトムソンにわざわざ知らせてはいなかった。しかしバーナードは、トムソンにやる気を注入しようとしつつ、フレミングの推進論を弱めなければならず、この盟友に対して次から次へと手紙を書いて、手当たりしだいに論争するのを抑えるよう訴えた。「勝利を目前にして、不確実なことを明らかにしたり、敵の目の前で論点を変えるのは、まずい策だと思います」。委員会では時間ばかりが過ぎていた[53]。

　統一時間の使徒たちは、北米でも難局に直面していた。バーナードとフレミングが、グリニッジを中心とする統一国際時間を説いて回っている間に、合衆国海軍天文台は、世界ではなく一国に固定される時間を目指していた。海軍の天文学者は、民間人が世界的な時間から何か得るものがあるという思想を馬鹿にしていて、また、地方時を局地的にすることには反対した。逆に、海軍が求めたのは、ヨーロッパ風の科学的時間、国立天文台（自分たちの）に拠点を持ち、国全体で一様な時間だった。天文台長のジョン・ロジャース准将は、一八八一年六月には戦闘態勢に入っていて、空に支持を求めた。「太陽は多くの人が使う全国的な時計で、その位置で寝起きや食事や仕事の時間を調整している。太陽は自然によって人間の生活を定めるために与えられたものなので、太陽に代わりうる他の時計はない」。確かに、鉄道は独自の時間を必要とし、連邦政府は予定表にワシントン時間の印刷を命じることができるとロジャースは認めた。しかし、「科学的な時間を求めない人々は、求める人々の一人について千人いるし、さらに、五千万人の人々がいる我々が、三千万人の国［イギリス］の科学的時間を採用すべき有力な理由は私には見えない。数と成長が決めるのであれば、向こうがこちらの時間を受け入れるべきだろう。大衆の国籍についての感情は強く、哲学者にそれをなくすことはできないと思う」。科学者は「時として自分たちの役割を過大評価する」というのがロジャースの結論だった[54]。

一八八〇年代初頭のますます時間でつながれる世界で、時間改革者が宣伝する時間の尺度は対立していた。バーナード、フレミングらは、世界全体を覆う「地球」標準時を推進した。フランス、イギリス、アメリカの立派な国立天文台は、各国独自の各国標準時を唱えた。鉄道会社や都市が決定権を握っていて、多くのことがこの勢力が選んだ取り決めに依存していた。都市はイギリスと大部分のアメリカのように、列車の時間に合わせるだろうか。もしそうなら、同時性の地理的分布はどうなるのか。あるいはフランスの場合のように、列車は独自の時間を保持するのか。便宜に適うよう取り決め《コンヴィニエンス・アンド・コンヴェンション》るは合言葉だったが、誰の時計が主時計で、それがどの二次以下の時計を動かすのだろう。

一八八二年の末、アレンは妥協案を支持した。北米の鉄道網全体のために、一時間幅の地方標準時を設ける。計測学会はアレンの努力を歓迎し、議会が大統領に、国際会議を招集し、それに三人の代表を送るよう指示する決議をしたことを、熱烈に報じた。ニューヨークはその時報球をグリニッジ時間に切り替えることを考えていたし、合衆国郵便局は共通時間を採用し、バーナードは、フレデリック・T・フリーリングハイゼン国務長官とともに、時間改革を積極的に支持しながら、チェスター・A・アーサー大統領に陳情を行なっていた。アメリカ土木工学会とアメリカ科学振興協会は、この努力を支持した。(55) 鉄道では、時間の統一構想はさらに加速された。南部人の一部は、自分たちの必要に合わせた方式で短期的に抵抗したが、その動きは頓挫した。(56) アレンと鉄道会社の社長、管理職、車掌、駅長たちが、一八八三年四月十一日、ミズーリ州セントルイスでの「時間総合会議」のために集まったとき、鉄道の感覚は、七十五度、九十度、百五度の子午線に沿って分けられた時間方式に変える方向に転じたように見えていた。

アレンは厳しく評価した。「……今使われている『ハードスクラブル』方式は〔ハードスクラブルは地名だが、語義的には「痩せた土地」、ひいては「労多くして功少なし」の意味がある〕、その互いに交差しからみあう五十通りの標準があって、すぐには直しがたい嫌悪と不愉快の元になっている」。そのようなカオスを取り除くために、アレンは対抗策を出した。三つの経度による地方標準時を持ち、それぞれのゾーンを色分けした地図で、その敵である現行の時間分割の多色のパッチワークとともに示した。熱心な人は、どちらの地図でも買えたが、後者〔今のカオスを描いたほう〕は〔複雑すぎて〕大量には印刷できなかったので、値段が二倍だった。「誰でも、この地図を一目見るだけで、この問題の現状の不条理を十分に納得できると私は思う」。アレンが明らかにしたように、地方標準時方式は基準となるゼロの線をどこに置いてもよかった。確かに、経度ゼロの線をワシントンDCに置きたいところだが、そのような身びいきは受け入れられないとアレンは説いた。

我々はみな、地元の誇りの感情が大なり小なり染みついていて、「万国の中心」たる子午線時間が、とくに我々の路線の列車が走る標準であれば、それを維持しておきたい。しかし同邦の方々、その特定の子午線を自分の都市のものにすると主張するいかなる権利がおありか。ガムツリーやハードスクラブルの村は同じ子午線上にあり、それにも、あなたの美しい町のように美しい名を与える権利がある。通常の商売にとっては、どの標準も全員がそれを使うことに同意するかぎり、良さは同じである。(57)

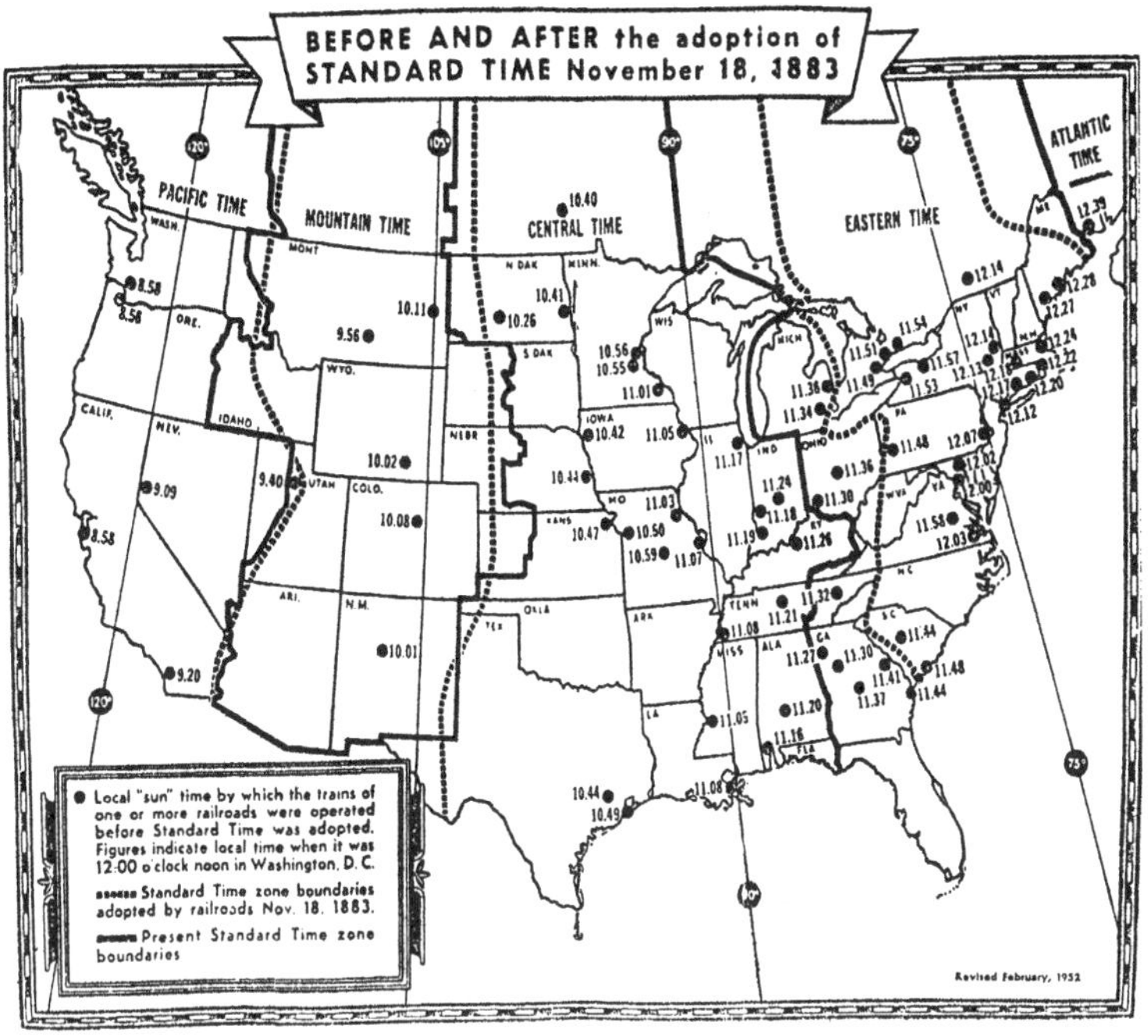

図 **3.8**　列車，時間，時間帯．時間の統一――改革派，天文学者，規格制定部門にとっての問題――は，鉄道の時刻表づくりの人々が地方時の増殖を避けるために地方標準時への区分けという大義を採用したときに力を得た．この鉄道地図は，1883 年 11 月の地方標準時改革より前のいろいろな現地時と，その時点以後に鉄道が採用した分割線を描いている．出典：Carlton J. Corliss, *The Day of Two Noons* (1952), p 7.

時間は取り決めだった。つまり、協定によって都市、路線、区域、国、世界を統一するための、他のどんなものとも同じ合意だった。その恣意性を集合的言語に書き込むことは、規則的な時間意識の獲得と同じような大きな変容だった。

天文学者も鉄道会社も、新しい輸送・通信技術を、どんな学校よりも効果的に時間をしつけるものと見なした。アレンが言ったように、「列車は正確な時間を教え、維持する点で、国民を教え、観察するのに優れている」。鉄道の路線はヨーロッパや北米全体にわたる時間経験を変質させていた。それだけでなく、鉄道の時刻表が時間を定義し、時間の同期を具現するという人々の割合がますます大きくなっていった。実際、絶妙にモダンな列車と電信がなかったら、世界の時間的構造は、ほとんどの人々にとって、その拠りどころから逸脱してしまうだろう。アレンはさらに言う。「私はあえて断言するが、この都市が鉄道と電信からまるまる一か月切り離され、すべての時計が一斉にまたこっそり三十分進められたり遅らされたりしても、千人のうち一人も……自分では何の変化も認めることはないだろう」(58)。

アレンは会議のねじを巻こうと、なるほどの寓話をすべり込ませる。それは鉄道会社の立場をからかいつつ、また顧慮するものだった。鉄道会社は、時間について取り決めを設ける場合には、一国全体のための同時性を電気的に施行することにしようとしていたからだ。

小さな宗教団体がかつて、その信仰を宣言するものとして二つの決議を採用したことが知られている。第一は、決議、聖者が地上を支配すべきである。第二は、決議、われわれが聖者である(59)。

決議であろうとなかろうと、鉄道会社の中には、時間の主人をとても聖者とは見ない人々がいた。この異議は、アレンがときどき説いたのとは違い、神御一身による正午の太陽が除去されることに反動的に執着してのことではなかった。抗議する人々は一様に、鉄道と電信で決められる同時性の原理を受け入れた。何と言っても、すでに実効的な地方標準時が大西洋から太平洋まで、鉄道会社によって刻み込まれていた。たとえば、一八八三年九月の鉄道案内には、ニューヨーク時間で運行される路線が四十七ほど示されていて、三十六路線はシカゴ時間を採り、さらにフィラデルフィア時間が三十三を支配していた。[60]すべての路線は取り決めによる時間を受け入れた。この十九世紀末時間の根本的な特色は、線路と電線に深く打ち込まれ、それは地方標準時を推進する側だけでなく、反対派にとっても存在していた。それでは反対派はどんな異論を唱えていたのだろう。ある新聞記事は、全国で一つの時間を擁護し、天文台を標的にしていた。各地に散らばった観測所を担当する天文学者が、地域に時間を提供して勢力を強くしていた。地方の同時性は「天文学者の飯の種」になっていたという。反標準時派の不満は暦の出版業者からもあった。日の出と日の入りの時刻が、時間の統一によって無価値になるという。[61]大半の反対派は、単純に取り決めによる同時性の境界を引くことに反対し、その反地方標準時論は、地元の時刻表、あるいは地域的・全国的・世界的標準時の便宜性に根ざしていた。「神による本当の時間」を持ち出す人はほとんどいなかった。[62]

時間総合会議が一八八三年十月十一日に始まるほんの一週間前、アレンは合意しないあるマサチューセッツ州の鉄道路線に、時間改革に連なる鉄道路線が約七万マイルあると語った。そのマイル数が積み上がるにつれて、アレンは反対をあまり気にしなくなった。[63]都市もしかるべく位置についた。ボストンでは、鉄道はハーヴァード天文台とそれに付属する機関がそれなりのことをするのであれば、標準時に切り替えることに同意した。時間会議代表団が、シカゴのグランドホテルでボストン市から電報による最終承認を受け取ったとき、改革案が通過することは明らかだった。[64]「市、鉄道、天文台は、会議の可決を待ち、ボストンの全公共時間の変更日を決定す」。部屋に喝采が響きわたった。海軍天文台も避けられない事態を迎え、全国的・科学的な願望は脇に置いて、地方時方式に合意した。[65]

投票になると、鉄道会社の幹部は、得票について、賛成反対の代表団の数によるものでも、また賛成反対の会社数でさえない数え方を求めた。得票は路線のマイル数によっていた（十分に近い値で）。改革賛成派――会議参加各社の中で二万七千七百八十一マイルに加えて、非参加各社の五万千二百六十マイルの合わせて七万九千四十一マイルがグリニッジ時間に基づく地方標準時に賛成した。反対はわずか千七百十四マイルだった。「可決。これによって我々はそれぞれの路線を合意した標準によって運行し、次の時刻表が発効するとき同じものを採用することを誓う」。一八八三年十一月十八日。[66] アレンは、すべての時報球と鉄道の時計と都市の時計をまとめ、全体をグリニッジで統括するような、電気で整合した時計を分配する方式を求めた。[67]

七万九千マイルの鉄道が望んだとおり、ニューヨーク市は一八八三年十月十九日に地方標準時に合わせることに合意して、フランクリン・エドソン市長が合意文書に署名した。エドソンは、鉄道の文書と制度的な支持を束にした勧告を市議会に送った。年末になると、時間に関する取り決めについて話すのは、ニューヨークでもパリなみにあたりまえになった。アメリカの大都市の政治家でさえこんなふうに公言できた。「地方時と呼ばれるものは、天文学的時間とは異なる平均にすぎないが、これは全員がそれを使うことに合意するので、どの地方でも人々の便宜に合う」。公共団体の多数派の利益になり違いも小さいとなれば、新しい標準に合わせないことがあろうかと、市長は推論した。[68]「取り決めによる恣意的な」時間は、「それが導くように意図されている人々の利益にいちばん適うように提供されるべきである」と、市の有力者は調子を合わせた。そうした言葉とともに、一八八三年十一月十八日正午をもって、鉄道だけでなくニューヨーク市の時間も、市役所の何分か西を走る西経七十五度の子午線の時刻にするという決議が行なわれた。[69]

時間の改革は競合する無数の同時刻から緊密に整合した事実へと進んでいた。望遠鏡から引き出され、活発な鉄道によって確認され、都市の時計につながる。バーナードは、一八八三年十月二十二日にフレミングに手紙を書き、鉄道はとうとう時間を攻略したと伝えている。「これでこちらの半球については問題は永遠に片付きます。ヨーロッパでは我々の時代に同様の結果は望めません。パリはグリニッジ時間を使うことには決して合意しないでしょうが、こちらではそのことを気にする必要はありません」。たぶんバーナードは、北米の地方標準時の勝利は「動きが遅い政府が、提案されているワシントンでの本初子午線会議に向けて行動を起こす刺激になるかもしれない[70]」と考えていたのだろう。

時間を空間へ

とはいえ、一八八四年半ばのパリでは、天文台時間は、列車と市の時計を決める主たる存在というわけではまったくなかった。パリ天文台は商業的な企業としての構造にはなっていなかった。少なくともポリテクニク生やそれと連帯する人々の間では、時間を配布する天文学には、〔スマイスのような〕自然神学的時間で帝国を神聖にしようという役割はまったくなかった（イギリスでの同類の人々も多くはそうだった）。逆に、英米のメートル法派の間でさえ、メートル法の魅力は、国際的商取引が簡便になる点に置かれがちだった。ポアンカレや、その師や同僚を含むフランスの科学者にとっては、交易の利点は当然のことだったが、十進化、統一、合理化ということになると、それだけではすまなかった。そうしたことは長年の啓蒙の理想であり、この理想が一八七〇年の「災厄」以後の国家の威信を回復するという願いと世俗の進歩的合理性の確立とを一体にした。これこそが、第三共和政そのものの特徴となるモダニズムだと考えられていた。

ポアンカレにとって、進歩と技術の目標は、経度局という、フランス革命以来の啓蒙科学の一大拠点で統一されていた。一八八四年の段階では、経度局の主な活動は、天文台に依拠する電気的時間を使って、電気的に世界地図を作ることだった。実際、一八六〇年代半ばから一八九〇年代にかけての時期全体にわたり、フランス、イギリス、アメリカは、海底電信ケーブルのネットワークを広げ、それによる同時性を確立し、経度を定め、世界地図を描き直すことを目指して競争していた。この象徴的な地図獲得競争が、一八八四年十月にワシントンで予定されていた本初子午線決定会議をめぐる、爆発寸前の雰囲気に寄与していた。しかし電気的世界地図を定めることにかかっていたものは、さらに高かった。一八九八年、ポアンカレが「時間の測定」において、同時性は規約であると論じたとき、ポアンカレはその五年前から経度局の「メンバー」（一握りの指導的立場にある人々の一人）だった。一八九三年一月四日に就任し、一九一二年に亡くなるまでその立場にあった。一八九九年九月、「時間の測定」を発表しておよそ一年半後、ポアンカレは経度局の長官に選ばれ、一九〇九年と一九一〇年には再任された。名目だけの職というのではなく、本人の最も生産的な時期の一部を、報告書を出し、委員会を主宰し、経度をめぐる活動を監督して過ごしたのだ。

経度局とは何だろう。ポアンカレの数理物理学の高度な射程、あるいは非ユークリッド幾何学の探究、太陽系の安定性、絶対の真理の代わりに規約を置こうという大胆な哲学的な説と並べると、計算が役目のそのような役所は、ほとんど関心の対象にはならないと想像されるかもしれない。しかし経度局の任務は、本書の話の中心である。適切に理解すれば、それが走らせた巨大な理論機械は、ポアンカレが時間概念を立て直す際の転機についてのわれわれの理解を変えるだろう。

一八八四年四月七日、天文学者のエルヴェ・フェーが、パリの科学アカデミーを前にして、オクターヴ・ド・ベルナルディエール中尉による、決定的な問題提起の報告を読み上げた。ド・ベルナルディエールは洋上の任務のための訓練を受けただけでなく、いわばモンスリ〔経度局〕の天文学者によっても育てられた、新しいタイプの海軍士官の一期生の一人だった。ド・ベルナルディエールは天文学に優れていたため、まもなく、ベルリンとパリの間の、海をはさまない経度差についての、三百三十六頁という大部の報告書の著者に名を連ねるようになった。しかし科学アカデミーに対してド・ベルナルディエールが報告したのは、経度決定の精度はそのときまでの何年かで劇的に上がっていたということだった。ある場合には正確な時計が輸送されたことにより、またある場合には、天文学的な手段のおかげだった。一八六七年、古い天文学の手法は、最初のケーブルが大西洋を横断してイギリス（グリニッジ天文台）とアメリカ（ワシントンの海軍天文台）の間の経度差が埋まると廃れた。一八七〇年代から一八八〇年代にかけて、新しい工業技術が長距離の経度測定作業の基礎となり、海底ケーブルでつながれた電信が世界中の海を縦横に飛び交った。[71]

とくにイギリスでは、工場が驚異的な量のケーブルを量産していた。まず、太い銅の導線が、商品化された「ガッタ」――ゴム、ガッタパーチャ樹脂、松やに、水を混ぜた新開発の素材――で絶縁される。それからジュートの撚り糸を巻きつけて、ガッタで覆ったケーブルと、銅の芯が切れないよう保護するための太い鉄の針金の環の間のクッションとする。さらにジュートを巻いてこの鉄の針金をまとめると、さらに撚り糸で電線をまとめ（少なくとも危険な岩の海岸付近では）、最終的にゴムに似たマレー産のガッタパーチャの防水の外被をつける。蒸気船が千数百メートルもの長さがある線を何本も海へ運び、乗り組みの熟練ケーブル工が洋上で結び合わせて何千キロもの長さにしたり、場合によっては、それが（よくあることだが）海洋生物、氷山、火山、碇、ぎざぎざの岩で切れると、再び引き上げたりした。(72)

ド・ベルナルディエールはよくよく知っていたことだが、フランス人は、長い航海（クロノメーターの信頼性を下げる）で生じる地図上のずれに前々から悩んでいた。フランス経度局は一八六六年、明確な二次基準点を地球全体に定めるよう命じられた。この命令によって、世界のあちこちに向けて、六チームの調査隊が編成された。その任務は背景にある星に対する月の位置を用いて、南北アメリカ、アフリカ、中国、日本、および太平洋とインド洋にあるいくつかの島の観測地点で、現地の経度を決定することだった。このような地図づくりには、とてつもない努力を要し、フランス政府は費用も手間も惜しまなかった。原理的な考え方は単純で、世界の二地点の天文学者がどちらも月の天球での位置が最高度に達したときの時刻を特定できれば、その観測時刻は同時となる。船乗りはチャートを参照して、母国で何時かを知り、現地の時刻が何時かを観測する。その差が二地点間の経度差となる。時間の差が六時間なら、経度差は九十度となる。

しかし月の南中は捉えにくいことで知られていた。どんなに腕のある天文学者でも、星を背景にした月の最高度を無視できるほどの誤差で測定することはできないようで、それが大きな問題だった。なぜかと言えば、地球は一日に一回、地軸を中心に自転するので、恒星は二十四時間ごとに一周するように見える。月は背景の恒星に対する動きがずっと遅く、およそ三十日で一周である。そうすると、月が指定された角度を通過するのにかかる時間で、恒星はその角度の三十倍移動しており、それによって誤差も三十倍となる。それほどの不確実さで沖の浅瀬を航行すれば、船乗りの生死に関わる。(73)

「月を捉える」ことが難しいため、現地の経度を求める天文観測者は、別の、もっと測定が易しい天文現象に手を延ばした。船乗りは何世紀も前から皆既日蝕を使っていた。コロンブスが大西洋を渡る探検のときにも、そうした蝕を使って経度を定めていた。そこで、アメリカの地図製作者がワシントンとグリニッジの経度の関係を確定したければ、月で暗くなった太陽が有望に思われた。合衆国は一八六〇年七月十八日のラブラドルでの日蝕に蒸気船を派遣し、スペインから見た同じ出来事と結果を照合することを期待した。

月が夜空を渡るときに、何かの星を背後に隠すのを観測するのも、天文学者の長年の習慣だった。見えなくなった瞬間（星蝕）も、遠く離れた地点の同時を定めるのに使えた。現地での星蝕の時刻を測定し、チャートを見れば（あるいは郵便による報告を待てば）、同じ出来事がグリニッジあるいはパリで観測された時刻がわかり、それをもう一方から引く。そこでアメリカとヨーロッパ双方の天文学者は、細心の注意を払ってプレアデスの四つの星が月の後ろに隠れ、再び出てくるのを観測した。一八六〇年四月二十四日、金星の星蝕が起きた。天文学者がカナダのニューブランスウィック州フレデリクトンと、イギリスのリヴァプールの各天文台に集まって待ち構えていた。経度を求めることは、フランス、イギリス、アメリカの天文学者の職務の一部で、それぞれが、それを求めるのに考えられるどんな方法でも用いた。しかしアメリカを「しっかり定まったヨーロッパの天文台」につなげるための努力はまだ実を結んでいなかった。調査隊が出るごとに新しい数字がもたらされた。[74]

地図づくり《マッピング》は、象徴的にも実践的にも空間に対する支配をもたらした。十九世紀半ばの大がかりな土地獲得の時代にあっては、位置を確定することは通商、軍事的征服、鉄道敷設にとっては成否を左右するほどのことだった。[75] 合衆国が南北戦争に突入したとき、沿岸測地測量所は戦略上の強みとなった。合衆国議会は前々から、通商や防衛に必要として、川も測量の範囲に含めることを求めていた。そこで地図製作者は、その任務を果たそうと、ノースカロライナやミシシッピ川の北軍提督と緊密に協同することを望んだ。ジョージ・ディーンらの電信を使う測量士たちは、まず、枢要な南部の軍事拠点の正確な位置を提供すべく、拠点間の経度差を求めようと、すでに手にしたデータをまとめにかかった。[76] 観測し、測定し、計算する。測量士はチャールストンやサヴァナ周辺の反乱軍の位置を記し、また少人数の偵察地形調査隊が、ジョージア州サヴァナからノースカロライナ州ゴールズバロへ進軍するシャーマン将軍の下に加わった。南北戦争が終わったとき、測量士たちは戦時中の電信による測量を使って未来を描き始めた。新たな優れた測定結果が、合衆国北東端のメイン州カレスから、南部のニューオーリンズまで、ほとんどすべての大きな町について得られた。ベンジャミン・グールド（測地測量所の電信による経度作業を指揮した）のチームは東へ向かい、合衆国のミシシッピ川の東の電気的地図を完成させる探査で残っていた、ある重要な隙間——ニューヨーク市からワシントンにかけて——を埋めた。(77)

測量士は海にも向かった。測量士がどんなに必死に試みても、ヨーロッパとアメリカの経度差については、その後も腹立たしいほどなかなか収束しなかった。あらためて月の最高度を観測し、恒星や惑星の星蝕のデータを調べ直し、昔のクロノメーターの結果を熟読した。しかし、旧いデータを分析しなおすだけではまったく足りなかった。「個々には十分な信頼性があるように見えただろうが、結果の不一致には四秒も過剰が見られた。最新の、いちばん頼りにされる測定値が最も不一致が大きかった。大西洋間の経度差のあたうかぎり正確な測定が、とくに法によって要求されるかぎり、このクロノメーターによる調査隊について、沿岸測地測量所はいかなる労力、手間、費用も惜しまなかった」。さらに、最新のクロノメーターによる調査は、最高の天文学的調査との間の、三秒半という困惑するほどの時間差をどうすることもできなかった。(78)どの結果を信じればよいか、誰にもわからなかった。

海底の電信ケーブルだけが袋小路を突破できた。一八五七年八月の初め、北大西洋の電信線敷設部隊が苦闘していた。ケーブルは何度も切れ、一八五八年六月、あらためて莫大なケーブルを積んだ船団がイギリスのプリマスを出発した。外洋に出て三日もすると、暴風が九日にわたって絶え間なく船に襲いかかった。一隻が相当の被害を受けた（また乗組員の一人が恐怖で正気を失った）ものの、ケーブル敷設は続いた。一八五八年八月六日、最初の信号がやっとケーブルを伝わったが、その後ケーブルは切れ、海底敷設も南北戦争の間は中断された。一八六五年七月、グレートイースタン号という、他のどの船と比べても五倍という巨大な船が、アイルランド南部のヴァレンシア島からニューファンドランドに向かって、ケーブルを敷き始めた。千二百マイル〔約千九百キロ〕を終えた後、ケーブルも敷設装置も海中に沈んだ。任務は中止された。(79)一八六六年には別の一隊が出発した。今度は大幅に改良されたケーブルを、ニユーファンドランドのハーツ・コンテント（セントジョンズからおよそ九十マイル〔約百四十キロ〕ほどのところにある、トリニティ湾の東側にある小さな漁村）から、ヴァレンシアへ向かって敷くことを目指した。今度は成功した。通信は一八六六年七月二十七日に開始され、測量士たちは直ちに時報を送り始めた。グールドは経度チームをいくつかの小人数の班に分けて、東海岸の老朽化した中間施設に配置した。メイン州カレスからニューファンドランドまでの電信線を監視するために、調査隊はスクーナー船をチャーターして、ノヴァスコシアのケープ・ブルトン島からニューファンドランドのハーツ・コンテントの目的地までを往復した。一マイルごとにリピーター（信号の中継装置）を検査する必要があった。何十人もの電信員を列車に詰め込んで各所に送らなければならなかった。(80)

グールド自身は一八六六年九月十二日、リヴァプールとロンドンに向けて、イギリスの郵便船エイジア号に乗って出発した。イギリスのケーブル会社幹部と初めて会合し、それからアイルランド側のゴールに測定装置を運ぶためだった。天文学者はアイルランドの田舎を、スプリングのクッションをつけた応急装備の馬車に揺られて四十二マイル〔約六十七キロ〕走り、ぐらぐらする木箱の山を運び、キラニーから海峡を渡ってヴァレンシアへ物資を船で運んだ。ケーブルの末端の状況は失望するものだった。イギリスの会社は、落雷で新世界にあるかぼそい線に損害が生じるのを恐れ、アメリカ側に、陸上の線を海底ケーブルと電気的に接続するのを許可しなかった。つまり、アメリカ人が自分たちの観測施設を、時間要員の言い方では、「みすぼらしい農家の小屋以外は人の住処からは遠く離れた」フォルホメラム湾の電信会社の建物に隣接して設置しなければならないということだった。この荒涼とした土地で、時間要員は十一フィート×二十三フィート〔約三・三メートル×七メートル〕の間に合わせの観測所を、地中に埋めた六つの重い石にボルトで留めた。南西からの暴風に対しては、隣接する電信会社に守られ、北西側の気候からは上り斜面で遮蔽されていた。大きいほうの部屋が観測所で、東端の小さいほうが住居となった。その作業所は簡単なもので、送信装置のための堅固な架台、時計とクロノグラフ〔正確な時刻記録装置〕時間記録計用のくぼみ、信号をグリニッジへ送るリレー磁石のための場所、モールス信号機、記録用のテーブルがあった。(81)

グールドがヴァレンシアの「この地特有の天文学的でない空」と呼んだものからは雨が降った。バケツいっぱいに。

雲のために、正午の太陽は一度か二度しか顔を見せなかった。太陽が顔を覗かせたときは、待ち構えた天文学者が子午線を定めた。やっと一八六六年十月十四日、午前三時、アメリカ人は雲間をいくつかの星が通過するのを見て、子午線通過の記録をとった。地元の人々は、測量士たちが到着する前の八週間は、ヴァレンシアでは毎日例外なく雨が降ったと伝えた。調査隊がアイルランドの海沿いの小屋で過ごした七週間、雨のない日が四日あり、晴れた夜は一度だけだった。「一般に観測は驟雨のあいまに行なわれた。観測者が現に星の子午線通過を記録する仕事をしているさなかに、大量の降雨に邪魔されるという出来事は頻繁に起きた」。反対側のニューファンドランドの時間観測所はもっとひどかった。電信測量士のジョージ・ディーンは何も覗けず、太陽も、月も、星も、一度も見えなかった。

イギリスの辺鄙なはずれに、ヴィクトリア時代のハイテクがあった。少量の亜鉛を含む雷管と少量の酸性にした水とでできた電池で動く、大西洋横断信号だった。天気の神々が許せば、アイルランド観測所はモールス信号で「GOULD《グールド》」を送った。ニューファンドランドは「DEAN《ディーン》」と応じ、続けて時報——五秒の間隔の半秒のパルス——を送った。ケーブルの両端で、チームは装置に群がった。信号は大西洋を渡ると弱くなりすぎてドラム記録装置を動かせなかったので、反照検流計《ミラー・ガルヴァノメーター》を使った。イギリスの物理学者ウィリアム・トムソンが発明していた、はるかに敏感な装置だった。絶妙に吊るされた、裏面に極微の磁石をつけた鏡が、石油ランプの光を反射する。そばには海底ケーブルにつながったコイルがあった。信号電流がケーブルを流れると、コイルが電磁石になり、小さな永久磁石をそれが貼り付けられた鏡とともに軽くねじる。それによって、設置された白紙に送られる石油ランプの光が反射する方向を少しずらす。大西洋を越えたどんなに弱い信号でも見てとれるようになる。信号を予想すると、観測者は石油ランプの明るい光を鏡に向ける。そうして、寒い湿気の多い夜、はるばる四千三百二十マイル〔約七千キロ〕もの海底を渡ってきた電流が、湿った紙の上で反射光の小さな斑点を踊らせるのを期待して、何時間も待つ。

移動天文学者は、苦労して勝ち取ったきちんとした手順に厳格に従っていた。グールドとディーン双方が、南北戦争中に行なっていた経度調査旅行の経験で得ていた手順だった。グールドのチームは最初の信号を一八六六年十月二十四日に受け取った。その後の数週間で、グールドと電信係は、小さく開いた天文観測ができる天気の窓で、さらに四回のやりとりを補った。海を隔てたグールドと比べると、ニューファンドランドでは、ディーンの信号をボストンまで中継するという苦労はそれほど成果が上がらなかった。ケーブルが荒地の千百マイルをうねり、ハーツ・コンテントからメイン州カレスの合衆国の入り口まで進むうちに、「毎日毎日、毎週毎週」、通信が切れた。何にもならなかった。突然、十二月十一日、厳しい霜がカレスに入った陸上の欠陥の多い電線をしっかりとつかんだ。直ちに氷で見事に電線が絶縁され、ハーツ・コンテントからカレスまで、稲妻のようにパルスが走った。ちょうど一八六六年の大晦日、ニューファンドランドのチームは、ハーヴァードとグリニッジの天文台間の経度差をもって、ボストン港に入港した。(82)

同時性を求めて大西洋が電信線で結ばれるとともに、電気による地図製作のテンポは高まるばかりだった。英米の協力の直後、フランスが、本国のブレストからニューファンドランド沖合のサンピエール島を通ってマサチューセッツ州ダックスベリーまでの線を敷設した。アメリカの天文学者で測量士のディーンと巡回測量士チームが再び、ほとんど直後に配置され、フランスの海軍当局と時間の照合に向けて計画を立て始めた。ブレスト＝パリ間の線が確保されると、測量士たちには、すでに得ている経度差を照合するのに使える一連の三角測量をするという夢ができた。たとえば、ブレストからパリへ行き、グリニッジへ行ってブレストに戻ると、経度差はゼロから始まって順に加えられて、次のようになるはずだ（し実際そうなる）。

（ブレスト＝パリ間）＋（パリ＝グリニッジ間）＋（グリニッジ＝ブレスト間）＝０(83)

フランスの海軍中尉ド・ベルナルディエールは、アメリカやイギリスでも自分のような経度調査旅行をしていることをよくよく知っていた。一八七三年の春には、アメリカ海軍少佐フランシス・グリーンが、上司の指示で、西インド諸島と中米の地図を作るために海底ケーブルで時報を送り始めた。グリーンのチームは、外輪船の蒸気船ゲティスバーグ号で各地を回り、パナマ、キューバ、ジャマイカ、プエルトリコなど、多くの島々に正確な経度をもたらした。(84)一八七七年に帰国すると、当局は同少佐に再び任務を与えた。今回は新しく敷かれた、ロンドンからリスボンを経由して北東ブラジルのレシフェに至る大西洋間の電信ケーブルを利用することだった。アメリカ海軍は初めて、水路調査の仕事をブラジルのパラからアルゼンチンのブエノスアイレスに至る南米の東海岸全域で行なうことができた。海軍は、これまで議論の的だったフォート・ヴィルガニヨン〔リオデジャネイロ湾〕の位置をやっと定めることになると豪語した。以前の経度調査隊は、時間で驚くべき三十秒のずれ、つまり約十三キロメートルの不確実性に遭遇していた。こんなずれがあっては、南アメリカの東端に船が衝突しかねない。

パリの信号を電信線を通じてリスボンへ送るフランスの助けもあって、ポルトガルもグリニッジに依拠する地図製作の構想に加わった。[85]ブラジル本土の沖合ポルトグランデでは、経度調査チームが一時休止して、ペルナンブコ〔レシフェのこと〕に上陸する前に、「不快な季節」を避けて待つことになった。アメリカ人は、「二、三週間を過ごすのにこれほどおもしろくないところは他に見つからない。セントヴィンセント島は単なる灰の山だ」と不平を言っていた。[86]ようやく天文学者はポルトガルの郵便船に乗ってペルナンブコに上陸し、装置を動かした。グリニッジ天文台からの信号が、八百二十八マイル〔約千三百三十キロ〕の海底ケーブルを渡って、この大陸東端に達した。大西洋の向こうのポルトガルのカルカヴェロスの灯台近くにあるイースタンテレグラフ社の装置室から、さらにその前はリスボンの王立天文台から出て、ブラジル海軍工廠の土地へ来て、工廠の壁を這う絶縁された電線を伝い、港湾長事務所の屋根を通って遊歩道を通り、バルコニーを過ぎて、トムソン式反照検流計の一つに流れ込み、白い光のビームを揺らせる。

微妙で、捉えにくく、あてにならなかった。それでもその電気信号がとうとう一八七八年七月、リオデジャネイロに到達したのは、国王にとって意義あることだった。ブラジル皇帝ペドロ二世は、一八七六年にはアメリカにいて、その後ヨーロッパへの長期旅行に出て、ハインリヒ・シュリーマンとともにトロイ遺跡を訪れたり、エルサレムでは聖墳墓教会での聖体拝領に与り、ウィーンではヴィクトリア女王の娘とその夫との宴席に出たりしていた。パリでは科学アカデミーがペドロを外国人会員に加え、ヴィクトル・ユゴーは文人としてたたえて迎えた。ロンドンでは、ウィンザー城でヴィクトリア女王と昼食をともにした。こうした公的生活や、それと同じく楽しかったらしい個人的生活からすると、ペドロは少々気が進まぬ帰国をした。しかし、皇帝陛下がグリーン少佐の頼りない天文台へ行って、

図 3.9　携帯天文台——ブラジル，バヒア．南北アメリカのもっと正確な地図づくりのために，同時刻を——したがって経度差を——判定するアメリカ海軍士官．フランス，イギリス，アメリカそれぞれの経度調査隊は，一部は学術的，一部は軍事的，一部は探検で，「天文台」は，わずかな電信器具，磁石，鏡，測量用の望遠鏡を伴う，携帯式の木製の小屋にすぎない場合が多かった．代償も大きかった．アメリカ，アジア，アフリカの沿岸地域で電気によって同時刻を定めようとする間に，病気や事故で何人もの測量士が亡くなった．出典：Green, *Report on Telegraphic determination* (1877)，扉．

ヨーロッパ時間を電気的に届けるのを目撃するのを何ものも妨げることはできなかった。[87]

今日、「天文台《オブザーヴァトリー》」という言葉はロマンチックなイメージを呼び起こす。岩だらけの山頂に座る輝く半球で、天文学者が、隙間から開ける空を順次追い、大きな真鍮の望遠鏡の向きを変えては星空を見て、白衣を着た助手がそばで静かに動き回っているというような。グリーンとアメリカ海軍チームにとってはそれどころではなかった。町へやって来ては（たとえばポルトグランデのときのように）、作業所を設営した。もちろん、電信事務所の近くに空がよく見える場所を見つけることが鍵だった。それから子午線（北側）を地面に刻み、セメントと煉瓦の柱を建てる。その上に天文調査隊は持参の小さな大理石の板を置き、その上に、子午線の印となる照準線を星が通過するのを覗いて観察するための、貴重な真鍮製の南中測定機器を設置する。雨よけのカンヴァスで覆った携帯天文台（八フィート×八フィート〔約二・五メートル角〕）を組み立てるのに、二人の海軍天文要員で一時間ほどかかる。この小さな観測所に、グリーンは時計、電信用のキー、入ってくる信号を表示するための記録用ドラムあるいはトムソン式検流計を詰め込む。観測者が脇に電信係を必要とするときには、部屋はまあ、こじんまりとして快適と言えた。

リオの電気による地図づくりでペドロ二世を楽しませると、アメリカ海軍隊は先へ進んだ。一八八三年の初め、ワシントンはチームに南米西岸へ行くよう命じた。こちらもケーブルで電信網につながっていた。この新たな調査隊はテキサス州ガルヴェストンから黄熱病が蔓延するメキシコ南東部のベラクルスへと走るケーブルをたどった。電信世界地図にベラクルスを載せると、南米の西海岸へ向かった。メキシコ南西部のサリナクルスとチリのバルパライソとを結ぶケーブルを利用することが期待された。ニューオーリンズとガルヴェストンでの検疫は通ったが、ペルーに達したのはチリが軍事占領するさなかのことだった。

　駐ペルーアメリカ公使S・L・フェルプスの仲介のおかげで、チリ軍の占領司令官は時間観測隊を支援することを約束した。海軍隊は一八八三年十月十三日、リマから南へ進み、バルパライソとリマを結び、一八八四年の初めの段階では、ペルーのパイタに木製の天文台を設営していた。七年ぶりという雨が乾いた町をうるおして降り注いでいた。「現地の土地はふだんは乾燥して埃っぽいのに、むかつくほど異臭を放つ土に変わり、町全体がほとんど居住不可能になった」[88]。さらに、士官の報告では、「ペルーでの行動は、あちこちで侵略軍の駐留地に占拠され、観測員は遅延と戦わなければならず、アリカでの軍司令部の場合には、将校の無関心と愚かさを相手にしなければならなかった」という。もちろん、通関手続の遅れ、霧、ケーブルの断線もあった。それでも一八八四年四月五日、アメリカ士官は南米の経度を手にして、ニューヨークに向けて船出した[89]。

　小さな、遠くに散らばった天文台で、アメリカ人、イギリス人、フランス人の時間観測隊は、空から読み取ったものをケーブルから届く信号と照合した。星はそれぞれの観測所に現地時間を教え、ケーブルが他の場所の時刻をささやく。正確な観測結果と丈夫なケーブル、息の合ったチームワークが必要な、とんでもなく大変な作業だった。ド・ベルナルディエールと協同したフランス隊の一人は、リマのすぐ南、チョリヨスの町の廃墟近くに観測所を設置した。ブエノスアイレスの海軍学校の天文台では、別の人物が電信を待ち受けていた。ベルナルディエールは様々な線をつないで、バルパライソからパナマへ電気的に信号を送り始めた。その経路上はずっと、中継要員が信号を途切れなく伝送しようと苦労していた。わずかな電流が鏡を揺らし、光を瞬かせた。光の斑点が動くのを見るとすぐに、操作員が信号を再び送る。アメリカ人がまだワシントンでペルー沿岸とアルゼンチン調査隊の梱包を準備している頃の一八八三年一月十八日から始まって、フランス隊は天文観測にも電気的にも優れた夜を三回捉えた。最後の測定の直後、パナマに入った海底ケーブルが切れ、超小型天文台とパリとの通信が途切れた。しかしフランス隊は結果を得た。バルパライソの証券取引所の上にそびえる旗竿の経度は、東に何千キロも離れたモンスリ時間室よりも、四時間五十五分五十四・一一秒手前だった。

このアメリカ人との強力な競争と協同がひとわたり終わった直後、一八八四年四月七日、ド・ベルナルディエールはパリのアカデミーの同僚に対して訴えた。その報告は、アカデミーの科学者に、フランスの調査に新たな可能性があることを伝えていた。おそるべきアンデス山脈の一万二千フィート〔三千六百メートル余〕のところで電線を這わせ、南アメリカを横断して両大洋をつなぐというのだ。ド・ベルナルディエールの言い方では、パリ経度局は今、「地球の形状と大きさを精密に特定する、地球全体を覆うような巨大な測地ネットワーク」を生み出すことを考えるべきだという(90)。

フランス海軍はその計画を支援して、士官、水兵、資材を提供した。ド・ベルナルディエールはサンチャゴあるいはその近くのバルパライソにとどまり、他の人々は北へ進み、リマやパナマから大陸の反対側のブエノスアイレスへ時間を知らせる。ほんの数か月前、アメリカのセントラル・アンド・サウス・アメリカン・ケーブル社がその海底電線をリマからパナマへ引いていた。ド・ベルナルディエールらは、パナマから大アンティル諸島〔キューバやプエルトリコを含む島々〕、北アメリカを経てヨーロッパへと延びる、すでに確立していた線に加えて、かぼそいながらパリへ戻る線を得た。他の線もバルパライソからブエノスアイレスを通って、カーボヴェルデ諸島から最後にはヨーロッパまで通っていたので、ガッタパーチャで覆った銅線による全体で三万キロメートル余の巨大な回路を構成していた。

グリーンのアメリカ隊とド・ベルナルディエールのフランス隊から、世界に巻きつく巨大な同時刻の多角形ができた。パリ、グリニッジ、ワシントン、パナマ、バルパライソ、ブエノスアイレス、リオデジャネイロ、リスボンが頂点となる。驚くべきことに、この不規則八角形は、二つの異なる方向で測ると、一五〇ヤード〔約百四十メートル〕以内の誤差で閉じた。多角形から外へ伸びる線がアジアへ行き、アメリカ人は電気的にインドの輪郭を把握しようとし、他方フランス人はもろい竹の小屋とわずかな電気器具や天文観測器具、ケーブルの端末からベトナムのハイフォンを電気的に特定する作業を始めた。[91]

このフランス人によるケーブルと時報による世界的ネットワークがパリから東西南北へと突き出ていた。その特性の大部分は天文学者が形成したが、逆に経度装置が天文台を変容させた。たとえば、経度局年報第四巻を取り上げてみよう。これは一八九〇年、ボルドー天文台の話から始まる。研究が何をもたらそうと、報告は平明になり、天文台が建設されるのは新しい現象を探すためでもなく、宇宙の脈絡に人の形を収めるためでもなくなった。ボルドーが天文台を建設したのは、他の多くの都市と同様、船のクロノメーターを正確に合わせて、海で経度を求められるようにするためだった。[92] すると、天文台はまず、それ自身の経度を正確に定めなければならない。これは一八八一年十一月十九日、パリと結んだ電信による時間信号を使うことによって行なわれ、その位置を首都の十一分二十六・四四四秒——プラスマイナス千分の八秒——西と特定した。

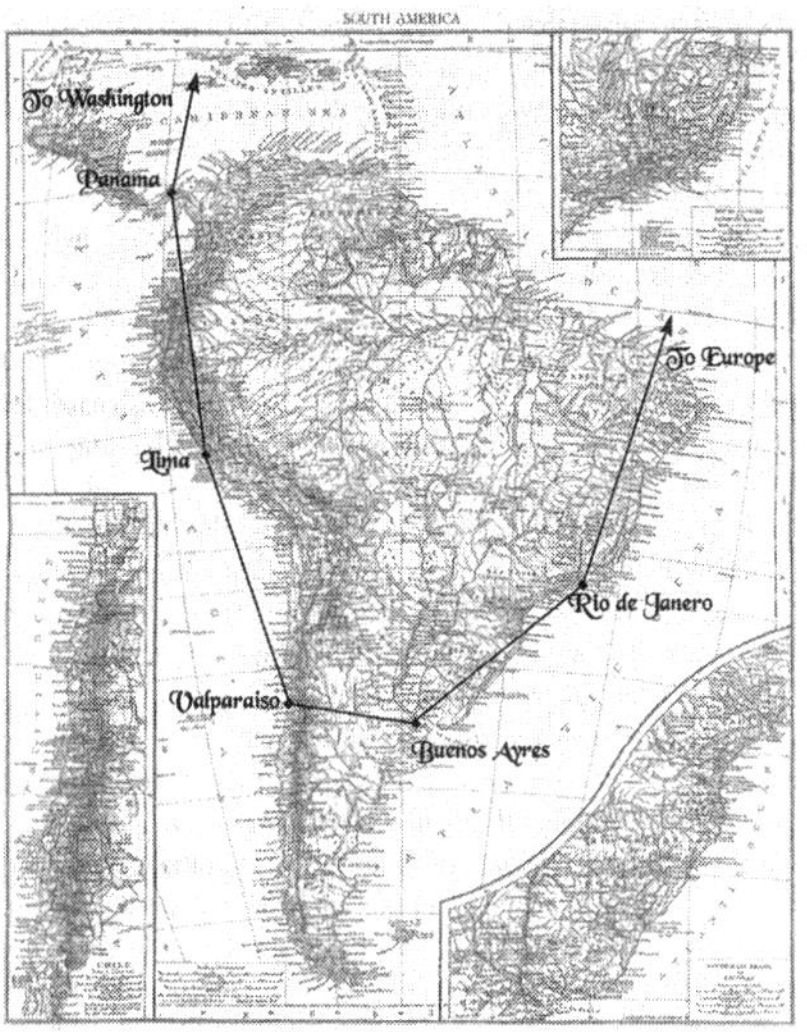

図 3.10　南米のケーブルでつながれた時間．フランスの経度調査隊の重要人物の一人，ド・ベルナルディエールは，アメリカ人の向こうを張って，電気時間に基づいて地図の網を完成させ，地球を一周させてパリ天文台に戻そうとした．科学アカデミーに控える同僚たちには，ここに概形が描かれた多角形を作ることを迫った．「地球全体を覆うような巨大な測地ネットワーク」である．出典：*The Times Atlas*, London, Office of The Times, 1986 のものに手を加えた．

都市ごと、国ごとに、フランス経度局はその経度が定められた地点のネットワークを広げ、まずは国内で、電信線をパリからフランスの遠い都市へ走らせ、それから海底ケーブルの列を通して、遠隔の植民地へとつないだ。一八八〇年の段階では、ほとんどがイギリスの十数万キロメートルのケーブルが海底に敷設され、四千トンの装置が人が住むすべての大陸をまとめ、日本、ニュージーランド、インドを渡り、西インド諸島、東インド諸島、エーゲ海を抜けた。植民地、ニュース、船舶、特権を求めて争う大国が、電信ネットワークをめぐって衝突するのは避けられなかった。銅の回路を通って時間が流れ、時間によって帝国主義時代の世界地図が区分されるからだ。

地図が融合されるときには、普遍的に認められる本初子午線が必要になるという合意が生まれた。基準になるその経線は、象徴的にでも、どこかの国の首都をすべての世界地図の中心に置くことになる。世界中のすべての時計とすべての経度測定が、ある一国の南中測定装置という不動の中心を参照することになる。さしあたりの戦いは、土地の支配よりも象徴的な中心をめぐるものだったが、その重みは誰も見誤ることはなかった。一八八四年十月一日、ワシントンDCのアメリカ国務省にある外交ホールが、外交官と科学者の正念場になった。

中立性をめぐる争い

この会議が行なわれるより二年前の一八八二年八月、チェスター・A・アーサー大統領と合衆国議会は、一義的で万国共通の本初子午線を定める目的で、ワシントンに国際会議を招集する要請を決議し、承認した。(93) こうしてアメリカの政治家が合意に達した一方で、一八八三年十月、ローマで開催された国際測地学会議には、科学者代表団が集まった。スイスの天文学者アドルフ・ヒルシュは、自国の討議について報告し、まず、ヨーロッパ大陸全体でやっと各基準点が定まった、電信によって確定された経度のネットワークを祝賀した。多くの国がそれぞれの首都を経度ゼロの地点とした地図を作っていて、新たな疑問が生じていた。このすべての基準点が、一個の、一義的な本初子午線を参照し直すことができるだろうか。ヒルシュが記録するところでは、今や、世界とは切り離されている科学の理想を脇に置いて、もっとずっと深いところで、科学と広い実用的領域とを結び合わせるような貢献をするときだった。大国には航海、地図学、地理学、気象学、鉄道敷設、電信を助ける機会がある。今こそ、万国共通の本初子午線を選ぶときである。地球が球形であるまさにそのために、自然な本初子午線はないとヒルシュは主張した。つまり、緯度がゼロの本初緯線——赤道——は地球の自転によって自然に選べた。しかし「自然」は経度の本初子午線を選んでいなかった。磁北極さえ〔北極と磁北極を結んで一本の経線が引ける〕、時間とともに動き回るので、特定の経度を本初子午線として特定するのには使えなかった。となると、本初子午線の選択は必然的に恣意的となり、「純粋に実務的で取り決めによる［*conventionelle*］」理由によるものとなる。

専門家が何度も繰り返したこんな論旨があった。アイデア、製品、諸国民の往来が、国家の個別性は尊重しつつ、新しい国際制度を求めるという。世界的な取り決めは各地の取り決めより上になければならない。郵便連合と電信連合が今や世界全体をカバーしていた。メートル法条約はすでに文明国の過半数をまとめていて、電気の規格についての条約、知的・芸術的・工業的所有権を保護する条約、紛争当事者を保護する条約もあった。集まった学者たち自身が構成する測地学連合でさえ、純然たる学術的目標——正確な地球の形状を確かめる——であっても、そのような国家間の整合を促しうることを証言していた。ヒルシュは経度の統一に至る実務的な解を見いだすときだと主張し、学会はそのためにグリニッジを本初子午線にし、日付の変更は地球の正反対の側にある対向子午線で行なうことを勧告した。(94)

ローマでの会合から一年後、ワシントン会議への代表団には、アメリカ国務省のフレデリック・T・フリーリングハイゼン国務長官が加わった。会議が進行するのに合わせて準備され、承認される厳密な議事録付きで、政治家と科学者が経度ゼロの地点をめぐる戦いに加わった。ポアンカレはもちろん、この議事録を読んだ。後の論文にそのまま引用さえしている。この議事録を調べた他の多くの人々とともに、ポアンカレは、政治、哲学、天文学、測量の込み入った混合物に立ち会っていた。

国務長官による公式の歓迎挨拶では、本初子午線を合衆国に置くことは明確に放棄しており、それを受けて、アメリカ代表団のルイス・M・ラザファードが、ローマ会議のときのように、標準となる子午線はグリニッジ天文台の南中測定装置の中心を通過するものだと唱えることによって号砲を撃った。フランス全権公使を務めるカナダ総領事のアルベール・ルフェーヴルは、直ちに拙速な行動を戒める発言をして、ローマの決定を、単なる「専門家」の作ったものだという低い評価をした。このワシントンでは、政治家のもっと高い見晴らしの効く視点があるはずである。「さらに、哲学者でありコスモポリタニストであること、現在だけでなく遠い未来のために人類の関心を考えるのは我々の特権であります」[95]。そのような距離をおいた見方だけが、原則の検討を可能にすることになる。アメリカは後退して、会議はただ一個の本初子午線という思想を受け入れるだけにすることを提案した。

そのような後退はイギリスを怒らせた。イギリス海軍のF・J・O・エヴァンズ大佐は、ローマの決定ですでに問題の範囲は狭められていると反論した。本初子午線は大天文台を通るべきで、山でも海峡でも大建造物でもない。科学は結局、正確さを求めるのであって、未来の地球の姿に向かう漠然とした意思表示ではない。そのような大天文台の候補は、パリ、グリニッジ、ワシントンくらいで、そうたくさんはなかった[96]。アメリカ海軍のサンプソン中佐は同調して、選ばれる天文台は、必ず電信時間で世界中とつながれていなければならないと言った。「すると、純粋に科学的な視点からは、どの子午線も本初子午線と考えることができるかもしれない」。便宜と経済性を求めるなら、選択肢はさらに少なくなり、本初子午線が完全に配線された、政府の後ろ盾がある天文台を通過するとなると、その選択肢も相当に狭まる。イギリスの本初子午線以外の本初子午線を使うことになると、グリニッジ子午線を使っていた世界の船舶の七十パーセントについて、地図の変更が必要になることを認識すれば、現実的な選択肢は一つしかない。グリニッジだ[97]。おそらく英米海軍の二重の一斉射撃に励まされ、ラザファードはパリ包囲網に加わった。「パリ天文台は人口の多い大都市の中心にある」。空気の動き、地面の振動に影響されやすい。パリ天文台は移転しなければならなかった。「それをその地にとどめているのは、過去におけるこの天文台の誉れ高い経歴の記憶だけである」[98]。

そんなことはない、とフランスの天文学者で代表の一人、ジュール・ジャンサンは訴えた。パリ天文台はやはりはずせない。他の主な天文台と電気的につながっており、電信による地図づくりでの利用によって十分に証明されているその能力は、すべてグリニッジに匹敵するからだ。歴史的にも、次のような重要な点がある。リシュリュー枢機卿が、プトレマイオスに倣って、カナリア諸島のフェロ島に本初子午線を定めていた。フェロ島の最東端が海から顔を出すのはパリから西へ十九度五十五分三秒ほどのところなので、計算がごちゃごちゃした。十八世紀のフランス天文学者は、フェロ島の本初子午線は、制度上、パリのちょうど二十度西と定めることによって、経度計算を簡単にした。フランスの天文学者でさえ、島を四分五十七秒東へ物理的に動かすことはできなかったので、ジャンサンはこの取り決めが形を変えたパリ本初子午線だったことを認めた。

　おそらくジャンサンは他の誰にも負けず、政治を読むことができた。本初子午線として、グリニッジにパリ（フェロの姿はとっても）が取って代わる可能性はゼロだった。しかしジャンサンは自分の陣営を引き払おうとはしなかった（一八七〇年のパリ包囲のとき、日蝕観測のためにアルジェリアに向かって暴風の中を気球で飛び立った人物でもあった）。そろそろ、プトレマイオスの（今ではフランスの）フェロ島よりも重みのある根拠をつかまなければならなかった。会議は最悪の決定に向かって滑りつつあった。「すべての陸上の経度にとっての出発点として世界に提供されるべき子午線は、何よりも、基本的に地理学的で非人称的な性格のものであるべきだという大原則を定めるのではなく、問題は単純に立てられた。いろいろな天文台の間で使われている子午線のうちどれに、（こんな表現を使うことが許されるなら）最大数の顧客がいるかということだった」[99]。

　顧客とは。まさにそういう考え方が、（フランス）合理主義的な感性には癪に障った。ジャンサンは慣行《カスタムズ》と常連客《カスタマーズ》が、（フランス）哲学的原理の前に（イギリス的）産業の煙を投げ込まないことを希望した。参会の人々に訴えられたのは、フランスの水路測量の長い伝統があることだった。あまねく尊重される暦、『コネサンス・デ・タン』〔時を知る〕もあった。そして忘れてはいけない、ジャンサンと同じくこの会議に立ち会う人々は、長さの単位としての「王の足《ピエ・ド・ロワ》」〔フィートのこと〕をやめて、合理的なメートルを取ったのは革命時代のフランス人だったではないか。合理的な科学が王のやり方に勝るべきだろう[100]。ジャンサンは考えた。「疑いなく、長い栄光の過去、我々の偉大な出版物、重要な水路学の成果を考えると、子午線の変更は重い犠牲をもたらすことになる。それでも、自己犠牲せよという案で迫られれば、そして誠実に公共の善が求められている証拠が得られるなら、フランスはその協力を確実にするだけの進歩愛があることも十分に証明している」。妥当な合意は、一方の当事者のみを保護するものであってはならないとジャンサンは結んだ[101]。言い換えると、世界の経度の中心を中立的なところに置くことだ。グリニッジ以外のどこでもよい。

ちょっと待ったと、イギリスの天文学者ジョン・クーチ・アダムズが反論した。フランスとの争いではすでに二度動員されていたのがアダムズの業績だった。一つは海王星を発見したのは誰かという問題をめぐるもので、さらには月の動きについてフランスのあのラプラスが得た結果に反論したときだった。我々は好戦的ではなく、みな科学的な問題での常として中立的であると、アダムズは主張した。我々は戦争が終わった後のような領土分割をしているのではなく、友好的な形で友好国を代表しているのだ。世界に最大の便宜をもたらすことになるのは何か。そして我々は、別の天文台からのずれ（フェロに偽装したパリ）のような法的擬制なしに、事物を「正しい名で」呼ぶことによって、その便宜を提供すべきであろう。実務的で冷静な意思決定が求められる。「ここにいる代表団すべてが単にセンチメンタルな考察だけに導かれているのなら、あるいは自国愛の考慮だけに導かれているなら、会議はいかなる結論にも達しないだろう」。フランス人の身びいきという突撃に対して、ジャンサンは、イギリス人を、俗っぽいわがままと責めることで応じた。

地理的な問題に、単純に実用的な便宜を根拠にして、つまり、自分自身と自分が代表する人々にとっての有利だけに基づいて、地図も習慣も伝統も何も変えないという、よりにもよって最悪な答えを与えることにある改革は、その先に何の未来もありません。我々はそれに荷担するのは拒否すると申し上げます[102]。

実用と商売に忠実なアメリカ人はイギリス側に立った。中立とは何か。とクリーヴランド・アビーは問うた。歴史的、地理的、科学的、算術的な中立とは。確かに、フランスは我々に中立的な重さと長さをもたらしたが、その尺度には、それが依拠する原器による恣意性がある。経度の「中立な」方式といっても、それをどうするかを正確に言えないかぎり、「神話であり、空想であり、一編の詩でありますだ[103]」。

ジャンサンは応戦した。中立な地点には地理的、道徳的という二つの利点がある。ベーリング海峡を選べば、はっきりと定まる日付変更のために、本初子午線を人口が集まる中枢から遠ざけ、世界を旧世界と新世界に切り分けることになる。あるいは、ベーリング海峡でなくても、別の顕著な物理的地点でもいい。時刻と経度のゼロをアゾレス諸島に定めれば、コストはベーリング海峡よりは少なくなるだろう。電信ケーブルはすでに近くを通っているからだ。アゾレス諸島でもベーリング海峡でも、経度ゼロを定めるのは、海峡の中央からではなく、既存の電信でつながった天文台からになるだろう（ジャンサンはパリ天文台の卓越した電気的接続について述べたところだ）。おそらくアダムズのほうを鋭く見やりながら、ジャンサンは一同に対して、海王星の発見についてイギリスとフランスの報道機関によって起こされた「活発な議論」を思い起こすよう求めた（どちらの側も自分たちのほうが一番のりだと主張していた）。ジャンサンは過去にさらに深く分け入って、同じ大陸対イギリスの綱引きが、十七世紀の微積分をめぐって、ニュートンの擁護者とライプニッツの擁護者との間であったことを見た。「栄光を求めるのは、人間の高貴な動機の一つである。我々はそれに敬意を払わなければならないが、悪い果実を生ませることのないように気をつけなければならない[104]」。

数では負けるジャンサンだが、本人は負けてはいなかった。経済的理由はグリニッジ、ワシントン、パリ、ベルリン、プルコヴォ〔サンクトペテルブルク〕、ウィーン、ローマには有利かもしれないが、そのような選択は必然的に人為的なものとなる。「我々が何をしようと、共通の本初子午線は必ず、百人が自分のものと言って争う王冠となるでしょう。その王冠は科学の額に載せましょう。そうすればすべての人々がその前で頭を垂れるでありましょう」。確かに、しかし選ばれたどんな場所も一つの国に属している、と、あるアングロサクソン人が応じた。まったくそんなことはないとジャンサンは撃ち返す。赤道は中立で、それを一巡りする国はないと。イギリスのストレイチー将軍は、地理学での経度と天文学での経度との区別に反対した――「経度は経度である」。まったくそんなことはないと、ジャンサンは熱くなった。経度は脈絡によって決まるどんな尺度とも同じである。「化学的当量を決めるために必要な重さは、商業的な重さとは全く違う種類のものではないか。それでもそれも重さである」[105]。

クリーヴランド・アビーは、アメリカ計測学会と統一時間をめぐって激しく戦っていて、「中立」の自然さは疑っていた。ロシアがベーリング海峡のこちら〔アメリカ〕側の国を再征服するとしたらどうなるか。アメリカがシベリアの半分を購入したらどうなるか。「その地点〔ベーリング海峡の中央〕はコスモポリタンではなくなります」。地球上空の星、人間の考察を超えたものだけが、何とか中立と見なすことができた[106]。

まさしくそうだとサンフォード・フレミングが口を挟んだ。商品と人の輸送による論拠に慣れたフレミングは、フランスの「中立的な子午線」について、「理論的には優れているが、私は……実用性の領域をまったく外れていることを恐れます」と見た。そこでフレミングは、海運状況を把握して、各地の本初子午線によって導かれていた船や輸送の総トン数を集めて数字を挙げた。グリニッジは総トン数の七十二パーセントを占め、それに次ぐのがパリの八パーセント、残りが世界の各地を合わせたものだった。たぶん、同席のフランス人へのご機嫌とりとして、フレミングは本初子午線をグリニッジから百八十度の、太平洋の「無人」部分のただ中に置くことを提案した[107]。そのような手によって、グリニッジに基づいた地図や海図上では、天文学的な事象は、正午と真夜中を逆転して午前二時を午後二時に入れ替えるなどするだけで、事実上変更はしなくてもよくなるだろうとフレミングは加えた。外交のかけひきで言えば、経線を地球儀上でロンドン郊外から正反対のところに移しても、長く使われたフェロの代理の本初子午線について知っている人々を、もちろんフランス人も、騙すことにはならなかった。中立的な子午線についての投票では、フランスは「賛成」に回り、ブラジルとサンドミンゴだけが加わった。他の二十一か国はすべて反対票を投じた。

ルフェーヴルはフランスを代表して語り、気むずかしく、議論に天文学、測地学、航法がないと評した。英米の満足という脈絡で総トン数のことを持ち出されたルフェーヴルは、「グリニッジ子午線の唯一の利点は……それを中心に集まる集団があり、尊重されるべき利害があることで、私はそれを規模、エネルギー、増大の力の点で喜んで評価いたします」と認めたが、「科学の不偏の配慮についてはまったく何も言えません」。理性も、中立性も、不偏性もない——純粋に単純に商業のみだ。ルフェーヴルは、大英帝国が商業上の腕前で勝ったことを認めたが、それ以外の根拠はなかった。

さて皆様、こうした理由を秤量いたせば――今のところグリニッジ子午線に影響するのみでありますが――皆様に影響しようとしているこうした理由が物質的優位であり、商業的優勢であることは明らかではありませんか。ここで科学は今日の権力のささやかな属国としてのみ見えていて、その成功を神聖とし、冠を与えるのみに見えます。しかし皆様がた、権力と富ほど移ろいやすいものはありません。

帝国はすべて倒れてきたし、今の帝国もいずれ去るだろう。科学を鎖に縛って従属させないように。それに我々のフランスの子午線を放棄しても、見返りはあるだろうか。アメリカやイギリスは、メートル法を採用する予定があるだろうか。そんなことはない。「我が国は、単純に我が国の海軍、国民的な科学にとって大事な伝統を、金銭上の犠牲を加えることによって、犠牲にするよう誘われています」。集まった中で年長の科学者ウィリアム・トムソン卿は、ジャンサンをほとんど追認したが、その低い評価は別だった。今回のことはそもそも「商業の取り決め」であって、科学的な問題ではなかった。問題はすぐに、「グリニッジ天文台の測定器具での子午線通過を経度の本初子午線として」採用するかどうかの採決となった。サンドミンゴはグリニッジの聖別に反対した。ブラジルとフランスは棄権した。二十一か国が支持した(108)。

世界経度方式を苦しめる問題は他にもあって、電気的時間用に電信で結ばれた世界でのみ意味をなすと論じられた。実は、会議全体が、電気化された時間配布による新たに結ばれた世界をめぐる延長戦と見ることもできた。合衆国代表のW・F・アレンは、鉄道時間で勝利したばかりで、会議にその経緯から向かう論理的落としどころを示した。「中央に設置されて秒を刻む一つの時計の振り子が地上のすべての都市の地元の時間の算出を調整することが、電気の力による可能性の一つとなるでしょう(109)」。

この究極の時間構想に対しては、どこにでもある局所的な慣習が立ちはだかる。一見するとどうということのない、「一日はいつ始まるのか」という問題でさえ、まごつかせた。グレゴリウス暦による古い日付の計算を容易にするた

図 3.11　フランス革命時計（1793 年頃）．正三角形は，新しい自由の下で，月が等分され，頂点は安息日を表すことを示している．出典：Association Française des Amateurs d'Horlogerie Ancienne, *Revue de L'Association Française,* Vol. XX（1989）, p. 211.

めに、ローマの対向子午線で一日を始めることを好む人々もいれば、天文学者は一日の始まりを正午にして、夜が二日に分割されるのを避けたがった。一方では、トルコ代表が、オスマン帝国は真夜中から真夜中を一日とすることを認識しているが（フランクの時間《ウール・ド・フランク》）、地平線で太陽が等分されるときでも算出する（トルコの時間《ウール・ド・ラ・チュルク》）ことを述べた。「民族と宗教の性格による理由から、この時間の数え方を廃棄することはできない[110]」。

こうした文化をまたぐ同期が重要とはいえ、参会の誰も、パリとグリニッジの間の争いであることは疑わなかった。採決のたびに敗れたフランスは、最後に一縷の望みを抱いていた。時間の十進化である。メートルに似た合理的で科学的な時間の単位を求める野心は、パリに深く根ざしていた。フランス革命暦第二年には、国民公会が時間の十進方式を樹立しようと苦労していた。（週ではなく）十日単位の「旬《デカード》」により、一日は十時間単位に分け、直角は九十度ではなく百度としていた。革命式時計はわずかに残っている。一つ（図 3・11）は三色の正三角形が、新しい自由の下で、各月が等分されることを示し、頂点が安息日を表している。科学者の間では、新しい方式を採用する人はほとんどいなかったが、ラプラスはその画期的な『天体力学』で採用し、政府部局には、その方式を押しつけようとするところもあった。しかし厖大な大衆の抵抗に遭って、ナポレオンは時間十進化を、ローマカトリック教会との合意でとりやめた。(111)

ジャンサンは最後の意見の表明に立ち、この長く採用が遅れた十進法による時間と円の分割を世界的に再興することを求めた。その希望——決議案として述べられた——は、今やヨーロッパの貿易と製造の主流になりつつある十進法方式が、最後に時間に拡張されるようにということだった。革命期の先人たちが直面したのと同じ世間の反対をつきつけられ、ジャンサンは一同を安心させた。「何世紀もの間に定まった慣行を破壊して、確立した使い方を破壊したいのだと恐れられています」。が、そのような心配には根拠はない。「革命の時代に失敗したとすれば、それは科学の領域に制限されない、日常生活の慣行には侵害となる改革を進めたからです」。今回は、世間の人々のための変化を定めるのではなく、それが有用なところにのみ課せられる。

メートルから時間と経度まで、フランスでの物語のあらゆる段階で、空間と時間に関する取り決めは国民公会の遺産と強力に結びついていた。しかしすべての代表にとって、また実はその背後にいる計測学の世界の大半にとって、空間と時間に関する取り決めを定めるのは、単に精密な地図や鉄道の交差のことではなかった。ワシントンの衝突を、標準化された合理性への避けられない歩みの一歩として扱うのは、同期するときの、ゆらいで偶然に左右される、臨界タンパク光の性格を見逃すことになる。実用的なことと哲学的なこと、抽象的なことと具体的なことの、絶えざる交錯を見逃すということだ。

フランスが本初子午線で敗北した後、代表たちは十進化時間について、その啓蒙の野心あるいはその実施のための実際の計画にお墨付きを与えずにフランスを手なずける方法を探した。(112) 結局、会議は単に、時間の十進化についてはさらに専門的な研究が始められるという「希望」を表明するただけだった。それはフランスの代表が持ち帰るには足りなかった。その小さな、副次的な議決の先まで大義を進めるには、フランスは、この過激な時間に関する取り決めの改革を唱導する、科学の星のような大物で、かつ技術・行政の面での有力者を必要とした。フランスではもう十年近く、この問題は技術界で不穏なたぎり方をしていた。そこでアンリ・ポアンカレの登場となる。

第4章　ポアンカレの地図

時間、理性、国家

一八八四年の世界時間会議が本初子午線をグリニッジに定めた後、フランスでの抵抗は強まった。ジャンサンは大敗になおも苛立ちながらパリに戻った。一八八五年三月九日、フランス科学アカデミーの面々の前に姿を見せると、前年の戦いのことを逐一語った。まずは政治的なところから。アメリカ人は合衆国に与する小さい国々で会議を一杯にしていた。フランス代表による長い演説を復刻して、喜ばしいことにいくつかの勝利もあったと、アカデミーの仲間に断言した。次々とジャンサンは回想した。アメリカ人とイギリス人は、それぞれが得意な専門分野について、フランス人と戦った。「たぶんこう言ってもよいかと思います。子午線の中立性の原則に立って戦う科学者の権威や、才能や、また数はともかく、原則はこうした打撃に耐えました、悩むこともなく、科学的な傷もなく、こうした打撃にびくともせず、傷もなく、抵抗しました。フランスが提案した子午線は、やはり偏りのない、科学的な、明瞭な問題の解決法であります。我々は、その大義を擁護したことで我が国に名誉があったと信じます」[1]。ヨーロッパ大陸では、不満を抱くのはジャンサンだけではなかった。トンディーネ・デ・カレンギ神父は、一八八九年から九〇年にかけて、ボローニャ科学アカデミーの名において、本初子午線は、「優れて《パレクセランス》」普遍的な都市にして、古代世界の三つの大陸の中心、三大宗教共通の聖地であるエルサレムに移すべきだという運動を行なった[2]。

フランスとは違い、ドイツはグリニッジ本初子午線で困ることはなかった。ドイツはほとんど自立した国家群という長い歴史に苦しんでいて、機械による時間と電気による時間との寄せ集めと戦わなければならなかった。高齢の伯爵ヘルムート・カール・ベルンハルト・フォン・モルトケ元帥が、一八九一年三月十六日、ドイツ帝国議会に対して演説を行なわなければならなくなったのも、この時間の非統一のせいだった。フォン・モルトケによる名高いフランスに対する勝利の鍵は鉄道だった。半世紀近く前からモルトケは、軍勢の素早い配置では列車が決め手になることを、自国民の頭に刻み込んでいた。一八四三年にはすでに、「新たな鉄道の発達はいずれも軍事的な利点であり、国の防衛にとっては、我が国の鉄道の完成に数百万マルクをかけるのは、どんな新しい要塞に費すよりも、はるかに利益のある使い方である」と主張していた。フォン・モルトケは、自分の軍事戦略を新しい鉄道網の力の上に立てて、この完成の計画を推進した。一八六七年の秋の段階では、南ドイツ諸州について三週間で三十六万人、四週間で四十三万人を集められると説いた[3]。

そのような計画は元が取れた。ドイツだけでなく、敵のフランスも、一八七〇年から七一年の普仏戦争の後では、精密に同期された列車をフォン・モルトケが巧みに利用したことが、フランス第二帝政を滅ぼし、ヨーロッパの権力バランスを根本的に変えることになったのを認めていた。対仏勝利の後、二十年にわたり、フォン・モルトケ（および後のシュリーフェン）が率いる総参謀本部は、軍が統一帝国の軍事力に育つ大規模な拡張を監督した。将軍たちは、忍耐強く、執念深く、十万両の車両を使って三百万の兵士を滞りなく動かすという、どこまでも続く技術的戦争ゲームを実行した。一八八九年、軍部は帝国議会に、列車の運行予定づくりを簡単にするために標準時を採用するよう訴えたが、政治家はそれを断った[4]。

一八九一年三月のフォン・モルトケは、プロイセンに並ぶ者のいない英雄だった。公的な場所へ出て行くと、人々はモルトケが着席するまで、黙って立っていた。そういうわけで、モルトケ将軍が議会の時間と鉄道に関する本会議に登場したときは、一大事件だった[5]。フォン・モルトケは、かすれた声で話し始めた（この後一か月余りで亡くなる）。

統一時間（*Einheitszeit*《アインハイツツァイト》）が鉄道の満足できる運営には不可欠であることは、あまねく認識されているところであり、論を待たないのであります。しかし皆さん、ドイツには五通りの時間地区があります。ザクセンを含む北ドイツでは、ベルリン時間によって時間を表示します。ババリアではミュンヘン時間ですし、ヴルテンブルクではシュトゥットガルト時間、バーデンではカールスルーエ時間、ラインプファルツではルートヴィヒスハーフェン時間という具合であります。このようにドイツには五つの区域があって、それによって生じる欠陥や、不利がいくらもあります。フランスやロシアとの国境で遭遇する面倒があるうえに、我が国内でもこうしたことがあります。これは、言わせていただくと、かつてのドイツが分邦に分かれていたときから残る、目立った遺物ではありますが、我が国は一つの帝国となったのですから、そういうことはなくしてしかるべきでありましょう。

聴衆からは、「ゼーア・ヴァール」(「そのとおり」)の声が上がった。フォン・モルトケはさらに続けて、今のばらばらの時間という惨状は、旅行者にとって不便であるばかりでなく、他方では、鉄道事業にとっては、またさらに悪いことに、軍隊にとっては、「直面する死活的重要性をもった難点」であると言った。軍隊を動員する場合にはどういうことになるでしょう、とモルトケは問いかけた。基準がなければならず、それは十五番めの子午線(ブランデンブルク門の東約五十マイル)のところに置くものとなり、それが参照されることになる。ドイツ国内の地方時は異なっているが、帝国の両端ではほんの三十分ほどずらす必要があるという。「皆さん、鉄道のためだけに時間を統一しても、私が手短に述べた不都合を片づけることにはなりません。そういうことは、ドイツ全体にわたる計時の統一に達してはじめて、つまりすべての地方時を一掃してはじめて可能になるのであります[6]」。帝国がそれを求めていた。

フォン・モルトケは、世間が承知しないかもしれないことを認めた。それでもいくらかの「慎重な考察」の後、天文台の科学者が事態をしかるべく治め、「この反対の精神に対して権威を」示すことになるだろう。「皆さん、科学は私たちが望む以上のことを求めております。科学はドイツの、あるいは中欧の時間を統一するだけでは満足しません。グリニッジ子午線に基づく世界標準時を求めております。その立場からすると、また科学が視野に入れている目的からすると、それがきっと正しいのであります」。農民と工場労働者は、望むように始業時刻を動かすことができるだろう。製造業者が労働者に夜明けに始業するよう望むなら、三月には六時二十九分にゲートを開けさせればよろしい。

農民は太陽に従わせればよいし、学校や法廷はもともと緩やかな予定でやらせればよい。フォン・モルトケは、グリニッジに基づいて、全国的に整合した時計を望んだ。総参謀本部にとって肝心だったのは、鉄道と軍隊が単一の整合した時間、つまり成長中の電気的な世界地図にリンクした時間に応答することだった。ヨーロッパの大半が続いた(7)。

しかしヨーロッパのすべてではなかった。たぶん、グリニッジ時間に反対する動きで最もよく知られているものは、当時最大級の不祥事でもあった。一八九四年二月十五日木曜日のこと、フランスの若い無政府主義者《アナーキスト》、マルシャル・ブルダンが、ウェストミンスター橋からグリニッジまでの切符を買った。天文台に二人いた助手の一人によれば、階下の計算室でしゃべっているとき、二人は「突然の大きな爆発に仰天した。爆発音は鋭く明瞭だった……私はすぐにホリス氏に『これはダイナマイトだ。時刻を記録して』と言った」。時計に従って観測することに慣れていた二人は、当然のこととして爆発時刻を記録したのだ。四時五十一分だった。警官が天文台のたもとにある公園の爆発現場に駆けつけると、瀕死のブルダンがいた。手を飛ばされ、爆風と破片を大量に受けていた。長年、ブルダンの動機には疑問がつきまとった。アナーキストたちは警察の捏造を疑った。前々からあったフランスのアナーキストの攻撃の一つと見る人もいた。パリの下院が襲撃されたことがあったし（一八九三年十二月）、ブルダン爆死のほんの三日前にはパリのカフェでもあった。こうした事件を、ジョゼフ・コンラッドは一九〇七年の作品『密偵』に書いたが、この作品は今なお、こうした事件を見る際の背景をなす。鉄砲玉、黒幕、出世主義者が描かれ、誰もそこからは手を汚さずには這い上がれない。そのコンラッドの世界では、裏で操る外国の一等書記官が、階級敵を殺人以上に怖がらせる攻撃を主張した。「示威行動は学問――科学――に対抗するものでなければならない。攻撃は根拠なき冒瀆という衝撃的な無意味さを持っていなければならない」。物質的繁栄の謎めいた科学的中核を吹き飛ばさなければならない。「『そうだ』と一等書記官は馬鹿にしたような笑みとともに続けた。『本初子午線を吹き飛ばせば、憎悪の雄叫びが上がるに決まっている(8)』」。

本初子午線は、異論が大きかったとはいえ、強力なシンボルとなっていたことにはちがいない。しかし、ジャンサンなどが世界の覇者というイギリスの傲慢に対抗していたフランスでさえ、クリストファー・レンが設計した偉大な天文台にある主時計に合わせてフランスの時間を定めることを全面的に支持する人々がいた。

シャルル・ラルマンという、フランス経度局の一員で、ポアンカレの盟友の一人は、グリニッジ時間支持を鮮明にしていた。もちろん世界時（世界全体のための一個の時間）は紛れもなく大災難になるだろう。日本人ならふつう、グリニッジにある時間で暮らし、働くことは、きっと拒否するだろう。[9] ラルマンの主張によれば、時間の改革は、北米の人々が「その賞賛すべき実業家の実践的感覚をもって、巧みな妥協案、つまり、地方時に対する世界時の利点をすべて、近似的にでも統合すること、つまり地方標準時を考えていなかったら」、カオスの泥沼に脚をとられたままだっただろう。[10]

ラルマンは、一八九七年に書いた文章で、人間の改革の領域にあって、単純な実践的地方標準時方式が文明世界のほとんどすべてを征服するのに十年で足りたというのは、並ぶもののない勝利だと説いた。今やフランス、スペイン、ポルトガルを除く、ヨーロッパのすべてがこの方式を採用した。フランス人がこの改革に加わるのに必要なことはほんの少ししかない。わずか九分二十一秒を遅らせることで片がつくのだ。今の方式はばかばかしいほど複雑なだけでなく、ラルマンが悲しそうに記すには、地球の反対側では、パリとグリニッジの対向子午線の間の、赤道上では四百キロにわたる、日付けがどちらともつかない一帯ができてしまうということでもあった。その宙ぶらりんの時間帯に立つ（あるいは浮かぶ）と、自分が一八九九年十二月三十一日にいるのか、一九〇〇年一月一日にいるのかが、広げる地図がどれかによって分かれることになってしまう。[11]

ラルマンにとって、そのような曖昧さは耐えられなかった。反論が雑誌や新聞の記事になってどっと続いた。地方標準時は、ワシントン会議で採用された線に従うもので、「中立」ではないと説く人もいた。ラルマンはそれは間違いだと断言した。新しい地方標準時方式は標準の、中立的な二十四時間の時計に従うだけでなく、新旧両世界で「めまいがするほどの速さ」で受け入れられたことが、それがいかに中立的かを示しているという。確かに一本の子午線がグリニッジを通っているとラルマンは認めた。しかしその基準となる地点はすでに世界中の船乗りの十分の九にとってはおなじみだった。経度ゼロを九分二十一秒〔時間差。角度では二・五度程度〕に入れ替えることが、フランスの独創性や科学的な人格を失わせることになると、本当に言えるのだろうか。そんなばかなとラルマンは一喝した。パリは前々から、フェロの島を通る本初子午線を使って「二十度東」の位置を採っていた。メートル法を確立した革命的な条約の大いに賞賛される中立性さえ、正確ではなかった。革命期のフランスで、中立的な単位として始まったもの（一メートル＝地球一周の四分の一の一千万分の一）は、外国がパリの原器を複製するうちに、その理想からどんどんずれていった。となれば、フランスはその本初子午線を変更することをどうして屈辱と考えることがあろうかとラルマンは問う。フランスの地図がすべて古くなってしまうと言う人もいた。そんなことはないとラルマンは反論する。我々は新しい子午線を別の色で書き込むことだってできるではないか。ラルマンは最後に、自分もフランス人も、自国の子午線をイギリスの子午線のために犠牲にするわけではないと言う。電信、航海、鉄道のために、時計を九分二十一秒ずらすだけだ。すべての「進歩的な人々」は、時間の改革を支持すべきだと、ラルマンはしめくくった。(12)

時間の十進化

ラルマンの「離反」が示唆するように、一八八四年のワシントンで採られた決定は、フランス経度局を通じて響きわたっていた。フランスにとっては大敗北となるグリニッジについての決定に加えて、ワシントンの代表団は、天文学と航海での「日」の定義も合体させて、どちらも真夜中に始まるようにするという「希望を表明」してもいた。天文学者は前々から、公式の一日は正午からとしていた。昼間には観測による重大事はないことをふまえ、貴重な夜が日付変更で分断されないようにしていたのだ。他方、他の世界は、眠っている間に日付変更が行なわれるように、真夜中を利用し、それによって日中が一日に収まるようにしていた。カナディアン・インスティテュートやトロント天文学会から出て来た懸念に促されて、一八九四年、公教育省はフランス経度局にその見解を求めた。

ポアンカレはその任を指揮し、特徴的なことに、不便の重みを測ることから始めた。「天文学者が夜間に観測しているさなかにノートの日付変更を行なうのは、あきらかに不便［*incommode*《アンコモード》］である」。切り替えるのを忘れることもありうる。そうすると記録がややこしいことになる。しかしこの同じ「不便」が、洋上で太陽を観測する船乗りにとっても存在する。実際、船乗りは今も刻々と、まさしく天文学者と同じ、もっとひどい問題に直面している。天文学者が気にせずに仕事をしているところで、船乗りは無数の心配を抱えている。天文学者がいつも後であらためて観測結果を見ることができる一方で、船乗りはわずかな誤りで浅瀬に乗り上げるかもしれない。だから天文学者のほうに、ノートに「11-12日の夜」と書かせよう。改革が始まる日に生じる不連続はどうするか。後回しにするより今「不便」を正しておくほうがよいと、ポアンカレは応じた。

重大な反論があったとしたら、それはこういうものだった。そのような改革は、必然的に天文学的現象を集めた年鑑の多くをだめにすることになるだろう。たとえばイギリスとアメリカの『アルマナック』、フランスの『コネサンス・デ・タン』、ドイツの『ベルリナーヤールブーフ』〔いずれも「暦」の意味〕に書き込まれているものなどである。そうした諸表のいずれでも、その時間に関する取り決めを変更したとなると、諸表間の換算を行なう際には、今の混乱よりもずっと大きな問題をつきつけることになるだろう。国際的な合意だけが、時間を簡単にするというこのあっぱれな努力を実施することができた。経度局の面々は、みな二十四時間の時計は改善になることには同意したものの、国際的合意が普及するまでは、フランスは待つべきだという結論になった[13]。しかしまもなく、フランスは一日を二十四時間とすることさえも精査にかけた。時間の十進化を求める「希望」を残したワシントン会議の譲歩を推進することにしたのだ。一八九七年二月、経度局長官は、アンリ・ポアンカレに、かつての一日二十四時間制と、円の角度を三百六十度とする方式を、フランスが真に合理的な方式に変えるべきかどうかを決めるために、その作業の幹事を委嘱した。長官はずばりと問うた。一七九三年の国民公会が十進法を時間と円周にも拡張できず、そのような新しい方式に対する異論は今でも通用するのはなぜか[14]。

ポアンカレとともに職務に当たった委員の一人、ポリテクニク生で傑出した水路測量技術者のブーケ・ド・ラ・グリは応じた。当時の国民公会は、アンシャンレジームの古い度量衡の習慣を思わせるものはすべて禁止し、全国に共通の単位を配置することによってフランスの真の統一を樹立することをねらっていた。メートルによって、革命は成功したのだ。しかしこのときの国民公会による月や週の時間改革は、ラプラスの立派でも消える定めにあった時間の十進化と同様、壊滅的な失敗だった。ド・ラ・グリは同僚に、十進法の時計はほとんど残っておらず、フランスの外では誰もそれに関心を示さなかったことを想起させた。ド・ラ・グリは、この大失敗から、現在についての明瞭な指針を見つけた。「メートル法が成功したのは、それがごく単純で、地方の単位どうしの実に不整合なところに終止符を打ったからである。時間と円周の十進化が失敗したのは、世界中が同じ単位を使っていて、新しい案はその統一性に反することによって、罪となったのである」[15]。便宜に勝るものはなかった。改革が生活を簡単にするところでは、人々はそれに従った。改革が普通の人々を助けなければ、その方式は控えめな騒ぎを起こして忘れ去られた。

ポアンカレは当然、その後の議論を記録している。レーウィ長官は、革命のメートル法時間が失敗したとしたら、それはフランスの天文学者が他のヨーロッパの国家に改革の連携相手を見つけられなかったからだと主張した。ド・ラ・ノエ将軍は、地理学的な業務は実際に十進法の角度を採用していて、ベルギーの測地部門もそうだったことを記している。コルニュは、十八世紀末と十九世紀末の一つの違いは、十二進法への慣れがなくなったことだとした。何より奇妙に目立っていたのは、当時のイギリスの技術者が、原始的な「インチ」や「フィート」の単位で育っていたので、十進方式の利点を理解しようとしなかったことだった。パリ゠リヨン゠地中海鉄道会社の社長は、英仏海峡の向こうの同業者のことでさほど絶望することもなく、英語圏の人々に思いやりを示した。多くのイギリス人技術者が、今の方式の下で苦しんでいて、自国の古い取り決めから出たいだろうと伝えている。革命的な十進法に向かうフランスの歴史的推進力に感銘を受け、世界を合理化する点でのフランス人の歴史的役割に刺激されて、委員会は時間の十進化を可決した。

しかしその投票では、未決定のことが多く残った。鉄道代表は、科学界の同僚に、一日二十四時間制を変えようとするいかなる試みも失敗する定めにあると断言した。ド・ラ・グリは、円を二百四十等分することで時間と幾何学を統一する案を出した。レーウィは、自分が全面的な十進法の世界を夢見ていたことを認めたが、過去の地図や単位の重みが、そのようなすばらしい新世界に逆らう障害はあだやおろそかな困難ではないという結論に、残念そうに達した。レーウィはド・ラ・グリの妥協案を支持した。円を二百四十等分すると、地球が一時間自転するごとに世界はきりのいい十単位ずつ回転しながら時計と同期することになる。ポアンカレはレーウィを支持し、こう補足した。

我々が白紙の状態にあるなら、最善の方式は円を四百等分することだろう［四分の一周で百グラッド、あるいは一グラッドで百キロメートル］……しかし過去と完全に縁を切ることはできない。世間一般の反感も考慮しなければならないだけでなく、他ならぬ科学者にも切れない伝統がある。(16)

一日二十四時間は守り、円は二百四十等分しようとポアンカレは言った。ギユー大佐はそのような妥協に反対し、四百等分に固執した。洋上での航海上の必要と、潮汐の計算によって、船乗りは、きりのない、面倒で難しい計算の繰り返しを迫られていた。科学者や船乗りには使いやすい十進方式を提供し、世間には古い習慣に従って時間を数えさせればいいではないか。ギユーはさらに、鉄道関係者はすでに市の時間から五分ずれた計時体系に慣れていながら、二十四時間制の時計でも困ってはいないと言った。両方式の時間にすればいいではないか。そのような混合物は堪え難いとポアンカレは応じた。民間の時間は明らかに経度とリンクしていた。混合方式では、どんな利用者にも真に便利な換算係数が必要となった。(17)

便宜、規約、過去との連続性。こうした用語は、ポアンカレの抽象的な哲学には何度も何度も出てくる。しかしこでのそうした用語は、現実世界の技術者、洋上の船乗り、尊大な鉄道界の大物、計算漬けの天文学者の、地上的な関心で書かれている。パリ＝リヨン＝地中海鉄道社長のノーブルメール氏は、自分の口出しを補強するために次のようなことを論じた。列車を午前八時四十五分に駅を出発させ、午後三時二十四分に到着させるとしよう。行程はどれだけの時間か。ちょっと考えなければならない。ところが十進法で表せば、午前と午後の混乱は消え去る。残るのは引き算だけだ。

15.40時から

8.75時を引くと
6.65時期間

多忙な社会にとってここで肝心なのは便利さだった[18]。海軍学校長〔ギュー大佐〕のような船乗りは、十進時間と十進経度への移行に利益しか見なかった。地図を変更するのはたやすく、物理学者には何の問題もないはずだ。何と言っても、この優秀な大佐によれば、物理学者はセンチメートル、グラム、秒に易々と適応したではないか[19]。

時間の十進化がたやすい？　それは物理学者にとっては聞いたことのない話だっただろう。フランス物理学会のアンリ・ベクレル会長は、一八九七年四月の初めに案を手にして喜びはしなかった。振り子でも腕時計でも、すべての時計、船のクロノメーターを変更する費用を別にしても、物理学者は電気業界にとっての恐ろしい影響や、そこから出てくる影響を見てとった。センチメートル・グラム・秒（CGS）単位系が国際的に採用されたのはやっと一八八一年のこと、フランス大統領が合理的なCGS単位系を国のあらゆる面で用いるべきことを裁可したのは一八九六年四月のことだった。言うまでもなく、この新しい合理的体系の礎石の一つ、六十進法による秒（一時間の三千六百分の一）は、今やこの十進法の復活が狙う照準に収まっていた。十進方式の秒の案（一時間の一万分の一）は、電流、仕事などの力学的・電気的単位をすっかり変えるだけでなく、それに基づいて定義されている実務的なすべての単位（アンペア、ボルト、オーム、ワット）も変えなければならないことになる。「科学の営みと機械・電気産業全体に、どれほどの混乱があるだろう」。すべての器具を変更しなければならなくなる。「科学にとっても産業にとっても何の利益もなく、何という莫大な費用がかかることか」。利益と不利益を秤にかければ、物理学者の天秤は明らかに現状維持に傾いた。旧来の秒を守るということである。物理学者にとって、この主張《ケース》は開く前に閉じられた[20]。

物理学者の不満の声は、ポアンカレを動かさなかった。あるいはむしろ、世間、船乗り、科学者からの激しい抗議を前に、ポアンカレはそもそも論争に加わることを拒み、改革派のポリテクニク生の技術的な奇策による問題解決を唱えた。一八九七年四月七日、ポアンカレは委員会に自分が用意した表を持ってきた。それは、それぞれの提案する

円を400分割する方式を支持する理由を提示するポアンカレの表.

円を何等分するかの数	円1周より多い角度のための係数	弧を時間に換算する係数	360°方式に換算する係数
100	1	24	36
200	2	12	18
400	**4**	**6**	**9**
240	24	1	15
360	36	15	1

出典：Henri Poincaré, “Rapport sur les résolutions de la commission chargée de l’étude des projets de décimalisation du temps et de la circonférence” [7 April 1897], Archives of the Paris Observatory.

方式、角度を表したり、経度を表すために時間を角度に換算したり（地球の自転の一時間あたりの度数）、旧式の三百六十度式から提案される十進方式に角度を換算したりするのに必要な係数がどうなるかを示していた（十、百は無視する〔各桁の数字（整数扱い）さえわかれば、位取りは自明と見なされている〕）。たとえば、百分割方式で円の一周半（一・五回転）分の角度を表すには、換算係数は何もない。位取りを考慮すれば単純に百五十単位になる。暗算をするまでもなく、係数は1である。四百分割方式については、一・五周は六百単位になる。一・五を六百の六にするには（百で割るのに頭は要らない）、四をかける必要がある。表の第二列は、円の分割から時間へ切り替える方法を教えている。円全体が百単位なら、時間にするには二十四をかける必要がある――一回転の百単位がまる一日の二十四時間に等しい。円が四百単位に相当するなら、六をかける必要がある。最後に、旧の三百六十度方式に戻すには、（円が四百単位の場合）九倍すればいいだけだが、百単位の円なら、三十六をかける必要がある。

　ポアンカレは優秀な技術官僚で、表を見渡して最も単純な換算係数を求めた。四百単位方式だけが、二桁のかけ算を必要としなかった。確かにそうだった。ポアンカレは客観的に、いちばん「不便」でない解を得て、それを、世界のすべての角度単位について提案された廃棄案に反対する叫びに対して、嬉々として擁護した[21]。

　これは、社会、経済、文化の戦場での乱闘になっている戦いに、技術が命じる休戦だった。土煙が静まると、対立する党派が、二十四時間時計を維持しつつ、一時間を百分に分け、一分を百秒に分けて十進化するという妥協さえしていた[22]。こうした中途半端な策にギユー大佐は乗らなかった。船長たちは複雑な表を読むのには慣れていると、ギユーは淡々と述べている。ギユーにとって、参照する表の変換式が単純か複雑かはどうでもよかった。つまるところ、委員会はほとんど構成員の数だけある意見に分裂した。ある陣営は、円を四百等分する陳情を行ない、またある陣営は二百四十等分を求め、さらには従来の三百六十等分と、それより下の単位は十進化するのを好む向き（物理学者、船長、電信関係者）もあった。天文学者のフェーはそうした案すべてに抵抗し、円をさっぱりと百等分することを求めた。

十進法をめぐる争いの中で、ポアンカレらの勢力は、乱闘には参入しないようにし、競合する方式をバランスよく裁定しようとした。書記であり提案者でもあるポアンカレは、民間と天文学の時間を統一するという自説と完全に整合する見解も、しかるべく記録した。こうしたすべての「方式は受け入れ可能で、国際会議で成功する可能性が最大となるようなものを選ばなければならない」。長官も自分の側につけて、ポアンカレ派は発声による採決で勝った。角度の単位は円周の四百分の一を表す「グラッド」とする。その決定は、後の会合で念を押されたが、論争を鎮めるものではなかった。委員の中にも同意しない人々がいた。フランスの水路調査部門の技監は、この部局が出していた三千枚の海図（もちろん説明書、数表、年鑑もある）を印刷し直そうとすれば生じるであろう、とてつもない負担に抗議する報告書を出した。さらに航海用の装備類一式が、一夜にして旧式で使い物にならなくなる。船乗りはクロノメーター、振り子時計、腕時計、経緯機、六分儀を海の底へ放り込んだほうがましということになるだろう。十進法委員会は、単に矛盾する利害をひどい仕立ての妥協で管理して、世間をがっかりさせることになるだけだと主張する抗議もあった。コルニュは、あるのは合理的な方式一つだけと論じた。提案されている改革は、未来への突撃として大胆でも合理的でもないし、現状への安全な後退でもないという。レーウィにとっては、急進的十進化派は肝心なところを見落としていた。新方式は歴史的な手直しの中で筋が通らなくなった方式の不合理で複雑なところを多く取り除けばこそ、ということだ。当面、片づけてしまうのがいちばんだったろう。レーウィとポアンカレは、自分たちの部分的改革というリベラルな妥協案を支持する採決を得た。賛成十二、反対三だった。(23)

時間の測定をめぐる論争は、採決ではまったく収まらず、そのことは、同じ一八九七年のコルニュとポアンカレの『電気照明』（*L'Eclairage electrique*）誌にもなだれ込んでいる。委員会の妥協に明らかに不満だったコルニュは、「不安定で分裂した多数派」が、普遍的に受け入れられるのは大いに難しそうな解を立てたと伝えている。委員会が作業を終える前から、フランス海軍と陸軍の地理部門はともに反対したとコルニュは言った。海軍は普段の計算が簡単になるわけではないし、陸軍にとっては後退になるからだった。コルニュによれば、時間の十進化は空間の十進化より難しい。長さの改革は三つの条件に合っていた。多数派にとって明白な利益があり、直接関係のない人々にとっても大きな不便にはならず、長さの統一を求める一般の熱意にも合っていた。国、地方、市町村の境界にはびこっていた交易の混乱から脱出できるのを誰もが喜んだが、コルニュには、欠陥のある時間改革については、そんな歓迎があるとは思えなかった。[24] コルニュが説くところでは、十進化すべきは自然な時間の単位である一日であって、とことん人為的な時間《アワー》ではなかった。一日が基礎なら、一日の百分の一はおよそ四分の一時間で、一日の十万分の一は、およそ〇・八六旧秒に等しいことになる。それは満足できる時間の単位になるだろう。ふつうの大人の心拍という「自然な」短い時間単位に近いからだ。

しかし「利害は論理に勝る」とコルニュは暗く記している。そして時間に秩序をもたらす唯一論理的な改革を支持する利害はなかった。今のところ、メートル改革以前の空間の単位にあったようなカオスが、時間の世界を支配しているわけではなかった。ある意味で時間は、長さが統一されていなかったメートル以前の頃から、すでに諸国間で統一されていた。コルニュの見るところ、時間委員会は、この乗り気でない雰囲気の中に、一日を人為的に二十四時間に分割しておいて、この無意味な時間を十進化するという、絶望的に混乱した妥協を投げ込もうとしていた。時間を十進法で分割しても不自然だとコルニュは説いた。一時間の百分の一、千分の一、一万分の一は、それぞれ三十六秒、三・六秒、〇・三六秒だ。これには何のいいところもない。天文時計はこの時間単位に対応する間隔で時を刻むことはできない。三・六秒は、振り子にすると長すぎるし、〇・三六秒は短すぎた。何年もかけて自身の巨大な振り子による天文時計を建造し維持していたコルニュは、さらに突進した。人間の体が一秒を特別にしている。われわれの心拍はだいたい一秒に一回ほどであるだけでなく、反応の速さは音にも光に対しても、一秒の十分の一ほどであり、これも心拍に近い時間単位に価値を加える。コルニュによれば、生きた時計である人体も、太陽も、一時間の十進化に反対している。コルニュはさらに、委員会の別の妥協にも失望していた。一時間が維持されるとすれば（コルニュは反対だったが）、地球の論理的な分割は二百四十等分になるべきで、それによって一時間あたり十単位分回転することになる。ところがここでも、委員会は円周を四百等分するという間違った手を指した。四百等分では、二十四時間をきれいに分けることができないので、地理学者も経度を数える際にほとんど便利にはならないだろう。コルニュに関するかぎり、この改革は、一日をわれわれの生活にある基本的な時間単位として捉えないことによって、真に自然な時間の周期を十進化しそこなっていた。「科学者は、妥協によってではなく、自分たちが取り決めに熟達している領域での［一日と円の十進化の］進歩的な採用によって未来を準備すべきである[25]」。

自分が作り上げた妥協的解決を、友人であり師でもあるコルニュから公然と攻撃されて、ポアンカレも活字で口を挟まざるをえなくなった。自分の委員会の正統性に疑問を投げかけられたからという部分が大きい。コルニュと同様、ポアンカレも利害が競合していることを認めた。しかしポアンカレはコルニュとは違い、そのような不一致を、おおざっぱで手軽な決着を求める付託と見た。相変わらずポアンカレは、革命も反動も避け、技術者の進歩的中道を取ろうとしていた。ポアンカレの見るところでは、肝心な点は、八時二十五分四十秒だとか、二十五度十七分十四秒のようなごちゃごちゃしたものの存在を叩き出すことだった。ポアンカレにしてみれば、重要な点は何らかの十進方式を採用することだった。

ポアンカレが重々承知していたように、物理学者（つまり電気学者）は部屋から脱出していた。そこでポアンカレは、その面々を穏やかに呼び戻そうとした。確かに物理学者は十進方式の不便を誇張していた。報告書を読んでくれさえすれば、自分の側についてくれるだろう（ポアンカレはそう考えた）。そこでポアンカレは報告書からの引用を始めた。電気についての受け入れ可能な単位を確立しようと何年も戦った後となれば、電気学者が簡単にそれを捨てられないのも理解できた。しかし理性的になろうと、ポアンカレは電気学者に迫った。実際的な目的のためには、どんな測定も、単純にあるものを別のものと比較している。ある時間を別の時間と比べ、ある抵抗を別の抵抗と比べている。そのような産業活動では、単位の根本にある定義にまでさかのぼる必要はまったくない。商店主は布をメートルで測るが、そのメートルが地球の子午線の四千万分の一であることを思い出す必要はない。いわゆる絶対単位だけが、改革で損害を受けることになる（たとえば電流の絶対単位は、特定の物質との関係で定義されるのではなく、アンペアを、「二メートル離れた二本の平行な、無限に細い棒を通過するときに一定の力で反発する電流の大きさ」と定めることで定義される）。結局、ポアンカレはこう言った。絶対的なものの自然神学はイギリス人に任せよう。肝心なのは、神が認めるかどうかではなく、便宜なのだ。

実は、ポアンカレは物理学者の不満の対象は大したことではないと言っていた。確かに、六十秒で一分が六十分で一時間という旧の六十分割の時計は、センチ時（一時間の百分の一で三十六秒に相当）を表示する新しい天文台時計との比較がごちゃごちゃしている。だからどうだというのか。クロノメーターは、時間の間隔、それも非常に細かい間隔を示せばよい。一日の特定の時刻に合わせる必要はない。しかし思考実験を極限まで推し進めてみよう。ポアンカレは続ける。天文学者が十進法式を採用して、一般の社会に見事に普及して、秒に基づく時計は見当たらなくなったとしてみよう。そのまれな物理学者は、電気抵抗（オーム）の絶対値を求めたい人にどれほど手間をかけさせるだろう。三十六をかけなければならない。「そしてその人々がこの演算を避けるために、われわれは毎日、何万という船乗りと何百万という小学生やかつての小学生に退屈な計算をやらせなければならないのか」。どれをする場合が多いだろう――電気抵抗の絶対値を求めることか、海上で位置を決めることか、二つの角度あるいは二つの時間を足すことか。要するに、ポアンカレは物理学者を、単に物理学者の利益にならないからというだけで、天文学と社会のための進歩を邪魔すると責めた。ポアンカレにしてみれば、何もないよりも、いくらかでも進歩する方が良かった。天文学の論文と電気の本とで単位が違っても、八時十四分二十五秒といった一個の数の中に三つの単位があるという不条理を世界から取り除くための小さな対価だった。[26]

この宣伝につぎ込んだ膨大な量の作業にもかかわらず、ポアンカレの時間委員会は停滞した。そのような時間改革の考えに対する外国からの公然たる敵対を見て、外務省は経度局に、一九〇〇年七月、国はその努力を支援する態勢になっていないことを知らせた。革命から百年たって、時間を合理化するための革命的闘争は消えてしまった。[27]

時間の十進化の試みには敗れたものの、ポアンカレの委員会に参加した人々の多くは、地方標準時と時間の配布をめぐって熱心に議論した。たとえばサロートンは（決して論争を避ける人ではなかった）銃を地方標準時方式に向け、仮借のない批評の一つ（地方標準時案についての）を取り上げ、それを一八九九年四月二十五日、経度局のレーウィに個人的に送った。それは、多くの時間の請願と同様、鉄道と電信に対する賛辞から始まった。「地球の表面にはレールの上を走る列車、旅行者と貨物を満載した船、空中や海底の電信線が行き交っていて、ニュースが光の速さで流通しています……地球の表面は、ある意味で小さくなりました」。同期した時計による地方時が答えだったが、もちろんそれは「イギリスの」地方時ではなかった。

サロートンは、同じ整合した時間をとる楔形への地球の分割を、大英帝国の爪から解放することを求めた。その怒りは、パリ時間を九分二十一秒遅らせることになる「ブードノー」法案によってかき立てられた。「これはそのままグリニッジ時間、イギリスの子午線であり、まもなく『フランスはイギリスに引きずられ』、メートル法が崩壊する」。幸いなことに、サロートンに関しては、別案――グージ＝ドローヌ法――があって、これは地方標準時、十進化、長く失われた本初子午線によって、しかるべきことをする。それは一時間を百分に分け、一分を百秒に分けて、市民の時間を二十四の地方時にセットし、一九〇〇年一月一日から、ベーリング海峡を起点にして経度を数えるものだった。「これはこの十進法の単位系の成果であり、フランスは現代の時間について重要な改革の一つを実現し、科学的な問題では、世界の中でフランスの影響力を優勢にする。我々は交差点にさしかかり、この法律の二つの計画は目の前に開ける二本の道路の印となる。我々は選ばなければならない[28]」。合理的なフランスにとってどんな有利があろうと、グージ＝ドローヌ法案は通過しなかった。フランスは一九一一年三月九日、グリニッジ子午線を採用した。

こうした地方標準時、十進化、本初子午線をめぐる激しい論争の中で、時間に関する取り決めは、遠く離れていると考えられがちな領域を横断した。法律、地図、科学、産業、日常生活、フランス革命の遺産が、すべて衝突し、フランスの技術的・知的、科学的権威に属する重要人物を引きずり込んだ。経度局では、ポアンカレの「規約」や「便宜」を求める哲学的希望が、航海、電気、天文学、鉄道での毎日の現実と正面衝突した。ポアンカレが一八九八年に

時間と地図について

「時間の測定」を発表する直前、何から何まで抽象的で、それでいて全面的に具体的な渦巻く改革論争の中で、物理学的で規約的で整合した時間が収斂していた。

一八九七年の経度局の事業の一つが十進化した時間の確立だったとすれば、さらに差し迫っていたのは、時間を同期させた地図づくりという困難な事業の一つを、同局の赫々たる歴史に合流させることだった。すでに一八八五年、海軍省は同局に、セネガルの「我が植民地」にあるダカールとサンルイの正確な位置を求める任務を与えていた[29]。作製中の何年か、セネガル報告は、一八九七年の経度局の出版物の中に登場するだけだった――ポアンカレは「時間の測定」を書いて経度局長官に就任する直前に、それを入手した。

「我が植民地」の地図づくりは簡単な任務ではなかった。ルイ・フェデルブ総督は、一八六五年にはセネガルのウォロフ地方とカヨル地方を強引に編入していて、植民者が、少なくとも断続的にでも、サンルイからヴェルデ岬半島への道を切り開けるようにしていた。一八八五年には、植民地政府はサンルイとダカールを結ぶ鉄道を建設中だった。しかし鉄路を敷設しても、激しい反植民地抵抗運動が止むことはなかった。フランス軍は、東部と南部でなお戦っていて、自分たちに対する反乱を完全に抑えることはなかった。反乱は第一次大戦の前夜になっても起きていた。こうした植民地戦争の高まりの中で、経度局の人員は、セネガルの二大都市の位置を確定しようと現地にいた。征服部隊だけでなく、地図づくりも植民地の奥地まで展開するためでもあった。しかしフランスの植民地事業にはもっと大きな野心もあった。ダカールの正確な座標を与えることによって、フランス当局はその電信線網を、ダカール港からアフリカ西岸沿いに喜望峰まで延ばすことをねらっていた。経度、鉄道、電信、時間の同期が強化しあっていた。それぞれが新しい世界的な枠組みの異なる面を見せていた。

ダカール＝サンルイ調査隊がボルドーを出発する頃には、経度局はすでに電信が届く範囲をカディスのサンフェル

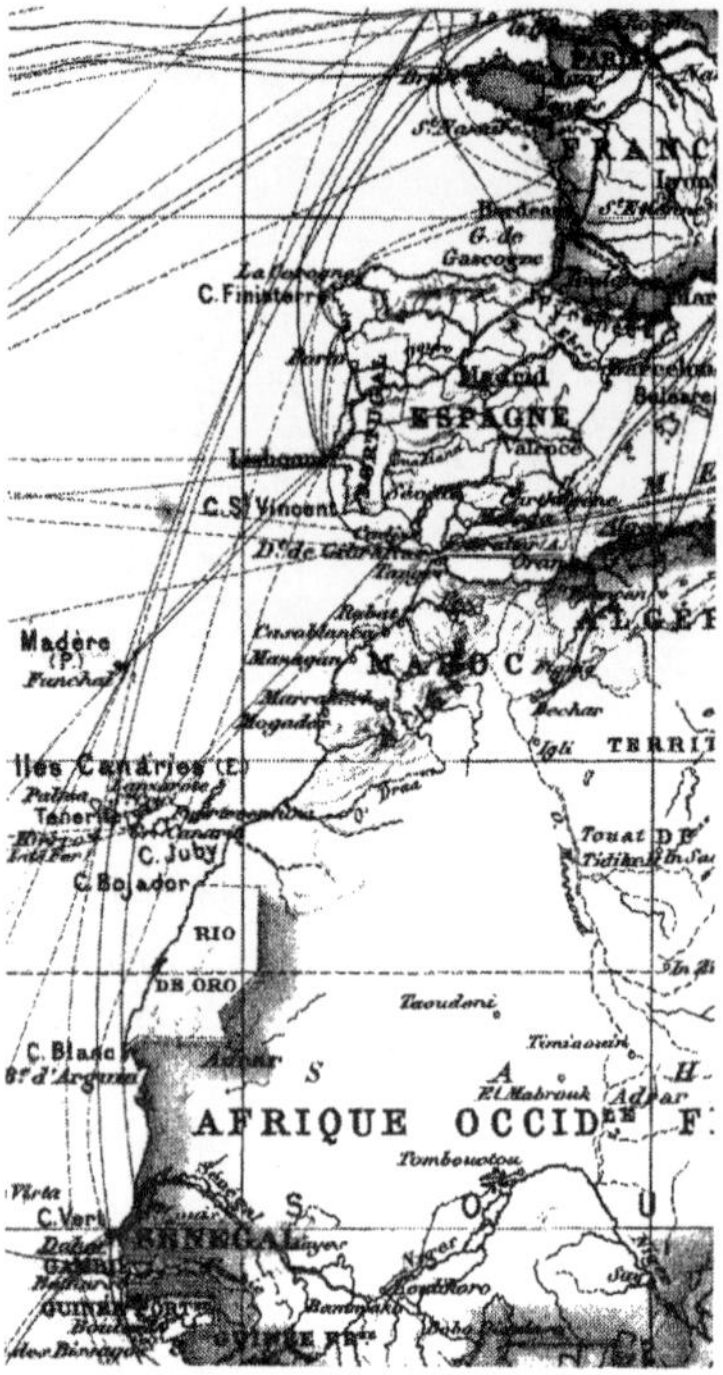

図 **4.1** ケーブルによる同時性．パリ，カディス，テネリフェ，ダカール．19世紀の末には海底ケーブルが急増し，経度を調べる人々は即座にそれぞれの新しいリンクを利用する機会を捉え，海の向こうへ時刻を伝えた．フランス経度局はイギリスとスペインの海底ケーブルを利用して，自分たちの時報を，スペインのカディスにある天文台からテネリフェを越えてダカールへ伝えた．出典：Vivien De Saint-Martin, *Atlas Universel* (1877).

ナンド天文台（ジブラルタルの北西約八十キロ）にまで延ばしていた。そこから先は、ブリティッシュ・ケーブル社がカディスとテネリフェの天文台を結ぶ線に頼った（テネリフェ天文台はセネガルまでケーブルでつながったばかりだった）。毎晩一時間ずつ、天文学者はケーブルを支配した。フランスにとっては、ヨーロッパ大陸全体にとってと同様、イギリスからケーブル使用時間を賃借することは理の当然となった。世界の海底ケーブルの大半を押さえていたイギリスは、フランスと北アフリカ以外のあらゆるところで、フランス植民地と本国の間の電文を伝えていた。テネリフェ＝セネガル、西アフリカ、サイゴン＝ハイフォン、オボク＝ペリムのケーブルだけで、フランスが帝国主義のライバルであるイギリスに支払う費用は年間二百五十万フランとなり、腹立たしい負担だった。そのような依存はフランスの上層部の奥底でくすぶる火種となっていた。軍、商業、報道の各方面が、一八八〇年代から九〇年代の間、イギリスの通信支配の下でいらだっていた。しかし下院は、フランスによるケーブル案を次々と止めた。没になった一つが一八八六年の、レユニオン島からマダガスカル、ジブチ、チュニスに至る連絡であり、一八八七年には、フランス領西インド諸島からニューヨークの案、さらに一八九二年から九三年にかけては、ブレストからハイチの案がつぶされた。[30]

フランスの当局は、イギリスのケーブル敷設会社に依存していたのと同じく、スペインにも依存していた。サンフエルナンドの天文学者セシリオン・プハソンは、自分のいる天文台を中継地点として提供し、パリから出た信号を、テネリフェ経由でセネガルにつないでいた。一八九五年三月十五日、トランザトランティック社の蒸気船オレノク号を使って、天文学者がへとへとになってダカールに到着した。セニャック＝レセップス総督は直ちに部隊を配置につけた。ダカール守備隊を指揮する砲兵大尉が労働力と巧みな石工を提供し、科学者を軍の食堂に収容した——現地には（不平たらたらの主任天文学者によれば）まともなホテルはどこにもなかった。主任天文学者は恐怖まじりに、客は地元民のように藁のベッドで眠っていると記している。

地図製作隊に対する軍の支援は食料と宿舎だけではなかった。経度局の天文学者は、ヴェルデ岬の先端にそびえる石炭集積所と停泊地を守るための要塞の壕に自分たちの駐屯地を得た。砲兵を攻撃から守るための厚いコンクリートの壁のおかげで、天文学者は時計の振り子を壕の遮蔽された部屋に設置することができた。ここは何より大事な時計の温度を抑えることができ、ダカールの猛烈な暑さの中では絶対不可欠な条件だった。子午線望遠鏡を壕の外に確保して、天文学者は銃座の壁に視準器《コリメーター》〔対象からの光を平行にして照準を合わせる装置〕を据え付けた。五日後の三月二十日、チームはサンルイに向けて出港した。「植民地の首都」で副総督に歓迎されて、サンルイ観測所を設営した。[31]

総督布告によって、人々は観測中には作業棟への出入りを禁じられた（歩

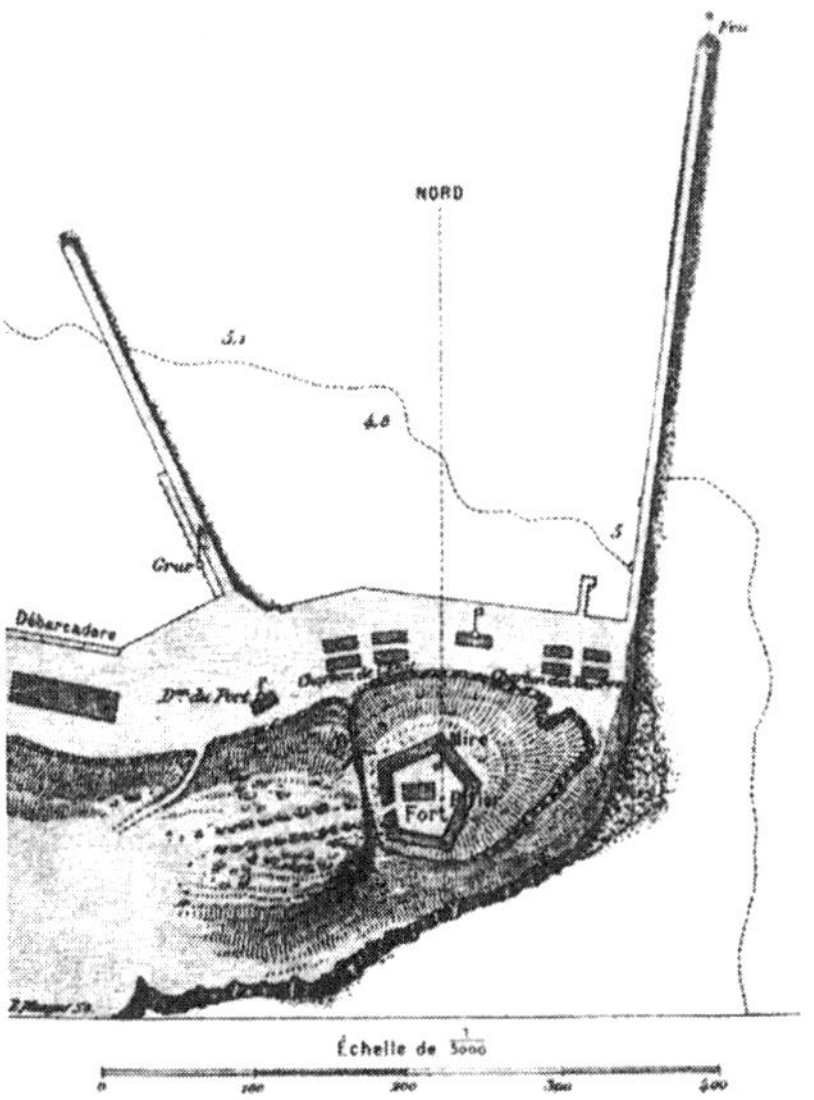

図 **4.2**　ダカールの測定．軍事施設と地理学的作業が重なる部分は広範囲にわたった——仏，英，米いずれにとっても．ダカールでは，フランスの経度調査隊が，植民地の基本的な経度測定値を確立するために，重要な石炭集積所を監視する要塞のあらゆる面を利用した．出典：*Annales du Bureau des Longitudes*, Vol. 5 (1897).

くと振り子が乱される)。通行を認められたわずかな地元民も、荷車はなしで、砂地を裸足で通った。観測は一八九五年三月二十六日から四月十一日まで行なわれた。チームが最初のダカールへの信号を発信したのは四月二十九日、サンフェルナンド宛は五月二日だった。

すべてがうまく行ったわけではない。南北に川が流れていて、サンルイでの子午線観測をきわめて難しくした。障害物を避けるために川の堤に行くのは良いことだったが、川の中央に立つと、うまく真北の北極星に向かうことができなかった。「略奪者」が戸外に置いてあった金属は何でも盗み始めた。ほとんど毎日のことで、星の観測を視準するために使う尖った針金《スパイク》まで持って行かれた。

ダカールとサンルイを結ぶ二百六十キロメートルのワイヤが、藪で覆われたカヨールの平原において、公然と交戦状態にあったわけではないとはいえ、非友好的な住民の間をくぐって、原始的な手段で確立された。ワイヤは頻繁に切断され、電柱は倒され、また何とか立てられという具合で、通常の線の正常な［物理的］状態にあるものは見当たらないほどだった。付言させていただくと、日暮れには露がびっしり下りて、電柱は濡れ、通常は［フランス本土では］碍子《がいし》が五つあれば足りるところを、七十個あっても電気の波を捉えられなかった。(32)

あるときなど、セネガル中の鉄道の線路を信号が通されたことさえあったが、サンタクルス（テネリフェ）からサンフェルナンドまでの信号は届かなかった。観測で重要な夜の間にスペイン下院の選挙があって、スペインの地上の線で公式の送信が活発だったからだ。その後、修正がなされた。温度変化に対する通常の修正があり、「個人差等式」という修正もあった。これは、個々の観測者が星の子午線通過を合図するときの個人ごとにある心理的・生理的ずれを正す。信号の到着を記録する精密な鏡の挙動の修正もあった。最後に、一揃いの観測結果の重みを二倍し、他にもいろいろある器具や人による誤差を補正し、チームはサンフェルナンド＝サンルイ間の経度差を四十一分十二・二〇七秒と確定した。(33)ダカールからテネリフェへ向かう便数の少ない蒸気船の機会を逃したくなくて、天文学者たちは何人かのホームシックの船乗りを見つけると、パリへの帰路のために観測器具を急いで荷造りさせた。経度局への報告は一八九七年に活字になった。

セネガル報告書が日の目を見る頃には、植民地をめぐる英仏の関係が悪化していて、電信ケーブルは多くの係争地の中を通っていた。イギリスのケーブル会社は外国人を雇用せず、パリとダカールやサイゴンの間で交わされるフランスの通信文を、フランスの関係当局が入手する以前に読んでいたのは明らかだった。一八八五年のケーブル会議では、イギリスは、交戦国が敵の線を切る権利があると主張した――現在三十六隻のケーブル敷設船のうち二十四隻を保有する国にとって有利だった。一八九八年には、緊張関係が戦争寸前にまで高まった。ナイル川のスーダン領内の部分を制圧しようとして、マルシャン大尉のフランス部隊が領有権を主張しようとしていた。しかしイギリス軍部隊はつねにロンドンと連絡をとっていたのに対し、フランスのケーブルは不可解にも沈黙した。フランスの総督がダカール（ついこの間まで経度局の要員がいた）の大砲に弾を装塡して、やっとケーブルは、魔法のように復活した。(34)

パリでは英仏それぞれの首都の間で経度争いが終わらず、政治家の領分に収めることはできなかった。経度局がフランスの時計をグリニッジ時間に合わせるべきかどうかについて悩み続けている間も、天文学者は最も基本的な問題に移っていった。パリはロンドンに対してどこにあるのか。あるいはむしろ、パリ天文台は英王立天文台に対してどれだけ東にあるのか。一八二五年七月には、二つの競争国は、英仏海峡からロケットを打ち上げ、その爆発を時計の同期に使って、問題に片をつけようとしていた。ルヴェリエとジョージ・エアリーはその後、一八五四年に電信によって試みて、時間差を九分と二〇・五一秒と決定した。残念ながら、この合意は、アメリカの沿岸測地測量所が、大西洋横断ケーブルの敷設を受けた電信調査旅行を行なって、一八七二年に崩れた。そのときには、パリはロンドンよりさらに半秒ほど遠くなった――九分二〇・九七秒東だった。半秒は、千分の一秒単位とは言わなくても百分の一秒単位の時代には誰も許容できないほど大きな誤差だったので、王室天文官は、ペリエ将軍（フランス陸軍の地理業務部長）やムーシェ提督（パリ天文台長）とともに、一八八八年、協力してきっぱりと問題の片をつけることにした（あるいはそう希望した）。

それぞれの国から観測者を二人ずつ採用し、肩を並べて測定を行なうことが計画された。フランス人とイギリス人は文字どおり隣りあい、一組はイギリス、もう一組はフランスにいた。チームは電信線を共有し、英仏海峡を一緒に往復し、個人差による誤差を細かく修正するための手順をそろえた。四人は装置を歪めるかもしれない余計な熱を避けるために、バッテリーで灯す電灯一台を共有しさえした。フランスのモンスリでは、英仏の装置が六メートル離れた支柱に設置された。それでも結果は失望をもたらした。

イギリス側でのパリとロンドンの時間差は九分二〇・八五秒
フランス側でのパリとロンドンの時間差は九分二一・〇六秒

その差は一秒の五分の一。まだ大きすぎる。そこで一八九二年、あらためて、ポアンカレが何年かの交渉を経て経度局の恒久的な一員に選ばれ、チームはもう一度電信をセットした。今度も天文学者は装置を石の支柱の上に安置し、電気の振動を送り、苦労してデータをまとめた。大いに困ったことに、結果は一八八八年のもの以上に合致したわけではなかった。ともに全世界の地図を作ると主張するヨーロッパ最高峰の天文台二つが、それ自身の位置を五分の一秒以内の精度で一致できなかったのだ。このときも、パリとロンドンの間の隔たりはフランス側のほうがイギリス側の結果より大きかった。この電信時間の危機は、最後には一八九七年から九八年にかけて、経度局長官がレーウィとコルニュだったときに頂点に達した。パリ天文台は、国際測地学会と協力して、両天文台がしかるべき時間の交換でヨーロッパの地図を安定させることを主張した。(35)

明らかに、取り決めの問題は幾何学や哲学の範囲に収まらず、むしろ至るところにあった。取り決めは本初子午線、十進化時間、海底ケーブル、地図製作に関するものだった——パリとロンドンの相対的位置まであった。一八九七年から九八年の経度局から見える範囲のどこででも、空間と時間の世界での国際的合意は緊急のことに見えていた。

この観点からすると、ポアンカレの「時間の測定」は、ただ見立てによって取り扱ったのとはずいぶん異なるものとして読める。まず、パリ時間を遠くの地点（ロンドンでもベルリンでもダカールでも）で計算することは、一八九七年のパリ経度局では抽象的な問題ではなく、地図製作の任務で最も差し迫った問題だった。次に、一八九七年という年は、取り決めによる十進化というポアンカレが直接かかわっていた論争での長い戦いが、頂点に達した年だった。要するに、一八九七年には、モンスリの大理石の経度柱に相対的な、いっそう正確な世界地図の拡大を可能にしそうな精密な同時刻の測定に関する責任は、これまで以上に経度局にかかっていた。

実際、ポアンカレが「時間の測定」で、同時性は規約と理解しなければならないことを唱えるとき、まさしく文字どおりのことを相手にすることが重要である。遠く離れた時計を天文学的事象を観測することによって同期させることは、仏、独、英、米の測量士にとっては標準的な慣行だった。金星の太陽面通過、月による星蝕、月蝕、木星の衛星の蝕は、いずれも遠くの植民地にある時計を（不正確ではあっても）合わせるのに使える事象だった。一八九七年には経度局に入って四年を経ていたポアンカレは、天文学的な観測に基づく時計の整合は、いくつもの理由で、最も正確な同時性の基準としてはとっくに電信に取って代わられていることを、完全に承知していた。

逆に――そこが重要なところだが――ポアンカレは、電信によって決められる経度を、遠隔地間での同時性を確立するための基礎とした。「時間の測定」でもいちばん有名なくだりでは、時計を同期するときには、伝送のための時間を計算に入れなければならないと説いている。ポアンカレは直ちに、この小さな修正は、実用上の目的にはほとんど違いをもたらさないとも言った。電信による信号のために正確な伝送時間を計算するのは複雑だとも述べている。少なくとも一八九二年から九三年の年度から、ポアンカレは信号の電送の理論について教え、鉄線や導線で電気的に伝送する速さを測定する実験的な研究を評価していた。この関心は衰えなかった。一九〇四年、電信高等専門学校での一連の講義で、「電信方程式」を徹底して解析し、それを他の人々との成果と比較し、明瞭に海底電信ケーブルの物理学にも触れた(36)。

信号伝送時間を考慮する実践には、ここで取り上げている難問の鍵になる点がある。一見すると、ヴィクトリア時代の地図学者が、電気信号が大陸や海を渡って同期信号を伝えるときの伝送時間を計算に入れることは不可能に見えるかもしれない。しかしこの手順に入ってくる無数の誤差を相手に闘っていたとき、実際にしていたことを見る必要がある。もちろん、誤差を修正する際には、電気による地図づくりは、ずっと前から、パリの時計と、遠くのアメリカや東南アジア、東西のアフリカとの間の時計を同期するときに、伝送時間を正確に計算に入れていた。あるいはそれを言うなら、パリ＝グリニッジ間の妥協のない精密測定でもそうだった。相対性理論を待つまでもなかったのだ。

先にも見たように、一八六六年にはすでに、アメリカ沿岸測地測量所は、マサチューセッツ州ケンブリッジとイングランドのグリニッジ間の経度差を、最初の大西洋海底ケーブルごしに確定することにとてつもない努力を傾けていた。測量士は、時計の進み方や星の位置の測定にある通常の誤差を修正した。しかしメイン州カレスで電信のキーが押されても、その瞬間にアイルランドのヴァレンシアで記録されるわけではないことはよくわかっていた。そのずれは、ある部分は観測者のせいであり――神経的な反応にも時間がかかる――ある部分は装置の癖のせいでもあった。たとえば、磁石が小さな鏡を揺らして、光をそれとわかるほどそらせるのにも、時間がかかる。こうした難点は、著者らは「記録時人的誤差」と呼び、対照される条件の下ではこうした遅れを測定することによって、だいたい除去できた。しかし送信と受信の間には、別の重大な遅れをもたらすものがあった。それは信号がカナダのノヴァスコシアからアイルランドまで、大西洋を渡るのに必要な時間だった。他のすべての誤差が挙げられた中でも、測定された伝送時間が目立っていた。一八六六年十月二十五日には○・三一四秒、一八六六年十一月五日には○・二八○秒、十一月六日には○・二四八秒だった。[37] あるいは、沿岸測地測量所のメキシコ、中米、南米への無数の派遣を振り返ってみよう。あるいはド・ベルナルディエールの調査隊、ヨーロッパの天文台どうしの広大なネットワークのつながりを。

電気による測量士が、電信信号が電線を通るのにかかる時間を測っていたところはどこでも、測量士が遅れの補正を用いて離れたところでの同時性を確立していたところではどこでも。こんなふうに推理された。単純にするために、信号が伝わるのにかかる時間を大きく誇張して五分としておこう。東部にいる調査隊が信号を東部時間で正午に、地球1/24周分――つまり西にちょうど一時間分（マイナス一時間）――離れた西部にいる相手に信号を送るとしよう。伝送時間があるので、西部の人々は西部の現地時間で午前十一時五分に受け取る。五分の遅れを修正するのを忘れたら、この稚拙な西部の調査隊は、自分たちのいる経度の地点は、東部の観測所から時間にして五十五分早い（マイナス五十五分）と見ることになる。

（東から西への見かけの差）＝（実際の経度差）＋（伝送時間）

（この場合――マイナス55分＝マイナス60分＋5分）。そこで西部から東部へ送られる信号にとってどうなるかを考えよう。西部が現地時間で正午（東部時間では午後一時ちょうど）に送信する。しかし西部の観測地からの信号が東部に着く時点には、東部の時計は午後一時にはなっておらず、一時五分を表示している。かの観測隊が、信号の伝送時間を見落としていたら、西部時間は東部時間よりも六十五分進んでいる（マイナス六十五分）と見ることになる。言い換えれば、実際の時間差は、信号の伝わる時間を計算に入れるのを忘れた観測者が信じるよりも短い。つまり、

（西から東への見かけの差）＝（実際の経度差）－（伝送時間）

（この場合――マイナス65分＝マイナス60分－5分）。

今度は、（東から西への見かけの差）と（西から東への見かけの差）という測定結果を足せば、実際の経度差のちょうど二倍が得られる。伝送時間のプラスとマイナスが単純に相殺される。そして、（西から東への見かけの差）を（東から西への見かけの差）から引けば、伝送時間の二倍が得られる。（見かけの東から西－見かけの西から東）＝（伝送時間）×2ということになる。つまり、

伝送時間＝1/2（東から西への見かけの差－西から東への見かけの差）

伝送時間を計算するためのこの単純なツールが、西インド諸島、中央アメリカ、南アメリカ、アジア、アフリカと、世界中のすべての長距離測量チームの手順を示す定型の一部をなした。確かに経度局の移動天文学者は前々から、木製の観測小屋をホンコン、ハイフォン、ブレスト、ケンブリッジと、各地で建てるときに、それを使っていた。電信による地図製作者は、正確な同時性、ひいては経度を確立するために、電信の伝送時間を計算に入れなければならないことを見て、理解し、明瞭にそう言った。ポアンカレがこのことを一八九八年頃に知らなかったとしたら、ポアン

カレが構成員として勤めていた時期に書かれた経度局の報告書をすべて無視し、実際の手順についての議論をまったく聞こうとしなかったと想定しなければならなくなる。「時間の測定」で「現場［の電信経度科学者］を」見て、「同時性を調べるためのルールを探そう」と書いている一方で、自分自身の（また他の英米独やスイスのチームの）経度調査要員がそれまでの四半世紀に行なっていたことを、どういうわけか理解していなかったと想定しなければならない。そう信じるのには無理がある。

一八七〇年代の末――ベルナルディエール中尉とルクレール大尉と天文学者のレーウィが、文字どおりにフランスをヨーロッパの地図に再び組み込もうとしていた頃――中でも重要なつながりは、パリ＝ベルリン間に電信で確定される経度差だった。時間の遅れは早急に何とかしなければならなかった。一八八二年、三人は、使っている信号が「いろいろな理由によるわずかな誤差に影響されていて、いずれも慎重に考慮しなければならない」と記した。電磁石の反応によるもの、機械部品の動作による時間のロス、記録用のペンの相対的な距離、「電気の流れが瞬間的に伝わらないこと」などによる誤差だった。伝送時間を求めるために天文台でしなければならない作業があった。天文学者＝測量士は、たとえば、用いる電流がいつも同じであることを確信していなければならなかった。しかしたとえば、電気信号の速さが両方向で同じと仮定する必要もあった。電信による信号のやりとりによって時間を確定するための手順に合意するとき、規約という言葉が前面に出てくる。ベルリン＝パリ間で時計を同期させるには、手順を確立して、合意をまとめなければならない。前もって観測地点間での挨拶まで台本が決められていた。メートル法条約の場合と同様、同時性の規約は、国際的標準、手順のあらゆる段階での詳細な合意を求めていた。

そこで、フランス経度局によるパリ＝ベルリンの報告書の見出しの中に、「信号の交換に関する規約[38]」があることが意味をなす。経度局が一八九〇年にボルドーを地図にはめ込んだとき、振り子の誤差や個人差等式での誤差などの他の修正項目の中でとうとうそれに達する。「電気的送信の遅れS」という言葉だ[39]。つまり、セネガルのフランスチームにとって、電気パルスの有限の信号時間を計算に入れることは定型作業だったのだ。一八九七年までの他の電信調査隊と同様、このチームも単純に当時には定型業務となっていた伝送時間の計算を行なっていた。「この結果の差

[見かけのサンルイからダカールと見かけのダカールからサンルイの] は [〇・三二六秒で]、これは電気の波が伝わるためにかかる時間の二倍プラス他の誤差を表す](40)。いかにあたりまえだったとはいえ、そのような修正は、ポアンカレをはじめ経度局の人々につきつけられた高度に正確な測定には決め手になった。測量士がまだパリとグリニッジ、あるいはパリと西アフリカ、北アフリカ、極東に広がるフランスの植民地との間に残っている頑強な経度の不調和を除去しようと苦闘しているとき、測定に次ぐ測定で、時間の遅れを埋め合わせることが大きく浮かび上がってきた。

不公平ながら後知恵からすれば、経度を求めるのなら、そのような伝送時間を計算に入れなければならないことはすぐわかる。何と言っても、千分の一秒単位で経度を記録することを主張していたのだし、六〇〇〇キロを伝わる時間は光でも五十分の一秒かかる。電気の波が同じ長さを銅製の海底ケーブルを伝わるのはその何分の一かの速さで、補正は十分の一秒に近くなる。地図の精密さを自慢する十九世紀末の世界では、これは大きすぎた——赤道上で時間の誤差が一秒あれば、東西の距離に五百メートルの曖昧さが残る。

したがって、ポアンカレが一八九八年の「時間の測定」で示した電信のやりとりで同時性を決める方法についての見解は、規約に関する頭の中での思弁ではなかった。フランス経度局に三人いた恒久的なアカデミー会員の一人で、中でもずば抜けて有名であり、ほんの数か月前には長官に選ばれ、標準的な測地実践について報告しているのだ。自分の身のまわりに、経度局の活発なケーブル、振り子、移動式天文台のネットワークを通じて運用される同時性を見ることができた。

ポアンカレは、科学的手順がどう哲学に踏み込むかも見ることができた。十二年ばかり前、ポリテクニクの友人で物理学者にして哲学者のオギュスト・カリノンが、ポアンカレに時間と同時性の自然化された見方に向かうよう迫った。ポアンカレは共感して答えていた。それから一八九七年——まさしくポアンカレが最も深く時間の十進化に没入していたとき——カリノンは新しい著作を出した。その三十二頁の論文、「数学の様々な量の研究」は、時間幅が等しいことについてのわれわれの推論にある悪循環を明らかにしていた。容器を水で満たし、それから底に開けた穴から水を出す。この過程を繰り返すとき、空にするのにかかる時間は同じ長さだろうか。この問いに答えるには、独立した時間の尺度が前提になる。しかしカリノンは、同じ問題が、独立した尺度に生じることを指摘した。その目盛の元になる目盛は何か。ポアンカレは明らかにカリノンの発言に打たれ、それを「時間の測定」で引用している。「この現象［容器から水を抜くのに必要な時間］の条件の一つは地球の自転である。この自転速度が変動すれば、現象を繰り返すとき、同じにはならない環境となる。しかしこの自転の速さが一定とすることは、時間の測り方がわかっていることを想定するということである(41)」。

カリノンはポアンカレが示すよりもさらに先まで行って、人間による時間の分割の歴史的恣意性を強調した。たとえば季節は科学的あるいは形而上学的な考え方には基づかず、単純に物質的な効用で選ばれている。科学者が構図に入ってくると、科学者は単純に、「最も単純で便宜的な」仕組みを選び、それはカリノンにとっては、時計の針の動きは、それを使うことによって、諸惑星の動きを表す式が「できるだけ簡単」になるようになっているということを意味する。カリノンは、「時間の測定」には他に決めようがない選択、つまり便宜に基づかざるをえない選択があるという結論を出した。「実際には、測定可能な持続は変化しうるものであり、運動の研究に存在する変数すべての中から、とくに、運動の単純な法則の表現に合うものだからという理由で選ばれる(42)」。

ポリテクニクを中心として様々に交差する円の中で、ポアンカレは継続的に、「時間の測定」の「選択」、「便宜」、「単純さ」に直面していた。技術の世界（鉄道、電気、天文学）の面でも、ポリテクニク生仲間の科学哲学の面でも。一八九八年一月に出された「時間の測定」は、その交差を正確に印している。時間の測定は規約であり、現実の科学的手順と結びついている。しかし、この論文が書かなかったことを見るのも不可欠である。ポアンカレの「時間の測定」は、原理にのっとったこの同時性の修正を、自身の物理学の核心に入れるような同時性の探究ではなかった。一八九八年初めのポアンカレの論文には、座標軸、電磁気学、ローレンツの電子理論といったものは一言も出てこない。一八九八年初めのポアンカレは、現場の測地技術者と同じく、電磁気的なやりとりを、規約による、規則に支配される同時性の取り扱いをもたらす鍵と見ていた。また、測地学の同業者と同じく、時間の遅れによる同時性の定義の科学的帰結を、振動する鏡が慣性で動きに抵抗するのと、観測者の心理・生理の間に打ち込まれる、これもまた一つの補正だと見ていた。ポアンカレのほうは、測地学者とは違って、その補正に哲学的に意味があることを見ていた。カリノンのように、ポアンカレも科学者の時間測定に哲学を見ていた。しかしカリノンとは違い、遠くの時計を整合させることに直接関与していた。ポアンカレだけがまさしくその交差地点に立っていて、ポアンカレだけが、定型的な物理的手順を、時間と同時性の哲学的再定義のための土台に入れるために、電気信号のやりとりをつかんでいた。電気で仕事をする測量士の動きを、自然化する哲学者の動きとかけあわせることによって、日常の工業技術の一片が、突然、両方の領域で同時に機能した。モンスリの時計室で業務を行なうこともでき、『形而上学・道徳雑誌』を飾ることもできた。

ポアンカレの一八九七年の活動の現場では、同時性の規約は至るところにあった。誰も、経度観測者の伝送時間修正のための規則を定めたのは自分だなどと、わざわざ唱えることもしない。測地学者の修正は、署名入りの特許申請や著者名のある科学論文になる以前のもので、それは、電信測量士の毎日の仕事の構造をなす、誰のものでもない広大な知識の海をなしていた。もっと一般的には、すべての技術にかかわる国際会議、すべての長さ、電気、電信、子午線、時間をめぐる合意に、規約はなだれ込み、目に見えるようになった。

「時間の測定」でポアンカレが述べた物理法則の性質についての言葉を思い出そう。「一般的な規則はなし、厳密な規則もなし、［むしろ］それぞれの個別事例に適用されるいくつもの小さな規則」。ポアンカレは、時間の再定義も経度測定者の修正のうちであり、どこまでもニュートンの画期的な法則の単純さを傷つけるはずがないと思っていた。「こうした規則は我々に課せられるのではなく、他の規則を考案することによって楽しむことができる。それでもそうした規則から逸脱しようとすれば、どうしても、物理学、力学、天文学の法則の表し方を大いに複雑にせざるをえないだろう」。ポアンカレのよく引かれる言葉で、われわれはこうした規則を選ぶと説いた。それが正しいからではなく、それが便宜に合うからであると。一八九八年のポアンカレに関するかぎり、それは長い間確立していた、それより簡単な代替案は想像できないニュートンの法則を守るということだった。「言い換えれば、こうした規則のすべて、こうした定義のすべては、無意識の便宜主義の成果に他ならない」と、ポアンカレはまとめた。今や、ポアンカレの時間の規約性に関する主張には、経度局とエコール・ポリテクニクの講義室や電線を通じてこだましたものと認識できる思想が聞こえてくる。つまり、外交官、科学者、技術者が国際的な取り決めを使って、衝突する帝国の空間、時間、電信、地図のネットワークを管理する技術の宇宙である。この世界もまたポアンカレの世界であり、アインシュタインのあり方とは遠く離れて立つ科学のあり方の一つだった。

キトへの派遣

ポアンカレの――そして経度局の――電信による経度作業への関与は、一八九八年から一九〇〇年にかけて強まった。経度局によるダカールとサンルイの経度確定についての発表から何か月もたたないうちに、同局は別の重要な調査隊派遣へとシフトアップした。今度はエクアドルで、ポアンカレは科学幹事を務めた。このような調査隊を送る議論は前々からあり、確実に一八八九年の万国博覧会のときにまではさかのぼる。この技術博覧会のさなか、国際測地学会へのアメリカ代表が、地球の形状を求める努力の一環として、子午線弧（同一経線上の弧）の長さを決定することを求めていた。地球が赤道沿いで膨らみ、両極でつぶれているなら（ニュートンが二世紀前に予想していたこと）、赤道付近の天文学的緯度でたとえば五度分の子午線弧は、両極付近の五度分の子午線弧の長さよりも短くなるはずだ。地球が扁平であることは昔から知られていた。今問題になっているのは、時代にふさわしい精度で形を求めることだった。エクアドル大統領は承認し、フランスにエクアドル政府の全面的支援を与えると伝えた。提案の重要性は前々から明らかだったが、陸軍省、外務省、陸軍地理部を行きつ戻りつしている間に費用が上がった[43]。エクアドルの政治も安定はしていなかった。エロイ・アルファロ将軍が一八九五年六月五日に大統領に昇り、国中の暮らしのあらゆる方面を改革することを願う、世俗のリベラル革命を始めた。膨らんだ地球は後回しになった。

一八九八年十月七日、シュトゥットガルトで開かれたその年の国際測地学会の会合で、アメリカ代表団はあらためて懸案の地球の形状再測定を、エクアドルのキトへ調査隊を派遣することによって行なうよう求めた。フランス代表のブーケ・ド・ラ・グリは、ほんの四年前、エクアドルの全権公使がそのような調査隊を提案していたが、一八九五年の革命で問題の「持ち越し」が必要になったことを、集まった代表に思い出させた。アメリカ代表の儀礼的な謝辞の後、イギリス代表がさほど遠慮もせずに述べた。希望はもっともだが、測地技術者には、何ができて何をなすべきかを正確に伝える必要がある。ロンドンは子午線活動の必要に対するフランスの応答を求めた。ド・ラ・グリは「フランスでは、ペルーの弧の新たな測定について交渉を再開したいという希望については好意的な目で見ると確信」していた。アメリカの測量部隊がアメリカのあちこちの位置を特定するのを見たり、自らの地図学的野心を追究するイギリスの海底ケーブルについてのほぼ独占状態を目撃したりして、フランス人は、自分たちが躊躇すれば、アメリカ沿岸測地測量所がこの仕事をつかむであろうことは重々理解していた。しかしアメリカが地図を押さえれば、ポアンカレの言い方では「我が国の名誉は強奪される」(44)。フランスは動いた。

パリからは、陸軍省が任命する人員を使ったキト偵察任務について、公教育相が二万フランを提供した。この最新の派遣で、大いに宣伝された十八世紀の測定結果を、公教育相は北へ角度で一度、南へ二度広げることになり、それぞれの基地を中心にした領域について、地形データと水平方向の測量結果がもたらされる。フランスは直ちに先遣調査隊を派遣し、これが高速で移動し、わずか四か月で世界最高クラスの山々を三千五百キロにわたって踏破する。一八九九年五月二十六日、ボルドーを出発したチームは猛スピードで作業をした。その間にイギリスとの緊張が高まった。ナイル川沿いでの仏英植民地争いの際、「不可解にも」不通になったフランスのケーブル事件があり、その後、ボーア戦争のときの一八九九年十一月十七日には、イギリスによるあからさまなケーブルの検閲があった。一八九九年十二月八日には、フランス植民地相が未曾有の規模のケーブル予算案を発表した。そのちょうど一週間後、予算一億フランの帝国ネットワーク計画が閣議を通過した。ケーブル事業をめぐる論争が、左右両派の刊行物に現れてきた(45)。キトの地図製作チームはこの騒ぎのさなかに帰国し、パリには一八〇〇年代最後の日に到着した。

一九〇〇年七月二十三日月曜日の会合では、本格的な調査を引き受けるかどうか、どう引き受けるかを決めることがフランス科学アカデミーに任された。ポアンカレは自国の科学者が果たすべき義務についてはほとんど疑いを残していなかった。

我が国は現代科学による征服における役割を自ら引き受けるなら、なおのこと、言わば我々の父祖がフランスの知性の旗を掲げた位置を捨ててはならない。我々の権利は公に認められている。求愛されて、それは無理と宣言して応じるべきだろうか。フランスは百五十年前と同じく力強く、いっそう豊かになっている。なぜその国が、自ら去年始めていたことを完成する仕事をもっと若い国々に委ねようというのだろう。(46)

大臣はアカデミーに、作業を監督するよう求めた。ポアンカレは権威ある団体にさらに前へ進むよう求めた。大胆な十八世紀の先駆者、一七三五年四月からキトで一度の弧を測量したルイ・ゴダン、ピエール・ブーゲ、シャルル＝マリ・ラ・コンダミーヌの伝統に従うべきではないか。しかし百五十年後、アカデミーがアンデスへの調査隊に科学者を同行させることが必要かどうかと考えたのは、もっともなことだった。そのような旅行は、どちらかといえばデスクワークが主のポアンカレも認めるように、計算能力以上のものを要する。

高度な科学的能力、技術力、綿密な規律の習慣は不可欠だが、十分ではないだろう。人は資源のない、あらゆる気候の国で、大きな尽力を支持してもらわなければならない。人を指導したり、協力者の協力を得たり、現地で雇わざるをえない文明化が十分ではない従業員に対して、服従を課したりする方法を知らなければならない。こうした知的、物理的、道徳的質は、我が国の地理業務担当者に統合されている。(47)

アカデミーがパリの安全なところからできたのは、観測ノートを調べる任務の委員会による科学的支配を維持することだった。

ポアンカレ自身が司令塔を指揮した。一九〇〇年七月二十五日の報告書では、この赤道地域に網をかけるには、三つの基地を要することを明らかにした。信頼性を確保するには、この基地は、フランスで子午線の長さを求めたときに用いたのと同じ装置を使って位置を決めるのが当然だろう。当のキトには、才能ある（フランスの）天文学者でリヨン天文台所属のフランソワ・ゴネシアがいて、作業全体には、匿名の寄付で潤沢な資金があった。寄付をしたのはロラン・ボナパルト公爵であることは、後で明らかになった。最果ての観測所を運用するフランス人将校とともに、ゴネシアはキトで同時性の観測を行ない、正確な経度を確定することになる。ここでも、遠隔地での同時性を確立するうえでは電信が鍵だった。一本の線がキトからグアヤキルまで走り、その信号を中継器で増幅する。別の線がキトと北部の遠い観測所を結ぶ。中継器が同時性の決定に受け入れがたい誤差をもたらすという、実際にしばしばあったことが起きれば、待ち構えるポアンカレは、最初の中継所のバッテリーを増強して誤差を削った。このとき、チームはすでに電信網を南の観測所までつなぐ作業にかかっていた。つまり、遠く離れた山地のネットワークの先端はキトと結ばれ、キトの時間はグアヤキルの時間とつながっていた。グアヤキルがさらに、海底ケーブルを通じて北米経由で世界全体につながる時計を整合させることになる。(48)

アカデミーはポアンカレの報告を承認した。一九〇〇年十月には国際測地学会も承認し、アメリカ代表はフランスを祝福し、追加の支援が必要ならまずアメリカに求めてほしいと知らせた。そういうことにはなりそうになかった。

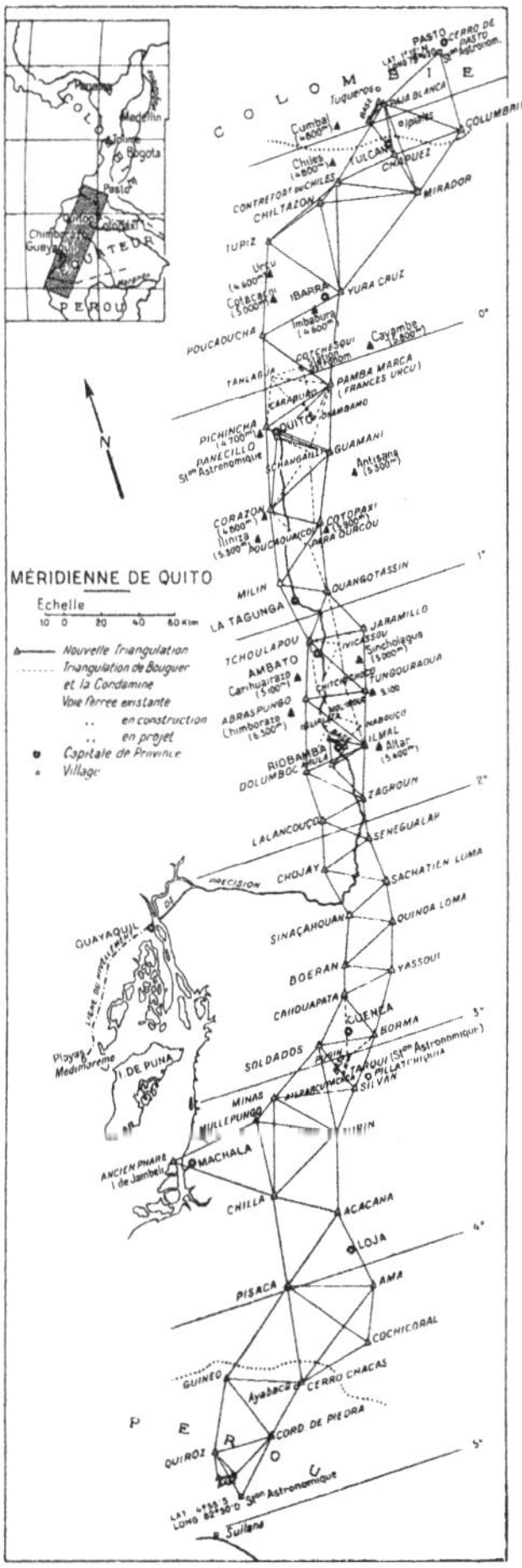

図 **4.3**　キトの子午線．ポアンカレはキト調査隊について定期的に報告した．この図には，複数の三角測量が示されている．これは地球の形状をもっと高い精度で捉えるべく，子午線弧の長さを測定するために用いられた．この緯度と経度の測定結果による網目が世界中の電信網にケーブルでつながる――そうしてフランスの本初子午線に対応させられる．出典：Poincaré, *Oeuvres Complètes*, Vol. 5, p. 575.

一九〇〇年十二月九日、モラン大尉（工兵）とラルマン大尉（砲兵）が、キトでの四年の任務となる仕事の先発としてエクアドルに向かった。[49]

ポアンカレは、一九〇二年四月二十八日月曜日、パリのアカデミーに対して報告を行なった。先発隊は数か月をかけて運搬用の家畜を買い、輸送部隊を準備した。山に入り始める頃には、フランス調査隊はラバを百二十頭確保していて、原住民の荷役人夫四十人とエクアドルの役人六人を伴っていた。肝心の、熱に対する反応が異なる二種類の金属でできた測定用の尺は、人が背負って運ばなければならなかった。マイクロメーターの照準用の糸が夜間は湿度で歪み、観測は朝の六時から九時の間はほとんど不可能になった。それから午前十一時になると、猛烈な風が、キャンプ地のあらゆる隙間から埃を叩きつけ、器具を破壊し、隊員を責めさいなんだ。激しい温度差がキャンプを襲い、隊員はまもなく、自分たちの測定装置がちゃんと信頼できる平衡状態に落ち着いているのかに疑問を抱くようになった。そうしたさなか、フランス隊は観測者の位置を入れ替える〔誤差を相殺する効果がある〕よりも個人差等式を使うことにした。入れ替えていると、現地人だけにベースキャンプを任せることになったからだ。ラルマンは、副次任務の人員二人をはるか北まで派遣して、ネットワークをコロンビアまで広げることを期待したが、すぐに政治的な争乱の邪魔が入った。ポアンカレは、少々楽天的な内輪話の中での、調査隊幹部の期待を伝えている。一九〇四年以前に、電信による同時刻をコロンビア目前のペルー最北端観測地まで確立しているだろうということだった。[50]

一年後、ポアンカレはアカデミーの面々の前に立ち、再び強行軍の調査隊についての報告書を起草した。それは一九〇三年四月六日月曜のことで、委員たちは残念そうに、前年の進捗状態はほとんどどの方面でも停滞していたことを記している。まず、頂上はほとんどいつも霧に隠れていて、照準合わせができなかった。ペリエ中尉はミラドールという海抜三千六百メートル以上の、いつも雲に覆われた任地で三か月を過ごしていた。雨が絶え間なく叩きつけ、見える範囲はキャンプ地そのものに限られていた。猛烈な風がバラックの中にあるすべてを揺さぶった。十五日の一期間に行なえたのは、二十一回の予定のうち一回だけで、待ち受けていたユラクルースからの信号は一度も見えなかった。両者を隔てる峡谷の川が東からの速い雲の流れとともに流れていた。何か月か孤立した後、ペリエの辛抱が報われ、穏やかで晴れた天気になった。集中して作業をして、中尉は任務を達成した。[51]

他の部隊も同じような問題に直面していて、ポアンカレの評価によると、質も同じだった。タクンガのモラン大尉は、ときどき見られる晴れ間に乗じて間欠的にしか観測できなかった。東からの暴風に吹雪が伴い、その作業を過酷なものにした。突風が観測所から屋根のかすがいを引きちぎり、テントを右から左から引き裂いた。カウイタの観測所では、ラコンブが霧と雪の中に何日か閉じ込められ、一度も観測ができなかった。そしてラルマンは、偵察部隊と信号施設建設を、きわめて困難な地域にわたって指揮し、コトパクシではクレヴァスに落ちた。他の兵士が救出したが、三週間にわたり、床に就いたままだった。この環境との戦いの中で、チームは過酷な天候が、マルティニーク島の大噴火に続く火山活動と関係しているのではないかと推測した。[52]

しかし経度調査隊の不運のすべてが自然の猛威によるものだったわけではない。フランス人と現地人の工夫で、測量士たちは苦労して確保した参照地点へと入っていった。どうやら測量棒は緯度経度の位置以上のものを合図していた。地元民にとっては、この標識は埋もれた宝を約束していた。金を探すときには、宝探しのハンターは棒を抜くだけでなく、すべてを掘り返す。そこでフランス隊は――酸素の少ない、雪が吹きつける山頂での何か月かの後――現場から信号を送り直し、測定し直し、標識をつけ直さなければならなかった。二度になることもあり、三度ということさえあった。教会の支援も得て、フランス隊は現地の司教や司祭を加えて地元住民を遠ざけたが、科学も神も金鉱掘りをとどめることはなかった。一九〇四年の一年で、フランス隊の観測所は十八回ほど壊され、過酷な高地の状況の中、三百六十組の地点で再測定を余儀なくされた。翌年は失望することに、峻厳な高地で凍える同時性チームが、地元の案内人の視程に関する報告は、隊員の言うところでは「正確ではない」ことに気づいた。あまつさえ、地理学者はその案内人はこれほどの高さのところまではわざわざ行っていないことを理解した。地元民が実際に高いところまであえて行ったわずかな場合でも、「視程」とは登り下りができるだけの距離が見える範囲のことだった。同時性部隊とは違い、地元民は緯度や経度を閃光で伝えられるほど遠くまで見る必要も、見たいという欲求もなかった。その間、ラルマンは黄熱病にかかった。仲間はラルマンをフランスに送還した。

ポアンカレは調査隊に対する賛辞を送った。「雪や霧の中で待つ長い日々は一瞬たりとも勇気と熱意をくじくことはなく、担当各位の専心は決して否定されるべきではない。それがこうした科学の雄々しい先駆者を、その勇気と得られた成果によって祝賀する根拠である」[53]。八年に及ぶ時間と空間を確定する努力の末、地図の座標が得られ、ポアンカレは一九〇七年、調査隊が帰国したことを報告した。

エーテルの時間

キト調査隊がパリに戻るまでを追跡するうちに、話がいささか先走ってしまった。経度調査隊の全期間中――一八九九年の計画から一九〇七年の終了まで――に、ポアンカレが同時性の工業技術を、他に二つのまったく異なる領域で求めていた。哲学と物理学である。これは偶然のことではない。キト調査隊の目標についての報告を完成させたとき（一九〇〇年七月二十五日）から、ポアンカレは電信による同時性について、電信線の電源に至るまでの詳細に没入した。同僚に向かって、キトの地図づくりは二重の意味で重要であることを説いていた――フランスの名誉の擁護（「フランスの知性の旗を掲げる」）と、技術的・科学的問題（地球の形状を求め、世界の地図を作る）だった。しかしそれがすべてではなかった。

ポアンカレは今や、もう純粋に数学的には考えず、物理学の規約という哲学的な基盤をもっと一般的に考察した。キトの事業をアカデミーの同僚に要請してからほんの数日後（一九〇〇年八月二日）、哲学の大きな学会で論文を発表し[54]、そこでポアンカレが最も中心的な科学と考えるものについて根本的なことを問うた。力学の基礎的概念は変化しうるだろうか。ポアンカレは、フランス人どうしでは、力学はずっと前から、経験の届く範囲の外にあるものとして、つまり、最初に前提される原理から不可避的に結論に至る演繹的科学として扱われてきたと論じた。対照的に、イギリスの力学は根本のところで理論科学ではなく実験科学だという。力学にこれから現実の進歩があるなら、この海峡をはさんだ衝突は、分析的に整理しなければならないだろう。この最も高尚な科学のどの部分が実験的なのか。どの部分が数学的なのか。そして——ポアンカレが言うには——どの部分が規約的なのか。

ポアンカレはその問いに答えて、哲学者に対して、この最も根本的な科学の出発点をめぐって、われわれが知っていることについて、幾何学、測地学、物理学、哲学の基盤に関する自身の研究全体から引き出した判断を示した。本人の言葉では、

1　絶対空間はない。認識できるのは相対運動だけである。そしてたいていの場合、力学的事実は、参照できる絶対空間があるかのように立てられる。

2　絶対時間はない。二つの期間が等しいと言うとき、その発言には何の意味もなく、規約によって意味が得られるだけである。

3　われわれは二つの期間が等しいことを直接的に知る直観を持たないだけでなく、異なる二つの場所で起きる二つの事象の同時性についてさえ、直接的に知る直観も持たない。このことは「時間の測定」という論文で解説したことがある。

4　もう一つ、ユークリッド幾何学それ自体が言語の規約の一種にすぎないのではないか。

ポアンカレにとって、力学は非ユークリッド幾何学を用いて表すことができた。通常のユークリッド幾何学を用いて表される力学より不便かもしれないが、それでも正当に行なえることだろう。絶対時間、絶対空間、絶対の同時性、さらには絶対（ユークリッド）幾何学は、力学には押しつけられない。そのような絶対的なものは、「力学より前に存在していたわけではない。フランス語がフランス語で表される真理よりも前から存在していたとは論理的に言えないのと同じことである[55]」。

この四項目は、ポアンカレの進め方の大部分を捉えていた。第一項はポアンカレの絶対空間に対する哲学的・物理学的反対をあらためて強調している。第二項と第三項は、一八九八年の「時間の測定」をおさらいし、第四項は、この議論を幾何学の規約性についてのかつての研究につなげている。「加速度の法則や力の合成の法則はただの恣意的

な規約だろうか。規約かと言えばその通り。恣意的かと言えばそうではない——恣意的と言えるとすれば、実験を見失っているのだろう。実験が科学の創始者にその規約を採用する方向に導いたのだし、実験が、不完全とはいえ、その規約を採用する根拠とするに足るものだったのである。ときどき、そうした規約の実験的な由来に注目すると良いこともある」。ポアンカレにとって、実験は物理学の原材料だった。理論は実験から高い確率での予測をできるだけ多く生み出そうとする。つまり、実験は、言わば、力、質量、加速度といった概念の規約（定義）にまとめられたものとしてわれわれが求める、世界の原理やおおよそのふるまい方を示唆することによって、力学の「基礎」として機能しうるのだ。しかしそれは、実験が当初の原理を単純に無効にできるということではない。ポアンカレの見方では、悪くすると、実験は根本的法則が近似的に成り立つのでしかないことを明らかにするのであって、「それはすでにわかっていることである」[56]。ポアンカレは、理論の役割についての自分の考察を、物理学者に対して話したときに要約している（やはり一九〇〇年）。いつもと同じく、機械に基づく工場の話をして、実験を「原材料」とし、理論は編成の指針とする。「問題は、言うなれば、科学的機械の生産量を上げることである[57]」。

数学においてさえ、機械や機械のような構造は、ポアンカレにとって不可欠だった。ポアンカレは、一八八九年にはすでに、「奇形的」関数をもたらす論理主義者を非難していた。一九〇〇年八月、今度はパリの国際会議に集まった数学者に向かって話しているときに、同じ主題に戻ってくる。やはり論理主義者に直観主義者を対抗させた。どちらも数学の発達にとって重要であると判断しつつ、本人がどちらの側に立っているかは疑いようがなかった。ある数学者（ポアンカレの分類では論理学者）は、ある角が任意の数に等分できることを紛れもなく明らかにするために、印刷物を何頁も埋めることができた。これに対し、ポアンカレは聴衆の関心を、ゲッティンゲンの数学者フェリックス・クラインに向けるよう求めた。「クラインは関数の理論の中でも抽象的な問題の一つを研究しています。与えられた「抽象的な数学上の」リーマン曲面上に、与えられた特異点［おおむね、「関数値が無限大になる点」ということ］を許容する関数が必ず存在するかどうか。この有名なドイツの幾何学者はどうするか。リーマン面を、電気伝導率が一定の規則に従って変動する金属面に置き換えるのです。そうしてそこの二つの点を電池の両極につなぐ。電流が流れなければならず、この面上での電流の分布はある関数を定義し、その特異点はまさしく求められる通りのものになるとクラインは言います」。さて、クラインは、この推理が厳密なものではないことを重々知っているが、（ポアンカレは言う）「そこに、厳密な証明ではなくても、一種の精神的確信を見いだします。論理学者なら、そのような考え方はとんでもないことだと拒否したでしょう」。もっと正確に言えば、論理学者は直観主義者の思考を言い表すことはできなかっただろう。(58) しかしそのような機械思考を形にすることこそをポアンカレは行なった。純粋数学、測地学、哲学で。そうする中で、ポアンカレは電気と磁気の研究を進め、物理学そのものの中心地帯に時計の電磁気による整合についての自分の考え方を持ち込む。

一九〇〇年十二月十日、ポアンカレは、ラルマンとモランをサンナゼール駅からキト電信経度調査に送り出してからわずか二日後、ライデン大学の演壇に立ち、空間、時間、エーテルに関する考えの概略を述べた。その日、ポアンカレをはじめとする綺羅星のごとき人々がH・A・ローレンツをたたえるために集まった。ローレンツはポアンカレにとって（そしてアインシュタインにとってもと言っておくべきだろう）、物理学者の中でも特別な人物だった。多くの点で、「理論物理学者」という新しい職業区分を具現する助けになったのがローレンツだった。多くの、とくにイギリス以外の物理学者にとって、マクスウェルの電気と磁気の理論をわかりやすい形にしたのはローレンツだった。ローレンツは、あらゆることを、エーテルの流れ、渦、押す力、引く力、に帰着するイギリスの伝統に従うのではなく、もっと厳格な学説を抱いていた。この世には二種類のものがある。一方に電気と磁気の場（エーテルの諸状態）、他方に物質、すなわちエーテルをくぐる荷電粒子だった。場は粒子に作用できるし、粒子は場を生むことができる。しかしローレンツは、宇宙に浸透しているものと想定される広大なエーテルをくぐる物体——地球も含む——の運動が、実験で明らかにできないらしいことの説明に苦労しながら、さらに多くのことをした。

ポアンカレは、しばらく前から、当時の他の最先端の物理学者と同様、ローレンツの理論をよく知っていた。また、手に入る中では最善の理論と思っていて、一八九九年にソルボンヌでそれについて講義したときには、それについて敬意を払いつつ批判していた。一九〇〇年のライデンでは、聴衆の中に当のローレンツがいてさえ、ポアンカレは、ローレンツの説明は作用反作用の原理に反することで悩まされたと言った。大砲は砲弾を発射すると同時に後退するが、エーテルと原子の場合（ローレンツによれば）、原子はエーテルに作用するが、原子の作用を受ける側は遅れてしか反作用しない。その間どうなっていたのか。エーテルは物質性が薄くて運動量を伝えにくいらしい。ポアンカレは、ローレンツをはじめとする参会の人々に、自分はこの異論をかわすこともできると言った。「しかし私はそういう言い訳は潔しとしません。それより百倍も良いものを得ているからです。良い理論は柔軟です……ある理論が一定の真なる関係を明らかにするなら、それは無数の姿をまとい、あらゆる攻撃に抵抗し、その本質であるものは変わらないでしょう」。ローレンツはそうした柔軟な理論の一つを作っていた。実に優れた理論だった。この理論を批判したことについて「私は謝りはしません」とポアンカレは言った。残念なのは、ただローレンツの元の考えに加えるものがほとんどないことだけだったと。[59] そんな但し書きはあっても、ポアンカレは続けて、ローレンツの理論の物理学的な意義を変容させる。

ローレンツの古い考え方の根元には、エーテル物理学のどうしようもないように見える難点を理論的に説明することがあった。エーテルは透明な物質によって単純に引きずられるのか。エーテルが地球の大気で引きずられるなら、エーテル中での地球の動きを実験では明らかにできないらしい理由を説明することができる。残念ながら、十九世紀半ばのフランス人物理学者、アルマン＝イポリット・フィゾーの実験は、それを排除するらしかった。フィゾーは、異なる速さで流れる水中に光を通すことによって、エーテルが引きずられるとしても、それはごく一部だけであることを明らかにすることができた。しかしエーテルが物質に引きずられないなら（したがって宇宙に永遠に固着しているなら）、それをくぐる運動を検出できるはずだ。これがアメリカの実験家、アルバート・マイケルソンが並外れて正確な光学「干渉計」を用いることによって見つけようとしたことだった（図4・4）。

実は、マイケルソンは自分がエーテルを追い詰めたと思った。本当にエーテルの風があるのなら、光の往復時間は、光が風に対して横に送られるか、風に向かって送られるかによって変化するはずだからだ。しかし装置を回転させても、干渉による明暗の縞は少しも変化しなかった。異例なほどの精度まで上げても、エーテルをくぐる運動は、光学

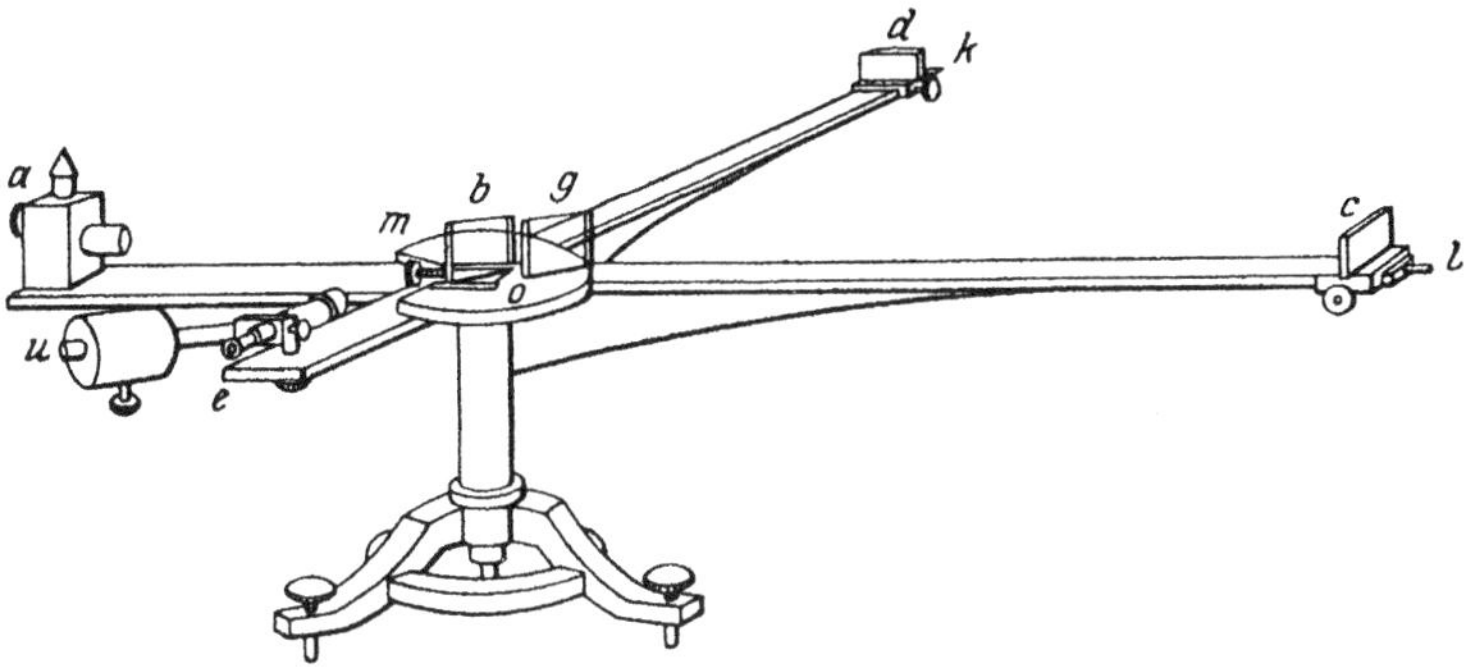

図 4.4　エーテル探し．アルバート・マイケルソンは，一連の顕著な実験によって，捉えにくいエーテルをくぐる地球の運動を測定しようとした．ここに示したのは 1881 年の装置で，マイケルソンは *a* から光線を発射し，それが *b* にあるハーフミラーで二つに分かれる．半分は反射して *d* へ向かい，*e* の接眼レンズに入ってくる．残り半分は *b* のハーフミラーを直進し，*c* で反射され，*b* から接眼レンズ *e* に飛び込む．接眼レンズのところで 2 本の光線は互いに干渉して，観測者に特徴的な明暗の縞を見せる．一方の波が——波長と比べてごくごく小さい分だけ——遅れれば，この縞模様は目に見えるほど変動する．つまり，地球が本当にエーテルをくぐって飛んでいるなら，「エーテルの風」が 2 本の光線が往復するのにかかる時間に影響する（二つの波の相対的な位相が変動する）．その結果，マイケルソンは，装置を回転させれば，2 本の干渉による縞模様に変化が見られると予想した．しかし，鋭敏な装置をどれほど回しても，明暗の縞は微動だにしなかった．ローレンツとポアンカレにとって，これは干渉計の腕が——すべての物質と同じく——エーテルを猛然とくぐることによって，エーテルの作用を隠してしまう分だけ縮むということだった．アインシュタインにとっては，これもまた，エーテルを考えることそのものが「余計」だということを示す示唆的な証拠となる．出典：Michelson, “The Relative Motion of the Earth and Luminiferous Ether,” *American Journal of Science*, 3rd series, Vol. XXII, No. 128（August 1881）, p. 124.

的な手段では検出できなかった。マイケルソンはエーテルを見つけようとする自分の努力をみじめな失敗と見ていたが、他の物理学者は、ローレンツも含め、理論化に動いた。

マイケルソンの否定的結果を計算に入れて、一八九二年、ローレンツは静止的エーテルの存在を仮定して、エーテルをくぐる物体はすべて、くぐる方向に収縮するという驚くべき考え方を導入した。この「ローレンツ収縮」がいかに奇妙に思えようと、この手は有効だった。この収縮率をうまく選ぶことで、捉えがたいエーテルの風の作用をちょうど相殺したのだ。ローレンツ収縮は、精度の高い実験でも——マイケルソンのたぐいまれな干渉計でさえ——エーテルの風の光学現象への影響を発見する力がない理由を説明した。

特筆すべきことに、ローレンツ収縮仮説だけでは十分ではなかった。ローレンツは、すべての光学現象がほぼ同じように記述できることを証明しようとして、一八九五年、第二の革新、虚構の「局所時間」を導入した。[60] ローレンツは、真の物理的時間 t_{true} があると考えた。真の時間とは、エーテル中で静止している物体について使うにふさわしい時間だった。エーテル中を動いている物体については、この虚構の時間（数学的作為）を導入すると使えることを、ローレンツは見てとった。それを使えば、その物体についての電気と磁気の法則は、エーテル中で静止している物体にとっての法則と人為的に似せられることになる。この補助的な量（t_{local}）は、エーテルをくぐって進む〔x 軸の方向に〕物体の速さ（v）、光の速さ（c）、物体の位置（x）によって決まる。t_{local} は $t_{true} - vx/c^2$ である。ローレンツはなぜこの局所時間を選んだのか。単にそれが、純然たる形式だとしても、明瞭な結果を生んだからだ。局所時間は、エーテル中を運動する実際の物体を、エーテル中で静止する架空の物体として記述し直せるようにした。ローレンツにとって局所時間は、数学的な便宜にすぎなかった。

ポアンカレはローレンツの理論とその長さの収縮と「局所時間」についての前提を、留保つきで見ていた。一八九九年のソルボンヌでの講義のときさえ、局所時間を自身の工業技術的＝哲学的同時性の定義には結びつけなかった。実際、ローレンツの「局所時間」による修正は地球のエーテル中の運動にとっては小さすぎて（補正は一キロメートル離れた二つの時計についてはわずか十億分の三秒）、その修正は単純に無視できたのだ。[61] その間、ポアンカレの電信的経度決定への関与は強まった。ポアンカレは一八九九年から一九〇〇年にかけて、キト調査隊の計画の最中だっただけでなく、経度局長官でもあった。以前は同時性の手順の詳細から一歩引いていたとしても、今度は全面的関与だった。

たとえば一八九九年六月二十三日、ポアンカレは王立天文官に、パリ＝グリニッジ間の経度差のフランスとイギリスのそれぞれの測定結果に困惑するずれがあることについて書き送っている。イギリスは直ちに新たな作業をしていただけるでしょうか、と。ウィリアム・クリスティは、八月三日、もう少し時間をいただきたいと求める返信をよこしたが、自分たちの手順や器具について、詳細な公開の分析を準備すると約束し、「フランスのパリ＝グリニッジ間の経度についての結果も詳細が公表されることが望ましい」と述べている。クリスティはポアンカレに、問題についての他の書簡、ポアンカレの経度局の同僚にクリスティが出した手紙の写しを送った。レーウィに対して、クリスティは、測鉛やアルコール水準器に基づく、星に照準を合わせる器具の水平保持のずれが誤差の元にあるかもしれないと推測していた。どうやらフランス陸軍は、欠陥はイギリスの時計にあると言っていたらしく、クリスティはそれはありえないと回答していた。クリスティのほうは、グリニッジとパリの双方が、パリ＝グリニッジ手順を繰り返すことを説いたが、今度はグリニッジとモンスリの二つの標柱の間だけでのことになる。そうすることで、英仏海峡を信号が伝わる間に蓄積される誤差が分離できると考えられた。ポアンカレはすぐに（一八九九年八月九日）、イギリスの公表結果をできるだけ早く受け取れることを待ち望み、そこに詳細な計算結果とデータがまとめられた方法が含まれることを期待するという返事を出した。その代わり、フランスは、困惑のパリ＝グリニッジ間の経度のずれを双方が早急に減らそうとする際に記録を公開するという。(62)

こうした経度測定と問題解決の作業のさなか、ポアンカレは一九〇〇年十二月の学会でローレンツと直接対面した。それに備えて、ポアンカレは、目を引く新しい形でローレンツの「局所時間」を解釈しなおした。まず（名指しはしなかったが）、ポアンカレは自身の「時間の測定」にある、同時性は電磁信号のやりとりによって合わされた二つの時計間で与えられるという説を紹介した。それはポアンカレが、経度と形而上学との交差するところに生み出した論証だった。そこでポアンカレはさらに先へ進み、電気的に整合した時計という工業技術的・哲学的概念を、他ならぬ物理学に移し、三重の交差にする。ポアンカレは初めて、エーテルをくぐる時計のための、時計同期法を追究した。ポアンカレがはたと理解したのは、電信技師の時計を同期させるための手順は、エーテルをくぐっているときに行なわれると、ローレンツの架空の局所時間、t_{local}を与えるということだった。

「局所時間」は、時計が一方から他方へ電磁信号を送って整合するときに、運動する座標系の中でその時計が示す「時間」に他ならない。これは数学的虚構ではなく、運動する観測者が実際に見るものだった。

私の想定では、異なる地点にいる観測者どうしは光学的信号によってそれぞれの時計を合わせ、伝送時間によって合図を修正しようとするが、並進運動は無視し、したがって、信号はどの方向にも同じ速さで進むものと思っているので、一方の信号をAからBへ送り、それから別の信号をBからAへ送ることによって、観測結果を組み合わせるだけにする。局所時間tは、このようにして定められる時計によって示される時間である。[63]

これが、ポアンカレの経度調査隊からと哲学者ポアンカレの双方からわかる電気的な同時性決定手順である。物理学者ポアンカレがこの手順を運動する座標軸に挿入する。

もっと正確には、以下がポアンカレの論旨である。時計AとBを含み、一定の速さvでエーテルをくぐって右へ運動する移動する座標系を考えよう。運動のせいで、AからBへ（とする）の光信号はエーテルの風に飛び込むとき、向かい風に遭遇する。信号の速さは光速cから風の速さを引いたものである（ヨーロッパから合衆国へ飛んで向かい風を受ける飛行機のように）。BからAへ返ってくる光信号は、エーテルの追い風で速さが増す。つまり、その速さ「プラス」エーテルの風の速さで（$c+v$）となる。

A→（光速 $c-v$）→B
A←（光速 $c+v$）←B

/////エーテル（静止）/////
→v＝座標軸の速度→

両方向で速さが異なるので、運動する物理学者が行なう単純な一方向の時計の整合ではうまく行かない。たとえば、Bが自分の時計をAからの信号を使って合わせるなら、「実は」$c+v$（エーテルに対して）で進む信号を使っている。Bはcで進む「正しい」信号に比べて信号を早く受け取る。BがAから遠くなるほど、追い風で速くなった信号を得る時点と、速さcで粛々と送られていたら受け取っていたはずの時点とのずれが大きくなる。つまり、Bは自分の時計を少し戻さなければならない――Aに近ければ少なめに、遠ければ多めに。ポアンカレは、速すぎる信号（$-vx/c^2$）分の補正は、まさしくローレンツの「局所時間」の架空の「局所時間」補正を生むと述べた。[64] ポアンカレの意図は、エーテル中を運動する時計の整合は、先と同様、電磁信号を発することによらなければならないということだ。しかし運動する座標系で合わせるには、エーテルの風の影響を相殺するための両時計の差を必要とする。

ローレンツは、ポアンカレが一九〇一年一月二十日に投函した手紙の批評の力を認めている――しかし「局所時間」のポアンカレの解釈については一言も述べていない。他の事項については、ローレンツはすぐに譲った。反作用の原理についての問題があったが、ローレンツに言える範囲では、物理学者が実験に説明をつけたいなら、その問題は永遠につきまといそうなことだった。しかし、エーテルが絶対に剛体で不動なら、それに作用する力については言えない。つまり、ローレンツがずっと前から言っているように、エーテルは電子に力を及ぼすことはできるが、電子はエーテルに力をかけることができなかった。またエーテルの一部が他の部分に作用することもできない――実際のところ、このような言い方をしようとすれば、「数学的作為」を持ち出すことになる。そのような作為は、エーテルが電子に作用して動かす様子を計算するために有用だったことには疑いない。しかしそれでも作為的だった。逆に、ローレンツの推測では、エーテルに無限の質量があると言うことも可能かもしれない。その場合には電子がエーテルに作用しても動かさないでいられる。「しかしその解決は私には作為的に見える」。

ローレンツは並外れた理論を生み出していた。広大な不動のエーテルと物質的な電子に分けることで物理学の姿を変えてしまうような理論だった。大いに成果があったこの理論は、スペクトル線やら反射のような単純な光学やら、いろいろな実験結果を説明した。しかしローレンツが理論を拡張しようと苦労している間、自分がすぐに作為的だと認めるようないろいろなツールに手を伸ばしていた。ローレンツは物質がエーテルをくぐるときに収縮するとか、作用反作用の原理は破られているとか、理論は「局所時間」という数学的作為を必要とするだとかのことを想定していた。

ポアンカレによるローレンツの理論の取り扱いは違っていた。ポアンカレの理論の扱いはいつもそうだが、その手順は、まず理論を部品にばらして、それから前に進むためにいちばん使える部分を操作することだった。今回の一九〇〇年のライデンでは、ポアンカレはローレンツの局所時間を、従来の同時性解釈と結びつけた――経度観測者と哲学者の規約である。淡々と、ローレンツの局所時間が物理的にどう解釈できるかを示した――今度は電信技師の規約がエーテルの風に定められる。

ポアンカレの理論の修正は、ローレンツの評価を汚すものではなかった。それどころか、一九〇二年一月、ポアンカレはローレンツをノーベル賞に推薦し、スウェーデンの当局に、これまでの物理学者がエーテルを見つけることができないのを捉え、その見つけられないという事実を、ローレンツがどれほど説明したかを解説した。ポアンカレが言うには、「明らかに、一般的な理由があったにちがいなかった。ローレンツ氏はその理由を発見し、それを『還元時間』という巧みな考案によって、めざましい形で表した」。別々の場所で起きる二つの現象は、実際には同時でなくても同時に見えることがありうる。すべては、一方の場所の時計がもう一方よりも遅れているかのように、また考えられるいかなる経験も、この不一致を発見できないかのように起きる。ポアンカレが見たように、実験で地球のエーテルをくぐる運動を観測できなかったのは、まさしくそのようなできないことの一つだった[65]。

ポアンカレは、ノーベル委員会に対するローレンツ賛を続けて、人々がしばしばローレンツの理論のようなものを脆弱と判断することを認めた。過去の理論化の残骸を見れば、誰でも懐疑的になるかもしれないと、ポアンカレは認めた。しかしローレンツの理論は、世界についての敗れた説明の広大な墓場にいる他の理論に加わるとしても、まともに考えれば、ローレンツが正しい事実《フェ・ヴレ》をでたらめに予測していたとは誰も言えないだろう。「偶然に当たったわけではないし、見たところ互いに無関係な事実の間に当時まで未知の関係を［ローレンツの理論が］我々に明らかにしているからであり、その関係が現実のものだからであり、電子が存在しないとしてもそうなるからである。理論に見たいと望めるのはその種の真理であり、そうした真理は理論を超えて生き残るであろう。ローレンツの成果にはそういう真理が多くあると信じればこそ、我々はそれについてローレンツに報いるよう提案する」(66)。

三重の交差

一九〇二年の末の段階では、ポアンカレは時間の整合という問題に、まったく異なる三つの視点から、まる十年取り組んでいた。ポアンカレは一八九三年以来、経度局のアカデミー会員という高位にある者の一人として、世界を同期した時間で覆うという探究で同局の運営に加わっていた。一八九〇年代半ばに、取り決めによって時間を十進体系に作り直すという問題が本格的に生じたとき、いろいろな案を評価する作業を指揮したのはポアンカレで、それが一八九七年の報告書になった。それから哲学に戻る。一八九八年、主として哲学系の聴衆に向かって、同時性は取り決め以外の何ものでもないと宣言した。自分のいる経度局が電信による時計の整合で行なったように、同時性を正確に定義する取り決めである。ポアンカレが『形而上学・道徳雑誌』から、経度調査隊の仕事に戻ってそれまで以上に深くかかわるまでは、ほんの数か月だった。一八九九年から先のポアンカレは、調査隊が時間と地理を電信によって閃く同時性によってつなごうとしている間、アカデミーと、複雑で危険なキト経度調査隊との連絡役となった。一九〇〇年の夏には、同時性の規約性について、それまで最強の哲学的発言を発した。『科学と仮説』の中でもよく引かれる節の一つに登場する発言である。それから物理学に戻る。一九〇〇年十二月にローレンツの理論を「評」し、ローレンツの数学的作為の「局所時間」を、エーテルをくぐって連動する観測者が信号のやりとりによって時計を合わせる電信技師の手順とした。

　これは単に物理学から哲学への「一般化」の問題でも、数学や哲学にある抽象的な概念を物理学に「応用する」問題でもなかった。逆に、ポアンカレは新しい時間概念を考案しつつあり、それが三通りのゲーム、測地学、哲学、物ことのために、それは特異な重要性をまとった。

理学の規則にどう収まるかを示そうとしていた。同期と同時性の発言がポアンカレの三つの世界の中で機能したその
ポアンカレの研究全体を通じて、第三共和政の進歩主義、つまり世界のあらゆる面は、世の中とかかわる理性、合理的で機械的なモダニズムを通じて改善できるという認識がある。その信仰は、抽象的な工学の楽観論、つまり、地理学的世界の地図であれ、科学の地図であれ、いずれの方面でも理性の範囲内に収まるという、めげない信念を抱いていた。すべてのことが同じなら、ポアンカレは十進化論争を処理したのと同じやり方で問題を解決するだろう――いろいろな立場を対置し、項目どうしの最も単純な（最も便利な）関係式を賢く選ぶのだ。関係式はポアンカレにとっては実在するものだったが（ニュートンやローレンツ、あるいは数学によって捉えられる関係式）、われわれの感覚の個々の対象ではない。「こう言えるかもしれない。エーテルはどんな外的物体に劣らず実在で、この物体が存在すると言うのは、物体の色、味、匂いの間に密接な、堅固で持続的なつながりがあると言うのと同じである。エーテルが存在すると言うのは、すべての光学的現象どうしに自然な近縁関係があると言うのと同じであって、二つの命題のいずれにも、相手に劣らず価値があるということである」[67]。客観的実在は、世界の現象の間で共通に保持されている関係に他ならなかった。ポアンカレにとっては、別世界のような存在の平面はなかった。科学的知識の重要性は、特定の真なる関係が持続するところにあって、プラトンの形相や、捉えられない物自体のような舞台裏の現実にあるのではない。

ポアンカレは一般に、公然たる政治的言及や道徳的絶対は避けていた。それでも時折、ポアンカレの見解にある中立的で穏当な口調を、それとは違う調子が破ることがある。一九〇三年の五月にパリのレストランで行なわれた学生総連合で、ポアンカレは、行動が基づかなければならない双生児のような分野があることがわかっていると語った。それは科学的真理に向かうものと道徳的真理に向かうものである。「我々の二つの大事な希求の間には二律背反があるらしい。我々は誠実に真理に仕えたいが、強くありたいし、有能に行動したい。……近年の事件による情熱の暴力も、そこから生じた。どちらの側でも、たいていのことは高貴な意図によって動かされていた」。当時国を悩ませて

いたドレフュス事件〔フランス軍のユダヤ人将校アルフレド・ドレフュスがスパイ容疑で逮捕・起訴された事件〕を指すものだが、ポアンカレの和らげた要約は自身の引き裂かれた応答を隠していた――フランス軍への強い傾倒と、やはり切迫した証明の基準への義務と。一八九九年九月四日、アルフレド・ドレフュスの二回目の裁判のさなか、ポアンカレは代理人を通して介入していた。ポアンカレの書簡は、フランスの国家機密をドイツの駐在武官に渡すことを約束した、引き裂かれた紙片（有名な「明細《ボルドロー》」）を書いたのはドレフュスだという、ドレフュスを罪に陥れた訴追の科学的根拠を砕いた。ポアンカレの結論は、「しっかりした科学教育を受けた」人なら誰でも、検事が提示した統計学の無意味な使い方に信用を与えるなどということは「ありえない」という。その明瞭な判断にもかかわらず、法廷はあらためてドレフュスを有罪としたが、共和国大統領は恩赦を出した[68]（ポアンカレは数年後には、もっと強い専門的な根拠で再びドレフュスを擁護した）。一九〇三年の、集まった学生に対するポアンカレの演説に戻ろう。行動は思考と合体しなければならないとポアンカレは説いた。

> フランスにはもう兵士がおらず、思想家だけになった日、ヴィルヘルム二世はヨーロッパの主人となった。それでヴィルヘルム二世が君たちと同じことを願っていたなどと思うだろうか。ヴィルヘルム二世が君たちの理想を守るために権力をふるうと信頼するだろうか。あるいは彼の国の人々に信頼を置いて、同じ理想でつきあうだろうと期待するか。一八六九年〔普仏戦争の前年〕にはみなそう願っていた。ドイツ人が権利とか自由と呼んでいるものが、我々が同じ名で呼んでいるものと同じであると想像しないように。我が国を忘れることは、理想と真理を裏切ることだ。革命暦第二年の兵士がなかったら、革命の何が残っていただろう。[69]

ポアンカレはさらに、すべての世代が自分の仕事の運命について考えていると言った。ポアンカレの仕事と同じように。「成人に達したときに残酷に打ちのめされた私と同世代の人々は、［普仏戦争の］災厄から復旧しようとする仕事にかかった……何年過ぎても解放は来なかった。それで自問する。自分はこの夢を、それなしにはすべての犠牲が空しくなる夢を引き継いでいるだろうか。もしかすると……我々にとって耐えがたい不公正と見えるもの……血を流す傷と見えるものが、自分にとってはただの悪い歴史の記憶であって、アジャンクール〔十五世紀の百年戦争で仏軍が英軍に敗れた戦場〕やパヴィア〔十六世紀のイタリアをめぐる神聖ローマ帝国との戦争の際、フランスが敗れた戦場〕の遠い災厄のようなものかもしれない[70]」。

危機と回復はずっとポアンカレにとって視野にあった。政治で、また哲学で、科学でも。この世代の政治的理想が一八七一年の「災厄の修復」であるなら、科学という機械には、再配置、修復、改善できる機会がもっと手近にあった。一九〇四年四月、ポアンカレはあらためて、ドレフュス危機によって引き起こされた損害を回復する機会を得た。法廷から、有名なボルドローの証拠としての実態について述べるよう求められたポアンカレは、天文台の二人の同僚科学者とともに証拠を批判した。三人は筆跡を精密な天文学の器具を使って再測定し、ボルドローがドレフュスのものであることを統計学的にほぼ確実に示す意図の検察側の確率論的推論を、細かく計算し直した。ポアンカレの結論はこうだった。筆跡分析は、不適切な文書の再構成に基づく下手に推論された、不当な確率の使い方に他ならない[71]。一九〇四年八月二日付のポアンカレによる百頁もの報告の裏付けもあって、介入は成功した。ポアンカレはたとえば、ボルドローに書かれた「intérêt《アンテレ》」〔関心〕の文字をドレフュスが書いたとする検察側の主張をつぶした。アルフォンス・ベルティヨンという、検察側の筆跡鑑定の花形専門家は、この言葉が、軍用地図《マップ》の方眼――一キロメートルに等しい「スー」の幅を定めることで有名な物差し――を用いてのみ書かれると主張していた。ポアンカレは共著の数学者とともに、その一語の文字を大幅に拡大して、言わばそれを写像《マッピング》していた。結論は、ベルティヨンによる文字の湾曲、長さ、軸、高さについての説は恣意的なもので〔文字ごとに変わる〕、アクサンシルコンフレクス〔intérêt の後のほうの e の上にあるアクセント記号〕の見かけだおしの微細筆跡分析も同様としていた。この単語に「幾何学的特異性」はなかった。それが参謀将校の机で軍隊の地図製作法を使って作業した人物によって書かれたことを意味するものは何もなかった[72]。これに動かされて法廷はドレフュスを無罪とした。またしてもポアンカレは、深刻な危機について、技術的修正を正確に描出《マップ》していた。今度は係数の表〔十進化の危機を解決したポアンカレの仕掛け〕ではすまなかったが、ある意味で、その精神は同じだった。機械と計算を通じて推論して、危機を和らげる助けをしたのだ。

危機は他のところでも生じた。ほんの数週間後の一九〇四年九月、ミズーリ州セントルイスで、国際博覧会で進歩を祝うために、芸術・科学国際会議が開催された。世界を模型のように表すために設けられた国際見本市（こちらにはパリ、あちらにはロンドン、トリノ、ニューヨーク）のまん中でポアンカレが行なった、物理学の未来についての講演は、ふさわしくも分野全体を取り込み、その弱点を特定することをねらっていた。とくに時間の整合が目玉で、それが進歩の連続性というもっと広い枠に収められていた。「［物理学には］深刻な危機を示すものがあります」と、ポアンカレは講演の初めのほうで認めたが、「あまり困らないようにしましょう。我々は、患者がこの病気で死ぬことはないだろうと安心していますし、危機が恩恵になると期待さえできます。過去の歴史はそれを保証しているように見えます[73]」。

ポアンカレの見るところでは、数理物理学は最初の理念形を、ニュートンによる万有引力の法則から受け取っていた。この宇宙のすべての物体は、砂粒であろうと星であろうと、距離の二乗に反比例する力で互いに引かれている。この単純な法則は、形を変えていろいろな力に応用され、物理学の歴史の第一期をなした。ニュートンの構図が、十九世紀に物理学者が直面した複雑な工業過程には不適切であることがわかると、その穏やかな王国から危機が出てきた。新しい原理が必要だった。機械の細部をいちいち特定しなくても過程全体を規定できるような、ニュートンなら得ていたかもしれないような原理である。そのような原理には、系の質量がつねに同じである、あるいは系のエネルギーが時間を経ても一定であるという条項が含まれていた。一つの大勝利はマクスウェルの理論で、これは光学と電気のすべてを取り込み、全体を、広大な世界に行き渡るエーテルの状態として記述する。

この十九世紀という物理学の第二期は、ニュートンの夢をはるかに超えただろうか。もちろん。第一期が空しかったことを示したのだろうか。ポアンカレは万博の聴衆に助言した。「そんなことはありません。今度の第二期が第一期なしでありえたと思いますか」。ニュートンの向心力のアイデアは、第二期の（ポアンカレによる）原理を導いたのだ。「我々に少しずつこうしたいろいろな原理になじませたのは、我々の父祖たちの数理物理学で、それがまとういろいろな衣装の下で認識することに、我々は慣れてきました[74]」。先駆者は原理を経験と照合し、表し方を修正して経験による所与に合わせる方法を学び、原理を拡大し、それを確かなものにした。その後われわれは、そうしたエネルギー保存などの原理を、実験で確かめられた真理だと見るようになった。しかし少しずつ、向心力についての古い考え方は余分な、さらには仮説的なものに見えてきた。ニュートン物理学の枠が揺らいだ。

ポアンカレによるこの新しい「危機」の舞台へのかけ方は、いかにもポアンカレらしく、回復のための前準備だった。自身が十五年間とっていた改良主義者の立場を繰り返して、過去の信念を捨てるのは断絶を必要としないと説いた。「枠組みは弾力的なものですから、壊れてはいません。ただ拡張されてきたのです。それを樹立した我々の父祖たちは、空しい仕事をしたのではありません。そして今日の科学に、先人たちが描いたスケッチの一般的特徴が認められます」(75)。ポアンカレにとって、一九〇四年の物理学は、それでも比類のない歴史の新しい局面への入り口に立っていた。ラジウムという「あの大革命」は、物理学で認められていた真理を不安定化し、危機を促していた。十九世紀物理学のすべての原理がぐらついていた。

一つの希望は、地球がエーテルをくぐる速さを測定することによって、エーテルに意味が与えられることだった。ポアンカレは、そのような試みは、マイケルソンの実に正確な試みでさえ失敗に終わり、実験家の工夫にも限界があることを嘆いた。「ローレンツが何とかうまくやれているとしたら、それは仮説を積み重ねることによればこそです」。ローレンツの「仮説」のすべてのうち、ポアンカレにとっては一つが他のどれよりも目立っていた。

「ローレンツの」最も巧みなアイデアは局所時間という考え方でした。時計を光学信号によって合わせようとしている二人の観測者を想像してみましょう。二人は信号を交換しますが、信号が瞬間的に伝わるわけではないことは知っていますから、それを気をつけて組み合わせます。B地点でA地点からの信号を受け取るとき、時計はAで信号が発せられた瞬間のAと同じ時刻が表示されるわけではなく、時刻は信号が届くまで経過する時間の長さを表す一定数分だけ増えています。

まず、ポアンカレはAとBで時計を見ている二人が静止している——二人の観測地点はエーテルに対して固定されている――と考える。しかしそれから、一九〇〇年以来そうだったように、ポアンカレは前に進んで、二人がエーテル中を運動する座標軸にいるときにはどうなるかを問う。その場合には、「伝送の間に進む時間の長さは二つの方向で異なります。たとえばA地点はBから送られた光学的振動に向かって動きますが、B地点はAからの振動に対して後退します。これで合わせられた両者の時計は正しい時間を表示せず、局所時間とでも呼べるものを表示して、一方が他方に対して差し引きされます。それは大して重要ではありません。それを知覚する方法がないからです」。真の時間と局所時間は違う。しかし、Aに自分の時計の針をBの時計と比べて戻すことになると認識させるものは何もない。Bの時計は同じ量だけ差し引きされるからだ。「たとえばAで生じるすべての現象は、時刻が遅れることになりますが、その遅れはすべて同じ量だけですし、観測者は、時計が遅れているのでそれと認識することはできません。つまり、相対性原理からそうなるように、自分が静止しているのか絶対運動しているのかを知る手段はありません」(76)。

それでも整合した時計は、それだけでは、古典的な、原理に基づいた物理学をすべて救出するには十分ではない。ポアンカレによれば、放射能という難関が、嵐の雲のようにこの分野にかかっていた。エネルギーの放射性粒子の自然発生的な放出によって疑問が投げかけられていた。質量保存もしかり。高速の荷電粒子の質量は速度に左右されるかのように変動し、そのことで質量保存は困ったことになる。作用反作用の法則もそうだ。ローレンツの理論によれば、光線を投射する光源は、光が他のところに届いて光を吸収する側に反動をもたらす前に反動を受けることになるので、これも脅かされる。相対性原理さえ危うくなるらしいが、この点については、物理学者という医者は、「局所時間」と長さの収縮で解毒しようとしていた。どうすればよいか。もちろん、実験を信頼することだ。それでもポアンカレにとって、責任の鎖は理論家で終わる。理論家がこの混乱を生み出したのだ。理論家がそれを解決すべきだろう。そして原理にのっとった物理学のどんな理論的な救済も、「父祖の物理学」を捨てることでは起こりえなかった。むしろ、前進は過去の改訂を求めていた。「ローレンツの理論を取り上げ、それをあらゆる方向に向け、少しずつ修正すれば、たぶんすべてが明らかになるだろう」。ポアンカレは、物理学という有機体が、変化はしても、動物が殻を捨てて新しい殻に変えるようなもので、その恒常的な同一性を明らかにすることを希望し、相対性原理のような原理を捨てることは、直面している戦いで「貴重な武器」を犠牲にすることだと説いた。[77]

ポアンカレとローレンツは、確かに「理論をあらゆる方向に向け」、それをできるだけ良くなるように変えた。一九〇四年五月、ローレンツは長さの収縮や虚構の「局所時間」という前提を修正して、短くなった長さや局所時間が物理学の方程式に挿入されると、その方程式は、エーテル中を慣性運動するどの座標系でも、もはや「近似的に」同じというのではなく、同一になるように変更した。[78] それはポアンカレの相対性原理——とポアンカレは呼んだ——の理解を見事に成り立たせていて、ポアンカレを動かすのに十分だった。一九〇五年六月五日、ポアンカレは自分の得た結果をフランス科学アカデミーに対して要約した。光学実験と新しい高速の電子実験の両方を、ポアンカレが長い間求めていたように、どちらもローレンツの物理学の「弾力的な枠」の中で説明するのに適した理論が、初めて得られた。全体は一九〇六年に「電子の動力学について」という題の論文で発表され、ポアンカレの長年の研究を、時計同期方式をもう一歩先へ進めることによって完成させた。時計の同期はローレンツの改良された局所時間につながり、そこから、物理学の方程式がすべての座標系で同じ形をとることになった。

ほんの数か月後、一九〇六年から〇七年にかけての冬学期、ポアンカレは学生に、まさしくローレンツの改良された「局所」時間がローレンツ短縮と合致して、そのため、地球のエーテルに対する動きがまったく検出できなくなることを解説した。[79] 一九〇八年には再び、伝送の見かけの時間は見かけの距離に比例すると主張した。「相対性原理は自然の一般的な法則であるという印象を免れることはできません。想像できるいかなる手段でも、物体の相対的な速さ以外には証拠が得られないということです」——つまりエーテルに対する運動は見つからないということだ。[80] これがポアンカレの何十年かにわたる、物理学の仕組みを、古い仕組みの「弾力的な枠」は維持しつつ、改善しようとした試みの金字塔だった——「新しい力学」はエーテルを守りつつ、空間、時間、同時性といった古い概念に異を唱える。抽象的機械のモダニズムだった。

理論が相対性原理を具現する点でどんなに美しくても、ポアンカレは前々から原理は実験から出てくることを明らかにしていて、そういう出どころがあることで、実験が原理にとってやっかいの種になりうることを認めていた。相

郵便はがき

料金受取人払郵便

千種局
承認

122

差出有効期間
平成29年7月
31日まで

464-879 0

092

名古屋市千種区不老町名古屋大学構内

一般財団法人

名古屋大学出版会

行

ご注文書

書名	冊数

ご購入方法は下記の二つの方法からお選び下さい

A. 直　送	B. 書　店
「代金引換えの宅急便」でお届けいたします 代金＝定価(税込)＋手数料230円 ※手数料は何冊ご注文いただいても230円です	書店経由をご希望の場合は下記にご記入下さい ＿＿＿＿＿＿市区町村 ＿＿＿＿＿＿書店

読者カード

（本書をお買い上げいただきまして誠にありがとうございました。
このハガキをお返しいただいた方には図書目録をお送りします。）

書のタイトル

住所　〒

TEL（　　）　—

名前（フリガナ）　年齢

歳

勤務先または在学学校名

関心のある分野　所属学会など

Eメールアドレス　@

※Eメールアドレスをご記入いただいた方には、「新刊案内」をメールで配信いたします。

本書ご購入の契機（いくつでも○印をおつけ下さい）

A 店頭で　B 新聞・雑誌広告（　　　）　C 小会目録

D 書評（　　　）　E 人にすすめられた　F テキスト・参考書

G 小会ホームページ　H メール配信　I その他（　　　）

ご購入書店名　都道府県　市区町村　書店

本書並びに小会の刊行物に関するご意見・ご感想

対性原理も例外ではなかった。実は、「電子の動力学について」の冒頭でポアンカレは、理論全体が新しいデータで危うくなりうることを警告していた[81]。ローレンツも実験室から漂うやっかいなことの臭いをかぎとっていて、一九〇六年三月八日のポアンカレ宛の手紙で、二人が得た結果の符合に喜んでいる。しかし合致は二人が同じ危険に直面していることを意味している。「残念ながら、電子がつぶれるという私の仮説は［ヴァルター・］カウフマン氏による新しい実験結果と矛盾しますので、私は仮説を捨てざるをえないと思っています。つまり私は自分が属する古い時代の終わりにいて、電磁現象と光学現象について並進の影響がまったくないことを求める理論を確立するのは不可能に見えます[82]」。

ポアンカレとローレンツがこうした懸念を論文にする頃には、二人とも物理学の根幹が命にかかわる危険に瀕していることを見ていた――二人が電子という小さな世界の物理の説明を求めてきたことも、長い間相対性原理の根拠を示そうと苦労してきたことも、エーテルの身分を特定しようという終わりのない探究も。一九〇五年以後の早い時期には、新しい理論を、すべての物理学について電気的な説明を見いだそうとする古い野心に同化させようとする物理学者が何人かいた。数学に飛びついて、時間の改革は無視する人々もいた。しかし結局、最大の脅威は、カウフマンによる、電子が電場や磁場によってそれる速さを調べたときの磁石や管や写真乾板からは出てこなかった。あるいは他のどんな実験室での成果からも。物理学の「真の関係式」は生き延びたものの、長期的には、ポアンカレの現代物理学での時間と空間の見方――直観的に数学化される理解のための除去できない枠組みとしてエーテルの価値を認め、見かけの時間から真の時間をはっきりと分けるもの――は、物理学の規範的な表し方の中では地位を失った。ベルンの特許局にいた、当時無名の二十六歳の物理学者が、別の理解の道筋を示そうとしていた。こちらは電子の構造、エーテル、「見かけの」時間と「真の時間」の区別は捨ててしまうものだった。整合した時計を、局所時間の物理学的解釈に対する補助として組み込むのではなく、相対性理論というアーチ構造の要石として組み込んでいた。

第5章　アインシュタインの時計

時間の物質化

一九〇五年六月には、アインシュタインとポアンカレはこれ以上ありえないほど対照的だった。ポアンカレはパリのアカデミー会員で、五十一歳の、権勢の絶頂にあった。フランスでも最高峰にある研究機関の教授を歴任し、省庁間委員会を運営し、天体力学、電気と磁気、無線電信、熱力学について、棚が埋まるほどの本を書いていた。二百本以上の論文を書き、科学のいくつかの分野全体を変えていた。哲学的な論考をまとめてよく売れた本は、ポアンカレが科学の意味について考えたことを広い範囲の人々の許に届けた。その中にアインシュタインもいた。アインシュタインは二十六歳の無名の特許審査官で、スイスのベルンにいて、地味な地区のエレベーターのないアパートで暮らしていた。

スイスはフランスやイギリスと違い、植民地大国ではなかった。合衆国やロシアのような広大な経度の幅もなく、鉄道、電信、時間で植民すべき未入植の土地は少しもなかった。実は、スイスが電信を採り入れたのは遅く、鉄道網の建設も、他のヨーロッパ諸国と比べて遅かった。しかし十九世紀後半には鉄道も電信もこの山国に到来し、そうなると、時計を同期するための動きはすぐに勢いを得た――世紀末の頃には、精密な時計生産が、国の威信の面でも、経済的な意味においても緊急の事案だった国としては、当然のことだろう[1]。

時計の世界では有名なマテウス・ヒップはスイスで歓迎された。ヒップは、故郷ドイツのヴュルテンベルクで一八四八年頃、共和派で民主派の見解を主張してブラックリストに載せられていたが、あらゆる種類の計時装置を扱う商

図 5.1　三つの時計．ジュネーヴの「島の塔」（1880 年頃）．時間の統一以前は，このような立派な時計塔は，時間が複数あることを公然と表示していた．出典：Centre d'Iconographie Genevoise, RVG N13×18 14934.

売をしていた。ヒップは、電気で維持する、機械式をはるかにしのぐ振り子時計を開発した。重い振り子は、電磁的に後押しをしなければならないとき以外は、勝手に揺れていた。そのような電気時計だけでなく、記録用の時計を完成させ、これは実験心理学を根本から変えた。物理学者や天文学者と協同して、神経、電信、光の伝送速度を追跡し、それによって時間を物質化するために電気と時計を使う新しい方法を考案し、改め、生産した。科学者と（とくにスイスの天文学者アドルフ・ヒルシュと）緊密な協力をしていたとはいえ、ヒップは数学者・科学者ではなく、職人・企業家だった。ベルンや、後にはヌーシャテルとチューリヒに電信や電気の装置を製造する工場を建て、自分の会社を、ジュネーヴに作った初の公共電気時計ネットワーク（一八六一）の会社から、さらに大きな評判の会社にした。一八八九年、ヒップの会社はA・ド・ペイエ&A・ファヴァルジェ社となった。それから一九〇八年まで、同社による親時計で制御する範囲は天文台や鉄道の領分を超えて、教会の塔に取り付ける時計や、さらにはホテルの目覚まし時計にまで広がるほどになった。[2] 時計があらゆる街区に進出するとともに、技術者には、一緒に分岐できる装置の数をどこまでも広げる方法が必要になった。次々と特許が生まれ、中継器や増幅器が仕上がって行った。

　大きな建物で時刻を表示したければ、時間の統一以前は、複数の時計が必要だった。ジュネーヴの「島の塔《トゥール・ド・リル》」は、一八八〇年頃には三つの時計があることを誇っていた。中央の文字盤には、中央ジュネーヴ時間（十時三十分頃）が示され、左側には、パリに本社がある鉄道「パリ＝リヨン＝地中海」線用のパリ時間（十時十五分）を表示し、右側の時計はジュネーヴよりもささやかに五分進んでいたベルン時間（十時三十五分）を得意げに指していた。スイスでの時計同期は公然と、はっきりと目に見えていた。ということは、整合していない時間のカオスも見えていた。

ベルンは独自の都市時間網を一八九〇年に開始した。改良、拡大、新しい時計網がスイス中に芽生えた。正確に整合した時間は、ヨーロッパの旅客鉄道やプロイセン軍にとって重要だっただけでなく、スイスの分散した時計製造業界にとっても重要だった。一貫した目盛合わせの手段がどうしても必要だったからだ。(3) しかし時間はつねに実用的であり、実用的である以上に、物質経済的必然であり、かつ文化的な想像にかかわるものだった。ベルリンで天体によって主時計をセットしたベルリン天文台のヴィルヘルム・フェルスター教授は、分単位で時間を保証しない都市の時計は、「紛れもなく人々を馬鹿にした」機械だとして蔑んでいた。(4)

アインシュタインがいた特許局からこの電気時計の世界へ向かう窓は、スイス時間の同期における決定的な瞬間を開いた。というのは、汎ゲルマン時間統一へのフォン・モルトケ将軍の明確な支援と、北米の「一つの世界時間」派の衰えない熱意があったとはいえ、ヒップの会社の主任技師で、実質的にヒップの後継として会社の舵を取っていたアルベール・ファヴァルジェは、状況の進度にはまったく満足していなかった。一九〇〇年のパリの万博では、公然とそのように言うつもりだった。このときは国際計時会議が開催され、現状、とりわけて時計の整合へ向けた努力について論じられた。(5) この会議でファヴァルジェは、発言の冒頭で、電気時間の配布が、関連する電信電話技術と比べて、いやになるほど遅れていることについて、どうしてそんな事態になるのかと問うた。ファヴァルジェの説では、まず、

図5.2　一つの時計——ジュネーヴの「島の塔」(1894年以後)．時間統一の後は，図5.1に示したのと同じ塔は，単一の時計だけでよくなった．時間の統一は誰にも見ることができた．出典：Centre d'Iconographie Genevoise, RVG N13×18 1769.

技術的に難しいところがあった。離れたところで整合する時計は、どんな小さな難点も監視して修正するために、協力的な仲間(*ami complaisant*《アミ・コンプレザン》)に依存することはできない。蒸気機関、発電機、電信はどれも、つねに人間の連帯によって動いているらしいというのに。次に、技術者の格差があった――優れた技術の持ち主こそが人材力であり通信装置であって、時間機械の問題ではなかった。そしてファヴァルジェは最後に、社会一般は時間の配布にしかるべき資金を出さないことを嘆いた。そのようになかなか進まないのが悩みだった。「正確に、一様に、定期的に配布される時間が、差し迫って、絶対に、あえて言うなら集合的に必要であることを我々がまだ経験していないなど、いったいありうるでしょうか……こんなことを十九世紀末の人々に向かって言うのは失礼なことです。仕事に追われ、いつも急いでいて、自ら有名な格言になっている人々だというのに。時は金なりです[6]」。

ファヴァルジェが見るかぎり、時間配布の残念な状態は、現代生活の必要とはまったく均衡がとれていなかった。人々は、秒単位でそろう正確さと普遍性を必要としていると、ファヴァルジェは力説した。機械式、水力式、空気圧式といった旧式のやり方では間に合わなかった。電気が未来の鍵だった。人類が機械式時計の過去、つまり無秩序と不整合と惰性でばらばらになった技術時代と決別すればこそ、もたらされる未来だった。パリやウィーンの空気力によるカオスの代わりに、電気で整合する時計の新世界は、合理的で系統立てた方式に基づくことになる。本人の言うところでは、

パリ中を長い間歩いて回らなくても、公的私的ともに数々の時計があって、それがそろっていないことに気づきます――どれがいちばんの嘘つきでしょう。実際には、一つだけが嘘をついていても、全体の正しさが疑われます。どの時計も同じ時、同じ瞬間にそろっていてこそ、安心感が得られるのです[7]。

他にどうなりうるだろう。何年か前の合衆国での時間の苦労を思わせる言い方で、ファヴァルジェは万博に集まった会衆に、ヨーロッパ中を疾走する列車の速さは時速百キロ、百五十キロ、二百キロにさえ及ぼうとしていることを思い起こさせる。その列車を走らせ、その動き方を導き、もちろんそのような高速車両に自分の命を預ける乗客を案

内する人々は、正確な時間を手に入れなければならない。秒速五十五メートル〔時速約二百キロ〕となると、一刻一刻がものを言い、出回っている旧式の機械的な時計の整合方式では、どうしても劣ってしまう。電気的な自動方式だけが真にふさわしかった。「非自動方式という、最も原始的ながら最も普及している方式こそが、我々が脱しなければならない時間の無統制《アナーキー》の直接の原因であります(8)」。

時間のアナーキー。疑いなく、ファヴァルジェのその言い方は、当時の聴衆には、ジュラ地方の時計製造業者の間では強力な影響力を持っていたアナーキズムを思わせた（それを言うなら、パリの聴衆は、グリニッジ天文台の外で自爆したフランスのアナーキスト、マルシャル・ブルダンを思い出しただろう）。ピョートル・クロポトキンは、ちょうど前年、一八九八年から九九年にかけての『ある革命家の手記』で、時計製造業者のアナーキズムを公然と宣伝していた。

私がジュラ山地に見た平等主義的関係、労働者の中に育っているのを見た思想と表現の独立、大義への無制限の献身は、私の感情にさらに強く訴えた。そして、時計職人たちと一週間を過ごして山地を離れるときには、社会主義に対する私の見方は定まった。私はアナーキストになった(9)。

とはいえファヴァルジェは、もっと広い、個人的社会的恒常性の解体によって示されるアナーキズム〔無秩序〕のほうを心配していた。古い空気圧方式――ウィーンやパリの、蒸気で動く、堅固なパイプが枝分かれして、圧縮空気のパルスを伝え、公共の時計や個人の時計を合わせる方式は、ファヴァルジェの求めるものではない。電気による同時性の配布は、「時間統一地域の無制限の拡張(10)」をもたらすことができた。ファヴァルジェの、遠隔同時性に対するゆるぎない支持は、列車の時刻表という実用的なものや、自分の会社の企業としての野心から、現代市民の内面生活にとって時間がどういう意味をもつかという感覚に至る、多くの源に発していた。時間の同期は政治的であり、利益を生むものであり、実生活にかかわるものでもあった。

この恐ろしい時計無政府状態《アナルコクロキスム》から脱すれば、世界についての知識に開いた大きな穴を埋めることができると、ファヴァルジェは確約した。パリに置かれた国際度量衡局が、まず空間と質量という二つの根本的な量を征服しはじめているときだったが、ファヴァルジェは最後の辺境である時間が探査されないまま残っていると説いた(11)。そして時間を征服する方法は、電気網を次々と創出して広げることだった。それは天文台に連動する親時計につながり、それが信号を複数に分ける中継器を動かし、自動的な時計のリセット信号を、ホテル、街角、大陸に広がる教会の尖塔に送る。ある会社が、当のベルンのネットワークを同期しようとして、ファヴァルジェと連携した。一八九〇年八月一日、整合した時計の針をベルンが動かし始めたとき、報道機関は「時計の革命(12)」と喝采した。

今日でも、ベルンのあちこちから、いくつかの公共大時計の文字盤がはっきりと見える。その一八九〇年八月、すべてが歩調をそろえて動き始めたとき、整合した時間という秩序が、このアーケードと教会の町の基本構造に書き込まれた。スイスの時計業者は、電気による同時性という世界的な企てに、公式に参加した。

理論=機械

一八九〇年代のアインシュタインは、まだ時計は気にしていなかったが、十六歳だった一八九五年には、電磁放射の正体には大いに関心を抱いていた。その年の夏、アインシュタインはエーテルの状態が磁場が存在するときどう変わるか、たとえばその各部分が波の通過に応じてどう広がるかについての考察を紙に書きつけた。独学の想像力でも、放射が、実体のある静止したエーテルに生じる波とする「慣習的な考え方」には安心できなかった。後にそのときの考えを回想してこう言っている。光の波に追いついて、古典物理学からは言えるように、言わばそれに乗れたとしてみよう。すると電磁波が自分の前では広がらないことがわかる。空間での場の振動は時間の中で凍結されてしまう。しかし、そのような凍結した波のようなものが観測されたことはない(13)。この考え方はどこかがおかしいのだが、アインシュタインはどこなのかを知らなかった。

アインシュタインは一度は入試で不合格になったスイスの（ヨーロッパでも一流の）工科大学で教育を受け始めた。一八五五年創立の連邦工科大学（ＥＴＨ）である。きっと一八九六年のＥＴＨは、一八七〇年代の初めにポアンカレが入ったエコール・ポリテクニクとは違うところだった。もちろん、どちらも工学が主だった。しかしポリテクニクの名声は、前々から、純粋数学と科学教育の濃度が高いエリートを輩出したところにあった。卒業生はその後、高等鉱業学校など各所で地位を築いていく元になる。ナポレオン以来、フランス人にとって、野心は高等数学でのエリートを教育することにあった。そのエリートが（しかるべき時になれば）、自身の掌握する実用世界の要求にかなうことができるだろうということだ。天然資源に乏しく、仏英独の急速な工業化に追いつくことを前々から望んでいたスイスに、十九世紀半ばに創立されたＥＴＨはまったく別物だった。ＥＴＨは理論と実践が直ちに結びつくことを望んでいた。道路、鉄道、水道、電気、橋の建設に対する需要がなくなったり、背景に退くときは決してなかった[14]。力学を考えてみよう。ポリテクニクのポアンカレは、この科目を、抽象的な数学者になろうとする学生から、将来は行政や軍隊に進むことを狙う学生まで、あらゆる学生のための「工場出荷証明」としてたたえていた。数学は大学の女王で、力学教育の構造を与え、抽象的なところが応用にかなうほど具体的になる歩みは遅かった。対照的に、チューリヒでは、一八五五年の当時に力学の課程の基調を定めていたのは、抽象的な数学にはほとんど関心のない鉱業技術者だった。フランスの教育課程よりもドイツ式のほうに沿っていたスイスでは、抽象的なものが応用と出会うのを、教育が進むまで待ってはいられなかった。スイスの工業界は、電信やら列車やら水道やら橋やら、あらゆるものを建設する助けを必要としていた。そもそもの始めから（歴史全体を通じて）、応用的なものと抽象的なものは、一緒にＥＴＨに入ってきた。

　つまり、ポアンカレやその当時の人々は、舞台正面で実験を見ながら実験について学んでいたのに対し、アインシュタインは、ＥＴＨの設備の整った物理学実験室で手ずから学ぶことに多くの時間をかけていた。装置の原理については形式化して扱うのがポリテクニクでは普通の作業だった。コルニュが同期された時計を調べたいと思ったときは、その根底にある物理の簡潔な理論を明らかにした。アインシュタインの物理学の教師ハインリヒ・フリードリヒ・ヴェーバーは逆に、石英、砂岩、ガラスの正確な熱伝導率について話した。ＥＴＨの熱力学は、基本の方程式と詳細な数値の計算と、ガラス管、ポンプ、温度計が並ぶ実験室を行き来しており、アインシュタインはノートに丁寧に記録した[15]。実際、二つの教育機関の違いは、理論が世界について言えることに関する見方を反映していた。ポアンカレのポリテクニクでは、原子（あるいは他の多くの仮説される物理的対象）に対しては誇り高い不可知論が見られただろう。ETHでは、ヴェーバーなどの教授陣は、そのような天上の舞にかまう時間もなかったし、現象の集合を説明できる無数の方法をそのためだけに調べることに関心もなかった。ヴェーバーは、「熱」について、その「本当の正体」については構わずに紹介すると、物理量のつながりが、熱が分子運動に他ならないような力学的構図を直接に導くことを論じた。それから分子についての諸数値を計算し、その特性を確定する。形而上学的な実在論抜きに、原子がものごとを動かしているとする実務的な工学者の評価だけがあった[16]。

一八九九年の夏、アインシュタインはまだエーテル、運動する物体、電気力学で苦悩中だった。愛するミレヴァ・マリッチに対して、自分がアーラウにいた頃（中等学校時代）に、透明物体がエーテル中を引きずられているときに光がこの透明な物体をどう進むかを測定する方法、またたぶん説明する方法を考えたことを回想している[17]。そのうえでミレヴァに、単純な物質的エーテルの理論、あちこちにあるエーテルの粒が動いているという理論は、あっさり捨てなければならないという感触を伝えている。疑いもなくアインシュタインは、この理論に対する峻厳な姿勢のいくらかは、ETHでの測定主体の方針を通じて吸収していたのだ。それでも学校は、電気や磁気に関する比較的新しいマクスウェルの理論についてあまり教えてくれず、アインシュタインには明らかに不満だった。そこで独学を始め、その際、明らかに重要な資料の一つがハインリヒ・ヘルツの著作だった。ヘルツはマクスウェルの複雑な電磁気理論を、根幹をなす一組の方程式に要約し、広く驚かれたことに、エーテル中の電気の波（電波）が存在することを実験的に明らかにした。ヘルツは短い生涯の間に電気と磁気の理論を立てるいろいろな方法に並外れた関心を向け、電気という「名前」、磁気という「名前」が独自の物質的なものに対応していることを、公然と疑った。そこでアインシュタインは、ヘルツ流の批判のきっさきを、その場で振動しているエーテルに向けた。

ヘルムホルツの本は返却して、今はヘルツの電気力の伝播を丁寧に読み直している。ヘルムホルツの電気力学における最小作用の原理についての論文が理解できなかったからだ。今一般に言われているような運動する物体の電気力学は、現実に対応していなくて、もっと単純な形に表せるだろうということを、ますます確信するようになっている。電気の理論に「エーテル」という名前を持ち込むことで、動きが記述できる媒質という考え方が出て来ているけれど、僕が思うに、それには物理的意味を付与できないよ[18]。

電気、磁気、電流は、物質的なエーテルの変動としてではなく、物理的実在性が伴う「真の」電気的な質量が、空っぽの空間をくぐる運動として定義できるはずだとアインシュタインはまとめた。エーテルを不動で非物質的に捉えるのは、物質的なエーテルの考え方よりもうまく行くかもしれない。（ローレンツの広く迎えられた理論に従って）多くの一流物理学者がそのような考え方を頭に置いていたところだった。

エーテルを引きずる実験も、それをくぐる運動を検出する実験もできないという事態を前にして、アインシュタインは、一九〇一年頃のある時点で、この静止した非物質的なものまで捨ててしまった。十九世紀物理学理論の中心だったエーテルが消えた。アインシュタインにとって、エーテルは電気的粒子の究極の構成要素でも、光の伝播に必要なあまねく浸透する媒質でもなかった。アインシュタインが特許局入りする前から、パズルの重要なピースははまっていた。もう相対性原理に訴えるようになってもおかしくない[19]。アインシュタインは、運動する電荷の現実的な構造の問題にはまる一方で、きっと、あらためてマクスウェル方程式の意味を考えていた。エーテルは捨てていた。それでも、こうした考察は、時間とは直接に関係していなかった。

一九〇〇年から一九〇二年まで、アインシュタインは制度的な科学の周縁で苦闘していた。一九〇〇年七月にはＥＴＨから数学教師の資格は得ていたが、大学の常勤の職には就けず、家庭教師をし、大学の外で、理論物理学の二つの分野に進み始めた。一方では、熱力学の本性を、統計力学（熱は粒子の運動に他ならないとする理論）による基礎づけと拡張とともに探っていた。他方、まだ活字にはなっていなかったものの、光の性質と、物質との相互作用の正体を捉えようとしていた。アインシュタインは、他の何より、運動する物体にとって電気力学がどう見えるかを知りたかった。

アインシュタインのあくまで楽天的なところと自信は、えらそうな科学的権威に対する食いつくような軽視とがないまぜになって、いろいろな手紙に表れている。一九〇一年五月には、ミレヴァにこんなことを打ち明けている。「残念ながら、テクニクム［ETH］には、現代物理学について行けている人が誰もいなくて、みんなに当たってみたけれど成果はなかった。もしちゃんとやっていたら、僕も知的にあんなに怠惰になるということかな。そうは思わないけれど、実際危ないみたいだね[20]」。翌月には、パウル・ドルーデ（電気伝導の理論で先頭に立っていた人物）だけを狙った批評を書き上げて、ミレヴァにこう言っている。「僕の目の前の机に何が載っていると思う？ ドルーデにその電子理論について二つの反論の長い手紙を書いたんだ。先生にはきっと、僕に反論できるわかりやすい材料はないよ。だって問題は実に単純なんだから。先生が返事をくれるかどうか、どう返事するか、興味津々だね。もちろん、僕がちゃんと就職していないことも知らせたよ。言うまでもないことだけど」。アインシュタインは物理学では譲ろうとしなかったとすれば、自分の個人的な生活ではもっと頑固で、いちばん近しい相手の否定的な視線に合わせて変えるつもりもさらさらなかった。友人に私生活での行ないを批判されたらしく、その判断を即座に否定している。「ヴィンテラーが僕に毒づいて、僕はチューリヒで放蕩生活を送っているって言ったんだよ[21]」。

ポアンカレはポリテクニクに入ったばかりの頃から、教師とは生涯のつながりを育てていた。年長者をたたえ、自分の数学的成果にも、親子のように先生の名をつけている。これに対してアインシュタインは、元の教師の否定的な姿勢も、次々と就職に失敗することもまったく気にしていないらしい。あるいは同じことで、自分の母親がミレヴァ・マリッチに示した厳しい否定に対してもそうだった。そのため、一九〇一年七月、ドルーデがアインシュタインの反論を退けても、アインシュタインはドルーデをもろい権威の一群の中に押しやるだけだった。

ドイツの教授について君が言ったことに誇張はない。この種の悲しい標本をまた知ったところだ——ドイツの一流物理学者の一人。僕がその先生の理論の一つに対して立てて、その結論に直接に見つかる欠陥を明らかにした二つのまっとうな反論に、先生は他にも〔信頼できる〕同僚がやはりこの見解をとっていると言って返事している。すぐに名論文でやっつけてやるよ。権威が頭にしみつくのは、真理にとっては最大の敵だね[22]。

アインシュタインはやっつけるかもしれないが、こうした権威は、アインシュタインの攻勢に応じて、次々と就職口を紹介してくれるようなことはしてくれない。ブルクドルフの州立工科学校の機械技術科の上級教師の職など、次々と断られた[23]。友人で数学者のマルセル・グロスマンがフラウエンフェルトの州立学校に落ち着いたときには、心から祝って、その職が与えてくれる安定と業績はきっとありがたいだろうと言っている。アインシュタインも応募していた。「そんなことをするのは、自分が気が弱くて応募できないと思わなくていいようにするためだ。僕は自分がこれでも他でも似たような職に就ける見通しはないと強く確信している[24]」。

その後、採用の見込みが出てきた。ベルンにあるスイス特許局が開局のための広告を出していた。アインシュタインはすぐに応募の手紙を書いた。「私こと、署名人は、一九〇一年十二月十一日付『ブンデスブラット』〔官報〕に公示のあった、連邦知的財産局の二等技師の職に応募させていただきたいと思います[25]」。特許局に対しては、自分がETHの数学物理学専門教員課程で物理学と電気工学を勉強したことを言って安心させつつ、すべての書類は用意できていて待ち受けていると約束した。一九〇一年十二月十九日、ミレヴァにうれしそうに書いた。「でも今は話を聞いて喜びのキスと抱擁をさせてください。〔フリードリヒ・〕ハラー〔特許局長〕が自筆で、特許局の新設された職に応募するよう求める親切な手紙をくれた。もう疑うことはない。〔ETHの同級生マルセル・〕グロスマンはもうおめでとうって言っている。何かの形で感謝の意を表したいから、博士論文はあいつに献辞を書くよ[26]」。職を得て、あるいはほとんど職を得て、ミレヴァと結婚できるようになった。

かつて論文を審査したクライナーに対する姿勢すら、明るくなった。直前の十二月十七日には、ミレヴァに、自分は「あのいやなクライナーのところへ挨拶に行く」と言って、クリスマスの休みに働く許可を求めていた。「こういう古いペリシテ人が、自分と同類でない人間の行く手に置く障害を考えると、ぞっとするよ。こういう連中は直観的に、頭のいい若い人間をすべて、自分の危うい名声に対する危険と見ている。今のところ僕にはそう見える。けれどもクライナーが僕の博士論文を却下するほど厚かましい奴なら、僕は却下のことも論文と一緒にして冷たい活字にして発表すれば、あいつは自分で自分を貶めることになるだろう。でも通せば、立派なドルーデ氏が採用してくれる職が見えてくるだろう……みんな結構な奴らだ。ディオゲネス〔古代ギリシアの哲学者。奇行で知られ、日中にランタンを灯して歩きまわり、何をしているのかと尋ねられ、（本物の）人間を探していると答えたという話がある〕が今生きていたら、ランタンでまっとうな人物を探しても見つからないんだろう(27)」。

二日後には、ディオゲネスのささやかなランタンは、人類に少し温かい光を投げかけた。「今日の午後、チューリヒのクライナーのところで過ごして、前とは違うふうに物理学のあらゆる問題について話した。思ったほど馬鹿じゃなかったし、おまけにいい奴だ」。確かにクライナーはまだアインシュタインの論文を読んでいなかったが、アインシュタインは気にしなかった。その関心は別のところへ移っていた。「［クライナーは］僕の運動する物体での光の電磁気理論についての考えを、実験的な方法と一緒に発表するよう助言してくれた。先生は、僕が提案する実験的方法は考えられるかぎり最も単純で最も適切だと思っている(28)」。

アインシュタインは、この予想外の支援によってもちろん勇気づけられ、エーテルとその中での運動の理論をさらに深く掘り進めた。ローレンツとドルーデによる、運動する物体の電気力学についての研究を勉強することにして（それはまだ主流から断絶していないことを表しているのかもしれない）、友人のミケーレ・ベッソから物理学の本を借りた。ポアンカレは一八九九年の講義で、古い物理学の方式がどれだけ貴重か、何度も強調した。マクスウェル、ヘルツ、ローレンツなど、多くの人々が詳細に研究するに値するのは、部分部分が暴発したとしても、それぞれが物理量の「真なる関係」を捉えているからだ。そのような忍耐はアインシュタインのものではなかった。あるエーテル理論の教科書は、古くささでアインシュタインの印象に残り、一九〇一年の暮れ、ミレヴァにこう書いている。「ミケーレが一八八五年のエーテルの理論についての本をくれた。古代の本と思われかねないほどで、見方はものすごく陳腐だ。最近は知識がどれほど速く発達するかがわかる(29)」。それほど遠くない前には、ミレヴァに、ベッソと一緒に「絶

対静止の定義」について考えていると言っていた。(30)

一九〇二年の年初には、ささやかな家具をシャフハウゼン（私立学校で臨時の職に就いていた）からベルンに移し、一九〇二年二月五日、あらためて家庭教師の仕事を探し始めた。

個人教授いたします
数学と物理学
小中高生
懇切丁寧
アルベルト・アインシュタイン（連邦工科大より教職免許取得）
ゲレヒティヒカイツガッセ三十二番二階
お試し授業無料(31)

数日後、見込みは上々に見えた。若い家庭教師の告知の網に二人の生徒がかかり、アインシュタインは統計力学の第一人者、ルートヴィヒ・ボルツマンに手紙を書こうとしていた。物理学の狭い世界の外での研究は、順調に進んでいた。「[エルンスト・]マッハの本をほとんど読み終えた。大いに興味を引かれた。今晩も読むつもりだ(32)」。

モーリス・ソロヴィーヌはルーマニアからベルン大学へ留学していて、アインシュタインの友人で数学の博士号をとろうとしていたコンラート・ハビヒトとともに新入生だった。三人で「オリンピア・アカデミー」なるものを始めた。哲学でも何でも関心の向くことを論じるための非公式のクラブだった。ソロヴィーヌは言う。「私たちは一頁とか半頁とか――ときには一文だけ――読んで、重要な問題のときには議論は何日も続きました。私は昼にもよく、アインシュタインの昼休みに会って、前の晩の話をあらためてしていました。『君はああ言っていたけど、こうは思わないか』とか、『昨日言ったことの続きなんだけど……』しか(33)」。

マッハも議題に上がっていた。マッハは、感覚にかかりえないものに対する容赦のない批判的姿勢で知られた哲学者＝物理学者＝心理学者だった。アインシュタインは、マッハが感覚に対して力点を置きすぎると思う部分については全面的に支持するわけではなかったが、マッハの著作から、「絶対時間」や「絶対空間」の概念のような無為な比喩的駄弁に対してふるう批判のきっさきとして引用していた。(34) アインシュタインのお気に入りのマッハの著作（一八八三年の『力学史』）に、ニュートンの絶対時間、絶対空間に対する論難を見いだしていただろう。それはニュートンを引用するところから始まる。「絶対の、真なる、数学的時間は、独自に、その本性によって、外部の何ものかに対してではなく、一様に流れ続ける。……相対的な、見かけの、ふつうの時間は、絶対時間の外にある感覚できる尺度である」。そのような考え方は、マッハによれば、徹底した事実によるニュートンではなく、中世哲学のニュートンを明らかにする。マッハにとって、時間は現象をそれに当てて測定する根源的なものではなかった。まったく逆で、時間のほうが物の運動――地球の自転、揺れる振り子――に由来する。現象の背後にある絶対的なものに達しようとするのは無益なことだ。マッハの非難は明らかだった。「この絶対時間はいかなる運動と対照しても測れない。したがって実用的でもないし、科学的な価値もない。ニュートンがそれについて知っていると言える人はいない。無為な形而上学的着想である」(35)。

その後の年月、アインシュタインはしばしば、マッハのこの時間分析が自分にとっていかに重要かを力説していた。たとえば一九一六年のマッハを記念する論文では、アインシュタインはこう説いている。「こうした『『力学史』からの』引用は、マッハが古典力学の弱点を明瞭に認識していて、一般相対性理論を要請する寸前まで行っていたことを示している――しかもほとんど半世紀も前に！　マッハがその当時に相対性理論に行き当たっていたということはありえないことではない……その当時に、物理学者が光速一定の意味についての疑問で大騒ぎをしていれば。マクスウェル＝ローレンツ電気力学から出てくるこの刺激がなければ、マッハの批判的な要請も、空間的に離れた事象について同時性を定義する必要があるという感覚を引き起こすには十分ではなかった」。ポアンカレにとってそうだったのと同じく、アインシュタインにとっての同時性は、電気力学と哲学を交差させていた。(36)

オリンピア・アカデミーの議論には、カール・ピアソンという、ヴィクトリア時代の統計学、哲学、生物学への貢献で知られる数学者=物理学者も取り上げられた。しかし興味深いことに、ピアソンは、マッハやドイツの哲学的伝統にのっとって、素朴な「絶対時間」解釈を批判の顕微鏡にかけていた。アインシュタインとアカデミーの仲間は、ピアソンが一八九二年に出した『科学の文法』にも、すべての観測可能な時計とニュートンの絶対時間との関係をやはり鋭く批判した評価があるのを見ていただろう。「グリニッジの天文時計の時刻と、最終的にはそれによって調整されるすべての一般の懐中時計や柱時計の時刻は、自転軸を中心に等しい角度回転する地球に対応する」。つまり、すべての時計による時間は最終的には天文学的時間である。しかし多くの因子、たとえば潮汐で、自転による地球時計が変動することはあるだろう。ニュートンがそう呼んだ「絶対の、真なる、数学的時間」は、感覚印象を記述するために使っているものである（ピアソンの言い方では「枠」）。「しかし感覚印象そのものの世界には「絶対の時間間隔は」存在しない」。午前零時から翌日の午前零時まで、子午儀の照準を星が通過するのを二回観測すると、平均すればおよそ同じ感覚印象の列を記録するのがわかる。結構、とピアソンは言う。その二つの午前零時から午前零時までの間隔に、「等しい」という呼称を割り当てる。しかし騙されてはいけない。これは絶対時間とは無関係である。「我々の頭の中の時間簿の上下にある空白は、時間が未来にも過去にも永遠に延びるという誇張、すなわち概念と知覚を混同してその二つの永遠が現象世界で、つまり感覚印象の領域で意味を持つとする誇張の根拠とはならない」[37]。

マッハやピアソンとともに、リヒャルト・アヴェナリウスの『純粋経験批判』もオリンピア・アカデミーの俎上に乗った。それも経験による把握の外にあるものに対しては懐疑的な姿勢をとっていた。討論リストに載った他の著作には次のようなものがあった。ジョン・スチュアート・ミルの、「発光エーテルという優勢な仮説」に対して警戒していた『推理論』、デデキントによる数の概念についての鋭い分析、デーヴィッド・ヒュームの『人性論』での帰納の解体[38]。しかし、科学の基本概念を、人間の精神に手出しできるものについての批判哲学に照らして構成するすべての著作の中から、ソロヴィーヌは特別の意見を求めて一冊を選び出した。ドイツ語では一九〇四年に出たばかりの本だった。「……ポアンカレの『科学と仮説』で、我々はこれに夢中になり、何週間も魔法にかかったようになった」[39]。アインシュタイン以下オリンピア・アカデミーの面々はそこに、マッハやピアソンの見方の強力な支持を見てとることができた。ポアンカレは自身の重要な論文「時間の測定」を参照していた。

アインシュタインを初めとする面々は急いで、「時間の測定」の原文（フランス語の哲学誌に掲載されていた）を探してもよかったが、それはどうやらなさそうだ。しかし興味深い展開がある。英語版やフランス語版と違い、『科学と仮説』のドイツの出版社は、「時間の測定」の結びから適当な分量の抜粋を翻訳して脚注として入れていたのだ。つまり一九〇四年には、オリンピア・アカデミーは平明なドイツ語で、ポアンカレが同時性についての「直観」いっさいを明示的に否定したもの、つまり同時性を定義する規則が真実ではなく便宜のために選ばれるという主張と、ポアンカレの最終宣言、「この規則と定義はすべて、無意識の便宜主義の成果である」を眼前に置いていたことになる。実は、フランス語からドイツ語への訳者はさらに先へ進み、絶対時間を吹き飛ばして相対的時間をとった哲学者、物理学者、数学者による長い文献リストを提供している。ロック、ダランベールが筆頭に挙がる。非ユークリッド幾何学創始者の一人、ロバチェフスキーも入っていて、時間は単に「他の運動を測定することを意図した運動」にすぎないと伝えている。振り子時計、ぜんまい時計、自転する地球――ポアンカレのドイツ語への訳者は、物理学の時間「t」を定義するような時間の単位として、どの運動を使うかは選択肢があると説いた。しかしその選択は絶対時間とは何の関係もない。逆に、その選択はそれでもやはりポアンカレの、物理学での同時性と時間の長さの定義における「便宜主義」という論旨を支持していた[40]。

誰か一人の哲学者による細かい考えがいちいちアインシュタインの成果に飛び込んだと考えれば間違いだろうが、アインシュタインがベルンに来たばかりの時期から、われわれの経験に捉えられるものと、いわば知覚のカーテンの背後に隠れて手出しできないものとの区別についての感覚を身につけて育ったことにはまったく疑いはない。そのような知りうるもの、とりわけて、感覚を通じて自然界について把握できるものを通じて知りうるものは、オギュスト・コントが明らかにして、多くの人が追随した実証主義の教義の鍵だった。アインシュタインが一九一七年に哲学者のモーリッツ・シュリックに言っているように、「先生が相対性理論を、実証主義を必要とするわけではないがその立場にあるらしいと表しておられるのは……実に適切です。この点で先生はまた、この思考の方向が私の仕事に多大な影響を及ぼしていて、さらに、とくに言えばE・マッハがそうであり、さらにはヒュームがそうだということを正しく見ておられます。ヒュームの『人性論』を私は熱心に勉強しました。こうした哲学的な研究がなければ、この答えには到達しなかったということは大いにありえます」[41]。

哲学が肝心だった。アインシュタインが同時性の手順による把握を支持し、形而上学的な絶対時間に反対したことは、文化的時代精神からは遠く離れていながら、物理学の知識をマッハ、ピアソン、ミル、ポアンカレの土台の上に立てようということは一連の動きにぴったり収まる。アインシュタインとそのささやかなサークルは、議論のための本を次々と探していた。

アインシュタインの最初の重要な物理学論文（一九〇二〜一九〇四）は、熱力学の、熱を分子の運動の産物とする基本的説明（統計力学）がテーマだった。アインシュタインは哲学研究、ＥＴＨでの熱力学への没頭、ＥＴＨ卒業後の独立した研究の中のどこかで、原理を強調し、詳細なモデル構成を慎む物理学への取り組み方を築き始めた。よく知られているように、熱力学は孤立系に関する、簡単に述べられる、それでも壮大な二つの主張の上に立っていた。エネルギーの総量はいつも一定であることと、エントロピー（系の無秩序）は減らないということである。理論の単純さと適用できる範囲の広さは、アインシュタインにとって、生涯にわたって科学の理想だった。ポアンカレの『科学と仮説』には、物理学がそのような原理の分析にかかわるという見方が強力に披瀝されていることを、アインシュタインは見たことだろう。

とはいえ、「規約」と「原理」という言葉はアインシュタインにとっては（実際には、当時のドイツ人物理学者の多くにとっても）、ポアンカレに対するのと同様には響かなかった。フランスでは、ポアンカレや、メートル法条約や時間の十進化のために提案された取り決めの現場にいたポアンカレの仲間たちには、フランス語での *convention*《コンヴァンシヨン》の三つの意味（法的合意、科学的合意、革命暦二年の国民公会）は、くっきりと浮かび上がった。原文をドイツ語に移すということは、その特定の連想の鎖を切るということだった。実際、『科学と仮説』のドイツ語訳をした翻訳者は、フランス語の *convention* の訳語を、法的合意を含むドイツ語の名詞（*Übereinkommen*）にするときと、社会的な取り決めによる合意（*konventionelle Festsetzung*）に分けている場合があった。[42] もっと重要なことに、原理は定義であり、それがただただ「便利」だから存続するというポアンカレ的な説を、アインシュタインの著作に求めても空しいだろう。アインシュタインにとって、原理は物理学を支え、とくに後年になると、たぶん科学だけにはとどまらなかった。別の文脈では、アインシュタインはこんな考察をしている。

僕の科学への関心は、いつも基本的には原理の研究に限られていて、これが僕の行動を全体的にいちばんうまく説明する。僕があまり発表をしなかったことは、同じ事情のせいだろう。原理を把握したいという燃えるような欲求のせいで、実りのない努力に時間をかけることにもなったからだ。[43]

アインシュタインにとっては、原理にのっとった物理学が重要だった。物理学概念の皮をはいで基本要素に達する批判哲学的省察もそうだった。しかしもっとあった。ベルンにいた時代を通じて、アインシュタインの仕事と思考は、機械という物質化した原理で満たされていた。アインシュタインは当初から、特許局を「本当の」仕事を邪魔する重荷としてではなく、生産的な喜びと見ていた。一九〇二年二月半ば、特許局に勤めていた元ETHの学生と出会ったときのことを語っている。「そいつは特許局がとても退屈だと言う――何でも退屈だと思う人々がいるものだ――僕はきっといいところだと思うだろうし、ハラーには生涯感謝するだろう」。あるいはアインシュタインが後に証言したように、「工業技術特許の最終形を調べるのは私には本当に幸福だった。多面的な考えをせざるをえないし、物理学的思考への重要な刺激にもなった」[44]。

時間についてはどうだろう。一九〇二年の時点では、ローレンツは前々から、時間変数tがエーテル中を動く物体について定義できるような架空の数学的な変形で実験していた。ポアンカレなどの物理学者がさらに明瞭に表して、固定されたエーテルの概念は地歩を得ていた。われわれが知っているように、ポアンカレは（最初はエーテルをいっさい無視して、それから明示的にそれをくぐる系について）、光信号で整合する時計を通じて同時性を解釈していた。エーテルの使い方は変わっても、ポアンカレは、エーテルは思考のための道具として、生産的な直観を適用するための条件として、とてつもない価値があることという確信についてはぶれなかった。ポアンカレは「見かけの時間」（運動する座標系で測定される時間）と「真の時間」（エーテル中で静止して測定される時間）とを同じとすることは決してなかった。[45]

ポアンカレ、ローレンツ、アブラハムは、自分たちの理論化を、動力学、つまり電子がエーテルをかき分けて進むとき、それを保持し、つぶし、結合させる力の分析から始めることにしていた。マイケルソンとモーリーが用いた干渉計の腕を縮めた力、電子にある負の電荷を、当の荷電粒子を粉々にしないようまとめている力。物質についてのそのような構成的で積み上げられた理論から、運動学——外からの力がないところでの通常の物質の挙動——を演繹しようとしていた。

アインシュタインの目標はまったく別だった。時間は動力学からは始まらない。一九〇五年の半ば、アインシュタインは、運動する物体の物理学を、単純な物理学の原理から始める、時間と空間についての新しい語り方を提示した。熱力学がエネルギーの保存とエントロピーの減少禁止から始まるように。ローレンツは作為的な時間概念（local）を、それが方程式の解を計算するのに便利だからという理由で進んで措定した。ポアンカレは「局所時間」の、等速度運動する座標系についての物理的帰結を見た。しかしアインシュタイン以前には、ポアンカレもローレンツも、時計の整合を、物理学の大原理をいくつか宥和する決定的な一歩として把握してはいなかった。時間を考え直すことが、エーテル、電子、運動する物体の考え方をひっくり返すことになるとは、どちらも予想していなかった。ローレンツ収縮のほうが時間の再定義に伴う帰結にすぎないと考えられるとは、二人とも予想していなかった。アインシュタインのほうは、一九〇五年五月以前には、ローレンツの一八九五年の物理学の基本的な特色のみを認識していて、ポアンカレの電気力学についての成果は一つも知らなかった。逆にアインシュタインは、科学の基礎についての哲学的な文献を読んでいて（ポアンカレのものも含め）、熱の分子統計学的理論について論文を発表し、運動する物体の電気力学を調べていた。特許局に足を踏み入れる前、アインシュタインは自分が時計、時間、同時性に関心を抱いていたことをうかがわせる手がかりはまったく残していない。

特許世界の真実

つまり、アインシュタインが一九〇二年六月にベルンの特許局に着任したとき、事態はアインシュタインに味方していた(46)。この地は就職した場所というだけのことではなく(またアインシュタインにとってだけでもなく)、訓練の場所——機械のことを考えるための厳格な学校——でもあった。アインシュタインが在職中、特許局の長だったのはフリードリヒ・ハラーで、部下に対しては厳しい上司であり、新任の審査官を、申請を評価するすべての段階で批判的になるよう指導した。「申請書を手に取ったら、考案者が言っていることはすべて間違いだと思え」。何より、安易に軽率な信じ方を避けるよう戒められた。誘惑は「考案者の思考様式」とともに降りかかり、「それが君に偏見を与える。批判的に用心を続けなければならない(47)」。もともと、勝手に決めた権威だと思う相手は古くさい、頭の硬い、怠惰な奴と扱う気まんまんのアインシュタインには、とことん懐疑的姿勢をとれという命令は、ありがたいことだったにちがいない。歯車や針金の使い方に自己満足の前提がないか検証しようとする傾向は、物理学というそこまでは具象的ではない領域でとっていた偶像破壊的な姿勢を反映していた。というのもアインシュタインは、運動する物体の電気力学の問題の中でも、七年ほどにわたって断続的に自分に立ちはだかり、だんだん力を増して、当時の一流物理学者の懸念になっていた難問を選んでいるからだ。

一九〇二年におけるアインシュタインの電気力学研究は、時間の本性についての探究は含んでいなかった。しかしアインシュタインは、芽生えつつあった電気的に整合した同時性に対する熱狂に、文字どおり取り囲まれていた。毎日家から出ると、左へ進み、特許局まで歩いた。職場へ向かう散歩だ——友人に語ったところでは、「とても楽しい。いつも違っていて、考えるべきことがたくさんあるからだ(48)」。毎日、いくつかの大時計塔を通り過ぎて歩かなければならない。ベルンを見下ろす、整合した時間を表示する時計塔だった。毎日、いくつもの街頭電気時計を通り過ぎていた。最近、また誇らしくも、中央電信局に従って分岐したばかりの時計群だった。アインシュタインが、住所のクラムガッセの通りから特許局までそぞろ歩くとき、この町でも有名な時計の一つの下を歩かなければならなかった（図5・3および図5・4）。

フリードリヒ・ハラーは多くの点で、アインシュタインにとって、ETHのヴェーバーやクライナーのような、特許局での教師だった。その庇護の下で、特許局は実に新しい工業技術の学校であり、工業技術的提案についての明瞭で訓練された批評家を養成することを目指した場所だった。当初ハラーはアインシュタインを叱った。「物理学者だからか、君は製図のことを何も理解していない。君を正規採用にする前に、製図と仕様書について把握することをおぼえてもらわないと[49]」。一九〇三年九月、アインシュタインは特許の世界の視覚言語を十分に征服していたらしい。採用が常勤職になったという通知を受けたのだ。それでもハラーはまだすぐに昇進させようとは思っておらず、評価報告には、アインシュタインは「機械技術に習熟するまで待つのが妥当。学歴から判断すれば、当人は物理学者である」という意見をつけている。その習熟は、アインシュタインが目の前に送られてくる特許申請の山を批判的に評価することに没頭する中で得られた。まもなくミレヴァに、「ハラーとは今まで以上に良好な関係」にあり、「弁理士が僕の発見に文句を言ってきて、ドイツの特許局の判断までつけて不服を言うと、［ハラーは］全面的に僕の味方をしてくれた[50]」と書く。特許局に勤め始めて三年半たつと、アインシュタインは、物理学者とはいえ、図面と仕様書の奥に斬新な工業技術の核心を見抜く新しい方法を学んでいることを、特許局の上層部に納得させていた。一九〇六年四

図 **5.3**　整合した時間の時計塔――クラムガッセ．アインシュタインがクラムガッセのアパートを出て左へ進み，ベルンの特許局へ向かうと，町の大時計（1905 年には整合していた）を見た．出典：ベルン市立図書館, neg. 10379.

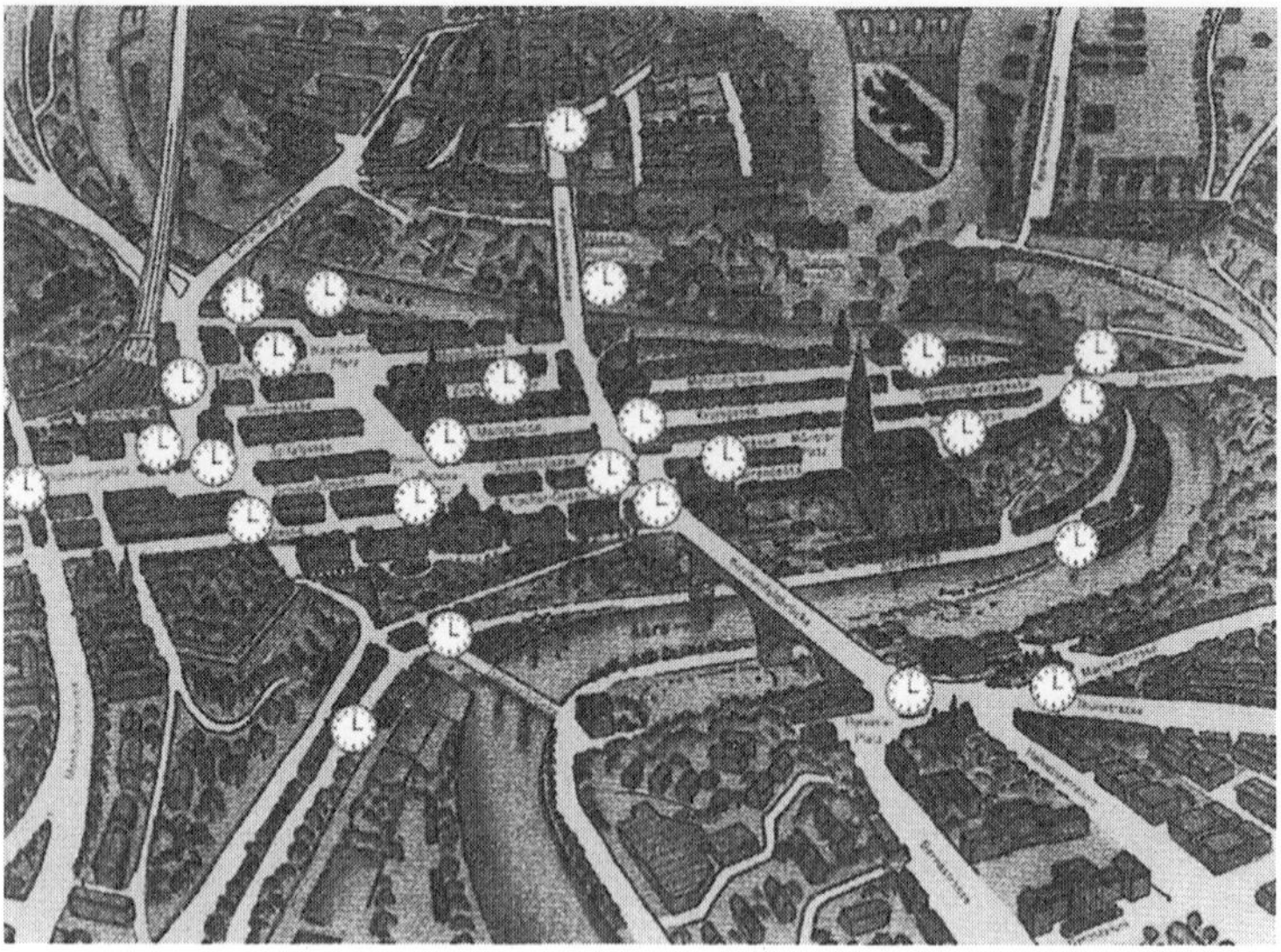

図 5.4　ベルンの電気時計網（1905 年頃）．整合した電気時計は実用面でも重要だったし文化的な誇りでもあった．1905 年の時点では，ベルンの町全体での，目立った現代都市景観の一部となっていた．出典：ハーヴァード地図コレクションにあるベルン市の図．時計の位置は，Messerli, *Gleichmässig* (1995) のデータを使って示した．

月、ハラーはアインシュタインを、「当局でも最高クラスの評価を受ける専門員の一人である[51]」と判断して、二等技術専門官に昇進させた。特許局では電気的時間に関する申請の数がますます多くなっていた。

　時間技術はネットワークのどの部分でも特許を生み出した。低電圧発電機、脱進機構と接極子を備えた電磁的受信装置、断続器などなど。一九〇〇年最初の十年で電気計時の典型だったのは、ダヴィッド・ペレ大佐の新型受信器で、これは直流の計時信号を検知して、振動する接極子を駆動する。これは一九〇四年三月十二日、スイスの特許３０３５１号を与えられた。ファヴァルジェの受信器は逆だった。親時計からの交流電流を検知して、それを歯車の一方向への動きに変える。この特許——後には広く用いられる——の申請は一九〇二年十一月二十五日の「受理」印が押され、長い、とはいえそう珍しくもない審査期間を経て一九〇五年五月二日、特許が認められた。時計が遠くで発せられた合図で起動する装置の細目を述べる特許はいくつかあり、また、振り子を電磁気で遠隔操作で調整することを狙う申請もあった。電話線で時間を伝える案もあった――さらには無線で時間を送信する装置までも。鉄道の発着を監視したり、いろいろな地方標準時で時間を表示する方式を提案する特許もあった。さらには、遠隔操作される電気時計を空中電気から保護できたり、電磁的時間信号を静かに受信できたりする細目を定めるものもあった。整合した時間の怒濤だった。

こうした特許の一部には、同時性を配布するという問題に系統だてて取り組んだものがあった。ペレの特許２７５５５号は一九〇二年十一月七日午後五時半に提出され（認められたのは一九〇三年）、「時刻送信のための電気的装置」を謳っていた。ペレは同様の案を一九〇四年にも出している。イタリアのテルニから申請したＬ・アゴスティネッリ氏（２９０７３号、一九〇四年特許）は、「複数の遠隔地で同時に時刻を示すための中央時計と、あらかじめ定められた時刻を自動的に報知するためのベルを伴う装置」を提案していた。ジーメンス社のような巨大電気企業による特許申請もあれば（「親時計リレー」、２９９８０号、一九〇四年特許）や、マグネタ社のような、もっと小さくても重要な

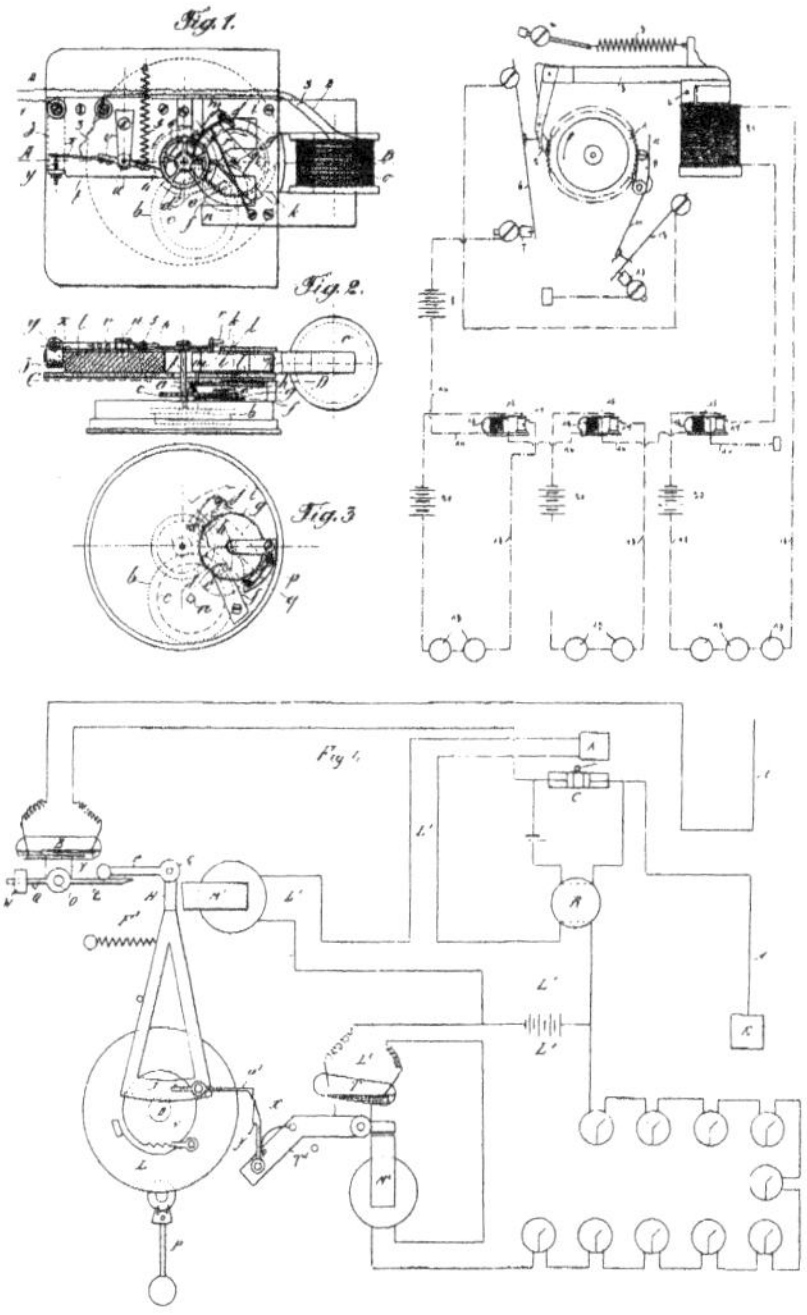

図 5.5　整合した時間の特許化．電磁的な時間の整合についての特許は 1905 年前後に急増した．以下，ほんの少しだけを．スイス特許 33700（左上）は，遠くの時計を電気的にリセットする仕組みを示している（1905 年 5 月 12 日）．右上のスイス特許 29832（1903 年）は，電気による時刻送信のための案を図解している．制御される遠くの時計は配線図の下のほうに見える．下段のスイス特許 37912（1906 年）は，時刻の電波送信専用で申請された最初期に属する例．こうした方式は，電波が登場するのとほぼ同時期のもので，1905 年には広く論じられていた．出典：33700（ジェームズ・ブザンソンとヤーコプ・シュタイガー），29832（ダヴィッド・ペレ大佐），37912（マックス・ライトホッファーとフランツ・モラヴェッツ）．

スイスの企業によるものもあった（29325号、一九〇三年十一月十一日提出、一九〇四年特許）――この会社はベルンの連邦議会ビルを飾る遠隔操作で合わせた時計を製造していた。一九〇四年の初めには、あるブルガリア人が、親時計とそれに電気でつながった子時計について特許を取っている。ベルンにはそうした例が何十と積み上がっていた。[52] ニューヨーク、ストックホルム、ロンドン、パリの発明家が、特許局に向かって自分たちの時計の夢を打ち上げていたが、この業界を支配していたのはスイスの時計製造産業だった。

アインシュタインが特許審査官として勤めていた間、電気的に制御された時計網への関心は高まった。一八九〇年から一九〇〇年にかけて、毎年三件か四件の電気的時間の申請があった（一八九〇年は二件、一八九一年は六件だったが）。電気的な時間の送信は、電信網とともに成長し、整合した時計は公共の場、私的な場の双方で、ますます活躍するようになっていた。数字を挙げると、電気時計に関する特許は、一九〇一年には八件、一九〇二年には十件、一九〇三年には六件、一九〇四年は十四件（一八八九年から一九一〇年にかけての最高）が、特許局のハードルを乗り越えた。他の多くの申請が、アインシュタインや同僚の批判的なまなざしの下で崩れて歴史に埋もれてしまったことだろう。[53]

こうしたスイスの計時に関する発明は――関連する他の多くの発明とともに――ベルンの特許局をくぐり抜けなければならず、きっと多くがアインシュタインの机を通ったことだろう。[54] アインシュタインが三等技術専門官として勤めを始めたとき、担当は主に電磁気や電気力学関連の特許の評価だった。[55] 他に十数人の技術専門官と机を並べた自席で、アインシュタインは申請を一つ一つ解剖して、その根底にある原理を引き出した。[56]

アインシュタインの電気力学的装置についての知識は、実家の商売にも由来している。父のヘルマン・アインシュタインと叔父のヤーコプ・アインシュタインは、電気の使用量を測定するための、鋭敏な電気時計に似た装置について、ヤーコプが取った特許を元に事業を興した。アインシュタイン社の電気測定装置の一つは、一八九一年のフランクフルト電気技術展覧会に目立つように展示された。そのすぐ近くには、電気時計装置が連続して動くのを保証するための、バックアップ用親時計を据え付けるための仕掛け（当時はあたりまえのもの）があった。電気測定装置と電気時計技術がこれほど近いところにあれば、ヤーコプ・アインシュタイン＝ゼバスチアン・コルンプロブストの特許の一つが、時計仕掛けの仕組みに使えることは明らかだった。逆に、多くの特許申請が、電気時計と同様、電気測定装置に使える仕掛けを提案していた[57]。

アインシュタインは、特許局にいた時期（一九〇二年六月から一九〇九年十月）は、あらゆる種類の機械に取り囲まれていた。残念ながら、アインシュタインの見解で残っているものはわずかで、判断が法廷に持ち越されたためにお役所の自動的廃棄処分を免れたものしかない。その一つ、一九〇七年のものでは、アインシュタインが、世界でも最大手の電気会社に入るアルゲマイネ・エレクトリツィテーツ・ゲゼルシャフト（AEG）が申請した発電機の案を審査している。「1　特許の主張は準備が不適当で、不正確で、不明瞭である。2　記述の具体的な欠陥については、当該の特許申請がしかるべく準備された主張によって明らかになってからでないと立ち入れない[58]」。記述、描写、主張――どんな特許でもそれで構成されていた。それを厳格に実行することを求めるのが、ハラーの下でのアインシ

図 **5.6**　電気機器工場ヤーコプ・アインシュタイン社〔発電機等の製造〕．アインシュタインの叔父と父は電気技術の会社を経営していて，とくに精密電気測定装置を生産していた．これは電気時計技術と共通の工業技術が多い．出典：*Offizielle Zeitung der Internationalen Elektrotechnischen Ausstellung*, Frankfurt Am Main (1891), p. 949.

ュタインの実習課程をなしていたことだった。

アインシュタインによる見解をもう一つ挙げよう。ドイツの企業アンシューツ＝ケンプフェ社と、アメリカのスペリー社との特許侵害訴訟に関するものである。一九一〇年代の初頭、実際に動くジャイロコンパスの製造をめぐって激しい競争があった。金属製の船がさらに電化され、磁気コンパスには不都合な環境だった。しかし世界中の船や飛行機に装備するための競争の中で、アンシューツ＝ケンプフェ社は、自分たちの発明をアメリカが盗んだと疑っていた。ヘルマン・アンシューツ＝ケンプフェ（会社の創立者）は、一八八五年の特許が実際のところは自分たちの「新しい発明」の背後にあるというアメリカ側の主張を一蹴したアインシュタインを援用した。アインシュタインは、一八八五年の特許は三次元すべてには動けないジャイロスコープを記述していることを言って、アメリカ側の主張を、その古いほうの装置では洋上の船の上下左右の揺れでは動作できないとけなしており、アンシューツ＝ケンプフェが勝った。アインシュタインはジャイロスコープの専門家になり、一九二六年になってもアンシューツ＝ケンプフェの大きな特許の一つに大きく貢献することができたほどで、これについては一九三八年に同社が清算されるまで権利料を受け取っていた。見逃せないことに、一九一五年には、アインシュタインの磁気を帯びた原子の理論にとって、ジャイロコンパスが明示的にモデルの役割を演じている。この機械と理論の間の行き来は、アインシュタインの注意を引き寄せ、アインシュタインは一時的に一般相対性理論の作業を脇に置いて、一連の共同実験――きわめて細かい実験――を行ない、鉄の原子が実際にミクロのジャイロスコープのように機能することを示した[59]。特許になる工業技術と理論的な理解は見かけ以上に近いものだった。

数年後、アインシュタインは、自分が読んだり書いたりする過程を、発電機やジャイロコンパスから遠く離れている内容を扱っていても、自分が特許申請のあら探しをしているかのように行なっていることを明らかにした。一九一七年七月には、長年の友人である解剖学者で生理学者のハインリヒ・ツァンガーが、自分で医学、法、因果性についてまとめていた文章について判断を求める手紙をアインシュタインに書いた。アインシュタインは答えて、「具体的な事例は気に入った」が、「抽象的な部分には気に入らないところがあった。そういうところは私には不必要にわかりにくく（総じて）、その部分では言葉があまり明瞭でなく要を得ていない（すべての単語が明確にかつ意識的に置かれているわけではない）。それでも、すべて理解できた。私がいつも自分の土俵と特許局時代の取り決めに立っているせいで、この点で基準が過度に高くなっているということはあるかもしれない[60]」。

アインシュタインが機械と特許局の取り決めに魅了されていたところは、特許局勤め時代からその後の生涯に流れ込んだ。アインシュタインは、友人のコンラート・ハビヒト（オリンピア・アカデミーの）やコンラートの弟のパウル（機械技師見習い）と、絶えず機械について文通をしていて、その中には、リレー、真空ポンプ、電位計、電圧計、交流電流受信器、回路ブレーカーについてのアイデアがちりばめられている。とくにパウルはアイデアを次から次へと即席に仕立て、ときには一日おきに手紙を書いていた。あるときパウルは、提案されている飛行装置（ヘリコプターのような仕掛け）について詳細な手紙をアインシュタインに送って、忌憚のない意見を求めた。「すぐに特許を取るべきでしょうか。それとも、特許なしで発表してしまうか、特許なしでも交渉を始めるかすべきでしょうか[61]」。

アインシュタイン自身、特許を取りたがった。多くのアイデアの一つに、きわめて小さな電位差を測定する鋭敏な電位計に関するものがあった。その小さな機械（マシンヒェン）は、理論面から製造の詳細に至るあらゆる面でアインシュタインをとりこにした[62]。共同研究者の一人には、エボリイト（加硫したゴム）部品を洗浄するために必要なガソリンと、エボナイト円盤上の水銀球に針金を適切に浸すために必要な配置について手紙を書いている。その手紙ではさらに、「私はすでに実験から、水銀の接点でそれができることを知っているが、装置をちゃんと動くように配置するのは時間がかかることがあるし、水銀は少しでも回すのが速すぎるとすぐに飛び出してしまう[63]」とも書いている。

装置についての関心は、実際の、あるいは想像上の機械による実験についての関心とともに、アインシュタインを夢中にして離さなかった。友人に手紙を書くときは、稀薄な理論的な話をしていたかと思うと実用的で工業技術的な話になり、また戻るというように、よどみなく切り替わっていた。一九〇七年のある手紙では、コンラート・ハビヒトに相対性原理と水星の近日点に関する最新研究のことを書いた論文について話しているさなか、いきなりマシンヒェンの話に戻っている。それからほんの一年ばかり後には、友人で共同研究者のヤーコプ・ラウプに、「[マシンヒェ

図 5.7　ベルン・ムーリの地図．ミケーレ・ベッソはアインシュタインが興奮して，時間は信号の交換で定義しなければならないという認識について語ったとき，ベルン旧市街にある時計塔の一つと，近くのムーリの村にある別の（その村で唯一の）時計塔を指したことを回想している．両方が視野に入りそうな見通しのよい地点といえば，そこしかないので，ベッソとアインシュタインはベルン市外の右上〔南西に相当する〕に見える丘にいたにちがいない．出典：Skorpion-Verlag のものに手を加えた．

ン」を電圧について十分の一ボルト以下でテストするために、電位計と低電圧の電池を作った。僕が自分で取り付けたすごいものを見たら、君は笑いをこらえきれないだろうね[64]」。こうしたマシンヒェンや、後のジャイロコンパス、アインシュタイン＝ド・ハース効果について手間をかけて研究した点は、電気と機械の世界をつなぐことになる、鋭敏な電気機械的装置に対するアインシュタイン独特の関心の中のわずかな例にすぎない。電磁的な時計の整合という案は、アインシュタインの好みにぴったりだった——わずかな電流を高精度の回転運動に変換する方法を提案していたからだ。

　時間の整合に関する特許は、特許局に舞い込み続けた。たとえば、一九〇五年四月二十五日午後六時十五分、特許局に、信号によって遠くの振り子時計を合わせるという電磁気的に制御する振り子の特許申請が届いた[65]。そのような発明には、模型、詳細な図面、適切に準備された細目と主張などの資料が求められていた。それを評価するには手間がかかり、何か月にもわたることも多かった。

　一九〇五年五月半ばのあるとき（アインシュタインは五月十五日、ベルンの統一時間区域の外へ出たことはわかっている）、アインシュタインと親友のミケーレ・ベッソは、電磁気の問題をあらゆる角度から考えていた。アインシュタインの回想では、「そのとき、突然私はこの問題の鍵がどこにあるかを理解した」という。翌日、ベッソに会うと、挨拶もそこそこに言った。『ありがとう。問題は完全に解けたよ』。時間概念の分析が答えだった。時間を絶対的に

図 5.8　ムーリの時計塔（1900 年頃）．アインシュタインがベッソに新しい時計の整合方式を説明しながらムーリの村にただ一つの時計塔のほうを示したとき，指したのはこの建物．出典：ムーリ・バイ・ベルン役場（ゲマインデシュライベライ）．

定義することはできなくて、時間と信号速度の間には分離できない関係がある[66]」。アインシュタインは、ベルンの時計塔の一つ――ベルンの有名な同期した時計群の一つ――を指さし、それから近くのムーリの村（ベルンに付属する伝統的な堂々とした村だが、ベルンの標準時にはまだ合流していなかった）にある唯一の時計塔のほうを指さして、友人に自身の時計の同期を解説した[67]。

数日のうちに、コンラート・ハビヒトに手紙を出して、ハビヒトの博士論文の写しを送るよう頼み、お返しに四本の新しい論文を送ると約束している。「四番めの論文はまだ下書きで、運動する物体の電気力学だ。これは時間と空間の理論を修正したものを用いている。純粋に運動学的な部分は［時刻同期の新しい定義から始まって］きっと君も興味を持つと思う[68]」。運動する物体、光、エーテル、哲学について十年考えた結果が、このささやかな論文に込められていた。

電磁信号の交換による時刻同期が特殊相対性理論のすべてではないのは当然だが、アインシュタインがそれを考える過程ではこの上ない段階だった。ポアンカレの場合と違い、アインシュタインの推論では、ローレンツの虚構による「局所時間」の物理的な解釈として時計の整合が入ってきたわけではない。まったく違っていた。アインシュタインは自分の論証をまず点の位置を剛体の物差しに対して定義することから始めたが（よくやること）、新たな同時性の定義で補完した。「物質的な点の動きを記述したければ、その座標の値を時間の関数として与える。しかしそのような数学的記述には物理学的な意味があることを念頭に置くべきで、まず『時間』という言葉をどう理解すべきかを明らかにしなければならない」。一つの本当の時間を選ぶ元になる静止したエーテルという枠がないので、すべての慣性系の時計網は、一つの系の時間が他のどの系の時間とも同じく「本当」だという意味で同等だった。

この脈絡からすると、一九〇五年六月の末に完成したアインシュタインの論文は、現在の標準的な解釈とは別の形に読める。どこまでも抽象的な「哲学者=物理学者アインシュタイン」――理論に没頭して特許局では生計を立てるだけのものを上の空で確保していた――ではなく、相対性理論の根底にある形而上学を、現代の象徴となる機構の一部を通じて見通していた「特許審査官=科学者アインシュタイン」というのも認められる。列車はそれまでと同じく午後七時に駅に到着するとしても、今や、長いこと時間と空間をめぐってきて、われわれも、そのことが遠くの同時性という観点から意味することについて心配するのはアインシュタインだけではないことがわかる。列車の到着時刻を電磁信号で整合した時計によって決めるのは、まさしく実践的で工業技術的な問題で、北米でも欧州でもこの三十年間ずっと苦しんでいたことだ。特許がシステムを通じて押し寄せ、電気振り子を改善し、受信器を変え、新しいリレーが売り出され、システムの能力を拡張していた。一九〇二年から〇五年の中央ヨーロッパでの時間の整合は、ただの難解な思考実験ではなかった。むしろそれは時計産業、軍、鉄道会社の重大な関心事であり、相互につながった、加速する現代世界の象徴でもあった。それこそ機械を通じての思考だったのだ。

アインシュタインは原理にのっとった自身の物理学の世界に、周囲に具現している強力で高度に見やすい新しい工業技術を導入した。規約化された同時性であり、それが鉄道の路線を同期し、地方標準時を設定していた。当時の時間の整合方式の痕跡は、当の一九〇五年の論文にも見られる。アインシュタインが論文を始める座標系をあらためて考えてみよう。観測者が座標系の中心で時計を持っている。主時計は位置（0,0,0）に固定されていて、この時計が、同じ現地時刻に届いた遠くの地点からの電磁信号を同時と判定する。しかし今や、この標準となる、中心を伴う系は、心もとない抽象には見えない。この分岐し放射状に並ぶ時計の整合の構造――電線、発電機、時計に見られ、時間計測について次々と出てくる特許や本の形で表示される――は、まさしくヨーロッパの親時計と二次、三次の従属時計の構造だった（図5・9～図5・11）。アインシュタインはその確立した方式に、物理学者=特許審査官の批判的な目を向けた。時間は実行可能な信号の交換を通じて定義されなければならないという考え方を守り、光速の絶対性に訴え、どんな特定の、特権的な空間の原点あるいはエーテルのための静止した座標系への依存も否定する。

一定の注意とともに、この一九〇五年五月半ばの、同時性についての工業技術と物理学が交差する地点のさらに奥へ分け入って、アインシュタインの正確な思考の流れをたどってみてもいいだろう。一つの可能性はこうなる。手順で定められる概念、時間の整合とその精密で新しい応用、オリンピア・アカデミーでの批判哲学的議論の重要性を感じとったアインシュタインは、運動する物体の電気力学という脈絡で時計の整合へのどんな言及をも取り上げて変容させる下地を十分に持ちえただろう。たぶんある段階で、アインシュタインは、ポアンカレが、ローレンツの（近似的）「局所時間」をエーテル中での信号の交換による時計の整合とする最初の物理学的解釈を示した一九〇〇年の論文を読んでいた。一九〇六年五月十七日以前のあるとき、アインシュタインはポアンカレの一九〇〇年の論文を読ん

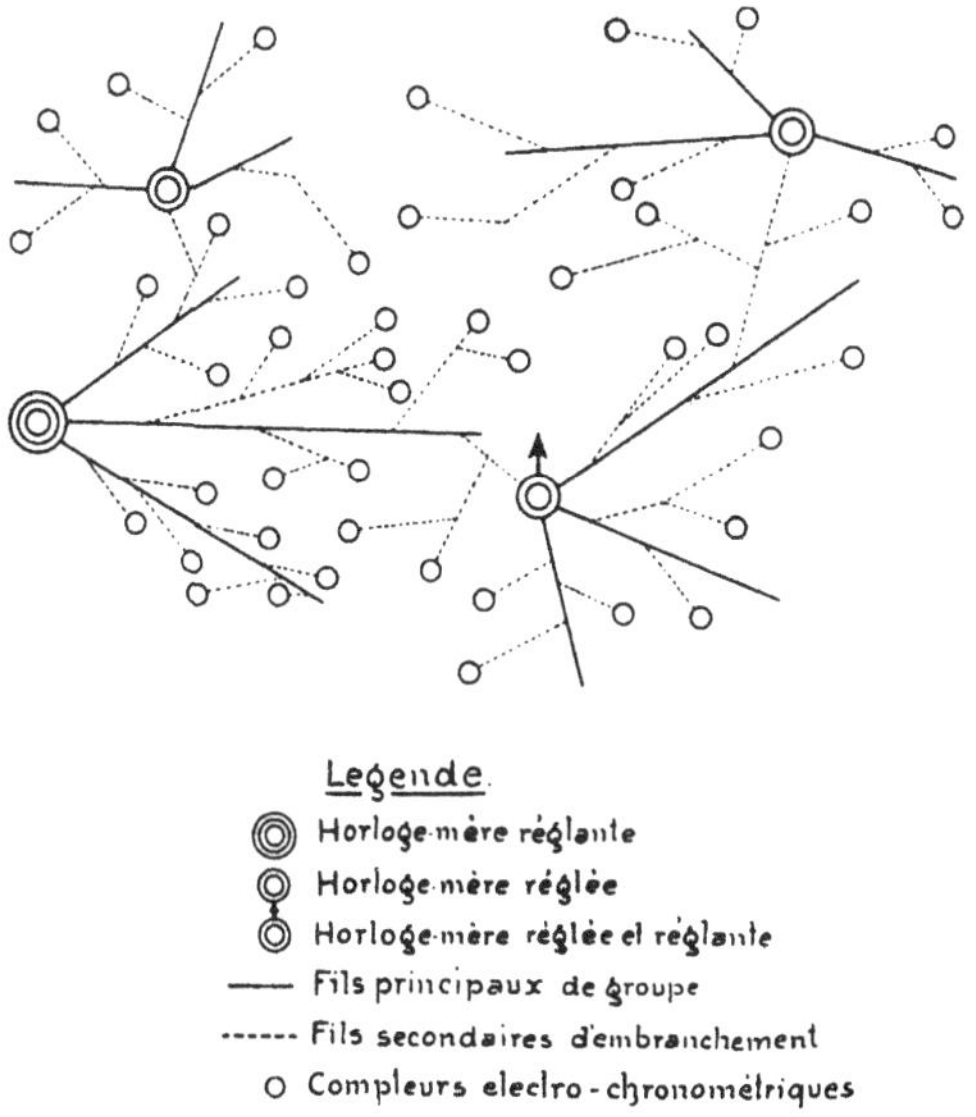

図 5.9　ファヴァルジェの時間ネットワーク．ヒップを引き継いだファヴァルジェはこのスイスの会社を率い（1889 年以後，A・ペイエ・A・ファヴァルジェ社），電気的に整合する時計の世界の，生産だけでなく，発明と特許取得でも先頭に立つ地位へと押し上げた．この図では，ファヴァルジェが主時計につながった二次的な時計のモデル的なネットワークを描いている．出典：Favarger, “Electricité et Ses Applications” (1884-85), p. 320 ; Favarger, *L'Électricité* (1924), p. 394 に再録されたもの．〔凡例は上から，制御する親時計，制御される親時計，制御し制御される親時計，群の主たる子時計，分岐した二次子時計，電気計時式カウンター．〕

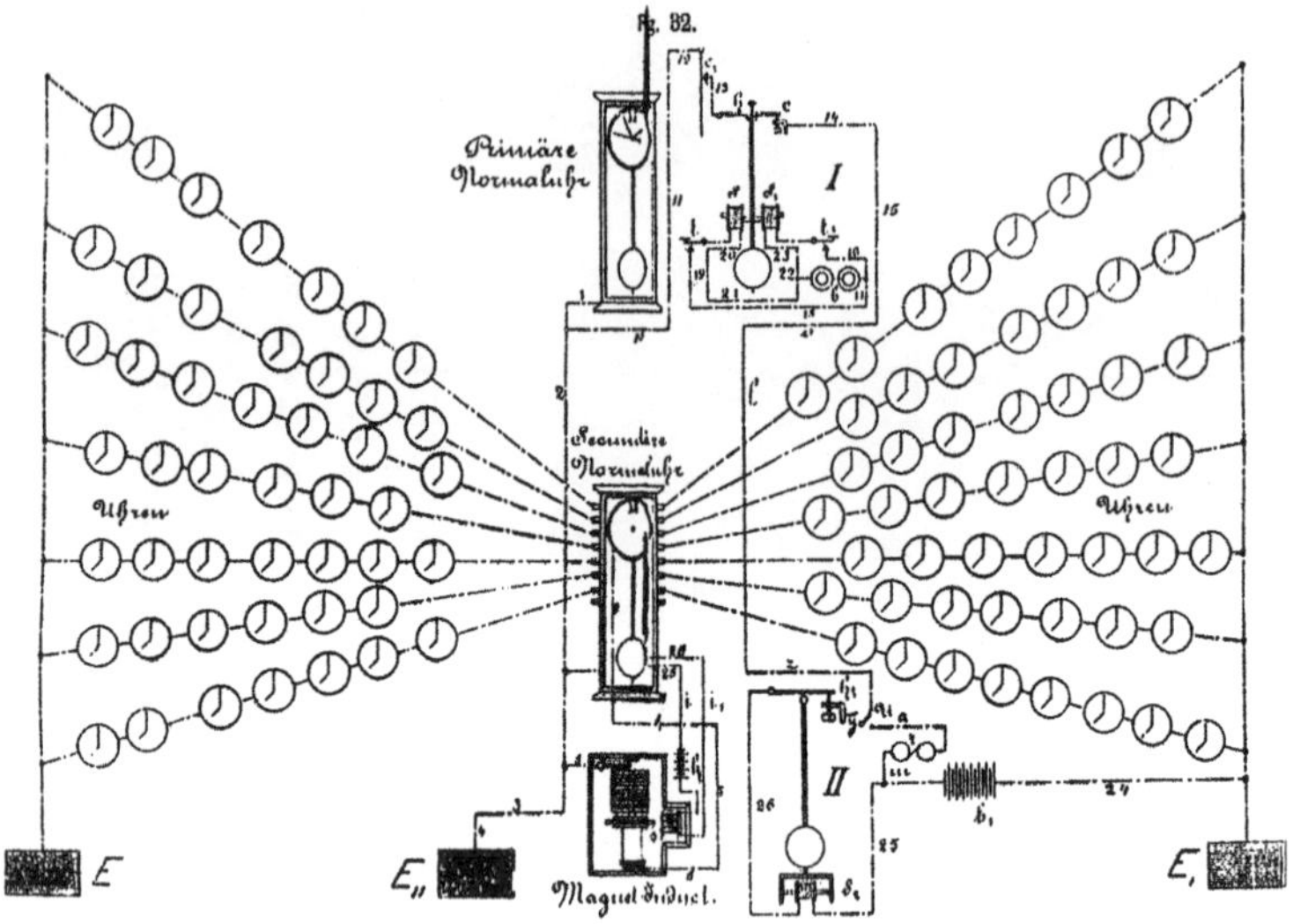

図 **5.10**　時間電信網．これも分配される電気時間を典型的な表現にしたもの．出典：Ladislaus Fiedler, *Die Zeittelegraphen und die Electrischen Uhren vom Praktischen Standpunkte* (Vienna, 1890), pp. 88–89.

だことは確かだ――その日アインシュタインはポアンカレの論文の内容（局所時間ではないが）を明示的に用いた自身の論文を投稿している。[69] アインシュタインが一九〇〇年十二月から一九〇五年五月の間にポアンカレの論文を調べた、あるいは少なくとも見たということがありうるだろうか。もっとはっきり言えば、アインシュタインは、ポアンカレの一九〇〇年のエーテルに基づく推論を読んで棄却していたか。いっぽう、そのポアンカレによる時計同期によるローレンツの局所時間解釈の項は、一定の自覚をもって、維持していたか。アインシュタインはフランス語を楽に読めるわけではなかった。しかしポアンカレを直接に読む必要もない。関連する考え方については（ドイツ語で）エミール・コーンによる一九〇四年十一月の論文「運動する系の電気力学に向けて」に出会っていることはありえた。[70]

音速についての研究で知られたストラスブールの実験家の下で勉強したコーンは、最初は実験室で磁気の測定をし、理論家として成功した。実験台から黒板に移っても、あくまで自分の研究の測定できる帰結を力説した。しかし、十九世紀の末には理論家として名を

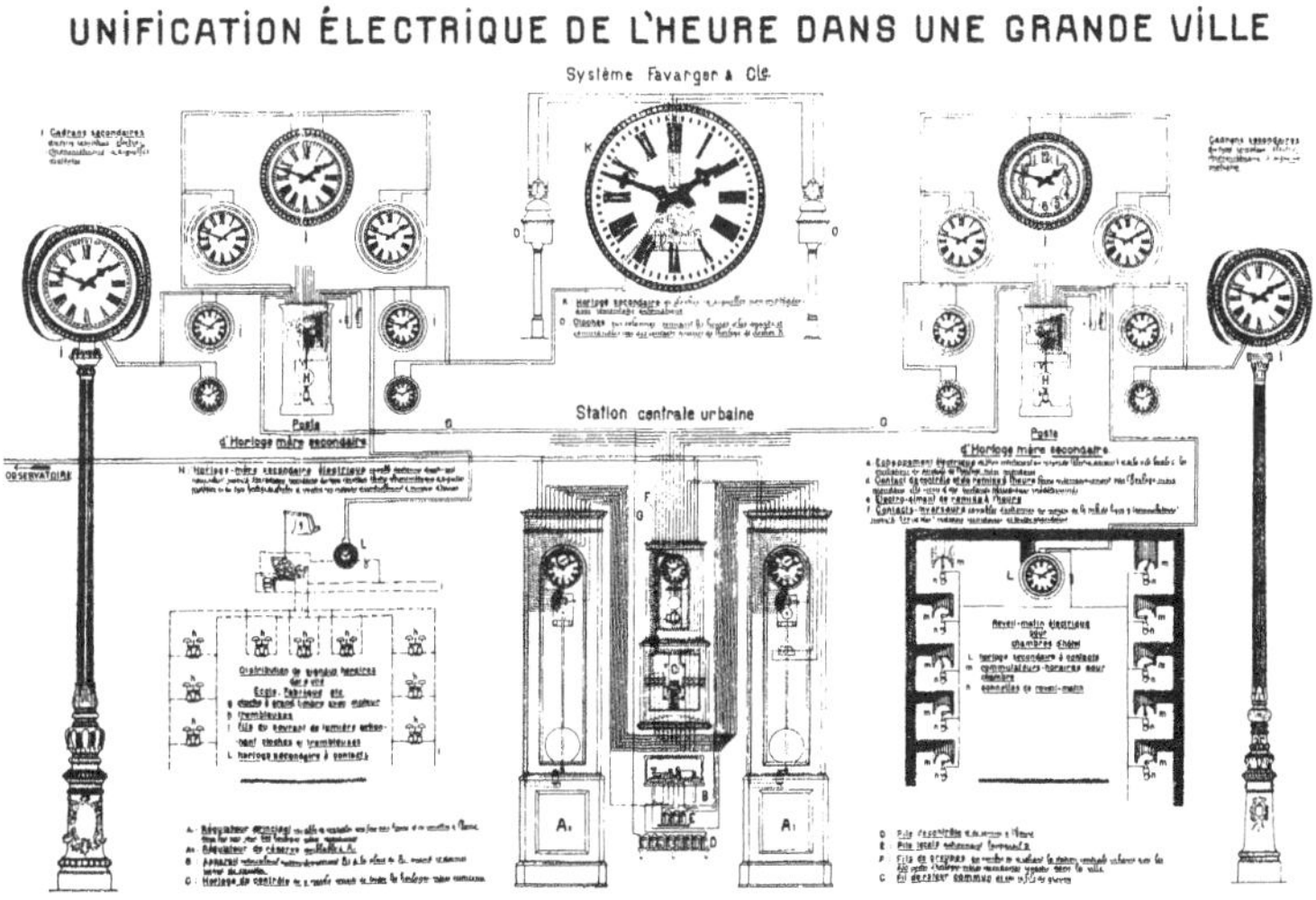

図 **5.11**　電気的統一．ファヴァルジェは建物内部を電線で結ぶことを求めたが，図が明らかにするように，もっと野心的に，都市の主だった拠点全体をまとめることを望んだ．出典：*L'Électricité* (1924), pp. 427–28, 図版 4.

なし、一九〇〇年十二月のローレンツ記念学会に論文を提出する綺羅星の列に加わった。コーンはそこでポアンカレの講演を聞いたらしい。少なくとも、ポアンカレの講演を印刷したものは、自分の論文も収められている学会記録で見たと考える根拠にはなるだろう。しかしここでの目的にとっては、話の興味深いところは次のような点だ。一九〇四年、コーンはポアンカレと同様、自分の局所時間の物理学的定義に時計の整合を明示的に導入したということである。コーンはそれを、純粋に仮説上の量に対する元実験家の疑念をもってそうした。この点で、コーンはポアンカレよりもアインシュタインに近かった。ポアンカレとは違い、コーンはエーテルを退け、「真空」を選び、局所時間を、力学かどうかはともかく、光学にとっては妥当な光信号で整合した時計によって与えられるものとした。

ここでも答えようのない細部にかかわる疑問がある。アインシュタインはコーンの手順による局所時間をいつ見たのか。そしてやはり、確実なことはほとんどない。次のことが言えるだけだ。一九〇七年九月二十五日以前のあるとき、アインシュタインはコーンの論文を手にした（その日、ある学術誌の編集者に手紙を書いて、このことを知らせている。ただしコーン〔Cohn〕の名の綴りを間違って「Kohn」としているが)。一九〇七年十二月四日、出版社がアインシュタインの相対性に関する総説論文が届いたことを記録していて、それには脚注で次のような少々曖昧な謝辞がついている。「E・コーンの関連する研究も検討対象に入るが、ここではそれは用いなかった(71)」。やはりアインシュタインは、コーンの、時計の整合が同時性の定義に適切だという考えは引き出しつつ、電気力学の特異な取り扱いの大部分は退けざるをえなかったのだろう(また別の物理学者マックス・アブラハムも、信号の交換による同時性を一九〇五年の電気力学の文章で探り始めているが、アインシュタインが自身の論文を提出するまでに見られるほど早くはなかった(72))。再構成の限界は明らかで、アインシュタインがこうした論文の一つを見ていたことが揺るがなかったとしても同じことだろう。しかしもっと大きな目標は視野にとどめておかなければならない。アインシュタインが、相対論の原理上の出発点は時計の整合だと把握するようになった哲学的・技術的・物理学的状況について理解することである。もちろん、アイデアが凝縮する芯になる種子について、凝結する元が何だったかを特定しようとしてやりすぎにならないようにしながら、可能性を描くことはできる。図書館で遭遇したポアンカレかコーンのうろおぼえの一節、仕事場での特定の特許申請、同期しているベルンの街路の時計、オリンピア・アカデミーで議論した哲学の文献。本書の立場は気象学者とあまり変わらない。湿った空気の不安定な柱の強力な上昇気流を調べることによって、雷がどのようにできるかについて立派な説明は出せても、どの塵のかけらが最初の雨滴を凝結させる芯になったかはわからないのだ。

誰が、何を、いつ見たのか。一つ一つの意見や段落によって、何が除去され、吸収され、喚起されたのか。功績や一番乗りを配当し、物故者に対して何かの賞の委員会のような役を演じようとしても、不確実な歴史を用いて空しい目標に向かうことになる。もっと重要で興味深いのはこういうことだ。一九〇五年五月より前の何年かには、物理学者が運動する物体の電気力学と格闘する中で、同時性についての話は物理学者の間で熟しつつあったのだ。同時性の手順は、哲学の文献に、ベルンの町の景観に、スイス全体やその向こうの鉄路ぞいに、海底電信ケーブルに、ベルンの特許局に山積する特許申請の中に濃密に並んでいた。こうした並外れた物質的・文献的な電線でつながった同時性の高まりのさなか、物理学者や技術者や哲学者や特許審査官が、同時性をどうやって目に見えるようにするかを議論した。アインシュタインは、こうしたいろいろな同時性の流れを、何もないところから推測したわけではなかった。流れが交差できるように回路に接合部をはめ込んだ。同時性は前々からいろいろな尺度で活躍していたが、アインシュタインは、まさしくその同時性の信号が、いっさいを明るみに出すことを示した。極微の物理から、地域の鉄道や電信を経て、時間と宇宙に関する壮大な哲学的主張に至るまで。

一九〇〇年の当時には、ポアンカレはライデンでの講演の中で信号交換としての時間解釈を披瀝して、それをほとんど余談のようにローレンツの功績としている。アインシュタインは、一九〇五年五月にベッソと立って丘の上からムーリとベルンの時計を示したときから、機会あるごとに信号による同時性を中心にした。一九〇七年末の相対性理論の幅広い総説の中では、時間が演じざるをえない枢要な役割を繰り返した。アインシュタインからすれば、ローレンツの古い一八九五年の理論は、少なくとも近似的に、電気力学的現象は地球のエーテルに対する運動を明らかにすることはないことを示していた。マイケルソンとモーリーの実験は、ローレンツの近似的な同等性さえ十分でないことを明らかにした——エーテルをくぐる運動は、どれほど精度を上げても検出できなかった。「驚くことに、困難を乗り越えるために必要とされたのは、結局、十分に研ぎ澄まされた時間の捉え方だけだった」とアインシュタインは加えた。ローレンツの一九〇四年の（改良された）「局所時間」は、問題を取り扱うのに十分ではなかった。あるいはむしろ、それは、アインシュタインが行なっていたように、「『局所時間』」は『時間』一般として定義し直される」ならば、問題を解決するのだった。アインシュタインの見方は、この「『時間』一般」とは、まさしく信号交換手順によって与えられる時間であるということだった。その時間理解を使うと、ローレンツの基本的な等式が出てきた。つまりこの劇的な再定義によって、一九〇四年のローレンツの理論は正しい道筋に乗せることができた。ただしさらに一つ、小さくはない例外があった。「電気と磁気の力を伝えるものとしての発光エーテルという考え方だけが、ここで述べられた理論には収まらない」。もっと正確に言うと、エーテル派が考えているような、電場と磁場が「何らかの物質的なものの状態」であるという考え方を、アインシュタインは捨てた。アインシュタインにとって、電場と磁場は、鉛の塊と同じく、「自立した独立して存在するもの」だった。電磁場は、通常の重さのある物質と同様、慣性を伝えることができた。場は検出できないエーテルの状態には依存せず、アインシュタインはエーテルを少しも必要としなかった。

この運動する物体の電気力学についての一九〇五年以後の論争を理解しようとする物理学者には、選ばなければならない選択肢が多くあった。確かにローレンツとアインシュタインの影は大きかった。アインシュタインの評判も高まりつつあった。しかし注目されそうなアイデアはいくつもあった。相対性原理、エーテルの立場、光速の絶対性、電子の質量の変化、質量をすべて電気力学で説明する可能性。この渦から、アインシュタインの時間の表し方が、異論を呼びつつも強力に立ち上がってくるのはやっと一九〇九年頃になってからである（その場合でも、イギリスのケンブリッジ大学にいたエベネザー・カニンガムのような、アインシュタインの相対性理論の読み方がまったく違う物理学者もいた。カニンガムは、新しい理論に熱心でありながら、整合した時計が相対性のドラマの主要な出来事であるとは思っていなかった[73]）。

まず時計から

ゲッティンゲン大学の数学者で数理物理学者のヘルマン・ミンコフスキーは、早くから、直接、アインシュタインの時計にスポットライトを向けていた。一九〇五年よりずっと前から、ミンコフスキーは幾何学を、他の誰も応用しようとは思わなかったところ——数論の一見すると視覚化できない分野——に応用することで自分の経歴を築いた（若い頃のアインシュタインが、ＥＴＨでミンコフスキーの授業に登録していながら、この先生をきっぱりと無視していたことは言っておくべきだろう）。ミンコフスキーがローレンツ、ポアンカレ、アインシュタインの成果を見たとき、それがまた幾何学に見えた。今度のミンコフスキーは、アインシュタインの古典的時間に対する攻撃を、問題への鍵として特定した。自身の「時空」の四次元幾何学という表し方と組み合わせて、物理学の新しい理解を開く鍵だった。新しい物理学を「ラジカル」と呼び、自分の私的な原稿ではさらに強く「とてつもなく革命的」とまで呼んだ。よく読まれている講演「空間と時間」では、物理学的時間が一つではないことを虚構でなくしたのはアインシュタインだと明言している。「現象によって一義的に決まる概念としての時間は転落した」。ミンコフスキーははっきりと、「時間」そのものには一貫した意味はなく、複数形の時間、座標系に依存する時間だけがあることを明らかにしたのはアインシュタインだと断言した(74)。

ミンコフスキーは、四次元の世界を求めるとき、一九〇六年にやはり四次元の時空を考えていたポアンカレに拠った。ポアンカレは座標軸を変えると時間と空間がすべて変化する中で、変化しない量が一つあることを述べていた。たとえて言えば、地図で天文台の位置に印をつけて、その地図の自宅の位置に一本の釘を通して板に留めるとしてみよう。その地図を時計回りに四十五度回転させると、自宅から天文台までの水平距離が変わるが、同時に自宅と天文台の間の垂直方向の距離も変わる。しかし地図をこのように回転させても、明らかに家と天文台の実際の距離は変化しない。つまり、水平方向の隔たりをA、垂直方向の隔たりをBとし、「距離」をCとすると、地図を回転させるとAは変化する（たとえば、家と天文台が垂直方向に並ぶように回転させれば、水平方向の距離はゼロになる）。回転すれば垂直方向の隔たりBも変化する。しかし地図を回転させても、家と天文台の距離Cを変えることはできない。ミンコフスキーは、空間と時間の相対論的変形は、通常の空間と時間で構成される四次元空間での距離を保存する回転と考えられることを示した。ユークリッド幾何学での距離が（回転しても）変わらないのと同じく、相対論でも、空間と時間を別々に変換しても変わらない新たな距離があるのだ。「時空距離の二乗」は、つねに「時間差の二乗」マイナス「空間での距離の二乗」に等しい。

一九〇八年九月二十一日にケルンで行なった力強い講演で、ミンコフスキーはポアンカレの数学を取り上げたが、即座に多くの物理学者の想像力を捉えるような言葉に整理し直した。「今後、空間だけ、時間だけというのはただの影に紛れてしまい、両者の一種の結合が独立を維持することになります」。ミンコフスキーにとって、現実はわれわれの通常の感覚で捉えられるもの（空間だけ、時間だけ）にあるのではなく、時間と空間のこの四次元の融合体にあった。ミンコフスキーが目を引く四次元時空の投影と物体の図を持ち出せば、ギムナジウムで教育を受けた聴衆は、プラトンの『国家』に出てくる洞窟の場面を思い浮かべただろう。プラトンは囚人が壁で踊る物の影だけを見るよう制約されていて、そうすると、囚人が背後にある三次元まるごとの対象を直接に見ることを学ぶのはつらいと思うようになると述べた。それを照らす光となるとなおさら見えない。ミンコフスキーは、「空間」と「時間」の古い物理学では、やはり見かけに騙されてきたと説いた。時間と空間について別々に語るとき、物理学者が考えているのは、プラトンの囚人のように、三次元に投影された影に他ならない。四次元の「絶対世界」にある丸ごとの高次元の現実は、思考を解放することによって、とくに数学者なればこそ提供できる見通しによって、明らかになるだろう。(75)

アインシュタインは最初、ミンコフスキーの表し方は数学的に不必要に複雑であると見て、それに抵抗していた。しかし重力の理論に深く踏み込んでいくと、時空の概念はさらに重要になることがわかった。他方、自分の周囲では、物理学者がミンコフスキーの表し方を相対性理論への入り口として採用していた。アインシュタイン自身の表し方よりもわかりやすいと思う人が多かったのだ。(76) 現実は四次元にあり、物理学そのものをこの高次元の世界を記述するように書き直すべきだという、ミンコフスキーの見方に反対する人々も少しはいた。そういう四次元物理学について疑念を抱いていた人々の中に、皮肉なことに、他ならぬポアンカレがいて、一九〇七年にはすでに、そのような企ての効用を、先制的に退けていた。

確かに我々の物理学を四次元幾何学の言語に翻訳することは可能であるらしいが、この翻訳の試みは労多くして得るところは少ないだろう……翻訳は必ず原文よりも単純でなくなるようで、いかにも翻訳という雰囲気がある。別の表し方に厳密に変えることはできるとしても、やはり三次元の言語のほうが我々の世界記述にはふさわしいように見える。(77)

ポアンカレはそれまでもよくしていたように、新しい土地を指し示し、そこへ至る道を特定し、そのうえで、自身は既知の大陸に立つことを選んだ。アインシュタインがひとたび非ユークリッド幾何学に収まる四次元時空の探究を始めると、それを離すことはなかった。

そしてアインシュタインは何度も計時の問題に戻ってきた。たとえば一九一〇年、あらためて時間は時計なしには把握できないことを説いて、「時計とは何か」と問うた。「時計とは、同一の相を周期的に経過する現象によって規定されるものと理解できる。充足理由の原理によって、与えられた周期で起きることはすべて、任意の周期で起きていても同一であると想定しなければならないようなものなら何でもよい[78]」。他を考える理由がないなら、宇宙は一定であると前提すべしということである。時計が針を円を描いて動かす仕組みであるとするなら、その針の一様な運動が時を刻む。時計が一個の原子に他ならないなら、時間はその原子の振動によって刻まれる。アインシュタインの「時計」の意味そのものが、マッハやピアソンや、他ならぬポアンカレの「時間の測定」による、時間の哲学的研究を拡張したものだった。とはいえ今や、時計は巨視的な物体である必要はまったくない。一個の原子でさえ時計になれる。アインシュタインがこの言葉を書いたときには、科学上の発表のために書いていたが、こうした考察がほとんど直ちに哲学と見なされるようになるのを見てとるのは難しくはない。確かにアインシュタインの時間概念は、ウィーン学派のモーリッツ・シュリック、ルドルフ・カルナップや、それにベルリンで呼応するハンス・ライヘンバッハのような新しい科学哲学者にはそのように読まれた。

一九一一年一月十六日、アインシュタインはチューリヒの自然研究協会に現れた。ますます有名になりつつあるこの若い科学者は、あらためて自分の推論を展望した。ローレンツ理論の確立から、出発点となる相対性の前提、時計を整合させるための手順というふうに。アインシュタインは、自分の示す例に明らかに喜んでいて、時計——というより生きた時計、生物——が光速に近い速さにされて往復旅行をすると考えると、「とことんおかしなこと」が生じることを説明した。その生物が帰ってきたときは、ほとんど年をとっていないが、地上に残ったほうは何代も経ているという。アインシュタインは、以前は懐疑的だったミンコフスキーに挨拶さえする。「きわめておもしろい数学的工夫」が、相対性理論の「適用を相当に易しく」すると。その賛辞は遅すぎて、ミンコフスキーは受け取れなかった。一九〇九年、急死していたのだ。それでもアインシュタインは今や、ミンコフスキーのように、「物理的事象を四次元空間で」表し、物理的な関係を「幾何学の定理」として表すことの魅力を喜ぶようになっていた。[79]かつてアインシュタインの論文を審査し、支援してくれたこともあったクライナーが立ち上がり、扱いにくかった元学生をたたえた。

相対性原理に関するかぎり、これは革命的と呼ばれつつあります。これはとりわけ、我々の物理学像においてアインシュタイン流独特の革新となったあの要請に関する言い方です。このことは何より、時間概念の表し方に関係しております。今まで我々は、時間を、つねに、どんな状況下でも同じ方向に流れるものであり、我々の思考からは独立して存在するものと見るのに慣れていました。世界のどこかに時間を規定する時計が存在すると考えることに慣れていました。少なくとも、時間をそのように思い浮かべることは許容できると思われていたのですが……結局、古い舞台での絶対のものとしての時間の概念は維持できません。逆に、我々が時間と名指すものは運動の状態に左右されるということになっています。[80]

対照的に、クライナーにとって、相対性の概念そのものはほとんど「革命的」ではない。それは「明確化」ではあるかもしれないが、「根本的に新しい」ものではない。良き教授クライナーがアインシュタインの物理学のどこかを嘆くとしたら、それはエーテルの喪失だった。確かにエーテルの概念はどんどんわかりにくくなっているとクライナーは認める。しかしそれなしには、「媒質の中で媒質でないものが伝わる」ことはない。さらに悪いことに、エーテルの放棄は、「頭の中のイメージ」をいっさい伴わないような式を残すことにならないか。アインシュタインはこれに答えて、エーテルはマクスウェルの時代には「直観的表象にとって実際の価値」があったことを認める。しかしエーテル概念の価値は、物理学者がエーテルを力学的特性を備えた力学的存在物として描くのをあきらめたときに消えた。真に直観的に描かれるエーテルがなくなってしまうと、この概念はアインシュタインにとって、お荷物になる虚構にすぎなくなった。

その日、演壇に立ったほとんどすべての人々が、ミンコフスキーの「空間と時間」の講演を直接に間接に取り上げた。これは明らかに、アインシュタイン理論の受容が広がる道をつけていた。アインシュタインの聴衆の一人（チューリヒ大学を一九〇四年に卒業した人物）とのやりとりは、この理論の地位を浮き彫りにした。

［ルドルフ・］レーメル博士――相対性原理の考え方から生まれる世界像は避けられないことでしょうか。それとも恣意的で便宜的な仮定であって、そうでなくてもよいものでしょうか。

アインシュタイン教授――相対性の原理は可能性を制約する原理です。熱力学の第二方程式がモデルではないのと同じように、これもモデルではありません。

レーメル博士――お尋ねしたのはその原理が避けられない必要なものか、単に便宜上のものかということですが。

アインシュタイン教授――この原理は論理的な必然ではありません。経験によってそういうことになってはじめて必然になるでしょう。しかし経験によっても、「おそらくそうだ」というところまでにしかなりませんが。

ポアンカレにとっても、原理は経験によっておそらくそうとは言えるが、原理はまさしく便宜的なものだった。それが経験に反して維持できるのは、そうしないと多大な不便があればこそのことだった。ポアンカレが『科学と仮説』に書いた有名なところでは、「原理は規約と定義が姿を変えたものである」。アインシュタインにとっては、原理は定義以上のもので、知識の構造物を支える柱だった。原理についてのわれわれの知識が決して確実にはなりえないという状況であってもそうである。われわれがそれを保持するのは、必然的に暫定的で、単に蓋然的なことであって、論理や経験から強制されるものではない。

当時ＥＴＨで物理学と数学の私講師をしていたエルンスト・マイスナーにとって、アインシュタインの時間についての成果は、物理学のすべての概念を広範かつ批判的に再評価するためのお手本を示していた。それぞれの概念を、座標系を切り替えても普遍であるようなものを特定すべく調べなければならなかった。

マイスナー――これまでの議論はまず何をなすべきかを明らかにしています。すべての物理学の概念を見直さなければならないでしょう。

アインシュタイン――当面の主な課題は、基礎をテストするためにありうる中で最も正確な実験を準備することです。一方では、そうやって卵を抱くだけではあまり先へは行けません。原理的に観測にかかる結果につながる帰結だけが関心の対象です。

マイスナー――先生がその抱卵をされて、ものすごい時間概念を発見されました。時間は独立ではないと見られたわけです。この点は、他の概念についても調べなければなりません。先生は質量がエネルギー量に依存することを明らかにしましたし、質量の概念をもっと精密にしました。実験室で物理学の研究をされたわけではありませんが、代わりに抱卵はされたわけです。(81)

ああそうですねとアインシュタインは答えた。しかしその時間についての抱卵によってもたらされたのは、立派な境遇だった。

アインシュタインの時間の見直しは当時の最先端の人々の関心も捉えた。マックス・フォン・ラウエは一九一一年の相対性原理についての文章で、徹底的な時間批判の一撃によって、ローレンツの実在するが検出できないエーテルという謎を解決したのは、アインシュタインによる「基礎を造成する成果」だと断言した。(82) ドイツ物理学の総帥マックス・プランク（物理学に量子的不連続を持ち込んでいた）はさらに先へ進んだ。一九〇九年にニューヨークのコロンビア大学で講演して、集まった人々にこう語った。「この時間概念についての新しい見方が、物理学者の抽象化の能力や想像の力に重くのしかかることについてはほとんど論を待ちません。それは大胆さの点で、自然についての思弁的研究はおろか、知識に関する哲学的理論の面でも、これまでになされたすべてのことを凌駕しています。それに比べれば、非ユークリッド幾何学は子どもの遊びです(83)」。プランクの言葉はアインシュタインの評判を大きく高め、アインシュタイン自身の時間はその成果の要だという感覚を広めていた。アインシュタインはその直後に、同時性の相

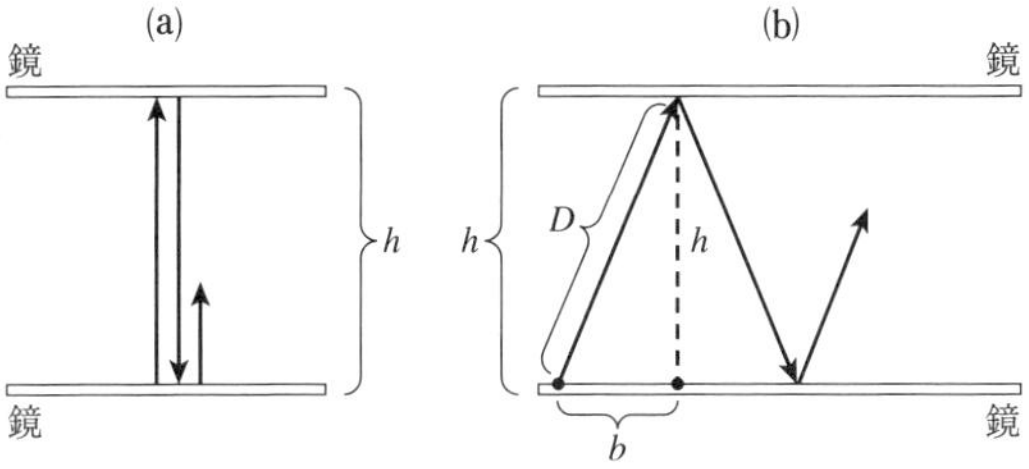

図 5.12　アインシュタインの光時計（1913年）．(a)アインシュタインは，この時間の遅れの説明の中でも最も単純なもので，二つの平行な鏡と両者の間で反射する光のパルスを考えた．往復が一「刻」をなす．このような時計が「静止」した観測者のそばを通りすぎるなら，静止した観測者はパルスが鋸の歯のような模様を描くのを見るだろう．(b)斜めに行き来するほうは，一往復するたびに，静止した座標系にある同様の時計のまっすぐ上下する経路より長い（斜めの）経路をたどる．光はどの座標系でも同じ速さで進むので，アインシュタインは，鏡の座標系での一刻は，静止座標系での一刻よりも長くかかるものと測定されることになるとした．故に，静止した観測者は，運動する座標系では時間は遅れるとせざるをえない．

対性は、「我々の時間概念が根本的に変わることを意味する。それは新しい相対性理論の中で、最も重要で、最も異論を呼ぶ定理でもある」[84]と述べた。

エミール・コーンは光で整合する時計について、少なくとも一九〇四年には考えていて、一九一三年には、短い一般向けの本（『空間と時間の物理的側面』）でその問題に戻り、とことんアインシュタイン的に同時性と向き合っている（「ローレンツ＝アインシュタインの相対性原理」とは言っているがポアンカレのことは言っていない）。コーンは、時計の整合についての針金と木材によるモデルの写真を入れて、時計と物差しをいくつも描き、自分の論証の各段階で、アインシュタイン的運動学は、物理的な、手順にのっとった、整合した公共時計を用いて可視化できることを強調した。

「ストラスブールとケールの時計（同じ速さで進むことが事前に検査されている）は次のようにして合わせられるし、そうすべきである。ストラスブールが時刻0に光の信号をケールに送り、それがはね返ってストラスブールに時刻2に戻って来る。ケールの時計は、信号が届いたときに時刻1を示していれば、正しく合わせられている（合っていなければそうなるように修正される）」。アインシュタインはコーンの紹介が気に入っていて、活字でもそう言った[85]。

アインシュタイン自身は時間についての「抱卵」を一瞬も止めることはなく、一九一三年には、自身も時間の相対性について、新たに目を奪うほど単純な論証を発表した。二枚の平行な鏡で「時計」を構成する。一刻一刻は、一方の鏡から他方へ光のパルスが通過することによって定められる（図5・12a）。そこで、この光時計が右へ動いているとしよう（図5・12b）。静止している観測者に対しては、光のパルスの上下運動は、鋸の歯のように見える。走るバスケットボール選手のボールが、観客から見たときにたどる軌跡のようなものだろう。要点はこういうことになる。運動する時計の斜めの軌跡（静止した観測者から見える）は、明らかに静止した観測者自身の時計の垂直な軌跡よりも長い。しかし仮定により、光速はどの座標系でも同じなので、光の斜めの軌道も光速 c で進む（バスケットボールの場合にはこれは言えない。観客のほうは、ボールの斜めの動きを、選手から見た単純な上下運動よりも速いと見る）。光は垂直に進むときより斜めの線のほうが長く進まなければならないので、かかる時間も長い（D は h より大きい）。すると、動いている観測者にとっての刻み（静止した観測者には斜めの線をたどっているように見える）は、静止した時計（単純に上下運動するだけ）の一刻よりも時間がかかったものとして記録される。[86]

そこで、静止座標系から見るかぎり、運動する座標系で起きることはすべてゆっくりと進む。アインシュタインが自分の理論をどう提示しようと、核となる教えは同じだった。絶対時間は終わったのだ。アインシュタインはその代わりに、単純で実用的な手順を提示した。時計を光のやりとりによって同期させることである。理論にある他のすべては、このことと、相対性という根本的仮定と光速の絶対性から導かれる。

ラジオ・エッフェル

中心から発せられる電磁信号が、隣の部屋であれ百キロ先であれ、離れた各地点に届くとき、その信号を同時と「定義」するのはアインシュタインとポアンカレだけのことではなかった。それどころか、電気信号の交換に基づいて、鉄道の運行管理者は列車の時刻表を作り、将軍は部隊を動かし、電信技師は商取引の電報を打ち、測地学者は地図を描く。実際、アインシュタインができたての特許局で過ごしていたまさにその頃、時間の整合用の信号を電波で送る準備が行なわれつつあった――アメリカ海軍は、一九〇三年、ニュージャージーからの低出力時間信号で実験を始めた。予定では、一九〇四年八月にはケープコッド（マサチューセッツ州）やノーフォーク（ヴァージニア州）から送信することになっていた。電波による時間はアメリカだけの話ではなかった。一九〇四年、スイスとフランスの双方で、新しい電波時間方式を製造業者がテストし、開発し、運用し始め、電波による時間の整合方式をめぐる活動は急激に高まった。フランスの雑誌『ラ・ナチュール』は、編集長自らが執筆して、無線による時間配布の新展開を記録した。パリ天文台で行なわれた実験について報じ、クロノグラフの助けにより、遠距離同期は今や、千分の二、

図5.13　無線による時間．1904年から05年にかけて，いろいろな団体が無線による時間の送信について実験を行なっていた．アメリカ海軍は早くから行なっていたが，他にもいくつか同じ目標を追い求めていたところがあった．フランスで広く流通していた雑誌に載ったこの図には，送信器，受信器，操作員がすべて現れている．出典：Bigourdan, “Distribution”（1904），p. 129.

三秒の誤差で可能らしいことを記している。無線技術はパリとその近郊の至るところに時間を届けることを約束し、旧式の蒸気方式に取って代わるだけでなく、電信によって結ばれた電気時間のごちゃごちゃした地上の電信線にも代わった。電波による時間は、経度をさらに精密に定めることによって科学も進歩させていた。無線は今や、電線という物理的な重荷から時間を解放しようとしていた。とうとう、同時性は洋上の船や、「一般家庭」にまで送信することができた(87)。電波による時間の同期のための特許申請はアインシュタインの特許局にも届き始めた(88)。

無線による時間は二十世紀初頭の大流行で、フランスはこの新しい工業技術を懸命に推進した。ポアンカレは、電波に関して、一般向け、専門家向け両面での出版を通じて枢要な役割を演じたが、それ以上にも現場を強力に支えた。ポアンカレはこれまでも、電磁気のあり方という抽象的な考察と、電波技術を当面の用途に乗せるという実用的な必要との間を往復していた。通信の理論と実践に絶えず関与していたことは、一九〇二年に高等郵便電信学校の教授に任命されるのを後押ししたにちがいない。その同じ年、無線電信に関する記事を経度局年報に寄稿して、ヘルツによる、電波の存在を初めて実証した一八八八年の有名な実験から書き起こしている。しかしポアンカレはすぐに実用的な問題に向かい、こんなことを問う。新しい「ヘルツの光」はどうすればもっと遠くまで届き、丸い地球を回り込むことで、光による電信に取って代わるだろうか。電波はどうすれば可視光を遮る靄を突破して進めるのか。新種のアンテナは電波を導いたり集めたりできるか。ポアンカレは、悪天候の際に船の衝突を避けるために電波を用いることについて考えるのにも、ニッケル=銀の被膜の詳細を攻略するのにも、同じ意欲で取り組んだ。

フランスは、一八九〇年代末、すでに見たように、イギリスにケーブル監視、切断について驚きの能力を見せつけられて以来、電波にも地政学的な懸念を抱いていた。ポアンカレもその懸念を他のフランス行政エリートの人々と共有していた。フランスのある外交官は、フランス植民地連合に対して、イギリスが電信ケーブルの独占を維持するかぎり、フランスは国家的通信文の機密性に信頼を置くことはできないと警告した。関係方面の聴き手に対して、自分たちにとって状況がいかに絶望的かを示す派手な彩色の世界地図を、ランタン灯によるスライドを使って投映した。青で描かれたフランスの短いケーブルが、北アフリカとフランスをつなぎ、一本だけは合衆国とつながれていた。

「さて、この赤の線が彪大に広がっているところをご覧ください。これはあらゆるところに広がって、世界中をまさに蜘蛛の巣のように包んでいます。この赤の線がイギリスの電信会社によるネットワークを表しています」[89]。仏英間の平和を脅かす、反植民地的争乱や紛争によって表される不安定を考えると、状況は急を要していた。この緊張した空気では、ポアンカレにとってセキュリティは新しい無線の鍵を握る目玉だったことは驚くことではない。「光学による電信もヘルツ的電信も、通常の電信に対して共通の有利なところがある。戦時にも敵は通信を遮断できないということである」。しかし、敵が光の信号を遮るためには適切な位置にいなければならないが、電波で送信された信号はもっと広い範囲で捕捉されるし、信号に対抗してノイズを送信して妨害されることもある。「我々はエジソンが、ヨーロッパの競争相手に、アメリカで実験しようとするなら、その実験を妨害すると脅したことを忘れてはいない」。ポアンカレは純粋科学と実践技術の間を、電波送信器の中の閃光のように行き来する。一次と二次の回路をどうするかがポアンカレの課題だったが、フランスの外交官との通信のセキュリティも課題だった[90]。

アンテナを設置するための場所を次々と高いところに求めるフランスに生まれつつある電波事業者は、一九〇三年には運命がまったく決まっていなかったエッフェル塔に、さっそく目をつけていた。エルーテール・マスカールは、気象局からポアンカレに手紙を書いて、戦争相に塔を（したがって無線局を）解体から救わせるための支援を求めた。この大きな塔は、光学的電信だけでなく、すでに始まっていた生まれつつある無線実験のための軍の財産であるとマスカールは説いた。きっとポアンカレの言うことなら戦争相も聞く耳を持つだろう――国防が根拠なら、塔を保存しようとしてくれるだろう。一方、ポリテクニク出身で技術者にして陸軍大尉のギュスターヴ＝オギュスト・フェリエがギュスターヴ・エッフェルと力を合わせ、一九〇四年、エッフェル塔をフランス電波業務の基地に指名させることにこぎつけた。成功の決め手となったのは、陸軍が大いに宣伝した電波を使った勝利だった。一九〇七年、フェリエは電波装置を馬車の荷車に乗せて運び、モロッコでの反乱軍と戦うフランス軍が、本国の司令官と通信できるようにしたのだ[91]。

経度局や科学界や、その当時ならもっと広いフランスの知的エリートの中でのポアンカレの地位を考えれば、その電波による時間をめぐってのエッフェル塔に対する野心には重みがあった。大部分はポアンカレのたっての頼みによって、一九〇八年五月、経度局はエッフェル塔からの電波による時報の創設を要請した。それを使えば、信号が受信できるところならどこででも経度決定ができるのだ。陸軍からの支持は簡単に得られた。一九〇八年、フランス政府は新しい電波技術を統括する、省庁をまたいだ委員会を発足させ、ポアンカレを委員長に据えた。戦争相は同意して資金を出した。無線による同時性は、民間だけでなく軍事的にも優先事項となっていた。(92)

ポアンカレの主宰による第七回の委員会会合が一九〇九年三月八日に開かれた。パリ天文台長も出席していた。フェリエ少佐（昇進したて）も、海軍をはじめとする各省庁所属の技術者もいた。フェリエは一同に状況を説明して、時刻信号を二つの区分に分けた。一つは半秒ほどの精度のおおまかな信号で、洋上の船乗りがこれを使えた。そのような航行用信号は、天文台から有線で送られる信号を使うことで発信できた。もう一つは「特殊」な高精度の測地用信号で、こちらは百分の一秒単位の精度を得るために念入りに作らなければならない。(93)

いずれかの植民地にいて、パリとの正確な経度差を求めて苦労する無線技師なら、パリの局に合わせたうえで、次のようなことをする。エッフェル塔局は一・〇一秒ごとに信号を送信する。技師は午前零時前から放送される信号に耳をすませる。同時に技師は、現地の時計を、一秒に一回、毎正秒（現地時間）に短い明瞭な音を出すようセットする。取り決めによって、そのピッピッという音はエッフェル塔からパリ時間の午前零時から始まることを知っている。つまり、パリ時間で12：00：00.00、12：00：01.01、12：00：02.02というふうに進む。エッフェル塔からの信号音の回数を、エッフェル音と現地音が合致するまで数えれば、時計を合わせることができる。たとえば、現地のちょうど一秒間隔の音がエッフェルの信号音と最初に一致するのが十回めの音なら、エッフェル塔ではそのとき午前零時プラス十回分（12：00：10.10秒）であることがわかる。信号音が合致する現地時間は、自分の時計を調べるだけでわかる。そこでエッフェル時間（12：00：10.10秒）を、現地時間から引けば、無線局と近代的パリの象徴との間の経度差がわかる。一九〇九年三月の時点では、ポアンカレ委員会は無線で精密な時報を送信する計画を得ていた。

翌月、ポアンカレはゲッティンゲンへ出張して、純粋および応用数学について連続講演を行なった。最初の五回では、自身の専門をドイツ語で紹介した。しかし最後の回では、参会の人々に、方程式の支えがないので、母語に戻ることを表明した。主題は「新しい力学」だった。部屋を見回して、集まった人々に、ニュートン力学という見たところ不滅の金字塔が、つぶれることはないにしても、強く揺さぶられていることを語った。「それは優れた破壊者の攻撃に委ねられています。一人はお国のマックス・アブラハム氏であり、オランダの物理学者ローレンツ氏もそうです。皆さんにお話ししたいのは……古代の建造物の遺跡のことであり、そこから立ち上がってほしい新たな建物のことです」。そうしてポアンカレは問いかける。「相対性原理は新しい力学でどんな役割を演じるでしょう」。それに続けて「私たちはまず、見かけの時間という、物理学者ローレンツの非常に巧みな考案について語るよう導かれます」と言う。思い浮かべてくださいと聴衆に促す。「実際には存在しないほど綿密な観測者がいて、時計をとてつもなく厳密に合わせるよう求めます。秒単位どころか、十億分の一秒単位〔の精度〕です。そんなことがどうすればできるでしょう。パリからベルリンへ、Aが電信信号を、お望みならとことん現代的に無線でも送ります。Bは受信の瞬間を記録して、それが二つのクロノメーターにとって、ゼロ時刻となります。しかしパリからベルリンまで信号が伝わるのに一定の時間がかかります。光速でしか進めません。したがって〔そのまま合わせたのでは〕Bの時計は遅れます。Bも考えますからこれに気づかないわけにはいきません。このずれを何とかしようとします」。観測者AとBはこの問題を、二つの経度局のどちらの電信技師もするようにしてこの問題を解決する——信号を交換することによって。Aが時間信号をBに送り、BはAに送るのだ。[94] 経度局は何十年も前からそうしている——パリとブラジル、セネガル、アルジェリア、アメリカとの間でケーブルによって信号をやりとりする。あるいは、それを言うなら、ポアンカレがまもなく実現を手助けするように、「とことん現代的」なエッフェル塔とベルリンの間で無線によって。

一九〇九年六月二十六日土曜日午後二時三十分、ポアンカレと委員はエッフェル塔に集まって、実験局を視察した。海軍士官のコランが装置の説明を行ない、無線電信分野での発明について最新の成果を要約し、船の時計の電波による最新の同期法についてアメリカ海軍の報告があることに触れてそれを配布した。それから本人による、当のエッフェル塔からの到達範囲が増していることの要約があった。それまでの何日か、コランの部下が、塔から八キロのヴィルジュイフ、四十八キロ離れたメアンで信号を受け取っていた。さらには、六月半ばの赫々たる成果もあった。塔のあるシャンドマルスから百六十六キロの地点で送信を捉えたのだ。もっと遠いところでも可能らしかった。船上の実験も、六月九日以来成果をあげていた。「委員会はコラン氏の説明が終わると、直ちに装置を動作させた」。電流計、周波計、受信器がセットされ、ポアンカレの委員会は興奮して、完璧な（純粋で安定した）時報の送信を見た。ポアンカレは、商業無線電話業務とエッフェル塔を世界最大の時間同期装置にするための早急な資金を、下院に強く求めた。承認は一九〇九年七月十七日に得られた[95]。

ちょうど一週間後の七月二十四日、ポアンカレは、リールで行なわれたフランス科学振興協会の冒頭演説で仕上げをした。八月の初め、あの演説（ゲッティンゲンで行なった講演に修正を加えたもの）を行ない、大金メダル〔功労章〕を授与されるために、この町のグランテアトル〔大劇場〕に入ると、そこにはこの町のエリートが、ポアンカレの新しい物理学についての話を聞くために集まっていた。再びポアンカレは相対性原理の重要性、ローレンツの「巧みな」局所時間の中心性、「とことん現代的」な無線を使った電信による時間の整合が必要であることを力説した。ポアンカレはそのときも、以前と同様、「別の仮説」（つまり相対性原理の仮説や「見かけの時間」の仮説を超えるもの）を紹介した。この第三の想定は、ローレンツ収縮という、「もっと驚くべき、はるかに受け入れにくい、我々の今の習慣を大きく乱す」考えだった。エーテルをくぐる運動をしている物体は、その運動の方向に収縮を受ける。地球が太陽を公転する結果として、地球の球形は運動の方向に直径の二億分の一ほど圧縮される。それでも、観測者の移動する座標系では、「局所時間」が遅れることと、「見かけの長さ」が短くなることがぴったりと相殺されて、運動する観測者には、自分が実は動いているということを見いだす方法がない[96]。

運動する観測者が見るものについての、アインシュタインによる記述に似たポアンカレの世界記述は、それでもその状況がどう説明されるかの点で異なっている。ポアンカレのほうは、一九〇九年八月には、（どんどん物理的でなくなる）エーテルを維持していたが、アインシュタインはことあるごとに、自分で古くさく冗長な存在と考えていたものに反論していた。ポアンカレはローレンツ収縮を独自の仮説として紹介したが、アインシュタインはそれを時間の定義から導き出した。ポアンカレはローレンツの由緒ある「局所時間」と「見かけの長さ」を守ったが、ポアンカレとローレンツとでは、この言葉の使い方は同一ではなかった。ポアンカレは見かけの長さと時間を観測可能なものとして扱ったが、ローレンツはどこまでもそれを虚構のものとして扱った。アインシュタインにとっては、「個々の座標系にとっての時間」があるだけで、一つの座標系の時間は他の座標系の時間と同様に「正しく」、「本当」だった。虚構ではない。エーテルもない。観測者が自分が一定の運動をしていることを検出できないことに「説明」されるべきことは何もない。「正しい」と「見かけ」の間の隙間もない。見えることについては、ポアンカレは前々からアインシュタインと同じく明快だった——一定の運動をしている観測者にとっては、すべての現象が、「相対性原理によく合致」している。[97]

一九〇八年から一九一〇年にかけて、ポアンカレの電磁的同時性への関与は、相対性と、さらに新しい電波技術との間を行き来していた。エッフェル塔に配置されたフランス陸軍時間班は、セーヌ川の氾濫による電波本部の浸水から回復すると、一九一〇年五月二十三日から同期信号を送信し始めた。カナダからセネガルに至るまで、明瞭な信号音がエーテルから（言わば）引き出された。[98] 信号は最初パリ時間に従っていて、翌一九一一年三月九日になってやっと、フランスは自国（およびアルジェリア）の時計を九分二十一秒手直しして、グリニッジ時間に合わせることに合意した。ポアンカレとともに、いろいろな時間と経度について（キト、十進時間、地方標準時）転戦していたシャル・ラルマンは、時間の統一を実践に移す好機を見た。時計、電波、地図製作が、とうとう一つにまとまった。

エッフェル塔局が運用開始になる前から、フランスの経度部門の人々は電波によって地図を修正し始めていて、まずモンスリ、ブレスト、ビゼルトから始まって、軍用電信で使うための計画を立て、フランスの植民地の地図を作るために電波による時間の整合を計画していた。まもなく、アメリカの同様のチームとの共同作業が編成され、エッフェル塔とヴァージニア州アーリントンとの間で信号がやりとりされた。大西洋をまたいだ信号伝達時間の分を修正できる十分な精度の送信器が使われた。これこそポアンカレが、まず同時性の形而上学に書き込み、それから局所時間の物理学に書いた、光信号による同期の正式な実現だった。一般向けの雑誌も注目した。「電波信号は空間を光の速

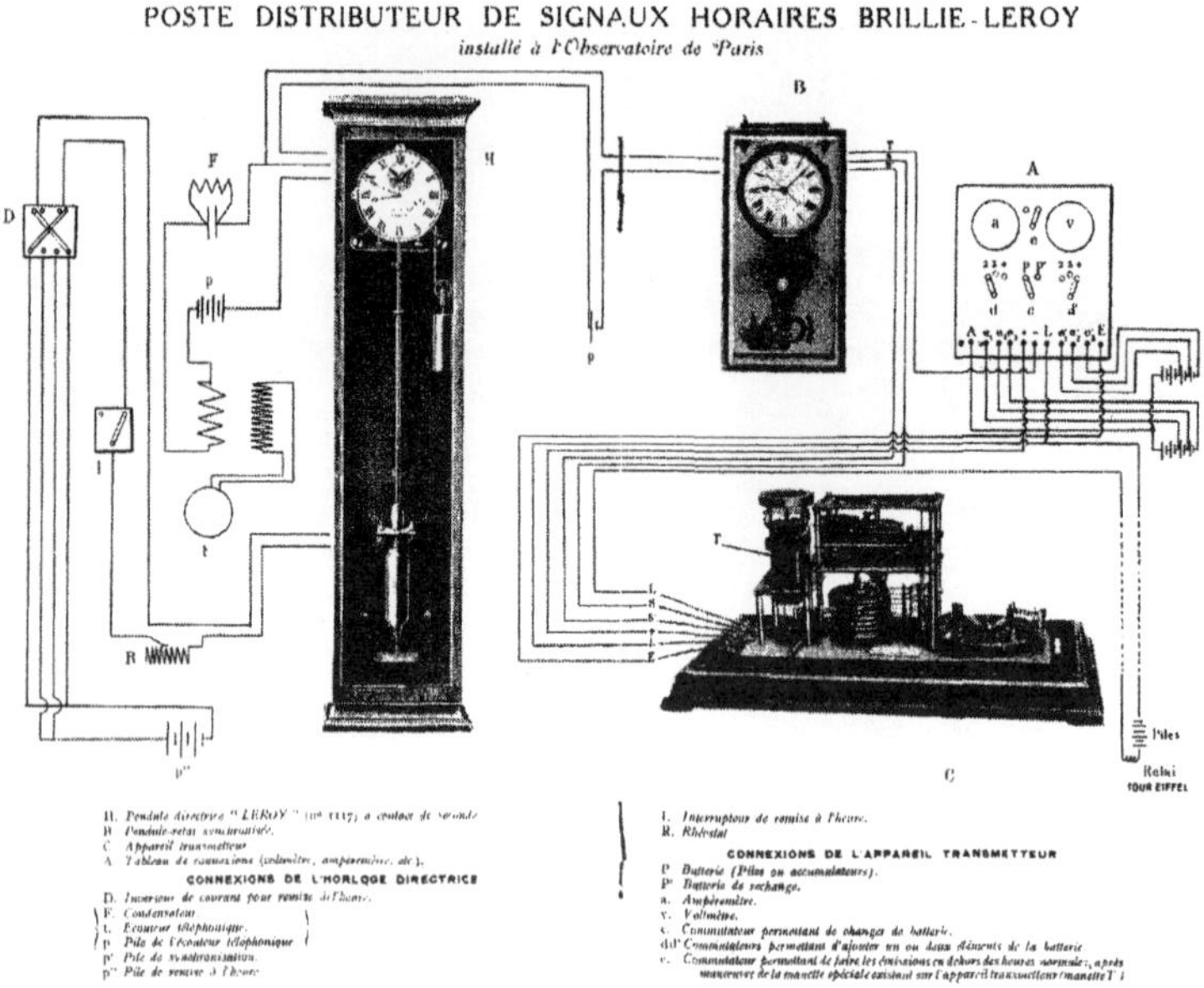

図 **5.14**　エッフェル局の概略図．ポアンカレがエッフェル塔を時報送信装置の巨大なアンテナとして使うための努力が，最終的には民用，軍用双方で使える施設を生み出したとはいえ，エッフェル塔を救ったのは軍用無線だった．図は主時計（パリ天文台にあった）と，塔の無線送信器とのつながりを示している．出典：L. Leroy, “L’Heure” (n. d.), pp. 14–15.

さで伝わるが、わずかな、それでもそれと認識される時間の損失がある……そのような信号を送り出すときと、反対側で受け取るときに」。一九一二年にアメリカ側が実験手順を定めたときは、フランス側が、ポアンカレ委員会が何年か前に提出していた偶然に同じ方法を使って、すでに問題を解決していたことがわかった。アメリカ側の報告者の一人は、「美しい解決策がもうあった」と書いた(99)。無線は世界的な同期を可能にした。あらゆる方向に、広大な距離を超えて、基本的にどこまでも正確に。ラルマンをはじめとする経度連合は、「一国の時間が顔を出すのをいっさい避ける」高貴な天文台連合によって時報を提供される他の送信器とパリを整合させることを期待していた。担当大臣、天文台長、経度当局は合意した。フランスの理想は合理的で整合した国際的な方式を成し遂げることになるだろう。そこでは明らかにフランスが専制的にではなくても舵取りの役はするだろう(100)。

あらためて、勝利はすべての意味でのコンヴェンションに属する。長年の国際会議とメートル、オーム、本初子午線を確立する国際合意、十進化した秒から合理的普遍性を生み出そうとする実らなかった試みの上に立つものだった。

フランスの科学者がヨーロッパ中の時計の針をそろえるためにエッフェル塔をつないでいた頃、イギリスは沈黙を守り、自分たちの時報送信器を作るのを拒んでいた。あるグリニッジの歴史家によれば、大英帝国の電信技師や天文学者は、フランスなどの外国の電波時報業務を、平和なときなればこそ役に立つと見ていた（イギリスは受信器はすぐにグリニッジに設置した）。一方、戦時には、どの国も時報を送信しないだろうと踏んだ。[101] そのように計算した実際的な姿勢は、確かにイギリスが国際ケーブル網を建設し支配した様子と整合していた。ポアンカレのほうにしても、電波の機密性について愛国的懸念を抱く点で決して孤立してはいなかった。この点についてポアンカレは、一九〇二年の電波技術に関する最初の論文ですでに強調していて、自身が主宰した省庁間会合が開かれている間ずっと、「機密通信」の微妙なところは議題の一つであり、委員会が一九一二年の時間と無線電信に関する国際会議を準備するときにも、しばしばその問題に戻った。フランスの各省の代表は繰り返し、ドイツやイギリスの無線送信器は、アフリカの植民地でフランスを出し抜きはるかに高性能であることを警告した。[102] 世界時間の灯台として（またフランス帝国本国との通信の原点として）エッフェル塔の出力を上げることは、したがって、実用的かつ象徴的、軍事的かつ民生的、国家的かつ国際的な営みだった。十四世紀の村人は教会の塔に時計を掲げてその音が聞こえる範囲の人々すべてを支配

図5.15　エッフェル電波時間（1908年頃）. エッフェル塔無線局は，塔のたもとのこのようなそっけない小屋にあった. 出典：Boulanger and Ferrié, *La Télégraphie Snas Fil et les Ondes Electriques* (1909), p. 429.

したが、ポアンカレはエッフェル塔の電波時計の鐘をエーテルごしに鳴らし、フランスの科学的威信を世界中に響かせた。

しかし、有線、無線いずれの電信によろうと、中心に置かれている装置はヨーロッパの超大国の時間物理学的栄光だった。フォン・モルトケが望んだのは、ベルリンのシュレジッシャー駅にある偉大な第一標準時計あるいはスイスのヌーシャテルにあるバロックでエレガントな母時計を通じて具体化される統一ドイツ帝国だった。それはエッフェルの工学的近代を、電波による時間のハイテク電信柱にしたものだった。イギリスのグリニッジから大陸を股にかける植民地全体に銅の触手を這わせるケーブル網だった。アメリカ海軍の強力な無線送信器が、勢力を誇示する外交のまっただ中で、はるか洋上の船を導き、アメリカの地上局の位置を確定していた。

工業技術的・象徴的・抽象的物理学の拡大する渦が外側へ向かっていた。電信技師、測地学者、天文学者は、ポアンカレ＝アインシュタインの時計の整合を、実に文字どおり日常的に結ばれた（また無線での）時計の整合によって理解していた。ポアンカレが一九〇二年以後教えていた高等郵便電信学校では、電子と無線の通信網は決してただの見立てではなく、それこそが会社の事業だった。一九二一年十一月十九日、物理学者のレオン・ブロックが、相対性理論の大きな学会で、時間の意味について、聴衆の学生や教員がよく知っている工業技術を用いて解説した。

地球の表面で時間と呼ばれているのは何でしょう。天文学の時間を与える時計——パリ天文台の親時計——を考え、遠隔地に無線で時間を送信するとします。この送信はどういうことでしょう。それは同期を必要とする二つの局で、共通の光のあるいはヘルツの信号が通過するのを記録するということです。[103]

ブロックの講演の頃には、電磁波のやりとりによる時計の整合は実務的な定型作業だった。まる十年の間、郵便電信局、経度局、フランス軍は、無数の長距離同期で定型的に時報に合わせてきた。[104] アインシュタインとポアンカレの時間の整合は機械の世界で生まれ、明らかにそういうふうに受け入れられた。フランスだけのことではない。ドイツでは、実験家から理論家に転じたコーンが、ポアンカレのすぐ後に光信号による同期を理解し、アインシュタインの一九〇五年の論文にわずかの差で敗れていたとはいえ、時計の絵や模型を使って新しい同時性を広めていた。イギリスのケンブリッジでは、時計の整合手順を最初につかんだのは、（数学よりの理論家ではなく）実験家たちだった。アメリカの理論物理学者ジョン・ホイーラーにとって、理論と機構や装置との一体化は、初期のラジオや爆薬に始まり、第二次世界大戦中は技術者や技術的な物理学者の下で修行をしていた、自分の経歴全体にわたってたどれるという。一九六三年、ホイーラーとエドウィン・テイラーが広く用いられた教科書『時空の物理学』を書いたとき、二人は宇宙的機械を持ち出して、それを本の冒頭に掲げた（図５・16）。

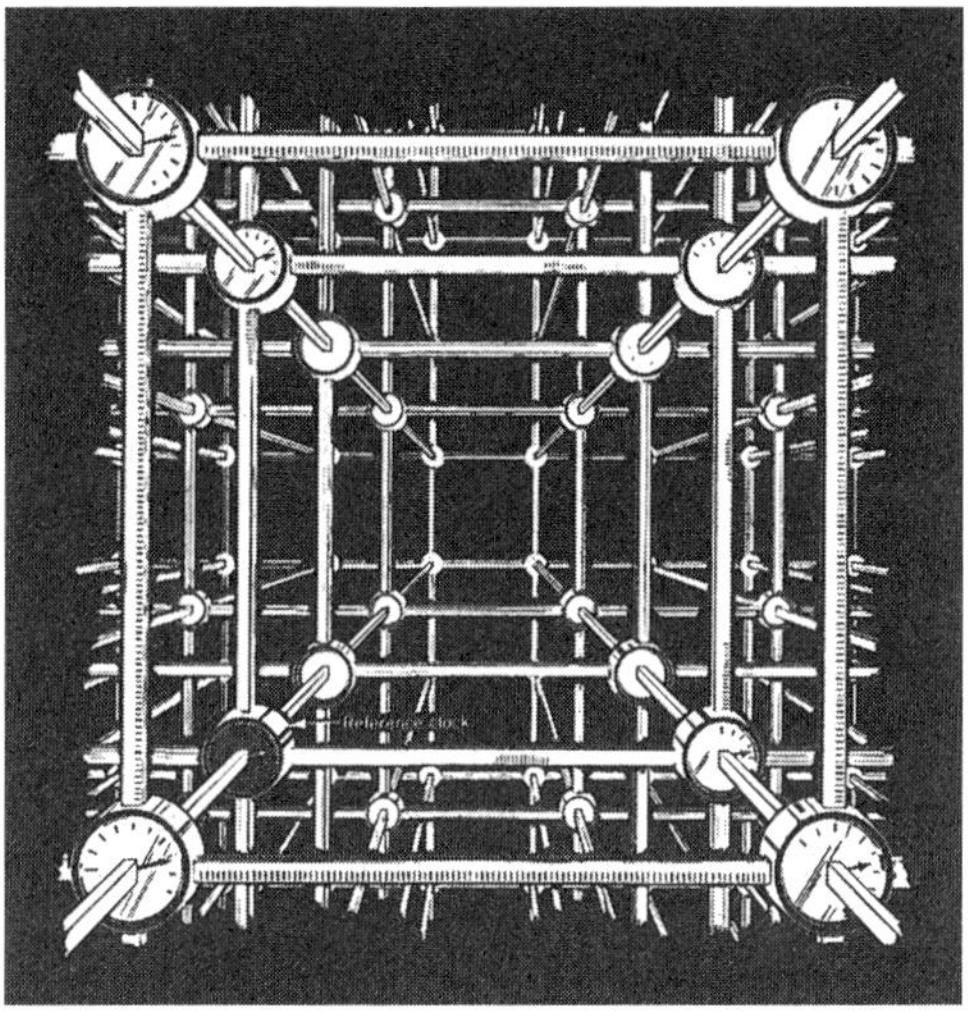

図 5.16　空間と時間の格子．相対性理論について多くの議論がなされる中で失われているのは，時間と空間の座標をマップする機械的な手順である．そうした手順は，エドウィン・テイラーとジョン・ホイーラーによる相対論の教科書に描かれたこの奇抜な機械装置で突出して見やすくなっている．出典：Taylor and Wheeler, *Spacetime Physics* (1966), p. 18.

機械は時計と地図をさらに緊密に結びつけた。第二次大戦が始まったときには、ＭＩＴの科学者は時間測定の向上を利用して、ＬＯＲＡＮ（長距離航法支援）システムを開発し、太平洋で連合軍艦船を導いた。戦後は、アメリカ海軍と空軍が、「トランジット」や「プロジェクト６２１Ｂ」のような名のついた事業で争った。冷戦が厳しくなると、米軍は、移動式発射台からの大陸間弾道弾の狙いを定め、兵士が東南アジアの標識のないジャングルを進むのを導くために、さらに精密な測位システムを求めた。

一九六〇年代には、アメリカの国防計画部門は衛星を地上に時報を送る無線局にした。こうした軌道上の送信器の原動力は、さらに正確で安定した計時装置で、最初は水晶の結晶、後には宇宙に設置した原子時計のセシウムが発する振動を元に信号を出した。百億ド

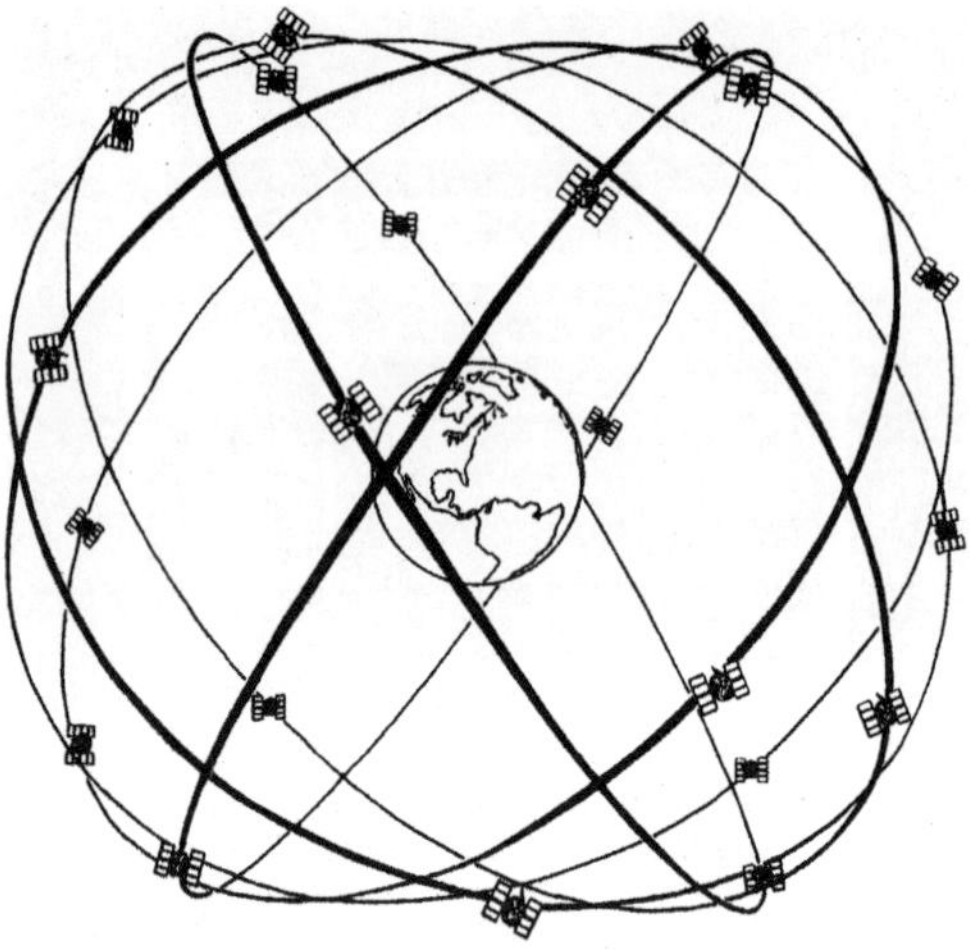

・24 機の衛星
・地上の同じ経路を繰り返し周回（23 時間 58 分）
・傾斜 55°
・つねに 5 機が見える

図 **5.17**　GPS．20 世紀末の GPS 衛星群は，ポアンカレの時間を送信するエッフェル塔と似ていなくもない．正確な時刻（したがって位置）を，民用，軍用双方に提供する．この軌道を回る装置には，アインシュタインの特殊・一般両相対性理論によって求められるソフトウェアとハードウェアによる調節装置が組み込まれている．その結果，地球を覆う，100 億ドルの理論=機械ができた．出典：RAND Corponetion, RAND MR614–A.2.

ルをかけたＧＰＳ（全地球測位網）が一九九〇年代に完成して機能を始める頃には、二十四機の衛星に取り付けた時計が、ゲッティンゲンやリールでの講演のときのポアンカレには想像するしかなかった精度で時を刻んでいた。一日に十億分の五十秒の誤差で、地球の表面について五十フィート〔約十五メートル〕の解像度を提供する。ある意味で、この方式はエッフェル塔時間に似ている。ＧＰＳも、時計を同期させるために一種の信号音合致方式を用いている。しかし今や衛星が疑似乱数（つまり目的にとっては十分ランダムということ）の列を送信する——六兆桁もある。すると受信器がこの列を、自身の内部に蓄えた、同一の一式と照合する。二つの列の差を求めることによって、受信器の論理回路が時間差を求めることができ、光の速さと合わせて、受信器と衛星間の距離がわかる。受信器がすでに同期されていれば、三つの衛星によって受信器の位置を三次元空間に指定できるが、移動式の地上の受信器はふつう、時間が正確でないので、第四の衛星（時刻の設定用）が必要とされる。

工学・哲学・物理学の交易区では、相対論は技術になっていた。従来の測量器具にあっというまに置き換わった工業技術である。実際、二十一世紀の測量士たちはGPSを使い、事後にデータを処理し、既知の位置についてのGPSの測定結果を用いて、その都度の誤差を特定することによって、別の、未知の位置を、ミリメートル単位の誤差で求めることができる。システムが正確になった結果、地球の陸塊のような「不動の」部分さえ動いていることがわかった。大陸は地殻プレートに乗って地球の表面を移動して果てしなく入れ替わっているのだ。地球科学者は、「絶対の大陸」の代わりに、新たな普遍的座標系を求めることになった。特定の地形に付着しておらず、科学の想像の目では、地球内部と静かに整合して回転する座標系である。GPSはまもなく航空機を着陸させ、ミサイルを誘導し、ゾウを追跡し、カーナビの道案内をするようになる。

こうした目的すべてのために、機械の奥底に相対論的時間の整合が収まっている。相対性理論によれば、時速二万キロで地球を回る衛星の時計は（地球に対して）一日に百万分の七秒遅れる。このシステムには、一般相対性理論（アインシュタインの重力理論）までも組み込まなければならない。衛星軌道がある上空一万八千キロでは、一般相対性理論から、重力場が地上よりも弱くなって、衛星の時計は（地表に対して）一日に百万分の四十五秒進むことになる。[105]この二つの補正を合わせると、一日十億分の五十秒〔五十ナノ秒〕以内の精度がなければならないGPSなのに、一日になんと百万分の三十八秒（三万八千ナノ秒）の修正ということになる。一九七七年に初のセシウムによる原子時計が登場する前は、こうしたとてつもない相対論的効果については懐疑的で、衛星の原子時計はその時報を「生のまま」送信することを主張する技術者もいた。相対論的修正機構は機上でアイドリング状態で動いた。最初の二十四時間を高速で飛んで信号が下りてくると、ほぼ予測された三万八千ナノ秒進んでいた。その進み方で二十日たった後、地上管制が周波数合成装置の起動を指令し、送信される時間信号を修正した。[106]相対論的誤差を修正しなければ、GPS装置が許容誤差を超えるのには二分とかからなかっただろう。一日でも、衛星は間違いだらけの位置を降らせ、地表では十キロほどもずれることになる。車も、ミサイルも、飛行機も、船も、コースをひどく外れているだろう。相対性理論——あるいは両（特殊および一般）相対性理論——が参加して、地球上空の見えない格子を敷く装置をまとめる。理論が機械になっていた。

歴史上の先例にならった、象徴的にも物理的にも、グローバル化され、装置化された時間に対する抵抗は、遠い昔のことではなかった。今度の場合には、ある反対グループは、具体的にGPSを精密な武器、暴動鎮圧、戦争、警察活動、核戦争計画に使うことに表だって反対しようとした。一九九二年五月十日の運用開始何時間か前には、カリフォルニア州サンタクルーズの二人の活動家が、ロックウェル・インターナショナル社の従業員になりすまして、カリフォルニア州シールビーチのクリーンルームに侵入した。同社が空軍用にNAVSTAR衛星によるGPSを準備していた施設だった。完成した衛星を斧で六十回叩き、三百万ドル近い損害を与えた。次の衛星に向かったとき、ロックウェル社の守衛が銃を向けて捕らえ、警察に引き渡した。自らをハリエット・バブマン＝サラ・コナー旅団（往年の黒人解放運動「地下鉄道」のヒロインと、映画『ターミネーター2』のヒロインをつなげたもの）と名乗った二人の闘士は、有罪を申し立て、二年間投獄された。[107] 一九九六年、FBIは、十八年にわたり科学者に対して爆弾テロを行なっていたことで知られるユナボマーは、ジョセフ・コンラッドの『密偵』を何度となく読んでいて、そこに出てくる別の時間アナーキストをモデルにしていると伝えた。[108] 世界時間の軸を中心に、虚構の、科学の、高度技術の時間機械（とその反対者）が何重にも交差していた。

頭上の教会の塔、天文台、衛星で時を刻む同期した時計は、政治的な秩序から遠いところにはなかった——一八九〇年代にも、一九九〇年代にも。ポアンカレとアインシュタインの普遍的な時間機械は、工業技術、哲学、政治、物理学をつないでいた。あるいはたぶん、違う言い方をすべきなのだろう。こうした同期する時間機械は難解な抽象物の中では、あるいはただただ物質的なものの中では完全に機能することはなかった。時間の整合は、必然的に抽象かつ具象である。

＊＊＊

十九世紀末から二〇世紀初頭にかけてのヨーロッパと北アメリカは、様々な整合の線が交差していた。鉄道路線網、電信線網、気象観測網、経度調査が、すべて念入りな、ますます普遍的になる時計体系の下にあった。この脈絡では、ポアンカレやアインシュタインが導入した時計の整合の体系は世界的な機械だった。巨大で、最初は想像するだけだった同期した時計のネットワークが、次の世紀末になると、船で敷設する海底ケーブル網から、衛星から送信される電波の網へと変貌している。アインシュタインの特殊相対性理論はずっと機械だったという見方もできる。もちろん想像の機械だが、絶えず展開される、電磁信号のやりとりによって時計を同期する実物の電線と信号の列にぶらさがった機械だった。

このように、とことん理論的な展開を工業技術的に読み取ることで、最後にもう一つの見どころが見えてくる。アインシュタインの「運動する物体の電気力学について」の様式は、通常の物理学の論文のようにさえ見えないことが、長い間学者の目を引いてきた。他の論文を参照する脚注もなければ、方程式も非常に少なく、新しい実験結果に触れてもいない。科学の最先端からははるかに離れているような単純な物理過程についてあれこれ述べているだけだ[109]。比較対照のために、『アナーレン・デア・フィジーク』誌の普通の号を見れば、ほとんどどの論文にも、まったく異なる形式が見られる。実験による問題や、計算による修正といった標準的な出発点が特徴となる。典型的な物理学の論文は、昔も今も、他の論文への参照だらけだ。アインシュタインの論文はこの型にははまらない。アインシュタインの若さゆえの傲慢が勝っていただけということはありうるだろう。もしかしたら脚注の作法はなしですまし、通常の序論の形式を変え、型どおりの結論部分を、偏りのある個人的な趣味の問題としてデザインし直したのかもしれない。もちろん、アルベルト・アインシュタインには、何にもまして自信があった。

しかし、特許の世界の目を通してアインシュタインの論文を読むと、突然それが、少なくとも様式の点では、まったく偏ったものではないように見えてくる。特許はまさに、脚注の形で他の特許の中に自らを埋め込んだりしないところに特徴がある。自分が考えた新しい機械の独自性を明らかにしようとすれば（その独自性にこそ特許はかかっている）、先行する成果を参照する脚注の雨を審査官に降り注ぐほど下手なことはありえないだろう。たとえば、一九〇五年前後の何年かで認められた五〇件ほどのスイス電気時計特許文書には（ごく典型的なもの）、他の特許や学術・技術論文を参照する脚注は一つもない。(110) この対照は、もちろん、アインシュタインがその最初の論文で他の人々を参照しなかった理由を証明するわけではない。しかし、せっかちな若い特許審査官が、自分の仕事を、ローレンツやらポアンカレやらアブラハムやらコーンやらの人々が書いた論文のひな形に収めなければとは思わなかったことに、ありうる理由を理解する助けにはなるだろう。ハラーからの分析や提示に対する厳格な要求の下で何百件という特許申請を評価した三年を経て、特許の細目がアインシュタインにとっては生活様式となり、文章の正確で厳格な様式（ツァンガーに述べたように）となった。(111)

同じ方向で、アインシュタインの相対的にわかりやすい空間と時間の問題の立て方は、特許審査官の第二の本性として得たことだろう。スイスの特許法によれば（スイスだけのことではない）、発明の記述は「模型で再現でき、発明の一体性が守られ、特許の帰結が紛れなく披瀝され、明瞭に整理されていて、適格性のある技官や専門家によって全体が容易に理解できるものであること」(112) とされていた。アインシュタインは、一九〇五年頃に書いた理論的な論文すべてを、実験結果がどうなるかの予想を並べて終えている。相対性理論の論文の場合で言えば、最後は番号を振り、字下げした段落でまとめている。物理学の論文でも時々用いられるが、スイスの規定では特許申請の最後に必ずなければならない「効用」の部分に標準的な様式だった。(113) 印象的なことに、一九〇五年からアインシュタインは装置の記述を始めている（ときには図面も描いた）。自身の静電マシンヒェン用だけでなく、理論的な論証の枢要な成分としても。

フォン・モルトケ元帥は皮肉な結果を認識していただろうか。軍国的プロイセン国家の「集団心理」を嫌ってドイツの市民権を放棄した十六歳の若いアインシュタインが、二十六歳になって、この老軍人の企てをある意味で完成させたのだ。(114) 時間はさらに徹底して計時と同一視されるようになっていて、統一時間《アインハイツツァイト》は、技術政治的権力層には、手順に沿った、地球全体にわたる遠隔地の同時性の手段となった。アインシュタインの時計同期方式は、もっとありふれた先行形態と同様、時間を手順に沿った同時性に帰着させ、時計を電磁信号によってまとめていた。実際には、アインシュタインの時計統一方式はさらに先へ進み、都市、国、大陸を超え、世界も超えて、無限の、今や疑似デカルト座標的宇宙全体に広がる。

そこで皮肉が逆転する。アインシュタインによる時計の整合のための手順は、電磁気的時間統一に向かう何十年もの徹底した努力の上に成り立つが、フォン・モルトケの構想の重要な部分を取り除いていたからだ。アインシュタインにより想像された無限の時計装置には、国あるいは地域の第一標準時計も、母時計も、主時計もなかった。アインシュタインの方式は、無限に広がる時空の整合方式で、その無限に中心はない――上はベルリン天文台を経て天につながり、下は鉄道を通じて帝国の隅々へとつながるシュレジッシャー駅のようなものはないのだ。元はと言えばドイツの国家統一という至上命題に沿って考えられた統一時間を無限に広げることによって、アインシュタインはその企てを完成させると同時にひっくり返した。アインシュタインは「統一化ゾーン」を開いたが、その過程で「時間中心」としてのベルリンを取り除いただけでなく、形而上学的な中心というカテゴリーそのものを成り立たなくする機械をも考案していた。

絶対時間は死んだ。今や電磁信号の交換のみによって時間を整合させることで、アインシュタインは自分の運動する物体の電磁理論の記述を、エーテル中だろうと地球上だろうと、空間的・時間的に特別に選ばれたいかなる静止座標系をも参照することなく完成することができた。中心はもうない。ポアンカレが維持した特別なエーテルの静止座標系の遺跡のような中心性さえない。アインシュタインは自分の抽象的な相対性の機械を、同期した時計による物質的世界から作り上げていた。

第6章　時間の位置

力学がない

一九〇七年十二月の段階で、特許審査官アインシュタインはもはや無名の官吏ではなかった。ミンコフスキーは相対性理論論文の再刊を求める手紙を書いて、若い科学者の成功を祝った。ヴィルヘルム・ヴィーンは超光速信号の可能性について討論した。マックス・プランクとマックス・ラウエがアインシュタインとの会話に加わった。ドイツでも有数の優れた実験家ヨハネス・シュタルクは、相対性原理について何か書いてくれるようアインシュタインに依頼した。もうアインシュタインは当時の人々の成果をあっさり省略するわけにはいかなくなった。物理学者の世界とのかかわりは活発で、アインシュタインの脚注もそれを反映していた。アインシュタインによって一九〇七年に書かれた相対論についての総説の参考文献表には、理論家のエミール・コーンやH・A・ローレンツが加わった。実験家のアルフレート・ブッヒェラー、ヴァルター・カウフマン、アルバート・マイケルソン、エドワード・ウィリアム・モーリーの名も挙がった(1)。アインシュタインは、一九〇五年にはしていなかった、ローレンツの「局所時間」を直接に取り上げさえした。しかし三十二ある脚注のどこにもポアンカレの名はない。アインシュタインはこの年長の科学者を、途切れることのない沈黙で、完全に無視し続けた(2)。

アインシュタインはまず、静止しているときに観測される物理過程と、一定の動きをしている車両の中で行なわれる同じ物理過程との間には、測定可能な違いはないことを前提にした。ポアンカレ、ローレンツなどの指導的物理学者が以前のゲームで苦労して証明しようとしていたことを、自分は出発点としたのだ。ポアンカレらは、至るところに浸透するエーテルの中を電子がぐぐるときにどうつぶれ、電子がそのように歪んでもどう安定を保つか、電気を帯びた物体や光がエーテルを通るときエーテルはどう反応するかを問うていた。ところがアインシュタインの論文では、このフランスの博識の学者がしていたことはすべて消えていた。エーテルと電子構造に関することだけではなかった。ポアンカレによるローレンツ理論にある変換の単純化と修正を参照することもなく、ポアンカレの強力な数学的前進(四次元時空の紹介も含め)や原理にのっとった物理学という表明、それにたぶん何より劇的なことに、ローレンツの「局所時間」を光信号の交換によって行なわれる時計の整合の規約とする、ポアンカレによる解釈までもが出てこない。痕跡もなかった。

パリのほうでは、ポアンカレがアインシュタインの沈黙に応じていた。ポアンカレにとって、アインシュタインは疑いなく、一九〇五年には無名の若者だった。ポアンカレが書いた一九〇六年の論文「電子の動力学について」でアインシュタインが参照されていないことには説明の必要はない。しかし後に、二人がそれぞれ時間、空間、相対性原理についてしばしば発表をしているのに、ポアンカレの沈黙は七年以上続いた。アインシュタインの名が誰の口にも上っている――ローレンツ、ミンコフスキー、ラウエ、プランクの――ことからすると、これはきっとたまたまという話ではない。アインシュタインにとっては、ポアンカレは的外れに見えたにちがいない。一九〇五年にはアインシュタインによるエーテルの追放や、時間を見かけと本当の区別なしに理論の出発点に置くことの重要性を把握できない古い物理学者の一人だった。ポアンカレにとっては、アインシュタインは独創的でない、たぶん、ローレンツ変換を導くためのヒューリスティックな〔厳密な理論ではないが、そう考えるとうまく行くという考え方〕論拠を提供したが、物理学の根本問題、つまりエーテルと電子構造の問題を取り上げることはできなかった人物に見えたにちがいない。

それでも、アインシュタインがいかなる意味でも独創的ではないとは言えなかったように、ポアンカレは単なる保守派として退けられるものでもなかった。それどころか、ポアンカレは、一九〇九年にゲッティンゲンで講演したときには、運動する物体の電気力学を、新しい力学として誇らしく迎えた。一九〇四年のセントルイスのときでさえ、物理学全体に劇的な変化があることを告知していた。同時に、ポアンカレの一九〇九年のリールでの発表は、古典物理学の屋台骨が崩れ始めていたという話で、そこでは一定の希望は伝えていた。「科学のある部分が堅固に確立しているとすれば、それはきっとニュートン力学でしょう。私たちは信頼してそれによりかかっており、弱体化できるようには見えません。しかし科学の理論は帝国のようなもので、ボシュエがここにいれば、きっとそのもろさを指弾することに雄弁な力点を見いだすことでしょう[3]」。ジャック＝ベニーニュ・ボシュエは、ルイ十四世の息子である王太子の教師で、一六八一年には王の委託で『世界史序説』を書いた。フランス文芸界の規範の中で長く中心にあったボシュエの『世界史』は、ポアンカレがアカデミー・フランセーズの同僚と編纂した一九一二年のある本で、目立った位置を占めている。科学的な内容でも文芸的な内容でも公衆を教育することをねらったこの書は、ボシュエの、誇り高い人類に警告するメッセージの部分だけを抜き出していた。「さて、眼前を一瞬のように通過するのが見えるだろうか。国王や皇帝のことを言っているのではなく、世界全体を揺るがした大帝国のことである。古代や近代のアッシリア、メディア、ペルシア、ギリシア、ローマが目の前に次々と現れては滅び、次々と、言わば重なるのを見るとき、この恐ろしい騒ぎは、人々の間に堅固なものは何もなく、不安定と争乱が人事の本来の運命であると思わせる[4]」。ポアンカレにとって、科学理論はボシュエの大帝国のようなものだった。自身は何十年も前から、新しい哲学と物理との衝突を緩和するための規約を妨げる、時間の帝国どうしの対立を調べていた。それでも自分が生涯の大部分を捧げた二つの大きな構造物――ニュートンの帝国とフランスの帝国――ごしに見渡すときには、ポアンカレは、今やそれを、両者のもろさを知った人物の目を通して見ていた。

　アインシュタインとポアンカレがやっと――最初にして最後に――対面したのは、一九一一年末にブリュッセルで行なわれたソルヴェー会議でのことだった。二人はどこまでも近いがどこまでも遠い科学者だった。二人とも若い頃から、運動する物体の電気力学の問題に取り憑かれていた。どちらも工業技術、哲学、物理学が交差するところに、自分の理論を生産的に立てていた。どちらもローレンツの成果の巨大な力を理解していたし、どちらもローレンツ変換の群としての構造を強調していた。どちらも相対性原理を物理学の根幹をなす土台として捉えた。たぶん最も劇的なところでは、どちらも、運動する座標系の時間は、光信号の交換によって同期される時計を通じて解釈しなければならないと説いた。しかし二人の間の距離は、近さと同じく劇的だった。ポアンカレは自分の寄与を、一種の世界の修理、調節、調整であり、自分が歓喜とおののきで見ていたローレンツ物理学を新しい力学に書き換えることであると見ていた。若いアインシュタインにとっては、修復にはほとんど魅力はなかった。古いものをきれいさっぱり破り捨てることが喜びだった。ポアンカレは一九〇九年のリール講演でもエーテルを必須のものとして維持していたが、アインシュタインはほとんど同じ頃、話を始めるときに、エーテルの存在を「ほぼ確実」と見ていたある物理学者(ポアンカレではない)を具体的に挙げ、それからその人の説をごみ箱へと叩き込んだ。[5]

多くの理由があって、この五十七歳と三十二歳の出会いが不調だったのは意外ではない。モーリス・ド・ブロイによれば、「私の記憶では、ある日ブリュッセルで、アインシュタインが自分の考えを説明しているときに、ポアンカレが『その推論にはどんな力学を使っているんですか』と尋ねると、アインシュタインは「力学はありません」と答えて、それが質問した本人には驚きだったようだ[6]」。「驚き」というのは控えめな言い方かもしれない。ポアンカレにとって、物理学の概念は新旧いずれであれ、力学に行き着くのであって、「力学はありません」というのはありえない答えだった。何と言っても、抽象的な力学は、ポアンカレが仲間のポリテクニク生に対して、その本質をなすもの、第三共和政フランスの世界のための、独特の訓練を受けた「工場出荷証明」として掲げていたものだ。

アインシュタインは、ソルヴェー会議に集まった人々に、光量子と量子の不連続性について語り、それに続いて超一流の人々が討論を始めた。ローレンツもそこにいたし、ポアンカレもいた。アインシュタインは聴き手に、現在の形の量子論は、「通常の言葉の意味で言えば」まったく理論ではなく、便利なツールであることの念押しをした。自分が言っていることは、ポアンカレが「力学」という言葉で威厳を与えるような詳細な数学的記述とは見ていなかったのだ(アインシュタインは光量子についての話を六年前に最初に発表したときは、「ヒューリスティック」と呼んでいた)。むしろ、アインシュタインは、後の、もっと筋の通った扱いのための出発点を提供することを願っていたが、一方では、微分方程式が捉える連続した原因結果の関係を進んで犠牲にしていた。しかし、直観的に捉えられて数学的に記述できる力学の土台に対する冷淡さは、ポアンカレにとっては軽視できることではなかった。会議を自身の視点からまとめたポアンカレは、婉曲な言い方はせずに話した。その見解には、新しい物理学、また新しい物理学者がどこへ向かっているかについて、心底困惑した評価が聞き取れた。

新しい研究が問おうとしているのは、力学の根本原理だけではなく、今まで自然法則の概念そのものと切り離せないように見えていた部分であるようです。こうした法則を、我々はやはり微分方程式の形で表せるでしょうか。さらに、ここで耳にした議論で私の関心を引いたのは、同じ理論が、かつての力学に依拠することもあれば、それを否定する新しい仮説に依拠することもあるということです。証明に二つの矛盾する前提を入れてしまえば、簡単に証明できない命題はないということを忘れてはいけません。(7)

そこにあるのは、「古い力学」の達人が抱く鬱屈した挫折だった。微分方程式を使って、ニュートン物理学の安定性と視覚化可能性を探り、広げ、検証し、(自身の意図に反して)ひっくり返した人物の狼狽である。自分の知っているすべての方向を「新しい力学」に向かって進めた科学者の声だった。同様に、ポアンカレはローレンツの理論を大きく前面に出し、自身でもよく言っていたように、「それをあらゆる方向に向けた」。その過程でポアンカレは、少しずつ、質量、長さ、何より劇的なことに他ならぬ時間の概念が変化することと格闘していた。他の誰よりも、数学と哲学の両面で、状況に応じてユークリッドの言語から非ユークリッドの言語へと切り替えられることを主張した。ソルヴェー会議を終えてまもなく、ポアンカレは新しい、足下の定まらない量子の不連続性についての理解を発表しさえしている。

ポアンカレには、変化を嫌う保守性はまったく見当たらない。それでもポアンカレは、改革の扱い方には良し悪しがあると説いた。新しい物理学は、前へ向かって狂奔する中で、何らかの力学の――あるいはすべての力学の――原理にのっとった一貫した土台を捨てることで、道を見失ったとポアンカレは言っていた。「まっとうな関数」と、因果関係と直観を支える微分方程式が失われていた。どの法則が現象に最もよく当てはまるかという議論ではなくなっていた。ポアンカレにとっては、「自然法則の概念そのもの」について裂け目が生じ、アインシュタインとその支持者はその裂け目の間違った側にいた。ポアンカレ自身が以前にしていた言い方を借りれば、アインシュタインの量子物理学は、科学よりもむしろ見世物小屋に向いているように見えた。

アインシュタインのソルヴェー会議でのポアンカレとの出会いについての反応は、にべもなかった。ソルヴェー会議から数週間後、ある友人に打ち明けたところでは、「H・A・ローレンツは知性も機知も立派な人物で、生きた芸術作品だ。僕の見るところでは、ローレンツは今の理論家の中ではいちばん頭がいい。ポアンカレはただ何でも否定的なだけで、眼力は鋭くても、状況をほとんど把握していない」[8]。二人の間に相対性理論について意見の一致がなかったのは確かだ。量子をめぐるずれは裂け目を広げていた。

それでもポアンカレは、一九一一年のソルヴェー会議から、アインシュタインのことを深く心に刻んでパリに戻った。会議があった十一月には、アインシュタインはプラハに移ったばかりだったが、母校のスイス連邦工科大学の教授職の候補になった。アインシュタインにある困惑するほどの過激さに対する不安を脇に置いて、ポアンカレはアインシュタインのために口をはさみ、物理学者のピエール・ワイスに、アインシュタインは「私が知る中でも有数の独創的な人物です」と保証している。若さはほとんど問題にならなかった。ポアンカレの判断では、アインシュタインは「すでにこの世代の学者の先頭に立つ名誉ある地位を得ています。アインシュタインで何より評価しなければならないことは、新しい考え方に容易に適応するところであり、そこから帰結を引き出す方法を知っているところです。古典的な原理に執着したままということはないし、物理学の問題を前にすれば、すぐにあらゆる可能性を考えます。それがアインシュタインの頭の中で直ちに、新しい、いつか実験で検証できる現象の予測に移し替えられます。こうした予測がすべて、実験による判断が可能になったときにその判断に耐えるだろうと言いたいのではありません。逆に、アインシュタインはあらゆる方向を探るので、乗り出して行く道のりの大多数は行き止まりだと予測しなければなりません。しかし同時に、アインシュタインが指し示した方向の一つは正しいと期待でき、それで十分でしょう。まさにそういうふうに進まなければなりません。数理物理学の役割は適切に問題を立てることであり、それを解決できるのは実験だけです」。これは最高の推薦だった。「未来はアインシュタイン氏の価値をさらに明らかにするでしょうし、この若い達人を確保する道を見つけた大学は、確実にそこから大いに栄誉を引き出すでしょう」[9]とポアンカレはまとめた。

　ポアンカレとアインシュタインとの一度の会合がポアンカレにどんな影響を与えたかと言えば、この堂々たる推薦以上にそれを物語るものはありえない。ポアンカレの健康は衰えつつあり、このとてつもない生産性の時期にあって、自身の寿命の予感も得ていたかもしれない。アインシュタインがソルヴェー会議で物理学の新構想で衝撃を与えたことについて、後にポアンカレが思い返してみて、アインシュタインが用いてこれほどの結果を得ていた、暫定的で直観的な、結果で判断される努力の価値についてもっと考えるよう、数学者ポアンカレが促されたということかもしれない。ポアンカレは、アインシュタインをワイスに推薦してから何週もしない十二月十一日には、パレルモの『シルコロ・マテマティコ〔数学者協会〕』誌を創刊した編集長に手紙を書いた。数十年前の駆け出しの頃に始めた三体問題の研究をまだ続けていたポアンカレは、手紙の相手に、二年前から取り組んでいるが大した前進がないことを伝えている。ここで一旦停止しなければならなかった。少なくとも一時的には。「もう一度取り上げると約束できれば良いのでしょうが、私の年では、お約束はできませんし、結果が得られれば、研究者を新しい未開拓の路線に送ることになりそうで、約束するには私には荷が重すぎるようです。私もがっかりですが、あきらめてそれを犠牲にささげます」。五十七歳のポアンカレは老齢とは言えないが、ほんの何年か前には、前立腺の手術を受けなければならなかった。編集長は不完全な成果、問題を立てて部分的な結果しか伝えていないような成果を発表しようとするだろうか（この編集長はすることになるが）。「私が困っているのは、多くの数字を入れざるをえないということです。まさしく私が一般法則に達することができなくて、特殊解しか得られていないからです」。ポアンカレがよく説いていたことだが、視覚的=幾何学的直観は、骨格だけの代数には行けないところへ行けることもあった。

　ポアンカレはこの自分の生涯の問題への特殊解を「役に立つ」と判断した。それどころではなかった。この論文は位相幾何学という数学の新部門の確立にとって根本的な考え方を提供した。まもなく若いアメリカの数学者、ジョージ・D・バーコフが、ポアンカレの説明の核心にあった重要な予想を証明した[10]。

ポアンカレの相対論について行なった最後の講演には、たぶん言外のアインシュタインのこだまが聞き取れるだろう。アインシュタインの名はまったく挙げられてはいないのだが。一九一二年五月四日、ポアンカレはロンドン大学の聴衆に対して「空間と時間」について語った。力強い言葉で、ポアンカレはあらためて繰り返した。「時間の特性は我々の時計の特性にすぎません。空間の特性が測定器具の特性にすぎないのと同じことです[11]」。過去何年かにわたり、エーテルはポアンカレの書いたものの中でどんどん稀薄になり、理論での出番もなくなっていたが、このときは、あの至るところに浸透していたものが沈黙の中に雲散霧消していた。否定されたわけではない——ただ、触れられもしなかった。ポアンカレは熱弁をふるい、旧力学的な「相対性原理」を放棄し、「ローレンツによる相対性原理」に入れ替えた。ある座標系で整合した時計によると同時である事象も、別の座標系で整合した時計で測定すると同時ではないことになる。

これはポアンカレがエーテルを放棄して、すべてアインシュタイン的になったということなのだろうか。そんなことはない。講演を、空間と時間についての自身のかつての結論が、今、最近の展開に照らして改訂する必要があるかと問うところから始め、こう答える。「きっとそんなことはありません。我々が規約を採用したのは、それが便利に見えたからであり、それを捨てざるをえなくしそうなものはないと思ったからです」。しかし規約は神に与えられたものではない。

今日では、新しい規約を採りたいと思っている物理学者もいます。そうせざるをえないということではなく、その新しい規約のほうが便利だと考えているということで、それだけです。この見解を採らない人々は、今までの習慣を乱さないように、正当に古い規約を維持できます。ここだけの話ですが、私はあちらの人々も、これから先、長いことそうすると信じています[12]。

ポアンカレ自身の「これから先」は短かった。医学的な問題は頻度も程度も増した。それでも、フランス道徳教育連盟総裁の職に就いて一九一二年六月二十六日に創立講演を行なうよう求められたときは、ポアンカレらしくそれを受けた。ポアンカレにとって科学の威信は民間のリーダーシップや責任と不可分に結びついていた。教権派と反教権派の運動のさなかでも、北アフリカでドイツとの紛争が高まる中でも、パリの壁がパルチザンの訴えの張り紙だらけになっても、ポアンカレは統一のためフランスの道徳性を支持していた。憎悪を利用しようとする人々に反対して、規律を唯一の防御策と見ていた。規律――道徳性――こそが、「苦悩の深淵」に対抗して人類を守るものだった。「人類は……戦時下の軍隊のようなもの」で、軍隊は平時にも戦争に備えなければならない。敵と交戦するぎりぎりでは遅すぎる。憎悪は人どうしの、信条を変える危険のある衝突を推進することがある。「採用される新しい思想が、それまでの教師が道徳性の否定だと伝えていたものだったらどうなるだろう。今の心の習慣がいつか失われることがありうるだろうか。……新しい教育を受けられないほど年を取ってしまうと、老人は古いものの成果を失うことになる」[13]。道徳、物理学、数学において、ポアンカレは新しい劇的な構造を築きたいと思ったが、それには古い建材を使いたいと思っていた。赫々たる過去の遺産を捨てるのではなく、採り入れようとしていた。

ポアンカレは一九一二年七月九日にも外科手術を受け、数日は友人も家族も回復の希望を抱いていた。しかしそうはならなかった。ポアンカレは塞栓症を起こし、一九一二年七月十七日に亡くなった。いくつもの賛辞が世界中に現れた。たぶん、最もふさわしい記念碑は、いちばん匿名性の高いものだった。同じ年、エッフェル塔が精密な時報の送信を開始したのだ。その信号は世界を同心球状に広がるヘルツの光の中に浸し、アフリカの奥、大西洋の向こうの北アメリカで、ポアンカレが測地学、科学認識論、物理学にもたらしていた技法を元にして、同時性（と経度）を定めていた。

二つのモダニズム

粒子も波のようにふるまうことがあることを明らかにした物理学者、ルイ・ド・ブロイ公爵は、一九五四年、アンリ・ポアンカレについて振り返り、その大数学者が、相対性理論を広く展開した最初の人物にわずかの差でなりそこね、「フランスにその発見の栄誉を与える」ことができなかったのを残念がった。「アインシュタインの考えにこれ以上近いものはありえない」と、ド・ブロイは判定した。「それでもポアンカレは決定的な一歩を取らなかった。相対性原理からのすべての帰結を把握する栄誉、とくに長さと時間幅の尺度を根本から批判することによって、相対性原理が持つ、時間と空間との関係にある真に物理的な性質を確立する栄誉はアインシュタインに残した。ポアンカレはなぜそこまで考えなかったのだろう。たぶんそういう頭の使い方は、いささか批判的すぎる言い方だが、純粋数学者としての教育を受けたポアンカレのものではなかったのだ……」。ド・ブロイにとって、ポアンカレの数学者としての経験こそが、科学は論理的に同等な複数の理論から、便宜を根拠に、情報によって迅速に一つを選択するにすぎないと見る元だった。ド・ブロイによれば、ポアンカレは物理学者の直観によって敷かれるもっと良い道へ踏み出すことができなかったという(14)。ド・ブロイの見るところ、ポアンカレはあまりに数学者で、アインシュタインが立てたような相対論を立てるには、世界に対して冷淡すぎた。

私の見方はどうかと言うと、ド・ブロイの診たては狭すぎる。私はポアンカレが「思考の限界」まで行き、ある知識像——数学的知識の見方も含め——に達し、それとともに、十九世紀の楽観論、第三共和政のポリテクニク生の、計算できて改良可能で合理的な世界という、世の中とかかわり希望を持てる見方がそこにはあったと言いたい。何かあったとすれば、ポアンカレは現実世界にあまりにも関心を向けすぎた。一八九八年から九九年に、ニュートン的時間に対する修正は、原理的には必要だが、小さすぎて問題にならないと判断したが、それはその時点でポアンカレが、現実世界の「通常の」経度時刻差の誤差に対する光信号の「相対論的」誤差を見積もっていたからだった。それでもポアンカレの手法を「保守的」とか「反動的」というふうに呼ぶのは、肝心なところを逃すことになる。ポアンカレの視線は、世紀末（ポアンカレの時代）には制度的にはフランス帝国にまでなっていた、革命的啓蒙の理想にまっすぐに向かっていた。われわれの偉大な構築物はいずれひびが入る。ポアンカレは何度もそう言っている。しかしそうしたひび割れ、この危機に対するわれわれの応答は、神秘主義や、知的エリートの憂鬱であるべきではなく、その割れ目を、理性的作用を系統立てて適用することによって繰り返し修復しようとすることであるべきだろう。ポアンカレが見たように、科学者=技術者は分析的理性を炭鉱事故の理解にも、惑星運動にもすぐに適用できたし、世界の地図づくりにも、ローレンツの運動する電子の理論にも同じように易々と適用できた。

ポアンカレにとって、知識の木の幹は、まさしくこの世の中とかかわる力学であり、無数の点で実験と工業技術の枝を伸ばす、直観に基づいた自然の数学的理解だった。ポアンカレは、無数の方向を探り、一方では傷ついたフランスでの自分の位置を理解しようとする学生に向かって語り、他方では、パリからダカール、ハイフォン、モンレアル〔モントリオール〕をつないで帝国をまとめようと苦闘する科学者、地図学者、政治家に語ることができる世界の理解を目指していた。力とエネルギーの力学を望んでいたが、それは天体力学、地球の形、電信線の挙動の解析を支えれば十分だった。一九〇三年の同窓生相手の講演で思い出させたように、必要な成分は理論と行動だった。ポアンカレの場合には、それはあるときにはイギリスの電信支配にフランスの電波信号を育てることで対抗し、またあるときは、ドレフュスに対する非科学的訴追を天文学の道具と確率計算で解体するということだった。

ポアンカレの世界は、真理と事物の究極の実在の世界よりも、断然、通信可能で安定した、持続した関係——行動を可能にする信頼できる類の関係——の確立の方を意味する世界だった。ポアンカレの言い方では、「科学は分類にすぎない……分類は正しいも正しくもない、ただ便宜にかなうだけである。しかし、それが便宜にかなうことは確かで、私にとってだけでなく、あらゆる人にとっても便宜にかなうと言える。我々の子孫にとっても便宜にかなうと言えるし、さらにそれは偶然によってではありえない。要するに、唯一の客観的な実在性は、事物の関係にあるということである(15)」。形而上学的な根拠のない、科学的合理性の世界である。客観的な関係の世界であって、形而上学的な対象の世界ではない。

ポアンカレにとって、この関係に基づく表面的な世界の抽象的なものと具体的なものを結びつけるとは、人間の世界で苦労して規約を交渉する力があるということを意味した。鉄道会社、天文学者、物理学者、船乗りの必要や要求を整理して捌くということは、時間の十進化では正面にあり、中心にあった。また、経度局の先頭に立つ人物としては、時間を技術的な手続に属する詳細な、物質的手順を通じて把握した。軍人や科学者の同僚による調査隊を編成し、分析し、それについて報告するとき、アンデスの高地やセネガルの沿岸駐屯地に観測小屋を設営することをたたえたほどだった。ポアンカレにとって、時間はこの世界にあり、われわれの便宜、光学的で電気的な電信信号の交換にあった。装置の奥の形而上学的世界には何もなかった。「時間の測定」に書いているように、「我々がこうした［同時性の］規則を選択するのは、それが正しいからではなく、それが最も便宜にかなうからである」。

ポアンカレにとって、同時性をどう測定するかの選択が時間を豊かにするのであって、貧しくするのではなかった。それはつまり、経度や十進化の手続、科学を向いた哲学の抽象的なもの、新しい物理学の原理の間を行き来して、時間概念を工夫できたということだ。「現場の［科学者（*savants*）］をよく観察して、そこで同時性が調べられる規則を探そう」とポアンカレは促す。[16] これはまさしくポアンカレが、哲学者、物理学者、地図学者の仕事をまとめようと苦労していたときに行なったことだった。手順としての時間はこの三つの系列のすべてにあった。

同時性は規約であり、電磁信号を往復させて、信号の移動時間も計算した時計の整合に他ならない。

この一手が本書の中心となるドラマをもたらし、その歴史的瞬間を臨界タンパク光で満たす。それは何だったのか。ある意味で、それは取り決めによる、調整された手順であり、実用的でどんどん正確になる同時性を、経度の確定のために日々確認するための方法、理論=機械だった。技術上の取り決めとしては、『経度局年報』の随所に何度も登場した。同時に、ポアンカレにとってそれは、時間や同時性についての哲学的な問い、科学的法則や原理に対する規約主義的な立場の何よりの例として出せる命題だった。同時性は、原理にのっとった合意に基づく電磁的整合以外のものではなかった。この哲学的な領域では、発言はふさわしくもまた劇的にも『形而上学・道徳雑誌』に姿を見せ、ポアンカレがフランスの哲学者の、多くはポリテクニク出身の仲間と行なっていたもっと長い対話にぴたりと収まる。もう一つ、一九〇〇年に始まって、ポアンカレはこの単純な同時性の命題を、ローレンツの「局所時間」の解釈として物理学者の聴衆を相手に述べた。まるでローレンツが暗黙のうちにずっとそう見ていたかのように。ポアンカレが電子についての理論化の話に転じたとき、同時性の手順はローレンツに捧げられた物理学会の公刊された紀要、『科学アカデミー紀要』を飾ることができた。

時計の整合は、「本当は」工業技術的、形而上学的、物理的、いずれのかかわり方なのだろうか。三つともである。エトワール広場はシャンゼリゼ通りにあるのかクレベール通りにあるのかフォッシュ通りにあるのかと問うようなものだ。実際、大都市の大交差点にあるように、同時性の問題の巨大な関心は、まさしく知的な大通りが活発に交差する中心の位置にある。

東アフリカから極東まで休むことなく繰り返された時計の整合の電磁的な手順は、とことん工業技術的でありまた何から何まで理論的でもあった。それは宙づりにされた割れやすい鏡がついた真鍮の管で、それが「普遍時間」の世界的な操縦桿だった。千メートル以上の海底に横たわった厖大な長さのガッタパーチャの絶縁体でしっかり保護された銅のケーブルと、粗末な観測小屋の中で真鍮の電信キーで提供されるもので、帝国の手が目まぐるしく伸びるところでもあった。測量士や天文学者は個人差等式を熟慮し、測定結果を同時性によって計算し、修正して、経度調査の最終的な尊重される成果である地図にたどり着く。しかし時計の整合は、ヨーロッパ、ロシア、北米と、大陸全体に広がる鎖でつながれたビーズのように連なる同期された時計の集合でもあった。この工業技術と科学の融合は、（しばしば総力戦だが）スイスの時計業者、アメリカの列車時刻表作成者、イギリスの天文学者、ドイツ総参謀本部の将校を団結させた。一方の極では、時間同期は、あらゆる小都市での平凡な日常の手順を規定する工業技術を表す。まさしく、ニューイングランドやブランデンブルクの田舎の濃密な社会史の無視できない一部となる。反対側の極では、それは市長、物理学者、哲学者が時間が取り決めであることについて声高に話し、他方では詩人がスピードによる空間の消滅に賛辞を送るようなモダンの象徴的な一角を表している。こちらの部分では、時計の整合は高尚な歴史で、ヨーロッパの哲学と数理物理学の頂点で追究された。

ポアンカレにとって、モダンな時間技術は自身の科学者人生の外にあるものではなかった――謎の「外部」から思考を形成し、影響し、歪める「脈絡」ではなかった。ポアンカレはこの複雑な世界の中にいてそれに属していて、ずっと物質と抽象物が互いを形成するエコール・ポリテクニクの産物でありその教授でもある。そこには誇らしい

「工場出荷証明」がついていた。ポアンカレの時間に関する研究は、歴史上のある時代、ある場所に属していた。一方の側面は、別の側面に対する偶然の影響ではない。エコール・ポリテクニクあるいは経度局を、ポアンカレの本当の自己の外にあるものとして外在化することは、本人と十九世紀の人々が一体と見ていた技術的・文化的作用の間のつながりを切ることになる。ポアンカレは経度局の長官職に都合三回就いただけでなく、二十年間、エリートのアカデミー会員も務め、定期的にその発行誌で発表し、時間測定に関する活発な委員会でも指導的な役割を演じていた。アインシュタインにも同様のことが言える。ＥＴＨという、その性格そのものからして理論と実践を合わせることを仕事とする教育機関で教育を受けたこと、あるいはアインシュタインの教育をしめくくったのが、ベルンの特許局であり、モダンな電気工業技術の生産マシンでの品質管理を担当して積んだ七年間の修行だったことは、アインシュタインの物理学にとって「外部的」なものではない。こうしたことはアインシュタインとポアンカレを外からの作用で動かしたのではなかった。そうした活動の場は、理性を通じて把握された機械に高い価値があることを伝える活動の舞台だった——工業技術（科学を通じた）のための、また科学（工業技術を通じた）のための生産現場である。

一九〇〇年頃、送信にかかる分を修正した時計の同期について語ることは、中心的なことであり、またあたりまえのことでもあった。送信分の時間修正は、経度を求める人々にとっては作業用の道具であり、パリやウィーンの都市技術者にとっては定型作業だった。時間の遅れは、都市の地下を通る空気管を通じて正確な時間を送り出そうとするうまく行かない試みを通じて、わかりすぎるほどわかっていたのだ。一八九八年にもなると、時報の送信分の遅れは、日々同時性を生み出している技術者、地図学者、物理学者、天文学者の一隊にとっては標準的な問題だった。

つまり、一八九八年の一月、ポアンカレが規約としての時間の論証を発表したときには、哲学の言語だけでなく、時計の工業技術も語っていたのだ。同じ発言を、今度は別の領域で聞くことができた。「同時性は規約である」あるいは「時計の同期は送信分を修正した電気的整合を必要とする」——これは哲学的所見だろうか。それとも「本当は」真鍮と銅の工業技術に属しているのだろうか。エトワール広場は本当はクレベール通りか、それともフォッシュ通りか。

一九〇〇年十二月には、ポアンカレは同時性広場を抜けて第三の道もつけた。ローレンツの局所時間に意味を——最初は近似的に、後には厳密に——割り当てるために、時計同期を使い始めたのだ。その時点で三つの分野、電信による経度、哲学的規約主義、電気力学的相対性は、完全にかかわりあうことになった。この顕著な瞬間を脱水し、断片に分け、哲学、物理学、計測学というばらばらの学術分野にまき散らしてしまうのは大きな損失だ。ポアンカレは近代《モダン》の、近代化しつつある世界をまとめようと——それを固定し、維持し、擁護しようと——苦労していた。

若いアインシュタインも、この哲学、工業技術、物理学の交易区域のどまん中にいた。しかしアインシュタインは、いかなる帝国も——フランスでもプロイセンでもニュートン力学でも——修繕し、維持しようと乗り出すことはなかった。アインシュタインは、年長の物理学者、教師、親、先輩、あらゆる種類の権威をうれしそうにからかい、自分を嬉々として「異端」と呼び、物理学に対する他とは違う取り組みを誇りにして、十九世紀のエーテルを、アウトサイダーの偶像破壊の喜びをもって放棄した。太陽系の安定した基盤や、すべての物理学を力学あるいは電気力学の土台に載せる、ゆるぎない根本主義をますます必死に探すことは、アインシュタインの仕事ではなかった。逆にアインシュタインは、うまく機能する理論=機械を見つけることで満足した——満足以上のものを得た。ヒューリスティックス、つまり仮のものでも効果的な前進の手段は機械だった。アインシュタインの光時計はそれだったし、あるいは、エネルギーの慣性、$E=mc^2$ を通じて考えることを唱えた無数の機械のような思考実験もそうだった。そして、本書の目的にとっては最も重要なことに、アインシュタインの時間機械、きちんと調整された光信号の交換によってつながり、整合した時計の無限の列もそうだった。

ポアンカレにとっては、新しい力学を築くための実用的、規約的補助として時間の整合が重要だったが、アインシュタインにとってはさらに枢要なことだった。アインシュタインにとっては、ローレンツ収縮が導かれる出発点として使えたのは、手順によって定義される時間だった。アインシュタインにとっては、時間の同期は相対性の原理にのっとった柱を、光速の絶対性という原理にのっとった柱と、古典的なアーチのように安定して結びつけた。

アインシュタインは本当に相対性理論を発見したのだろうか。ポアンカレはすでに得ていたのだろうか。こうした古くからある問いは、冗長で実りのないものになっている。もともと、腹立たしくもナチ時代に、アインシュタインの物理学での地位を攻撃するときに促されて広まった問いであることに間違いないが、「相対性理論は誰が発見したのか」をめぐる争いは、何十年も続いた。この理論は誰が発見したのか。その本質は何か。相対論の核は、本当にエーテルの放棄なのだろうか。それとも時間や空間を変換する数式なのだろうか。それは相対性原理への揺るぎない傾倒か、それともこの原理があらゆる物理的相互作用に適用できるところか。あるいはこの理論は、時計の同期から時間や空間の変換を導くことと正しく一体化するのか。はたまた相対論は現実には、実験で観測できることを正しく予測するものにすぎないのか。さらに相対性は——とくに時間の相対性は——現代物理学《モダン》や、もっと広くはモダンと同義語になった。われわれの視点からは、アインシュタインとポアンカレに成績表を出すことは、時間と同時性の物語の中でもいちばんつまらないことになるだろう。

それよりずっと大事なのは、ポアンカレとアインシュタインを、十九世紀末における時間の整合の二つの結節点に置き、それぞれが工業技術、物理学、哲学の流れを横断した特徴的な様子を把握し、それぞれが同時性を形而上学的な高みから引きはがそうと苦労して、手順によって定義される量として地上に引き下ろした様子を理解することだ。時間の標準化は時代の要請であり、科学者それぞれにとっては、長さの標準化の自然な拡張だった。それは公共の時計、鉄道の時刻表、調整された学校の教室や工場の作業場の中にも姿を見せていた。一八九〇年代のパリ天文台では、ウォルフが電磁石を取り付けて、天文時計とパリの街路じゅうにある他の何十もの時計がきちんと連動するようにして配置するのを監督していた。コルニュは調整用の時計の巨大な振り子を調節して機械と電磁気をまとめ、電気的同期の厳密な分析を形にしようとしていた。出張観測員のチームがいくつか、セネガル、キト、ボストン、ベルリン、グリニッジとの絶えざる時刻交換の作業をした。英米の天文学者は時間を鉄道に売り、フランスの天文学者は天文台の輝かしい精密さが国中で模倣されることを望んだ——親時計が鏡から鏡へと映って、時間的合理性の光が国中のすべての街路に行き渡るようにと。

この標準化された、手順による時間の創造は、防腐剤をしみ込ませた電柱と海底ケーブルを用いた記念碑的な事業だった。それには金属とゴムの工業技術が必要だったが、大量の紙も必要だった。地元の布告、国の法律、国際条約を伝え、論議し、承認するためだ。その結果、取り決めによる世紀末の時間同期は、産業政策、科学者の陳情、政治的主張から切り離されたところには決して住まわなかった。一九世紀後期の標準へ向かう推進力を、一つの駆動輪のせいにできれば話は簡単になるだろう。最終的に鉄道会社に行き着くとか、断然科学者によるとか、もっぱら哲学者のせいだとか言えれば。しかし時間の再構築はそう単純ではなかった。

時間が複雑なのは、十九世紀よりずっと前から時計と同時性はすでに歯車、振り子、針以上のものになっていたからだ。たとえば十八世紀には、イギリスの時計職人ジョン・ハリソンが長く苦労して作った高精度のクロノメーターが、経度問題に関する広い印刷物の世界に登場し、計時と地図づくりに関する日記や風刺文学にも登場した。ハリソンの高精度の時計は最初から「地球的」意味を担っていた。(17) 十八世紀より前に戻っても、計時装置はそれが作られた文化から身を振りほどくことはない。砂時計や教会時計は、時間の割当以外にも多くのことを担っていた。神や領主や死神といった様々な、重なり合う権威を伝えていた。文化的なものの後ろに回り、時間が砂、影、機械的な針にすぎない原初の時代に戻ることはまったくできない。

十九世紀末に起きたことは、単に特定の発明の問題ではなかった——整合した時計なら、確かにそれより前から存在していた。ヨーロッパと北米が実際に経験したのは、電気的に配布される時間の地位と密度の、劇的で世界的な変容だった。十九世紀末の連動する時計は世界を覆った。そのような大きく広がった工業技術が輪となり、互いに引き合って進む。列車が電信線を運び、電信が地図を作り、地図が鉄道の敷設を導く。三つ（列車、電信、地図）ともが、遠隔地の同時性が問題になるという感覚を育てるのに貢献した。よそでは今何時かというのは、実用にかかわることであるのと同時に、何ごとかを喚起する。アインシュタインとポアンカレの、自動車、電信、列車、大砲といった語彙の形をとる、時間や空間に関する新思想についての多くの議論を読むときには、そうした疑問があたりまえになった状況を見ているのだ。

ある領域内の長い一連の「動き《ムーヴ》」を円弧で表すとすると、同時性は円弧の交差と考えることができる。ここまでたどってきた物理学を取り上げてみよう。明らかに、同時性には一八九〇年代から一九〇五年まで、一個の、普遍の意味はなかった。地方時《オルツツァイト》は地理学的な意味で始まり、ローレンツの虚構的に相殺される局所時間となり、ポアンカレの光信号で観測可能な相殺される局所時間となり、さらにポアンカレの相殺されて遅れる「見かけの」時間に移り、アインシュタインの相対論的時間で新たな形をとる。この時間の意味の変動は、一度に起きたことではないし、物理学の領域だけで起きたことでもない。それは進展するゲームの中での一連の動きと理解したほうがいい。日常的な意味でのゲームの「指し手《ムーヴ》」の用法とも合うが、もっと技術的な意味での「ムーヴ」は、時として命題（規約）であり、時として物理的な手順である。特筆すべきことに、ポアンカレとローレンツが自身の成果を一歩ずつ築くことだと見るという連続性には十分な意味があった。二人がプレーしていたゲームの目標もまた進展していたとしても（一八九四年のローレンツの目標が、電気と磁気の場にある運動する物体を、それがエーテル中に静止しているかのように見せることによって方程式を解くことだったとすれば、一九〇四年から五年にかけてのその目標［ポアンカレの目標も］は、一定速度で運動する座標軸で同じ測定結果を生む物理学の法則を作ることだった）。

その場合、同時性の一本の弧は、物理学のものだった——運動する物体の電気力学を変形する一連の指し手だ。しかしポアンカレは光信号同期の指し手を、電信による経度決定と、十九世紀末のフランス哲学という、他の少なとも二つの弧についても指した。アメリカの南北戦争の時代よりこのかた、電信による経度は、経度のための同時性を決定する現代的な方法になった。沿岸測地測量所によって推進され、ヨーロッパでも急速にアメリカ方式が用いられ、それが陸地でも海底でも展開された。一八九九年の段階では、ポアンカレを長官とする経度局は、同時性を送信し、受信し、処理し、定義するための、世界的な結節点になっていた。十九世紀末の時間は、経度局のあちこちにある装置に書き込まれた。時間を各都市に配布する方法、電気的同期を改善する方法の理論、時間の十進化についての議論。電気による経度は、フランスにとって、植民地を世界地図上に確定し、現地の地理を明瞭にするために重要だった。しかし、パリとロンドンの正しい経度差をめぐる長年の闘いによって表される、ヨーロッパ測地学の屈辱に対抗するためにも欠かせなかった。経度局はポアンカレの指導の下、エッフェル塔を無線による時報送信に徴用した。

伝送時間を用いた電信信号の交換は、経度局が次々に出す報告に書き込まれ、パリから遠く離れたところで時間と場所を確定するときの通常の仕事となった。哲学にも、「時間の測定」に関する一連の発言という形でその円弧があった。ポアンカレは確かに、哲学をブートルーの会の成果を通じて見ることができたし、同じポリテクニク生のオギュスト・カリノンやジュール・アンドラードといった、独自に時間を解剖していた人々の物理学・哲学を通じて、もっと間近にも見ることができた。

この時間測定の三つの領域の交差は、ポアンカレによる同時性の見直しを必然的にもたらすことはない。しかしポリテクニクや経度局のような現場で関心が三重に交差するところを探れば、ポアンカレが当時そこで時間の測定を、規約、物理学、経度に結びついた必須の問題だと把握した理由の認識は得られる。抽象的な時間が機械を通じて把握され、考え直される理由についても。

三本の円弧——物理学、哲学、工業技術——のそれぞれが、新しいものの意味を担っていた。「新しい力学」は、質量、空間、時間の古い概念との断絶を宣言していたし、電気による世界的な電信ケーブルは、祝福される勝利であり、「文明化する」帝国の道具だった。ポアンカレは、その時間と同時性についての規約主義を、自身の物理学の原理や数学の構成に関する哲学的な規約主義に結びつけた。しかしポアンカレにとっての規約《コンヴェンション》は、物差しと正確な時間の配布について、フランスに依拠する多くの国際条約《コンヴェンション》も指すことがありえた。時間はこの本質的に現代的な三重の交差のところで不動ではなかった。

ポアンカレは自分の仕事全体を通じて、課題を数学者的技術者のモダニズムで扱った。つまり、世界を技術で改善し、その世界の地図《マップ》を作って行く人間の能力を心底から信頼して扱った。ポアンカレが亡くなった直後、甥のピエール・ブートルーは、ミッタク＝レフラーへの手紙で、伯父の生涯の仕事の活力となった目標を捉えようと苦闘している。興味深いことに、ブートルーは導きの糸として、数学や物理学には向かわず、むしろ地理学に向かっていて、ポアンカレが生涯、探検記や旅行記を熱心に追いかけていたことを語っている。ポアンカレの仕事はすべて、科学の内と外で、「世界地図の白いスペースを埋める」という欲求を特徴としていたのだ(18)。

世界地図の空白が埋められるというのはポアンカレがずっと抱いていた信念だった。知識の表面にある隙間は、ポアンカレがマニー炭鉱事故について描き、大事故を、坑道のランタン476番の格子細工に入ったつるはしの歯に至るまでたどったような因果関係の地図《マップ》で埋めることができた。カオス的な惑星軌道の視覚化しにくいふるまいを、平面上を蛇行する点の連続として図解するために用いたポアンカレ・マップの図を通じて、隙間はもっと大規模に追跡されることになる。地理的な世界地図の空白を埋めるために、経度局の仕事でサンルイ、ダカール、キトの電信による地図《マップ》を描いた。この仕事にはポアンカレや物理学者の長い系譜が地球の形を説明しようとしていた理論的な試みにとっての意味もあった。他の空白も、エーテルの研究、電子の構造の研究、直観的な関数、論理の直観的な立て方、エーテルによって与えられる実りある直観の力説で置き換えられるかもしれない。

ポアンカレのモダニズムは、われわれに把握できる関係の、希望に満ちたモダニズムで、神も、プラトンの形相もないし、カントの物自体もない(カントによる、経験を成り立たせる構造の強調に魅了されてはいても)。ポアンカレは、対象に仕えるのではなく、関係に向かっていた。関係が結び合わせる対象が歴史の靄の奥に消えてしまっても残るのは、事物の関係のほうだからだ。真理は?　ポアンカレは、物理学の法則に入っている規約、定義、原理が複雑であるところから、単純さや便宜といった共有され、持続する概念によって得られる客観性のほうを選んだ。真なる関係であって、真理そのものではない。目に見える表面であって、よくわからない深みではない。ポアンカレはこの書き直された啓蒙の構想を追究した。たとえそれが空間、時間、物理的安定性の根本的に新しい概念を、知識の広大な空白にねじ込むとしても。

アインシュタインのモダニズムも三重の交差で見つかる。運動する物体の物理学で指した手、絶対時間・空間に対する哲学的攻撃で指した手、時計同期というもっと広い工業技術で指した手。アインシュタインの焦点は、ポアンカレの焦点よりも物理学的な面が強く、抽象的な機械の工学よりも、特定の物質的機械のほうに向かっていた。ポアンカレが自宅に作った仕掛けでエボナイトの車を回しているなどと想像することはできない。アインシュタインがキトからグアヤキルまで、高精度電気時間の配線を開発するための巨大なチームの営みを調整しているところを想像するのも難しい。アインシュタインは、物質的な対象とのかかわりでは実践の側に寄った位置を維持したが、理論の現象に対する関係については、むしろ形而上学の側で考えた。そのために、いろいろな脈絡で、理論の成分と世界の成分との明瞭な対応を求めるようになった。ポアンカレは、局所時間に「真の」時間に対する「見かけの」時間という地位を付与することを決してあきらめなかった。アインシュタインは、現象そのものには同様の区別を見なかったので、そのような理論上の二分割にはかかわろうとはしなかった。　つの慣性系での時間と空間は、アインシュタインにとっては他の慣性系のものと同じく「真」（あるいは「相対的」）だった。時計は時計だったし、物差しは物差しだった。ポアンカレがエーテルを思考のための手段、微分方程式を考えるための直観的土台として維持したのに対し、アインシュタインは、エーテルを、古くさい力学から取ってきた無駄な歯車の名残としてばかにしていた。そしてアインシュタインはそれを、余計な要素がある特許申請について適用したのと同じ審美眼で脇へ捨てた。アインシュタインが光量子を、エーテルの中で理解されていた波動方程式を参照しないでヒューリスティックで取り扱ったとき、ポアンカレには、この若い物理学者やその支持者は、物理的世界の本当の理解を可能にする条件そのものを放棄したのではないかという恐れが残った。ポアンカレから見ればそれは正しかった。アインシュタインは知的装置を仮留め――理論の成分と現象の成分とをつなぐヒューリスティック――として使うことにまったくためらいがなかった。それが（ポアンカレ個人の感覚では）直観に反することになるとしても。

ポアンカレは、最も広い意味での便宜のために選ばれた微分方程式を通じて、世界について、二次河川に流れ込む三次細流に至るまで、細かい地図を作ろうともがいていた。エーテルと「見かけの時間」は、観測される現象どうしの「真の関係」を維持しつつ、直観を助けただろうか。当時のポアンカレにとっては、確かに冗長ではあっても、満足できた。それに対してアインシュタインは、時間と空間に、ただ予測だけでなく、簡素さにおいても現象に合致する方向を理論の中で与えたいと思っていた。現象が対称的なら（たとえば、運動している磁石／静止しているコイルを、静止している磁石／運動しているコイルから区別する術はないなら）、理論はその対称性を形式を整えて要約しているべきだった。後に、量子論の論争で、アインシュタインはそれと相補的な懸念を表明した――物理的な世界に、理論の成分に対応するものがないのに、予測可能な特徴があるという懸念である。

ポアンカレにとって、空間と時間は、端的に心理的、客観的で単純な便宜を求める人間の必要を満たすために立てられる、客観的な関係という厳格な表面に貼りつけられていた。ポアンカレの考え方は、どこまでも第三共和政の世俗主義だった。それに対してアインシュタインは、理論がその任務を達成するのは、現象の間にある真の関係をうまく、便宜的に捉えることによるとは考えていなかった。現象とその下にある理論の間の深みを目指していた。アインシュタインもポアンカレと同様、法則は単純でなければならないと考えていたが、それはわれわれの便宜のためではなく、（アインシュタインの言い方では）「自然は考えられる中で最も単純な数学的理念を実現したものである」からだった。したがって、理論の形式はその細かい形式において現象の現実を示さなければならなかった。アインシュタインは後に、「私はある意味で、昔の人が夢見たような、純粋思考が現実を把握できるとするのは正しいと思っている」と説いた。[19] アインシュタインは、適切な理論であれば、現象と簡潔に一致すると信じていた。その深みには、黙想的な神の概念があった。人格のある、復讐する、裁く神ではなく、たいていは隠れている、根底の自然の秩序の神である。「科学者は普遍的な因果関係の感覚に取り憑かれている。科学者にとって、未来はすべて、過去と同じく必然で決まっている……科学者の宗教心は、そのような優越した知性を明らかにする自然法則の調和という天にも昇る喜びの形をとる」[20]。ときどき物理学者が、ヒューリスティックな装置を仮に適用することによって前進することがある。そうしてさらなる展開が可能になるまで、その理論を維持できることがある。そのような形式的原理の仮の利用は、熱力学、量子論、相対論でも活躍した。[21] しかしアインシュタインは、あくまで、科学者はできることなら、根底にある、単純で調和した自然の秩序のかけらなりとも捉える理論を作るのだと説いた。アインシュタインは現象は真の時間も見かけの時間も区別しないと信じていたので、理論もそんな区別はすべきでないと唱えた。

ポアンカレもアインシュタインも、素朴な実在論にも反実在論にも収まらない。確かにポアンカレは生涯、世界の記述に選択の自由があることを支持していた。幾何学でも、物理学でも、工業技術でも。しかし、その規約主義を何でもありの反実在論にくくってしまえば、ポアンカレの立場をまったく誤解しているということになるだろう。実際的な問題でも抽象的な問題でも、ポアンカレはあらゆる機会を捉えて、誰でも簡単に手に入れられるわけではない簡潔さがある、客観的な「真の関係」の中心的な役割を力説していた。それに対してアインシュタインは、しばしばわかりやすい実在論者のほうに分類される。何と言っても、理論は「真のヤコブ」かと平気で問うていたアインシュタインがいる〔ヤコブはすべてのユダヤ人の先祖とされる〕。それでも、「現実」を規定する方法はいろいろあって、理論の豊かな部分は、時空の座標によって、あるいは直接知覚されるものによって整理される事象の側にはないと注意もした。それは事象間のつながりにあり、そのつながりはきっぱりと定まってしまうものではないのだ[22]。二人とも、理論の射程を定め、測定を可能にするうえでの原理と規約の力を認識していた。二人とも、受け入れられた概念が、歴史をくぐり抜け、直観的なわかりやすさや自明性を持っているように見えたとしても、その概念を退ける態勢ができていた。変化しつつある電気技術的世界は測定、標準化、理論構築での選択の重要性を、以前のどの時代よりもよく認識しており、そこに深く埋め込まれたアインシュタインとポアンカレは、それぞれ別個に、同時性を形而上学的な祭壇から降ろし、それに代えて機械を通じて与えられる規約を置こうとした。

アインシュタインからさかのぼって読めば、ポアンカレを、アインシュタインの相対性理論に向かいながら（しかし達しそこなった）反動とまとめるのはたやすい。そのような遡及的な見方はポアンカレが空間と時間の物理学を「新しい力学」に組み直そうとしたことを埋没させてしまうだろう。そういうふうに見るのは、ピカソはポロックのようにはモダンではなかったから、あるいはプルーストのモダニズムはジョイスのようなモダニズムではないから、ピカソは、プルーストは反モダンだと否定するようなものだ。ポアンカレとアインシュタインを時代が進む方向に読むなら、それぞれがそれぞれ別の形で過去と切れていたことがわかる。

そこにあるのは二つの優れた物理学のモダニズムであり、世界をすべて把握しようという、猛烈に野心的な二つの試みである。ポアンカレの、どんなに小さい空白に至るまでも、客観的で単純で便宜的で正しい関係を確立することによって進められるモダニズムと、アインシュタインの、現象を、予測だけでなく、根底の構造においても捉えることを目指す理論を切り出すことによって進められるモダニズムである。一方は構成的で、世界の構造的関係を捉える複雑性に届くまで築かれる。もう一方はもっと批判的で、支配する自然法則を反映する原理を厳格に捉えるために、複雑さはあえて脇へ置く。新しいモダンな相対論的物理学の二つの見方には共通するところも多い。それでもアインシュタインとポアンカレは互いに対しては、煮え切らない賞賛にとどまり、フロイトがニーチェを読めなかったように、互いの別方向の近代性に関与できなかった。近すぎ、また遠すぎて話せず、二人のすれ違う相対性解釈は決して交わらなかった。二人は、物理学、哲学、工業技術における知識をいろいろな形で揺さぶって、「時間」を過激に変えたというのに。

伝記的な見方からすると、もちろん、アインシュタインとポアンカレがそのような色とりどりの技術的、哲学的活動に参加できたということは特筆に値する。まるで二人がチェスの名人で、同時に名人戦を戦い、かつそれに決着をつける一個のチェックメイトの妙手を見つけたかのようだ。しかしチェスはぼやけたたとえでしかない。この物理学、哲学、工業技術の「ゲーム」は造りがまったく違い、同時性という指し手の影響はそれぞれの領域でとてつもなく大きい。ウィーン学派の哲学者も、一九二〇年代の先頭に立つ物理学者も、一九八〇年代のＧＰＳの技術者も、みな劣らず、ポアンカレ＝アインシュタインの同時性を、未来の科学概念の構築のためのモデルとして参照していた。

しかし結局、時間の整合というタンパク光のような歴史は、それを伝記に帰着してしまうと、誤って提示される。画像をポートレートサイズに切り詰めると、ヨーロッパと合衆国を走り抜けた測定可能な時間と空間の、広大な、論議のある標準化された取り決めを見えなくする。これはアインシュタインやポアンカレの想像力に限界がありすぎたからではなく、「時間の測定」が多くの尺度にわたって行き来したからだ。時間の整合は、天文台、ケーブル、鉄道網、都市を流れる時間の取り決めと調整を通じてモダンな問題になっていた。もっと良いたとえはこうだ。等圧線や等温線は予測的気象学を変え、それによって可能になったところもある。同様に、電気による時計の世界的配置は、遠隔同期を、機械のような手順で解決できる本質的にモダンな問題にした——その機械が無限であり、かつ理論的なものということになっても。

技術的、哲学的、科学的なものがどれも中心的に含まれる時代と場所はまれで、伝統的に「革命」と表された物理学の展開よりも少ない。十九世紀のエントロピーとエネルギーも、同様に尺度が変動する歴史と言えるかもしれない。蒸気機関、熱力学、避けられない宇宙の「熱的死」についての神学のような議論を考えればよい。この種の抽象と具象の混合をもっと新しいところに求めれば、二十世紀半ばの「情報科学」――サイバネティクス、計算機科学、認知科学――の爆発に見ることができる。こちらでは、戦時中の兵器生産から出てきたフィードバックする装置の濃密な歴史が、情報理論と人間の心のモデルという、もっと専門的な軌跡と融合した。時間、熱力学、計算機。それぞれが象徴的にも物質的にも時代を定義した。それぞれが、機械を持ち出さずに抽象的に考えること、あるいは世界に広がる概念を把握せずに物質的に考えることができなくなった、臨界タンパク光の瞬間を表す。

見上げ、見下ろす

時代は変わった。アインシュタインはベルンの特許局を一九〇九年十月十五日に去り、チューリヒ大学へ移った。一九一一年四月一日には、プラハのカール＝フェルディナント大学に勤め始め、一九一四年春にはベルリン大学の一員となった。そこで一般相対性理論をしあげ、第一次世界大戦反戦の先頭に立つスポークスマンとなった。戦争が終わると、スイスの計時統一の化身で先にもお目にかかったファヴァルジェは、電気的計時についての詳細な電気機械の内容を、あらためて広く文化から見てまとめた五百五十頁もの専門的な論考第三版を出版した。そこでファヴァルジェは、第一次世界大戦は強力な工業技術的発達に貢献したが、持続的な平和が生み出していた人間の富の大部分の破壊もしたと論じていた。残ったのは、「廃墟、貧困、苦痛の山」(23)だった。人類はこの災厄を乗り越える仕事と、相変わらず時間がかかわる仕事とを必要としていた。

時間は「物質では定義できない。形而上学的に言えば、物質や空間と同様に謎である」と、ファヴァルジェは熱狂的に語った（冷静なスイスの時計業者も、時間によって形而上学に駆り立てられたらしい）。人間の活動は、意識的であれ無意識的であれ、眠るのも、食べるのも、思索するのも、遊ぶのも、時間の中で行なわれる。順番がなければ、具体的な計画がなければ、ファヴァルジェが、ガヴリロ・プリンツィプによるフェルディナント大公射殺〔第一次世界大戦が始まるきっかけとなる事件〕のずっと前から警告していたアナーキーに陥りかねない。大戦が終わった今、人々が「物理的、知的、道徳的貧困」に陥る危険が迫っていた。どうするかと言えば、時間を天文台の厳密さをもって正確に測定して決定することだった。しかし、解毒剤として機能するには、測定された時間は天文学者の砦に留まっていてはいけなかった。時間の厳密さは、それを望む人、あるいは必要な人のところへ電気で配布しなければならない。人々が暮らし、栄えるには、「我々は、一言で言えば、それを普及しなければならないし、それを民主化しなければならない」。われわれはすべての人を「時間の主人《メートル・デュ・タン》にしなければならない。何時間レベルだけではなく、何分、何秒、さらに特別な場合には十分の一秒、百分の一秒、千分の一秒、百万分の一秒単位に至るまで」[24]。分配され、整合した高精度の時間は、ファヴァルジェにとっては金銭以上のもので、各人の内外での秩序への入り口――時間アナーキーからの解放――だった。

十九世紀末から二十世紀初頭にかけて、整合した時計はただの歯車や磁石ではなかった。確かにポアンカレとアインシュタインにとって、時間はただの技術的なものではすまなかった。ニューイングランドの長老、地方標準時推進派、プロイセンの将軍、フランスの計測学者、イギリスの天文学者、カナダの事業者にとっては、ただの電線や脱進装置ではなかった。タンパク光を発する時間の整合の歴史では、時計は神経伝達と反応時間を捉え、職場を構造化し、天文学を導いた。しかし、尺度が変わる物質的時間の大きな領域と言えば、鉄道と地図を中心としていた。ポアンカレが監督に関与した経度局は、地図づくりのための世界的な拠点の一つだった。また、アインシュタインが特許の門番として立っていたスイス特許局は、この国の列車や都市での時間同期技術にとって、立派な監視所だった。

私が時計の整合を調べるときに願ったことは、抽象的な具体、あるいはそう言ってよければ具体的な抽象化をなした、機械的機構と形而上学をまたぐ作用の宇宙の中で、ポアンカレやアインシュタインが占めた位置を定めることだった。もっと一般的に言えば、たぶん、物の思考に対する関係における二つの等しく問題をはらむ立場を避ける形で、科学を見ることができるようになるだろう。一方では、物質還元主義と言われる長い伝統がある。観念、記号、価値を、もっと奥の対象の流れの上にある表面波におとしめる見方だ。一九二〇年代から一九五〇年代にかけてのそうした経験主義の眼鏡を通すと、理論物理学とその哲学は、科学の砦というより、一時的な付け足しに見えることが多かった。アインシュタインは（この見方では）、徐々にエーテルと絶対時間・絶対空間を追い出す帰納的過程での、最後の避けられない一歩をとったものと見られる。地球のエーテル中での動きは、地球の速さの光速に対する比（v/c、つまり約一万分の一）ほどの精度でも検出できなかった。後にそのような測定が改善され、もっとはるかに高い精度（v/cの二乗の水準、約一億分の一）でも動きを示す証拠は明らかにならなかった。ゆえに、アインシュタインはエーテルは「余計」とする結論を出した、というふうに話は進んだ[25]。確かに、こうした実験に依拠するアインシュタイン像に立って言えることはたくさんある。アインシュタインが実験の詳細な実行に魅了されていたことや、帝国物理工学研究所でのジャイロコンパスについての研究は、実験室での手順や機械の動作について明瞭に理解した理論家の面を明らかにしている。経験主義的な見方では、物は思考を構造化した。

逆の面としては、一九六〇年代から一九七〇年代に人気があった反実証主義運動があった。こちらでは、思考が物を構造化した。反実証主義者は旧世代の学知の秩序を逆転することを狙った。プログラム、パラダイム、概念の枠組みといったものが先で、それがあらためて実験や器具の形を完全に決めると考えた。反実証主義の目には、アインシュタインは哲学的改革者と映る。物質的世界はまったくなしで、いつも対称性の原理と操作的定義を求めて動いている。ここにも多くの真実がある――反実証主義の眼鏡で歴史を読むと、アインシュタインが実験結果のえり好みが強く、たとえば、特殊相対性理論の実験的反駁と考えられることや、一般相対性理論を脅かすと言われた天文学的観測結果は疑っていた時期があらわになる。

どちらの歴史の見方も公平に扱うからといって、その中間をとろうというのではない。むしろ、臨界タンパク光の瞬間に立ち会うことで、歴史をこのように、要するに観念についてのものと考えたり、根本的に物質的対象についてのものと考えたりする、きりのない振動から脱出する方向が与えられる[26]。時計、地図、電信、蒸気機関、コンピュータ、すべてが物か思考かという二分割を拒否する問いを立てる。それぞれの場合に、物理学、哲学、工業技術が交差している。見立てられているものを通じて見つめると、文字どおりのものが見える。文字どおりのものを通じて、見立てられたものが見える。

一九〇二年にアインシュタインがベルンの特許局に着任したというのは、電気的なものが機械的なものに勝利したことがすでにモダンの夢に象徴的に結びついている機関に入ったということだった。そこでは時計の整合は実践的な問題で（列車、部隊、電信）、高精度の電気機械的手段という、まさしく最大の専門的関心について、ある領域で動作可能な、特許取得可能な解決策を求める。特許局は、もう若くはないアインシュタインが一九三三年十月の暗い日々にアルバート・ホールの聴衆に向かって語ったときに求めていたような、孤独な遠洋の灯台船ではなかった。ベルンの役所で次から次へと特許申請の図面を審査しているとき、アインシュタインはモダンな工業技術の大行進に対する正面スタンドの席を占めていた。そして整合した時計が歩みを進めているとき、その歩みはそれぞれだけのものではなかった。電気による時間整合のネットワークは、政治的、文化的、技術的統一を同時にもたらした。アインシュタインは、この新しい、取り決めによって世界全体に広がる同時性機械をつかみ、それを新しい物理学の原則にのっとった始まりに据えた。ある意味で、アインシュタインは十九世紀の壮大な時間の整合プロジェクトを、どこでも成り立ち、この宇宙の中で想像しうるかぎりの一定速度で運動する座標軸すべてについての、新しい、はるかに一般的な時間機械を設計することによって完成させた。ただ、主時計を排除し、あらためて、規約によって定義される時間を出発点とすることによって。アインシュタインは物理学者からも世間からも、世界を変えたと見られるようになった。

ポアンカレは亡くなる直前、『本が言うこと、事物が言うこと』という題の本の共著者となった。この変わった本は、ポアンカレも所属していた二つのアカデミー、フランス文芸アカデミーと科学アカデミーの営みをまとめたものだった。文芸の側からは、ユゴー、ヴォルテール、ボシュエなど、文化英雄についての記事が集められた。ポアンカレ自身は、星、重力、熱に関する章を寄稿したが、炭鉱、電池、発電機についての章についても担当した。哲学者とも、数学者とも、技術者とも、易々と交わって過ごしたポアンカレの同時性についての業績も含めた学識は、こうした文化すべての中心にあった。

科学の大アカデミーに対するアインシュタインの姿勢は違っていた。第一次世界大戦の直後、イギリスの天体物理学者アーサー・エディントンは、皆既日蝕を利用して太陽の重力による星の光の屈折（あるいはアインシュタインなら太陽による時空の歪みと言うところ）を測定した。その結果得られた一般相対性理論の確認によって、あっという間に一面を飾るような名声を得たアインシュタインは、一夜にして世界的な人物となった。だんだん大きくなる公的な役割で注目を浴びる中で、一九一九年以後の相対論の仕事は物理学での力の抽象的な統一へ向かい、特許局での機械の文化からは遠ざかった。一九三三年のロイヤル・アルバート・ホールでの講演から数日後、アインシュタインは合衆国へ旅立ち、そこでプリンストン高等研究所での、修道院的ではあっても尊敬される生活を受け入れた。半分は予言者、半分はマスコットのアインシュタインは、神の意味から核戦争の未来まで、何についてでも、神託のような言葉で語った。一九五三年四月、亡くなる二年前、アインシュタインはプリンストンからモーリス・ソロヴィーヌに、アインシュタインがベルンにいた、特許と物理学と哲学が並立していたときの、まったくアカデミックではないアカデミーの笑いや洞察について書いた。

不滅のオリンピア・アカデミーへ

短くも活動的な生涯において、あなたは明晰で合理的なことすべてに子どものように楽しんだ。会のメンバーは、あなたのプライドでいっぱいの姉上たち〔「アカデミー」は女性名詞であることをふまえる〕を犠牲にして楽しむためにあなたを作った。私は、「メンバーがあなたを通じて」長年にわたって残る注意深い観察によって、どこまで真実に迫れるかよくわかった。

我ら三人のメンバーはみな少なくともぶれなかった。少々老いぼれはしたが、我らはまだあなたの純粋で刺激的な光によって、それぞれの孤独な道をたどっている。種を作る植物のようなメンバーとは違い、あなたは年を取って形がなくなることはないからだ。私は学問の息を引き取るまであなたに忠誠と献身を誓う。以後、ただの

通信会員となるA・Eより。(27)

世紀の変わり目に、それぞれで時間、哲学、相対性について苦闘しながら、ポアンカレはパリの芸術科学アカデミーに位置を占め、アインシュタインはオリンピア・(非)アカデミーにいた。一九五五年三月十五日、ミケーレ・ベッソが亡くなった。アインシュタインが特殊相対性理論についての研究を仕上げる鍵として時計の整合にたどり着く前の何週か、何か月かで、生産的な話をしたのはベッソが相手だった。アインシュタインは二十一日にベッソの遺族に手紙を書き、末尾にその会話のことと、相対論から出て来る時間の視点に依存する性質に触れている。「［チューリヒ以後］私たちを再び結びつけてくれたのは特許局でした。帰宅の途中の会話は並ぶもののない魅力でした。俗世のことはまったく存在しないかのようでした。今、ミケーレもこの変わった世界から私より少し先にお暇しました。そのことには何の意味もありません。私たち筋金入りの物理学者にとっては、過去、現在、未来の区別は、強固とはいえ、錯覚でしかありません(28)」。

アインシュタイン自身が学問の息を引き取ってからずっと後も、調整された時計の整合については、多くの競合する解釈の間で苦闘は続いた。同期した時間は過度に象徴化されたままだった。統一時間《アインハイツツァイト》は、帝国、民主制、世界市民、反アナーキズムの間での争いからは決して出てこなかった。この象徴すべてが共通に抱いていたことは、それぞれの時計が個々のものを意味し、時計の整合が、人々や諸国民どうしの、文字どおりの意味と見立てられた意味との間でつねに揺れている、つながりの論理に向かうということだった。まさしく抽象的な具体（あるいは具体的に抽象的）であればこそ、時間の整合を町や地域や国や、最終的には世界全体に投射することがモダンの定義をなすような構造の一つとなった。時計の同期はずっと、社会史、文化史、思想史、つまり技術、哲学、物理学が不可分に混じっている。

この三十年の間に、トップダウンの説明に対してボトムアップの説明を対抗させることがあたりまえになっている。時間を説明するのはどちらでも足りない。中世の錬金術と占星術とのつながりを捉えようとしたあることわざが、そのことをこんなふうに言っている。「見下ろすと上が見える。見上げると下が見える」。そういう知識観がわれわれにも大いに役に立つ。見下ろすとき（電磁気的に調整する時計網を）、上が見える。帝国、形而上学、市民社会のイメージだ。見上げると（アインシュタインとポアンカレの手順による時間、空間、同時性概念の哲学を）、下が見える。電線、歯車、ベルンの特許局とパリの経度局を通過する信号である。われわれは機械に形而上学を見て、形而上学に機械を見る。まさしく時間の中にある《ジャスト・イン・タイム》〔ちょうどの時の〕モダンである。

訳者あとがき

本書は、Peter Galison, *Einstein's Clocks, Poincaré's Maps. Empires of Time* (W. W. Norton, 2003) を翻訳したものである（文中、〔 〕でくくった部分は訳者による補足）。著者のギャリソンは、ハーヴァード大学教授で、科学・技術を、そのときどきの政治、経済、文化などの幅広い社会的文脈の中に置いてとらえようとする、いわゆるＳＴＳ（科学・技術・社会論）と呼ばれる領域にいる科学史・技術史家である。邦訳はまだされていないが、*How Experiments End* (University of Chicago Press, 1987) に始まり、*Image and Logic*（同、1997), *Objectivity* (Zone Books, 2007, Lorraine Daston との共著) などの著書・編著がある。

アインシュタインが「驚異の年」（一九〇五年）に物理学の世界に本格デビューして以来百年以上たち、その間にアインシュタインは現代物理学を代表するシンボルのような人物になった。しかしその現代物理学も、生まれた二十世紀から世紀をまたいでしまうところまでくると、いわば新たな古典となる。それを象徴するアインシュタインが、舌を出した写真はよく知られているのに、それ以外のことはあまり知られないとまとめても、単なる戯画化とも言えないようになっているのも、あたりまえのことかもしれない。アインシュタインを有名にした当のものは、すでに多くの人々の目には過去のものとなっているというわけである。それでもなお、何かのイメージは知られているのがアインシュタインだとすれば、あらためてそれを歴史、あるいは当時の社会の中に位置づけようというのは、出るべくして出た取り上げ方だろうし、本書が試みているのもそのことである。時代から遊離したイコンを、元の時代に入れ直してみようということだ。

その課題を、著者はポアンカレという、アインシュタインと同じ時期に、アインシュタインと同じ問題を考えていた人々の代表のようなフランス人と対置させる。アインシュタインが傑出していると思われれば思われるほど、孤高の天才というイメージのほうが想像力にかなない、アインシュタインの偉業はアインシュタインにしかできなかった独自のものだったと思われたり、ついそういうイメージのしかたになったりもする。そのため、同じ時期をポアンカレの側からも見るというのは、それだけでも当時の社会の中に置くということのおもしろみとして、心惹かれるところがある。本書の柱はやはりアインシュタインにあると言えるだろうが、当時にあってはほとんどの時期でアインシュタインよりも上にも先にもいた（結果的には、ゴールとされる相対性理論まであと一歩だった？）ポアンカレの物語としても組み立てられている。

そのポアンカレとアインシュタインの組合せを、本書は技術、物理学（科学）、哲学という三つの方面から取り上げる。技術面では、世界の正確な地図を作り、共通の時刻を表示するために、電信、さらには電波を使った時計合わせが必要とされ、そのための方式が、天文台で、行政機関や鉄道会社で、また特許申請という形で提案されるものが特許局で検討され、実行されていたということ。物理学では、エーテルと光の速さの問題をどう解決するかという懸案が解決を待っていたこと。哲学面では、空間や時間（同時性）を世界の（あるいは測定が行なわれる）客観的な枠組み（絶対空間・絶対時間）として前提とするのではなく、手順を決めた測定結果から時間や空間を定めていくと考える流れ（「規約主義」）。そのいずれの面にも、ポアンカレとアインシュタインが深く関与し、答えを見いだすということである――世界の各地でそれぞれの仕事をする人々（アインシュタインとポアンカレを含め）の作業の積み上げとして。そこに二人は、かたやパリの経度局長官などの官僚、かたやベルンの特許局審査官という、ともに現実の技術に携わる実務家――数学者や科学者としてのイメージとは少しはずれた姿――としても参加し、そのことを重要な因子として、科学者としての成果を残していったという筋立てである。

ポアンカレとアインシュタインに代表されるこの時期の物理学者が切り開いたのが、今も触れたような、物理学的な概念は前提としてもともとあるものではなく、観測結果に基づいて組み立てられるものだと考える姿勢だった（その後、若い世代の量子力学に引き継がれ――当のアインシュタインも含めた異論を伴いながらも――二十世紀物理学の主流になる）ことを著者は述べているが、その著者も当時をうかがわせる様々な資料を観察し、時間と相対性をめぐる状況を組み立てる。その話を組み立てるための補助となるイメージとして、著者は「臨界タンパク光」という、液体と気体の境界のどちらとも言えない混合状態で、様々な大きさの粒子ができることで光が散乱してまっすぐ通り抜けられないために生じる光の現象に訴える（動画サイトで、“critical opalescence”等のキーワードを入れるといくつかの例を見ることができる）。そこでは液体と気体の状態が拮抗し、局所的には両相を行き来しながら、全体として相が移行していく。十九世紀の終わりから二十世紀初めにかけての時間と空間をめぐる状況はこれに似て、具体と抽象の間の複数の経路があちこちで、また交差しながら、行き来し、見通しがきかない状態を経て、相が入れ替わるというものだった（その結果、相対的な意味ではあれ、クリアな状態になる）。技術、社会、科学、哲学という、関連する様々な範囲、レベルをまたいで、とくに時間の見方、扱い方が更新されて行くという点で、確かに手がかりになるイメージだと思う。

複数の人々が、同じ時代に、直接交差することもほとんどなく、それでも同じ問題に取り組んでいたという本書が語る話は、一つの時代を象徴する群像物語として魅力がある（拙訳で恐縮だが、アーサー・I・ミラー『アインシュタインとピカソ』［TBSブリタニカ］も同様の趣向である）。たとえばアインシュタインがベルンで時計合わせが要であることに気づいた瞬間の話のように、直接には知りようがないことを、残った資料から、それでも埋められない空白を状況証拠で埋めながら、こう考えられるのではないかという記述もあるが、そうして組み立てられたシーンが目に浮かぶようなところに、本書の魅力の一つがあることも確かだ。原書が出た当時、一般の人々から大いに迎えられたというのも、そういうところによるのではないかと思われる。アインシュタイン（やポアンカレ）が、雲の上の概念や、よく知られているとはいえ単なる写真の人物といったイメージにとどまらず、二人が生きていた当時の社会の中にいた具体的な人物として伝わったというわけである（それが新たな固定観念や伝説を生んでしまうこともあるのだろうが、だからこそ歴史は、またあらためて別の取り上げ方で語られなければならないのだろうと思う）。

本書の柱の一つとしては、“convention”という言葉もある。「国民公会」（フランスの伝統）、「条約」（国際的なものも含めた経済・社会的活動にかかわる部分）、「規約」（科学哲学上の概念＝ポアンカレの「規約主義（＝conventionalism)」にかかわる）という三つ組の意味がこもっている言葉であるが、日本語のうえではとくに「条約」とは言いにくい部分をまとめるために「取り決め」という訳語を用いたところが多々ある。「規約」は科学をめぐる文脈について用いた。不明瞭、不徹底の部分もあるかと思うが、まとめて convention として理解していただければ幸いである。また、原書の副題は「時間の諸帝国」となっており、英・仏・独・米といった十九世紀末から二十世紀初頭の大国が、時間の制度や規格をめぐってそれぞれの野心を戦わせていたという状況を表している。一方、本書で語られる歴史は、そうした争いも含めた様々な経緯から、人間の認識に先立つ基準として前提される時間という捉え方が捨てられ、ある意味で新たな時間が創られる過程でもあった。邦訳では、そちらを前に出し、モダンの時代の工業技術にも重ねて「鋳造される時間」とした。

もう十年も前、デービス・ベアードの『物のかたちをした知識』（青土社）という本を訳したときにギャリソンの名やこの本の存在を知った。訳してみたいなと思ってぶつぶつぶやいていたのを、名古屋大学出版会編集部の橘宗吾氏が取り上げてくれて、やってみるよう誘ってくださった。何よりもそのことに感謝する。出版にあたっての実務は同じく編集部の神舘健司氏に担当してもらい、装幀の京尾ひろみ氏とともに、本の内外を仕上げていただいた。お礼を申し上げる。読者の方々には、きりのよいアインシュタインの驚異の年百周年というわけにはいかないが、百十周年という節目に近いところで、あらためて振り返っていただければと願う。

訳者識

二〇一五年八月

《訳者紹介》

松浦俊輔《まつうらしゅんすけ》

1956年生
1979年　東京大学教養学部教養学科卒業
1987年　東京大学大学院人文科学研究科博士課程満期退学
名古屋工業大学助教授などを経て
現　在　名古屋学芸大学非常勤講師，翻訳家
訳　書　ジョンソン『イノベーションのアイデアを生み出す七つの法則』（日経BP社，2013年）
アナンサスワーミー『宇宙を解く壮大な10の実験』（河出書房新社，2010年）
ケネフィック『重力波とアインシュタイン』（青土社，2008年）
スモーリン『迷走する物理学』（ランダムハウス講談社，2007年）
ベアード『物のかたちをした知識』（青土社，2005年）
ミラー『アインシュタインとピカソ』（TBSブリタニカ，2002年）など

アインシュタインの時計 ポアンカレの地図

2015年10月15日　初版第1刷発行

定価はカバーに
表示しています

訳　者　松　浦　俊　輔
発行者　石　井　三　記

発行所　一般財団法人　名古屋大学出版会
〒464-0814　名古屋市千種区不老町1 名古屋大学構内
電話(052)781-5027/FAX(052)781-0697

印刷・製本 ㈱太洋社　ISBN978-4-8158-0819-8
乱丁・落丁はお取替えいたします．

索　引

A-Z

CGS 系（センチメートル・グラム・秒）　136
ETH（連邦工科大学，スイス）　188-193, 199, 200, 203, 218, 223, 258
GPS（全地球測位網）　238-240, 268
LORAN（長距離航法支援）システム　237

ア　行

アイルランド（国際ケーブル接続地点）　107-109, 150
アインシュタイン，アルベルト
　1905 年　2, 4, 16, 18, 19, 30, 31, 183, 201, 210, 212-214, 216-218, 236, 242, 245, 246, 262
　エーテル説への姿勢　3-5, 31, 167, 188, 190, 191, 194, 217, 218, 222, 232, 233, 246, 248, 259, 265, 271
　学生時代　188-191, 218, 259
　権威に対する姿勢　30, 193, 248, 259
　光速　4, 5
　就職　193, 202
　政治的信条　13, 242, 272
　哲学　12, 13, 195-197, 222-225, 260, 264-268
　電磁的装置への関心　30, 206-210
　同時性　2, 5-11, 16-17, 22, 201, 211, 224, 225, 260
　時計同期　6-9, 22, 30, 201, 211, 213, 226, 236, 243, 259, 274
　特許局（ベルン）　14, 17, 25, 31, 185, 193, 200, 202-204, 206-210, 212, 226, 241, 269, 270, 272
　ニュートン　1
　熱力学　191, 199
　光信号時計　7-10, 200, 226, 247, 259
　アインシュタイン，ヘルマン（父）　206
　ベルンの時計　17, 18, 202, 211
　ポアンカレ　19-20, 198-202, 213-215, 245-251
　マッハ　195, 196
　アインシュタイン，ヤーコプ（叔父）　206
　四次元時空　218-220
　量子物理学　11, 248-250, 265
　ローレンツ　194, 201, 217
アヴェナリウス，リヒャルト　197
アダムズ，ジョン・クーチ　120, 121
アナーキズム　130, 187, 240, 274
アビー，クリーヴランド　90, 91, 95, 120, 122
アブラハム，マックス　201, 216, 231, 242
アメリカ海軍　110-112, 118, 226, 231, 236, 237
アメリカ計測学会　89, 122
アレン，ウィリアム・F.　91, 97, 98, 100-102, 123
安全ランプ（炭鉱用）　42, 45
アンデス（経度調査）　23, 114, 158, 256
イェール天文台　88
位相幾何学　18, 62, 251
一般相対性理論　196, 208, 239, 269, 271, 273
緯度　20, 117
ヴィオレ=ル=デュク，ウジェーヌ　74
ウィリアム・ボンド社　82, 85
ウィーン（空気圧時計）　73
ウィーン学派　12, 221, 268
ヴェーバー，ハインリヒ・フリードリヒ　189, 190, 203
ウォーカー，シアーズ　81
ウォルド，レナード　84-88, 90, 91
ウォルフ，シャルル　74, 260
運動学　6, 201, 211, 225
「運動する物体の電気力学について」（アインシュタイン）　2, 241
エアリー，ジョージ　95, 96, 147
衛星，時刻合わせ　149, 237-241
エクアドル（経度調査）　20, 156, 160
エッフェル塔　229-233, 235, 236, 238, 253, 262
エーテル　3-5, 10, 28, 29, 31, 67, 162-174, 177-181, 188, 190, 191, 194, 197, 200, 201, 211, 213-215, 217, 218, 222, 224, 232, 233, 236, 243, 246, 248, 252, 259, 260, 262, 264, 265, 271
エネルギー保存　178, 179
エルミート，シャルル　48, 53, 54, 61
沿岸測地測量所（アメリカ）　79, 81, 106, 107, 147, 150, 157, 262

円周（角度として） 133, 134, 138, 140
エントロピー 199, 201, 269
オリンピア・アカデミー 195-198, 209, 213, 216, 273, 274

カ 行

海王星の発見 74, 96, 120, 121
海軍天文台（合衆国） 97, 101, 104
海底ケーブル 26, 78, 81, 103, 104, 107-111, 114, 116, 144-150, 153, 157, 159, 241, 260
カウフマン，ヴァルター 181, 245
カオス（軌道の） 38, 45-57, 264
科学
　科学，技術・哲学と 1, 22, 24, 27, 29, 64, 173, 240, 247, 257, 259, 263, 268, 271
　科学，帰納と演繹 40, 162, 270, 271
　科学，原理と規約 199, 200
　科学，実験科学と理論科学 162, 270, 271
　科学，理論と応用 24, 34-36
科学アカデミー（パリ） 48, 66, 68, 71, 104, 111, 127, 157, 180, 256, 272, 274
『科学と仮説』（ポアンカレ） 26, 33, 173, 197-199, 223
合衆国議会 90, 106, 116
ガッタ（樹脂） 104
カナリア諸島（本初子午線） 119
カリノン，オギュスト 40, 41, 62, 153-155, 263
ガリレオ 4, 5
干渉計 67, 166, 168, 201
カント，イマヌエル 40, 41, 58, 62, 63, 264
幾何学 35, 40, 41, 47, 48, 50, 53, 58-63, 134, 148, 163, 164, 176, 218, 220, 222, 251, 266
キト（エクアドル，経度調査） 156-162, 165, 169, 173, 233, 260, 264
規約主義 19, 22, 61, 62, 256, 259, 263, 266
教会時計 74, 261
局所時間 29, 30, 168-173, 178-180, 182, 201, 211, 213-215, 217, 232, 233, 245, 246, 256, 259, 262, 265
キログラム原器 65, 69, 74
空気圧時計（パリ，ウィーン） 73
グージ=ドローヌ法 142
クライナー，アルフレート 193, 194, 203, 222
クライン，フェリックス 61, 164, 165
クリスティ，ウィリアム 169
グリニッジ（天文台，本初子午線） 27, 77-79, 82, 84, 90, 92, 94, 96, 97, 101, 102, 104, 106, 108, 110, 111, 114, 117-124, 127, 129-132, 142, 147, 150, 153, 169, 187, 197, 233, 235, 236, 260
グリーン，フランシス 110-112, 114
グールド，ベンジャミン 107-110
グロスマン，マルセル 193
クロネッカー，レオポルト 54
クロポトキン，ピョートル 187
クワイン，ウィラード・ヴァン・オーマン 12
群 58, 59
軍隊 128, 129, 226, 229-236
経験主義と観念論 62
芸術・科学国際会議（セントルイス万博） 177
経度局（フランス） 25, 26, 28, 33, 37, 48, 78, 103-105, 114-116, 131-133, 141-145, 147-149, 151-153, 156, 169, 173, 228-231, 236, 255, 256, 258, 262-264, 270, 275
経度決定 104-116, 143-153, 156-162, 230
経度差 80, 81, 147, 148, 150-152
経度測定 81-84, 104-107, 160-161
経度（パリの） 147-149, 169, 262
啓蒙 27, 35, 78, 103, 125, 254, 264
ケルヴィン卿／ウィリアム・トムソン 96, 109, 123
原子時計 237, 239
航海 27, 79, 80, 230
工業技術 1, 2, 17, 18, 22, 31, 35, 38, 45, 64, 65, 92, 104, 155, 162, 168, 170, 200, 203, 208, 209, 212, 213, 228, 236, 239, 240, 247, 255-272
工場出荷証明（ポリテクニク，力学） 26, 34, 37, 48, 189, 248, 258
光速 4, 5, 9, 10, 170, 196, 212, 218, 221, 226, 231, 245, 259, 271
高等鉱業学校 37, 38, 41, 189
高等郵便電信学校 228, 236
国際計時会議（パリ万博） 185
国際条約 63, 72, 261, 263
国際測地学会 148, 156, 159
国際測地学会議（ローマ） 116
国際度量衡局 65, 69, 70, 187
国際博覧会（1904） 177
国立公文書館（フランス） 70
コーシー，オギュスタン=ルイ 34, 35
国家統一（ドイツ） 25, 243
ゴネシア，フランソワ 158, 159
コネチカット州（時間制度） 88
暦（アルマナック） 133
コルニュ，アルフレド 34, 36-38, 62, 74, 134, 138-140, 148, 189, 260
コンヴェンション（条約，規約，公会） 72,

199, 200, 235, 263
コーン，エミール　214-216, 225, 236, 242, 245
コンラッド，ジョセフ　130, 240

サ　行

サロートン，アンリ・ド　142
三体問題　45, 47, 48, 56, 60, 251
サンフェルナンド天文台　143-146
サンプソン（米海軍中佐）　118
サンルイ（セネガル）　143, 145, 146, 153, 156, 264
シカゴ（時間）　88, 89, 101
時間
　十進化　28, 124, 125, 132-143, 153, 173, 174, 262
　尺度（規約的選択）　154, 198
　整合　→時計同期，同時性
　絶対　1, 2, 6, 11-14, 28, 40, 163, 196-199, 226, 243, 264, 271
　ニュートンの概念　1, 6, 12-13, 15, 23, 28, 155, 196, 197, 254
時間総合会議（鉄道事務職員，1883）　91, 98, 101
「時間の測定」（ポアンカレ）　19, 20, 103, 143, 148, 149, 152-155, 163, 169, 198, 221, 256, 263
時空（四次元）　218-220, 237, 243, 246, 267, 273
実証主義　198
十進化（角度の）　133-138
十進化（時間の）→時間
時報球　84, 88, 97, 102
時報局（合衆国）　90
ジャイロコンパス　208, 210, 271
シャルルマーニュ　67
ジャンサン，ジュール　118-121, 123, 125, 127, 130
「十九世紀の科学の業績においてポリテクニク生が果たした役割」（ポアンカレ）　33
主時計　9, 17, 84, 97, 131, 185, 212, 243, 272
ジュネーヴ（時間と時計）　184, 185
小惑星（軌道運動）　47, 50-52, 54-57
植民地（フランス）　143, 153, 157, 233, 262
植民地戦争　143, 157
ジョルダン，カミーユ　53
進歩　30, 103, 174, 177
スイス（時計の同期）　17, 18, 30, 183-188, 206, 227
スマイス，ピアッツィ　94, 95, 103
星蝕　106, 107, 149
世界時間会議（1884）　116-125, 127
赤道　15, 20, 117, 121, 131, 153, 156, 158
絶対運動　40, 179
絶対時間→時間
セネガル（地図づくり）　23, 143-147, 152, 231, 233, 256, 260
戦争　157, 229, 235, 237
相対性原理　4, 5, 14, 28, 29, 179-181, 191, 209, 218, 222-224, 231-233, 245-247, 252, 254, 260
測量　78-80, 104-116, 147-153, 156-162
ソルヴェー会議（1911）　247-251
ソロヴィーヌ，モーリス　195, 197, 273

タ　行

大英帝国　27, 72, 93, 122, 142, 235
対向子午線　94, 117, 124, 131
代数（幾何学に対する）　47, 251
大西洋（海底ケーブル）　103, 107-111, 150
大西洋（経度差）　80, 81, 107
太陽系（安定性）　27, 38, 48, 49, 104, 259
ダウド，チャールズ　91
ダカール（セネガル，経度調査）　143-148, 153, 156, 255, 264
単位　27, 28, 69, 90, 95, 119, 124, 132-142, 198
炭鉱　41, 42, 255, 264, 272
地球の形状　114, 117, 156, 162
地球の自転　117, 137, 154, 196
地図づくり　20, 22, 79-82, 89, 105, 106, 110-112, 118, 143, 145, 148-151, 157, 162, 176, 233, 255, 261, 270
地方標準時　64, 77, 90, 97, 98, 101, 102, 131, 142, 205, 212, 233, 270
調査隊（経度）　33, 105-113, 144, 150, 152, 156-162, 169, 170, 173, 255
直観，数学的　19-21, 47, 49, 50, 58, 163, 181, 200, 222, 248, 249, 251, 254, 255, 264, 265, 267
直観主義　164, 165
ツァンガー，ハインリヒ　208, 242
月の位置　80, 105
ディアボーン天文台（シカゴ）　88, 89
ディーン，ジョージ　106, 109, 110
デーヴィ，ハンフリー（安全ランプ）　42, 45
手順　2, 5-9, 11, 19, 21-23, 26, 28, 67, 109, 148, 149, 151-155, 169, 170, 172, 174, 199, 213, 215-217, 221, 225-226, 234, 237, 242, 243, 255-262, 268, 271, 275
テスケ，チャールズ　86-88
哲学，技術・物理学と　1, 22, 24, 27, 29, 64, 173,

240, 247, 257, 259, 263, 268, 271
鉄道　76, 78, 91, 97, 99, 128, 212
鉄道時間　16, 75-78, 90, 91, 97, 99, 123, 128, 212
デュマ，ジャン・バティスト・アンドレ　66, 67, 71
電気力学　3, 5, 10, 26, 28, 29, 190, 191, 196, 201, 202, 206, 214, 216-218, 259
電信
　海底ケーブル　78, 103, 107-116, 144-150, 157, 228, 235, 257, 263
　送信時間　19, 21, 149, 150, 155, 262
　地図づくり　103-116, 143-162, 262
　時計の同期，連動　81-84
　無線　18, 226-236
天体力学（カオス）　18, 45, 46, 53, 57, 183, 255
電波　190, 226-231, 233, 235, 236, 241, 255
電波による時間　226-236, 253, 262
天文観測　20, 105, 109, 114, 115
天文台　23, 73-76, 78, 79, 81-89, 91, 95-97, 101, 103, 104, 106, 110-115, 118-121, 123, 129-131, 141, 144, 145, 147, 148, 150, 152, 153, 159, 176, 184, 188, 230, 234, 240, 260, 268, 270
天文時計　36, 139, 197, 260
天文表　46, 57
ドゥカーズ，ルイ　65
同時性／同時刻　19-22, 28, 182, 149, 153, 173, 198, 256-259, 263, 267
特殊相対性理論
　GPS　237-239
　帰結　242
　光速　4, 5
　時計の同期　6-9, 211-218, 242-243, 274
　四次元　219-222
時計同期／時計の整合　170, 180, 185, 214, 243, 259, 264
特許　14, 18, 30, 155, 184, 200, 202-210, 212, 216, 228, 241, 242, 265, 270, 272, 273
ド・ベルナルディエール，オクターヴ　104, 105, 110, 113, 114, 150, 152
ド・ラ・グリ，ブーケ　133-135, 156, 157
ドルーデ，パウル　192, 194
トレスカ，ギュスターヴ　74
ドレフュス，アルフレド　175, 176, 255
トンディーネ・デ・カレンギ　127

ナ　行

ナイル川（植民地紛争）　147, 157
ナポレオン１世　125, 189
南北戦争（アメリカ）　106, 107, 109, 262
ニュートン，アイザック　1, 6, 12-15, 23, 28, 45, 46, 121, 156, 174, 177, 196, 197
ニューファンドランド（電信線敷設）　22, 107-110
ニューヨーク　2, 86-88, 92, 95, 97, 101, 102, 107, 113, 144, 177, 224
熱（概念）　189-191, 199, 201
熱力学　183, 189, 191, 199, 201, 223, 266, 269

ハ　行

場（電場，磁場，電磁場）　3, 10, 28, 36, 165, 181, 188, 217, 218
ハイゼンベルク，ヴェルナー　11
ハーヴァード大学天文台　81, 83-86, 88, 89, 101, 110
ハートフォード（コネチカット州）　86, 87
バーナード，フレデリック・A. P.　89, 90, 95-98, 102
ハビヒト，コンラート　195, 209, 211
ハビヒト，パウル　209
ハラー，フリードリヒ　193, 200, 202-204, 207, 242
ハリソン，ジョン　79, 80, 261
パリ天文台　74, 76, 103, 118, 121, 147, 148, 227, 230, 236, 260
バルト，ロラン　14
万国博覧会（1851）　66
万国博覧会（1889）　156
万国博覧会（1900）　33, 76, 185, 186
反作用（作用反作用の法則）　166, 171, 172, 179
反実証主義　271
反照検流計（ミラー・ガルヴァノメーター）　109, 111
ピアジェ，ジャン　12
ピアソン，カール　196, 197, 199, 221
光信号　170, 200, 215, 233, 236, 246, 247, 254, 259, 262
日付変更　121, 132
ヒップ，マテウス　17, 18, 183-185
微分方程式　46-50, 60, 248, 249, 265
ヒューム，デーヴィッド　12, 197, 199
ヒューリスティック　246, 248, 259, 265, 266
ピラミッド（本初子午線）　94, 95
ヒルシュ，アドルフ　69, 116, 117, 184
ファヴァルジェ，アルベール　184-188, 204, 269, 270
フィゾー，アルマン=イポリット　67, 74, 166

フィラデルフィア（鉄道と時間）　101
フェー，エルヴェ　104, 138
フェリエ，ギュスターヴ=オギュスト　229, 230
フェルスター，ヴィルヘルム　65, 71, 185
フェロ島（カナリア諸島）　119, 120, 122, 132
物質還元主義　270
ブードノー法　142
ブートルー，アリーヌ・ポアンカレ　38, 40
ブートルー，エミール　38, 40, 62, 263
プハソン，セシリオン　145
普仏戦争　34, 40, 70, 128, 175
フラグメン，エドヴァルト　50, 52, 53
ブラジル（電信網への接続）　111, 122, 123, 231
プラトン　174, 220, 264
プランク，マックス　224, 245, 246
フランス革命　66, 103, 124, 142
ブリティッシュ・ケーブル社　144
フリーリングハイゼン，フレデリック・T　98, 117
ブルダン，マルシャル　130, 187
ブルトゥイユ天文台　69, 72, 74
フレミング，サンフォード　90-97, 102, 122
ブロック，レオン　236
ベイン，アレクサンダー　17
ベクレル，アンリ　74, 136
ベクレル，エドモン　74
ベッソ，ミケーレ　194, 210, 217, 274
ペドロ2世（ブラジル皇帝）　111, 112
ペルー（経度調査）　113, 157, 160
ベルクソン，アンリ　19
ヘルツ，ハインリヒ　190, 194, 228, 229, 236, 253
ヘルムホルツ，ヘルマン　61, 190
ベルリン（パリ=ベルリンの同期）　21, 22, 104, 148, 152, 231, 260
ベルン（ベルン時間，公共時計）　17, 18, 184, 185, 188, 202-204, 206, 210, 211
ペレ，ダヴィッド　204, 205
便宜　198, 223, 252, 255, 266, 267
ポアンカレ，アンリ
　アインシュタインとの遭遇　247, 248, 251
　ポアンカレ，アリーヌ（妹）　38, 40
　エーテル説　28, 29, 165-168, 170-174, 200-201, 211, 213-215, 232, 233, 243, 246, 248, 252, 262
　規約主義　19, 57-60, 164, 178, 179, 198, 223, 252, 254-256, 263, 266-267
　教育　26, 27, 33-38, 189, 190, 192
　経度局　25, 33, 37, 78, 103, 104, 152, 169, 173, 229, 258, 262-264, 270
　経度決定　20
　工学的背景　26, 27, 30, 37, 255-259
　鉱山　39-45, 264
　幸福曲線　39
　視覚的方法　47-49, 251
　死去　253, 263
　時空　219, 220, 246
　十進化　132-143, 173-175
　真理，科学的・道徳的　174, 253
　政治　174, 253
　相対性原理　28-30, 163, 179-181, 231-233, 252
　地図づくり　156-162, 264
　天体力学　18, 45-57, 264
　電波時報　228-236, 262-263
　ドイツ語訳　198-200
　同時性　19-22, 28, 29, 103, 149, 153-155, 163, 169, 173, 198, 200, 226, 233, 256, 258-260
　特殊解　251
　時計同期　19-22, 29, 169-171, 213-215, 236, 258-260
　ドレフュス事件　175, 176
　光信号同期　233, 236, 246, 247, 262
　物理学　177-179, 181, 194, 232, 246-250, 264
　ポアンカレ・マップ（写像）　51-56, 264
　モダニズム　103, 174, 180, 263, 264, 267
　ローレンツ　28, 29, 165-174, 178-181, 200, 201, 213, 217-218, 231-233, 246, 248-249, 252, 259, 262
ホイートストン，チャールズ　17
ホイーラー，ジョン　237
放射能　74, 179
ボシュエ，ジャック=ベニーニュ　247, 272
ボストン（時間）　82, 84-89, 101, 260
ホモクリニック・ポイント　54, 56
ポリテクニク（理工科学校）　26, 27, 31, 33-38, 40, 46, 47, 50, 61-63, 74, 153-155, 189, 190, 192, 229, 248, 254, 256-258, 263
ボルドー天文台　115
本初子午線　27, 92, 94, 102, 103, 116-119, 121-123, 125, 127, 130, 132, 142, 148, 235
ボンド，W. C.　81

マ　行

マイケルソン，アルバート　67, 166, 168, 178, 201, 217, 245

マイスナー，エルンスト　223, 224
マクスウェル，ジェームズ・クラーク　10, 194, 222
マクスウェルの方程式　3, 28, 191
マシンヒェン（アインシュタインの発明）　209, 210, 242
マスカール，エルーテール　229
マッハ，エルンスト　13, 195–197, 199, 221
マニー（炭鉱）　42, 43, 45, 264
マリッチ，ミレヴァ　190, 192–194, 203
ミッタク=レフラー，イェースタ　48, 50, 52–54, 263
見立て　15, 16, 19, 20, 24, 25, 148, 236, 272, 274
ミル，ジョン・スチュアート　197, 199
ミンコフスキー，ヘルマン　6, 218–222, 245, 246
無線　18, 183, 205, 227–232, 234–237, 262
無線による時間　228
メートル原器　65, 67, 69, 70, 72, 74, 77
メートル法　63, 66, 67, 69, 71, 76–78, 95, 103, 123, 132, 134, 142
メートル法条約　65, 67, 117, 152, 199
モーリー，エドワード・ウィリアム　201, 217, 245
モルトケ，ヘルムート・カール・ベルンハルト・フォン　128–130, 185, 236, 242, 243
モンジュ，ガスパール　35

ヤ・ラ・ワ行

ヤーコプ・アインシュタイン社　207
ユークリッド幾何学　58, 60, 61, 63, 163, 219
ユニヴァーサル・コンパレーター（万国共通比較測定装置）　68
ラウエ，マックス・フォン　224, 245, 246
ラグランジュ，ジョゼフ=ルイ　47
ラザファード，ルイス・M.　118
ラジウム　178
ラプラス，ピエール=シモン・ド　47, 120, 125, 134
ラルマン，シャルル　131, 132, 160, 161, 165, 233, 234
力学（ポリテクニクの）　34, 248
量子　11, 224, 248–250, 265, 266, 278
理論物理学　2, 165, 191, 237, 271
臨界タンパク光　13, 24, 25, 64, 78, 125, 256, 269, 271
ルヴェリエ，ユルバン　74–76, 78, 90, 147
ルフェーヴル，アルベール　118, 122
レーウィ，M.　134, 135, 138, 142, 148, 152, 169
レーメル，ルドルフ　223
ロジャース，ジョン　97
ローレンツ，ヘンドリク　13, 28, 29, 154, 165, 166, 168–174, 178–181, 191, 194, 196, 200, 201, 211, 213–215, 217, 218, 221, 224, 231–233, 242, 245–250, 252, 255, 256, 259, 262
ローレンツ収縮　168, 201, 232, 259
論理主義　164
ワイエルシュトラス，カール　48, 53, 54
ワイス，ピエール　250, 251
惑星運動（安定性）　255

註

第1章　同期するということ

（1）　Einstein, “Autobiographical Notes” [1949], 31. どこでも聞こえる「チクタク」については, Einstein, “The Principal Ideas of the Theory of Relativity” [1916年12月以後], *Collected Papers*, vol. 7, 1-7, 引用部分は5を参照. ニュートンの時間と空間については Rynasiewicz, “Newton’s Scholium” (1995).

（2）　今ではアインシュタインの著作について，何世代かの歴史家のたぐいまれな学術資料や研究を通じて読むことができる．その文献は広大で，ここではわずかな典拠を挙げることしかできない――いずれもさらに広い範囲の文献をたどる入り口として使える．立派な編集上の注釈と資料の念入りな再現の点では，Stachel et al., eds., *Collected Papers* (1987-); 二次文献としては Holton, *Thematic Origins of Scientific Thought* (1973); Miller, *Einstein’s Special Theory of Relativity* (1981); Miller, *Frontiers* (1986); Darrigol, *Electrodynamics* (2000); Pais, *Subtle is the Lord* (1982); Warwick, “Role of the Fitzgerald-Lorentz Contraction Hypothesis” (1991); 同, “Cambridge Mathematics and Cavendish Physics” (part I, 1992 ; part II, 1997); Paty, *Einstein philosophe* (1993); M. Janssen, *A Comparison between Lorentz’s Ether Theory and Special Relativity in the Light of the Experiments of Trouton and Noble*, 未公刊の博士論文, University of Pittsburgh, 1995 ; Fölsing, *Albert Einstein* (1997). 一流の学者による論集として，“Einstein in Context,” *Science in Context* 6 (1991), および, Galison, Gordin, and Kaiser, *Science and Society* (2001) を参照．特殊相対性理論についての他の歴史的研究についての徹底した文献案内は，Cassidy, “Understanding” (2001).

（3）　ポアンカレについてのやはり広大な学術資料のほうも，ナンシーを拠点とする Archives Henri Poincaré という，学術上の書状を公刊するプロジェクトによって，形をとりつつある．他に，たとえば，Nabonnand, ed., *Poincaré-Mittag-Leffler* (1999) を参照．公刊論文は，ほとんどが *Oeuvres* (1934-53) にある．ポアンカレの工業技術的な業績について現段階の成果を見渡したものは，上記註2の文献（とくに，Darrigol と Miller の著作）とそこに挙げられた資料にもあるし，また，ポアンカレの物理学と哲学のつながりについては Paty の本にもある．次の優れた本も参照．Greffe, Heinzmann, and Lorenz, eds., *Henri Poincaré, Science and Philosophy* (1996). Rollet の優れた博士論文は，解説者，哲学者としてのポアンカレの役割を調べている――細かい伝記も出ている．*Henri Poincaré, Des Mathématiques à la Philosophie. Étude du parcours intellectuel, social et politique d’un mathématicien au début du siècle*, 未公刊の博士論文，University of Nancy 2, 1999.

（4）　Galison, “Minkowski’s Space-Time” (1979).

（5）　Einstein, “Electrodynamik bewegter Körper” (1905), 893 ; ここでは Miller, *Einstein’s Special Theory of Relativity* (1981), 392-93 にある英訳版を（少し手を加えて）用いた.

（6）　同前.

（7）　上記註2の資料を参照．エーテルについては，Cantor and Hodge, eds., *Conceptions of*

Ehter (1981).

(8) 絶対時間の批判についてハイゼンベルクがアインシュタインと論議したことについては，*Physics and Beyond* (1971), 63 ; 他の量子論の理論家（マックス・ボルンとパスクアル・ヨルダン）も，自身の新しい物理学をアインシュタインの同時性規約に基づいてモデル化した．Cassidy, *Uncertainty* (1992), 198 ; Philipp Franck は，*Einstein* (1953), 216 で，「うまい冗談」の感想を伝えている．

(9) Schlick, “Meaning and Verification” (1987), 131 ; 47 も参照．

(10) Quine, “Lectures on Carnap,” 64.

(11) Einstein, *Einstein on Peace* (1960), 238-39, 引用部分は 238.

(12) Einstein, *Autobiographical Notes* [1949], 33.

(13) Barthes, *Mythologies* (1972), 75-77.

(14) Poincaré, “Mathematical Creation” [1913], 387-88.

(15) Poincaré, *Science and Hypothesis* (1952), 78.

(16) Seelig, ed., *Helle Zeit—dunkle Zeit* (1956), 71 に引用されたもの．Calaprice, *The Quotable Einstein* (1996), 182 の英訳による．

(17) 遠隔的に合わされる時計については，とくに Charles Wheatstone and William Cooke，スコットランドの時計製造業者 Alexander Bain，アメリカの発明家 Samuel F. B. Morse によって論じられている．Wheatstone，Cooke，Morse にとっては，時計の整合は電信についての仕事から生じるものだった．Welch, *Time Measurement* (1972), 71-72 を参照．

(18) 1900 年代以前の時計の整合についての広範な作業についての解説は，たとえば，ファヴァルジェによる一連の記事，Favarger, “L’Électricité et ses applications à la chronomètre” (Sept. 1884-June 1885)，とくに 153-58 および，“Les Horloges électriques” (1917); Ambronn, *Handbuch der Astronomischen Instrumentenkunde* (1899)，とくに Vol. 1, 183-187 を参照．ベルンの時計網の拡張については，Gesellschaft für electrische Uhren in Bern, *Jahresberichte*, 1890-1910, Stadtarchiv Bern を参照．

(19) Bernstein, *Naturwissenschaftliche Volksbücher* (1897), 62-64, 100-104. ベルンシュタインについての助けになる解説をしてくれたユルゲン・レンに感謝したい．

(20) Poincaré, “Measure of Time” [1913], 233-34.

(21) 同前，735.

(22) Poincaré, “La Mesure du temps” (1970), 54. 少し手を加えた．

第 2 章　鉱山，カオス，規約

(1) Poincaré, “Les Polytechniciens” (1910), 266-67.

(2) 同前，268, 272-73.

(3) 同前，274-75, 278-79.

(4) Cahan, *An Institute for an Empire* (1989)，とくに第 1 章．

(5) モンジュが中心に置いた画法幾何学は，153 時間（1800 年）から 92 時間（1842 年）と急激に減って，科目上の重みを低くしていた．他方，関数の厳密な研究である解析は，二次的な位置から頂点に上っていた．Belhoste, Dahan, Dalmedico, and Picon, *La formation polytechnicienne* (1994), 20-21 ; Shinn, *Savoir scientifique et pouvoir social* (1980). モンジュの

射影幾何学については，Daston, “Physicalist Tradition”（1986）を参照．もっと一般的に物理学の教育については，先に挙げたWarwickの論文と，Olesko, *Physics as a Calling*（1991）, David Kaiser, *Making Theory : Producing Physics and Physicists in Post-war America*, 未公刊の博士論文，Harvard University, 2000を参照.

（6） コルニュについてポアンカレが言ったことは，“Cornu”（1910）, とくに106, 120–21, 初出は1902年4月（cf. Laurent Rollet, *Henri Poincaré. Des Mathématiques à la Philosophie. Étude du parcours intellectuel, social et politique d'un mathématicien au début du siècle*, 未公刊の博士論文，University of Nancy 2, 1999, 409）; Cornu, “La Synchronisation électromagnétique”（1894）.

（7） ピコンは，カリキュラムが実験にもっとあからさまに敵対的だったというテリー・シンによる規定への反論として，この実験に対する遠回しの敬意を提示している．Belhoste, Dahan, Dalmedico, and Picon, *La formation polytechnicienne*（1994）, 170–71 ; Shinn, “Progress and Paradoxes”（1989）.

（8） ポアンカレから母宛，たとえば，C76/A74, C97/A131, C112/Al50, C114/A152, C116/A162, *Correspondance de Henri Poincaré*（unpubl. Archives—Centre d'Études et de Recherche Henri Poincaré, 2001）所収，いずれも1873–74年の年度のものを参照.

（9） C79/A92, *Correspondance de Henri Poincaré*（unpubl. Archives — Centre d'Études et de Recherche Henri Poincaré, 2001）所収.

（10） Roy and Dugas, “Henri Poincaré”（1954）, 8.

（11） Nye, “Boutroux Circle”（1979）を参照．引用はArchives—Centre d'Études et de Recherche Henri Poincaré microfilm 3, n. d.（おそらく1877）による．Laurent Rollet, *Henri Poincaré, Des Mathématiques à la Philosophie. Étude du parcours intellectuel, social et politique d'un mathématicien au début du siècle*, 未公刊の博士論文，University of Nancy 2, 1999, 78–79, による．引用部分は79．また，104も参照．科学的議論の限界についてはKeith Anderton, *The Limits of Science : A Social, Political and Moral Agenda for Epistemology*, 未公刊の博士論文, Harvard University, 1993を参照.

（12） Calinon, “Étude Ctitique”（1885）, 87.

（13） 同前，88–89 ; カリノンからポアンカレ宛，1886年8月15日付．*Correspondance de Henri Poincaré*（unpubl. Archives—Centre d'Études et de Recherche Henri Poincaré, 2001）所収.

（14） カリノンからポアンカレ宛，1886年8月15日付．*Correspondance de Henri Poincaré*（unpubl. Archives—Centre d'Études et de Recherche Henri Poincaré, 2001）所収.

（15） Roy and Dugas, “Henri Poincaré”（1954）, 20.

（16） 同前，18.

（17） 同前，17–18.

（18） 同前，23 ; カーンへの任命については，Gray and Walter, *Henri Poincaré*（1997）, 1を参照.

（19） ポアンカレが曲線に力点を置いたことについては，Gray, “Poincaré”（1992）; Gilain, “La théorie qualitative de Poincaré”（1991）; Goroff, Introduction, in Poincaré, *New Methods*（1993）, 19. ポアンカレとカオスについては，Gray, “Poincaré in the Archives”（1997）と，（もっと専門的な）Andersson, “Poincaré's Discovery of Homoclinic Points”（1994）という，2本の優れた論文がある.

(20)　Goroff, Introduction, in Poincaré, *New Methods* (1993), 19, Poincaré, “Mémoire sur les courbes” [1881], 376–77 から．強調は付加．

(21)　Poincaré, “Sur les courbes définies par les équations différentielles” [1885], 90 ; Barrow-Green, “Poincaré” (1997), 34 で引用，英訳されたもの．

(22)　Barrow-Green, “Poincaré” (1997), 51–59.

(23)　Poincaré, “La Logique et l’intuition” [1889], 112.

(24)　ミッタク=レフラーからポアンカレ宛，1889 年 7 月 16 日付，letter 89, *La Correspondance entre Poincaré et Mittag-Leffler* (1999) 所収．

(25)　「私は，このすべての漸近曲線が，周期解を表す閉じた曲線から離れて，漸近的に同じ曲線に近づくと考えていました」．ポアンカレからミッタク=レフラー宛，1889 年 12 月 1 日付，letter 90, *La Correspondance entre Poincaré et Mittag-Leffler* (1999) 所収．

(26)　ポアンカレからミッタク=レフラー宛，1889 年 12 月 1 日付，letter 90, *La Correspondance entre Poincaré et Mittag-Leffler* (1999) 所収．

(27)　ミッタク=レフラーからポアンカレ宛，1889 年 12 月 4 日付，letter 92, *La Correspondance entre Poincaré et Mittag-Leffler* (1999) 所収．

(28)　ワイエルシュトラスからミッタク=レフラー宛，1890 年 3 月 8 日付，letter 92, *La Correspondance entre Poincaré et Mittag-Leffler* (1999) に対する註．

(29)　カオス現象についてのわかりやすい解説としては，Ekeland, *Mathematics* (1988) と，Diacu and Holmes, *Celestial Encounters* (1996) がある．以下の図は後者から取った．もっと専門的な解説としては，Barrow-Green, “Poincaré” (1997) および，Goroff, Introduction, in Poincaré, *New Methods* (1997).

(30)　Poincaré, *New Methods* (1993), part 3, section 397, 1059.

(31)　カオスのポストモダン解釈については，たとえば，Hayles, *Chaos and Order* (1991); Wise and Brock, “The Culture of Quantum Chaos” (1998) を参照．物理学および，カオス物理学とアートの結びつきについては，Eric J. Heler, www.ericjhellergallery.com (2002 年 6 月 19 日閲覧〔2015 年 3 月 24 日閲覧〕).

(32)　Poincaré, “Sur le problème des trois corps” [1890], 490 ; Poincaré, Preface to the French Edition [1892], 同，*New Methods* (1993), xxiv のもの．

(33)　Poincaré, Preface to the French Edition [1892], 同，*New Methods* (1993), xxiv のもの．

(34)　Poincaré, “Sur les hypothèses fondamentales” [1887], 91.

(35)　Poincaré, “Non-Euclidean Geometries” [1891], 同，*Science and Hypothesis* (1902), 50, 41–43 のもの．

(36)　Giedymin, *Science and Convention* (1982), 21–23, 引用部分は 23.

(37)　リーマンについては，たとえば，A. Gruenbaum, “Carnap’s Views” (1961) および，同，*Geometry and Chronometry* (1968) を参照．ポアンカレの典拠となったヘルムホルツについては，Gerhard Heinzmann, “Foundations of Geometry,” *Science in Context* 14 (2001), 457–70. ポアンカレの数学的規約主義の典拠をもっと時代の近い，たとえばジョルダンやエルミートに読み取ることについては，Gray and Walter, Introduction, in *Henri Poincaré* (1997), 20 を参照．

(38)　Poincaré, “Non-Euclidean Geometries” [1891], 同，*Science and Hypothesis* (1902), 50 のも

の．強調は付加．

第 3 章　電気の世界地図

（1）　ルイ・ドゥカーズ公爵が言ったことは，*Documents diplomatiques*（1875), 36 にある．標準化の精神と技術を合わせた歴史についての優れた導入は，Wise, ed., *Precision*（1995）を参照．Simon Schaffer, M. Norton Wise, Graham Gooday, Ken Alder, Andrew Warwick, Frederic Holmes, Kathryn Olesko のそれぞれ内容豊かな論考には，もっと詳しい参考文献がある．メートルを定める最初の調査隊については，Alder, *Measure*（2002）を参照．

（2）　J・B・A・デュマが言ったことは，*Documents diplomatiques*（1875), 121–30, とくに 126–27 にある．

（3）　Guillaume, “Travaux du Bureau International des Poids et Mesures”（1890）.

（4）　Comptes rendus des séances de la première conférence générale des poids et mesures, Poincaré, “Rapport”（1897).「M」の埋蔵の後，計測学は別の手順の採用に向けて動いた．こちらでは光の波長が長さの標準となった——特定の尺を使うのではなく，クリプトン原子が出す光の波長いくつか分となった．この計測学者，分光学者，天体物理学者，光物理学者の合同作業は，次の二つの立派な著作でたどられている．Charlotte Bigg, *Behind the Lines. Spectroscopic Enterprises in Early Twentieth Century Europe*, 未公刊の博士論文，とくに第 II 部，University of Cambridge, 2002 ; Staley, “Traveling Light”（2002).

（5）　“Le Nouvel étalon du mètre”（1876).

（6）　*Le Temps*, 28 September 1889, 1.

（7）　たとえば，*Comptes rendus de l’Académie des Sciences* : Violle, “Sur l’alliage du kilogramme”（1889); Larce, “Sur l’extension du système métrique”（1889); Bosscha, “Études relatives à la comparaison du mètre international”（1891); Foerster, “Remarques sur le prototype”（1891), 414 を参照．

（8）　“Extrait du Rapport du Chef du Service Technique,” *Ponts et Chaussées*, 5 March 1881. Archives de la Ville de Paris, VONC 219.

（9）　Dohrn-van Rossum, *History of the Hour*（1996), 272.

（10）　“Conseil de l’Observatoire de Paris, Présidence de M. Le Verrier”［1875］; ルヴェリエから知事閣下宛, [January?, 1875?], いずれも Archives de la Ville de Paris, VONC 219.

（11）　“Projet d’Unification de l’heure dans Paris. Rapport de la Commission des horloges,” 22 January 1879. Archives de la Ville de Paris, VONC 219.

（12）　Tresca, “Sur le réglage électrique de l’heure”（1880); Ingénieur en Chef, Adjoint aux Travaux de Paris, “Quelques Observations en Réponse au Rapport du 25 Novembre, 1880.” Archives de la Ville de Paris, VONC 3184, 6.

（13）　たとえば，G・コランから M・ウィリオー宛，1882 年 9 月 23 日付，G・コランから M・クレティエン宛，1883 年 4 月 10 日付を参照．いずれも Archives de la Ville de Paris, VONC 219.

（14）　Breguet, “L’unification de l’heure”（1880); パリでの時間の整合については，David Aubin, “Fading Star,” forthcoming も参照．

（15）　M・フェーからパリ市事業局長宛，1889 年 1 月 16 日付．Archives de la Ville de Paris,

VONC 219.

(16) Nordling, "L'Unification" (1888), 193.

(17) 同前，198, 200–201, 202.

(18) 同前，211.

(19) Sobel, *Longitude* (1995), および Bennett, "Mr. Harrison" (2002).

(20) G・P・ボンドから米沿岸測地測量所長 A・D・ベイチュ宛，1854 年 2 月 28 日付．Harvard University Archives, Harvard College Observatory, Cambridge, MA. Chronometric Expedition, letters, reports, miscellany ; Box 1 : Reports.

(21) W. C. Bond, "Report of the Director" (1850 年 12 月 4 日).

(22) W. C. Bond, "Report of the Director" (1851 年 12 月 4 日), clvi–clvii ; G・P・ボンドから米沿岸測地測量所長 A・D・ベイチュ宛，1851 年 10 月 22 日付．どちらの資料も Harvard University Archives, Harvard College Observatory, Cambridge, MA. Chronometric Expedition, letters, reports, miscellany ; Box 1 : Reports のもの．

(23) Stephens, "Partners in Time" (1987), 378.

(24) Stephens, "'Reliable Time'" (1989), 17 ; これは 19 で Shaw, *Railroad Accidents* (1978), 31–33 を引いている．

(25) Bartky, *Selling the True Time* (2000), 64.

(26) "Report of the Director" (1853), clxxi.

(27) 個々の天文台についての文献はひたすら厖大であり，その時間の整合における役割を調べたものとしては，Bartky, *Selling the True Time* (2000) 以上のものはない．これはもっぱらアメリカの事例を取り上げている．

(28) Jones and Boyd, "The First Four Directorships" (1971), 引用部分は 160 ; Boston & Providence Railroad, Boston & Lowell, Eastern Railroad Company, Boston and Maine Co., など鉄道各社との合意については，Harvard University Archives, Harvard College Observatory, Cambridge, MA. Observatory Time Service, 1877–92. Box 1, folder 7.

(29) "Historical Account" (1877), 22–23.

(30) Pickering, *Annual Report of the Director* (1877).

(31) ハーヴァード大学天文台長エドワード・C・ピカリング教授の助手，レナード・ウォルドからの報告，1877 年 11 月 20 日付，Appendix C in Pickering, *Annual Report* (1877), 28–36.

(32) ロードアイランド・ボール紙会社社主ジョージ・H・クラークから，ケンブリッジ天文台長宛，1877 年 5 月 16 日付，Harvard University Archives, Harvard College Observatory, Cambridge, MA. Correspondence re : Time Signals. Folder 2.

(33) Waldo, "Appendix C" (1877), 28–29.

(34) 同前，33–34.

(35) チャールズ・テスケからレナード・ウォルド宛，1878 年 7 月 12 日，8 月 15 日，11 月 11 日付．Harvard University Archives, Harvard College Observatory, Cambridge, MA. Correspondence re : Time Signals. Folder 1.

(36) レナード・ウォルドからの，1878 年 11 月 1 日に終わる 1 年についての天文台長への手書きの報告書，Harvard University Archives, Harvard College Observatory, Cambridge, MA. Observatory Time Service, 1877–92. Box 1, folder 7.

(37)　チャールズ・テスケからレナード・ウォルド宛，1878年12月［日付は判読不能］，1879年4月15日付，Harvard University Archives, Harvard College Observatory, Cambridge, MA. Correspondence re : Time Signals. Folder 1 ;「コネチカット州法，1881年3月9日承認，Statutes of Conn., 1881, Ch. XXI. Harvard University Archives, Harvard College Observatory, Cambridge, MA. Observatory Time Service, 1877–92. Box 1, folder 6 ; S・M・セルドン（ニューヨーク・アンド・ニューイングランド鉄道会社総支配人）からW・F・アレン宛，1883年3月23日付，William F. Allen Papers, New York Public Library Archives, New York City, NY. Incoming Correspondence : Box 3, book 1.

(38)　T・R・ウェルズからL・ウォルド宛，1877年12月5日付，Harvard University Archives, Harvard College Observatory, Cambridge, MA. Correspondence re : Time Signals. Folder 2.

(39)　*Proceedings of the American Metrological Society* (1878), 37.

(40)　Bartky, "Adoption of Standard Time" (1989), 34–39.

(41)　"Report of Committee on Standard Time" (1879年3月), 27.

(42)　同前.

(43)　W・F・アレンからクリーヴランド・アビー宛，1879年6月13日付，William F. Allen Papers, New York Public Library Archives, New York City, NY. Outgoing Correspondence : Box l, book VII, 1. 1886年には二つの時間会議が合流してアメリカ鉄道協会となった．Bartky, "Invention of Railroad Time" (1983), 13を参照.

(44)　クリーヴランド・アビーからW・F・アレン宛，1879年6月14日付，William F. Allen Papers, New York Public Library Archives, New York City, NY. Incoming Correspondence : Box 3, book I.

(45)　チャールズ・ダウドは，採用された方式とそう変わらない方式を考えていた．しかし，1879年にアレンに対して，アレンの鉄道ガイド誌に自分の「全米時間」についての考え方を説明する記事を書けないかと尋ねたときには，アレンは，そんな口出しに割くスペースはないと言って，煮え切らない態度を示している．チャールズ・F・ダウドからW・F・アレン宛，1879年10月10日付，William F. Allen Papers, New York Public Library Archives, New York City, NY. Incoming Correspondence ; Box 3, book I ; W・F・アレンからダウド宛，1879年12月9日付，William F. Allen Papers, New York Public Library Archives, New York City, NY. Outgoing Correspondence : Book VII. どちらの手紙も，Dowd, *Charles F. Dowd* (1930), IXに再録されている.

(46)　フレミングについてはBlaise, *Time Lord* (2000); Creet, "Sandford Fleming" (1990)を参照. 古い文献を挙げれば，Burpee, *Sandford Fleming* (1915)などもある．引用はFleming, "Terrestrial Time" (1876), 1のもの.

(47)　Fleming, "Terrestrial Time" (1876), 14–15.

(48)　同前，31, 22, 36–37.

(49)　Fleming, "Longitude" (1879), 53–57 ; フランスの立場に対する攻撃は，63.

(50)　合衆国時報局クリーヴランド・アビーから，サンフォード・フレミング宛，1880年3月10日付，および，バーナードからフレミング宛，1881年4月29日付．バーナードからフレミング宛の手紙は，いずれもSandford Fleming Papers, National Archives of Canada, Ottawa, Ontario, MG 29 B1 Vol 3. File : Baring-Barnard. バーナードが懐中時計を見せた話は，

Proceedings of the American Metrological Society (1883) を参照.

(51) バーナードからフレミング宛，1881 年 6 月 11 日付，Sandford Fleming Papers, National Archives of Canada, Ottawa, Ontario, MG 29 B1 Vol 3. File : Baring-Barnard ; Smyth, "Report to the Board of Visitors" (1871), R12–R20, 引用部分は Rl9 ; スマイスの仕事のもっと一般的なことについては，Barnard, "The Metrology" (1884) による．スマイスと自然神学的計測学については，Schaffer, *Metrology* (1997) を参照.

(52) エアリーからバーナード宛，1881 年 7 月 12 日付，Fleming Papers, vol. l, folder 19.

(53) バーナードからフレミング宛，1881 年 9 月 3 日付，および 1881 年 9 月 8 日付，引用は 3 日付のほう．Sandford Fleming Papers, National Archives of Canada, Ottawa, Ontario, vol. 3, folder 19. トムソンの任命の混乱については，Barnard, "A Uniform System" (1882).

(54) ジョン・ロジャースからヘーゼン宛，1881 年 6 月 11 日付，United States Naval Observatory LS-M vol. 4.

(55) "Report of the Committee" [1882 年 12 月].

(56) H・S・ヘインズ大佐（チェスタートン・アンド・サヴァナ鉄道総支配人）から W・F・アレン宛，1881 年 3 月 12 日付，William F. Allen Papers, New York Public Library Archives, New York City, NY. Incoming Correspondence : Box 3, book 1, 72.

(57) Allen, *Report on Standard Time* (1881), 2–6. W. F. Allen, Scrapbook, at Widener Library Harvard University.

(58) Allen, *Report on Standard Time* (1887), 5.

(59) 同前，6.

(60) アレンからの手紙と電報の数についての数字は，Allen, "History" (1884), 42 より．いろいろな都市時間で走る路線の数についての数字は，Bartky, "Invention of Railroad Time" (1983), 20 より.

(61) 新聞記事は無署名，F・C・ヌーネンマッカー（セントラル・ヴァーモント鉄道）から W・F・アレン宛，1883 年 11 月 21 日付，William F. Allen Papers, New York Public Library Archives, New York City, NY. Incoming Correspondence : Box 5, book IV, 158 による．E・リチャードソン（フィラデルフィアの出版社，D. D. Jayne and Son 勤務）から W・F・アレン宛，1883 年 12 月 5 日付，William F. Allen Papers, New York Public Library Archives, New York City, NY. Incoming Correspondence : Box 5, book V, 48.

(62) たとえば，A・A・タルメッジ大佐（ミズーリ太平洋鉄道運輸総支配人）の電報，Allen, "History" (1884), 42 にあるもの，S・W・カミンズ（セントラル・ヴァーモント鉄道）から W・F・アレン宛，1881 年 11 月 26 日付，William F. Allen Papers, New York Public Library Archives, New York City, NY. Incoming Correspondence : Box 5, book V, 18 ; ジョージ・クロッカー（サンフランシスコのセントラル太平洋鉄道助監督）から W・F・アレン宛，1883 年 10 月 8 日付，William F. Allen Papers, New York Public Library Archives, New York City, NY. Incoming Correspondence : Box 4, book II, 97 を参照.

(63) ジョン・アダムズ（フィッチバーグ鉄道総監督）から W・F・アレン宛，1883 年 10 月 2 日付，William F. Allen Papers, New York Public Library Archives, New York City, NY. Incoming Correspondence : Box 4, book II, 68，W・F・アレンからジョン・アダムズ宛，1883 年 10 月 4 日付，William F. Allen Papers, New York Public Library Archives, New York

City, NY. Incoming Correspondence : Box 3, book VII, 299.

(64)　*Proceedings of General Time Convention*（1883年10月11日）.

(65)　同前.

(66)　合衆国とカナダについて，*Proceedings of the Southern Railway Time Convention*（1883年10月17日）.

(67)　*Proceedings of the General Time Convention*（1883年10月11日）.

(68)　W・F・アレンからフランクリン・エドソン市長に対するニューヨーク市時間の経度75度への移行要請．その後，1883年10月24日，エドソンから市議会へ伝わった．J. S. Allen, ed., *Standard Time*（1951）, 17.

(69)　J. S. Allen, ed., *Standard Time*（1951）, 18では，1883年11月7日.

(70)　バーナードからフレミング宛，1883年10月22日付，Fleming Papers.

(71)　de Bernardières, "Déterminations télégraphique"（1884）. ド・ベルナルディエールについては，*Dossier sur Octave, Marie, Gabiel, Joachim de Bernardières*, November 1886, Archives of the Service historique de la marine, Vincennes, No. 2879.

(72)　形状の詳細は，www.porthcurno.org.uk/refLibrary/Construction.html（2002年2月14日閲覧〔翻訳時点ではリンク切れ（サイトは存在する）〕）.

(73)　Green, *Report on Telegraphic Determination*（1877）, 9–10.

(74)　*Report of the Superintendent of Coast Survey*（1861）, 23.

(75)　南北戦争以前には，この作業は即席に行なわれた．たとえばニューヨーク州オルバニーのダドリー天文台は，ニューヨーク市に対する相対的な位置を求めようとして，天文台の敷地で組み立てた小さな木造の建物から，ニューヨーク市の11番ストリートと2番アヴェニューの角にあった天文学者ルイス・M・ラザファードの私邸まで電線を引いた．B. A. Gouldが，George W. Dean，Edward Goodfellow，A. E. Winslow，A. T. Mosmanとともに観測した．appendix 18, in *Reporf of the Superintendent of the Coast Survey*（1862）, 221–23.

(76)　Introduction, in *Report of the Superintendent of the Coast Survey*（1864）; また，同前のGould, appendix 18, 154–56も；*Report of the Superintendent of the Coast Survey*（1866）, とくに21–23.

(77)　*Report of the Superintendent of the Coast Survey*（1867）, とくに1–8および同前のGould, appendix 14, 150–51.

(78)　*Report of the Superintendent of the Coast Survey*（1867）, 60.

(79)　たとえば，Prescott, *History*（1866）の，とくに第14章；Finn, "Growing Pains at the Crossroads"（1976），Provincial Historic Site, "Heart's Content Cable Station"（www.lark.ieee.callibrary/hearts-content/historic/provsite.html, 2002年4月8日閲覧〔翻訳時点では開けないが，http://www.seethesites.ca/the-sites/heart's-content-cable-station.aspxに同名の記事があり，大西洋横断ケーブル事業の歴史についてのサイトへのリンクがある〕）.

(80)　グールドの以前のアメリカでの仕事やイギリス技術の採用については，Bartky, *Selling Time*（2000）, 61–72を参照．大西洋横断の作業については，Gould, in *Report of the Superintendent of the Coast Suryey*（1869）, 60–67.

(81)　Gould, in *Report of the Superintendent of the Coast Survey*（1869）, 61.

(82)　Gould, in *Report of the Superintendent of the Coast Survey*（1869）, 63, 65.

(83)　*Report of the Superintendent of the Coast Survey*（1873）, 16–18 ; appendix 18 in *Report of the*

Superintendent（1877), 163–64. 三角測量は，同前，164.
(84) Green, *Report on the Telegraphic Determination*（1877).
(85) Green, Davis, and Norris, *Telegraphic Determination of Longitudes*（1880).
(86) 同前，8.
(87) 同前，9.
(88) Davis, Norris, and Laird, *Telegraphic Determination of Longitudes*（1885), 10.
(89) 同前，9.
(90) de Bernardières, "Déterminations télégraphiques"（1884).
(91) La Porte, "Détermination de la longitude"（1887).
(92) Rayet and Salats, "Détermination de la longitude"（1890), 82.
(93) Annex III in *International Conference at Washington*（1884), 210.
(94) *Septième Conférence Géodésique Internationale*（1881), 8.
(95) *International Conference at Washington*（1884), 24.
(96) 同前，37.
(97) 同前，39–41, とくに 39.
(98) 同前，41.
(99) 同前，42–47, 引用部分は 47.
(100) 同前，42, 44, 49–50.
(101) 同前，51.
(102) 同前，52–54.
(103) 同前，54.
(104) 同前，62–64, 引用部分は 64.
(105) 同前，65–68, 引用部分は，65, 67, 68.
(106) 同前，68–69.
(107) 同前，76–80.
(108) 同前，ルフェーヴルについては 91–92，メートル法の採用については 92–93，トムソンについては 94．採決については 99 を参照.
(109) 同前，141.
(110) 同前，159, 180.
(111) フランス革命暦の歴史については，Baczko, "Le Calendrier républicain"（1992); Ozouf, "Calendrier"（1992）を参照.
(112) *International Conference at Washington*（1884), 183–88, とくに 184.

第4章　ポアンカレの地図

(1) Janssen, "Sur le Congrès"（1885), 716.
(2) 1890 年のパリ電信会議にて．この会議は，本初子午線の時計による時刻によって全世界に対して定められる万国時間の採用を求めた．*Documents de la Conférence Télégraphique*（1891), 608–9 を参照.
(3) Howard, *Franco-Prussian War*（1979), 引用は 2．また 43 も参照.
(4) Bucholz, *Moltke*（1991), 第 2 章と第 3 章，とくに 146–47；また，Bucholz, *Moltke and the*

German Wars (2001), 72-73, 110-11, 162-63.

（5） 統一時間の確立については，Kern, *Culture* (1983), 11-14，および Howse, *Greenwich* (1980), 119-20 で論じられている．Simon Schaffer は，“The Machines”（同，“Metrology”, 1997）で，ウェルズのタイムマシンを，20 世紀への変わり目の，機械化された工場，文学，科学との時間のかかわりについての案内として用いている．

（6） Moltke, “Dritte Berathung des Reichshaushaltsetats” (1892), 38-39, 40 ; trans. Sandford Fleming, under the title “General von Moltke on Time Reform” (1891), 25-27.

（7） Fleming, “General von Moltke on Time Reform” (1891), 26.

（8） P. S. L, “Fireworks at the Royal Observatory,” *Castle Review* (n. d.); Nigel Hamilton, “Greenwich : Having a Go at Astronomy,” *Illustrated London News* (1975); Philip Taylor, “Propaganda by Deed—the Greenwich Bomb of 1894” (n. d.) など，ケンブリッジ大学図書館蔵の新聞の切り抜き．Conrad, *Secret Agent* (1953), 28-29.

（9） Lallemand, *L'unification internationale des heures* (1897), 5-6.

（10） 同前，7.

（11） 同前，8, 12.

（12） 同前，17, 18, 22-27.

（13） Poincaré, “Rapport sur la proposition des jours astronomique et civil” [1895].

（14） 経度局長官，1897 年 2 月 15 日付, *Décimalisation du temps et de la circonférence*, 1896 年 10 月 2 日付の公教育省の命を実行したもの．Archives Nationales, Paris より．

（15） *Commission de décimalisation du temps*, 1897 年 3 月 3 日.

（16） 同前，3.

（17） 同前，3.

（18） ノーブルメールからレーウィ長官宛，1897 年 3 月 6 日付，*Commission de décimalisation du temps*, 1897 年 3 月 3 日, 5 で活字になったもの．

（19） ベルナルディエールから経度局長官宛，1897 年 3 月 1 日付，*Commission de décimalisation du temps*, 1897 年 3 月 3 日, 7 で活字になったもの．

（20） フランス物理学会事務局から商業大臣宛，1897 年 4 月 22 日付，学会評議会で承認．Janet, “Rapport sur les projets de réforme” (1897), 10 に再録されたもの．

（21） 先に触れた係数 4 に加えて，円の 400 分割には，1 日 24 時間を円の分割での 400 グラッドに換算するための 6 という係数もあった（24 を 400 で割ると 6 という係数が出てくる）．もう一つ，旧の角度を新の角度に換算したければ——360 倍して 400 で割る——9 という係数も出てくる．当の表は，Poincaré, “Rapport sur les résolutions” (1897), 7 に再録されている．

（22） このサロートン方式は，Sarrauton, *Heure décimale* (1897) に出ているが，発言の日付は 1896 年 4 月となっている．

（23） *Commission de décimalisation du temps*, 1897 年 4 月 7 日, 3.

（24） Cornu, “La Décimalisation de l'heure” (1897).

（25） 同前，390.

（26） Poincaré, “La décimalisation de l'heure” [1897], 678, 679.

（27） 大臣用メモ，1905 年 11 月 29 日付，Archives Nationales, Paris, F/17/2921.

(28) Sarrauton, *Deux Projets de loi*, 経度局のレーウィ宛，1899 年 4 月 25 日付，Observatoire de Paris Archives, 1, 7, 8.

(29) LaGrye, Pujazon, and Driencourt, *Différences de longitudes*（1897）, A3.

(30) Headrick, *Tentacles*（1988）, 110-13.

(31) La Grye, Pujazon, and Driencourt, *Différences de longitudes*（1897）, A6.

(32) 同前，A13, 引用は A84.

(33) La Grye, Pujazon, and Driencourt, *Différences de longitudes*（1897）, A135-16.

(34) Headrick, *Tentacles*（1988）, 115-16.

(35) パリ=ロンドン経度調査に関する話は，Christie, *Telegraphic Determinations*（1906）, v-viii と 1-8 にある．参考資料もそこにある．再決定が求められたことについては，International Geodetic Conference, Paris, 1898 を参照．

(36) 1892 年から 93 年にかけての講義．Poincaré, *Oscillations Electriques*（1894）に再録．同，"Etude de la propagation"［1904］, 海底ケーブルについては，454 を参照．

(37) *Report of the Superintendent of the Coast Survey*（1869）, 116.

(38) Loewy, Le Clerc, and de Bernardières, "Détermination des différences de longitude"（1882）, A26, A201.

(39) Rayet and Salats, "Détermination de la longitude"（1890）, B100.

(40) La Grye, Pujazon, and Driencourt, *Différences de longitudes*（1897）, A134.

(41) Calinon, *Étude sur les diverses grandeurs*（1897）, 20-21.

(42) Calinon, *Étude sur les diverses grandeurs*（1897）, 23, 26. 元ポリテクニク生の Jules Andrade も，物理学の基礎に関する著書で，だいたい同じことを言っている（「許容可能な時計は無限にある」）．*Leçons de méchanique physique* (Paris, 1898), 2. これが書き上げられたのは 1897 年 9 月 4 日．ポアンカレはこの本も，「時間の測定」で取り上げて，他ならぬこの時計を選ぶのは便宜の問題で，一方の時計の進み方が正しくて他方が間違っているという話ではないという主張を支持している．ポアンカレは同時性について量的な「科学的」概念を追究しているのに対し，ベルクソンは時間の質的な経験のほうに肩入れしているが，ベルクソンの *Time and Free Will* (1889, 2001) は，時間の意味に注目している．

(43) 長官宛のメモ，1900 年 3 月 20 日付．Archives Nationales, Paris, F/17/13026. Martina Schiavon は，豊富な資料を援用した研究で，軍，測量部，科学官僚《サヴァン・オフィシエ》の役割をたどっている．"Savants officiers" (2001). 植民地支配と測量（と多くの資料）については，Burnett, *Masters* (2000) を参照．

(44) *Comptes rendus de l' Association Géodésique Internationale*（1899）, 3-12 October 1898, 130-33, 143-44 ; ポアンカレの見解は *Comptes rendus de l'Académie des Sciences* 131（1900）, 7 月 23 日月曜, 218.

(45) Headrick, *Tentacles*（1988）, 116-17.

(46) Poincaré, "Rapport sur le projet de revision"（1900）, 219.

(47) 同前，221-22.

(48) 同前，225-26.

(49) *Comptes rendus de l'Association Géodésique Internationale*（1901）, 1900 年 9 月 25 日から 10 月 6 日, 10 月 4 日分．また，Bassot, "Revision de l'arc"（1900）, 1275.

(50)　*Comptes rendus de l'Académie des Sciences* 134 (1902); 965–66, 968, 969, 970.
(51)　*Comptes rendus de l'Académie des Sciences* 136 (1903), 861.
(52)　*Comptes rendus de l'Académie des Sciences* 136 (1903), 861–62.
(53)　*Comptes rendus de l'Académie des Sciences* 136 (1903), 862, 868 ; 破壊については，*Comptes rendus de l'Académie des Sciences* 138 (1904), 1014–15 (1904年4月25日月曜); 地元民については，*Comptes rendus de l'Académie des Sciences* 140 (1905), 998, 999 (1905年4月10日月曜); 引用は，*Comptes rendus de l'Académie des Sciences* 136 (1903), 871.
(54)　Laurent Rollet, *Henri Poincaré. Des Mathématiques à la Philosophie. Étude du parcours intellectuel, social et politique d'un mathématicien au début du siècle*, 未公刊の博士論文, University of Nancy 2, 1999, 165.
(55)　Poincaré, "Sur les Principes de la mécanique"; 初出は *Bibliothèque du Congrès international de philosophie* III, Paris (1901), 457–94. Poincaré, *Science and Hypothesis* [1902], ch. 6, 90 に加筆のうえ再録されたもの.
(56)　Poincaré, "The Classic Mechanics," in *Science and Hypothesis* [1902], ch. 6, 110, 104–05.
(57)　Poincaré, "Hypotheses in Physics"; 初出は "Les relations entre la physique expérimentale et la physique mathématique" in *Revue générale des sciences pures et appliquées* 11 (1900), 1163–75 ; *Science and Hypothesis* [1902], ch. 9, 144 に再録.
(58)　Poincaré, "Intuition and logic in Mathematics"; 初出は "Du rôle de l'intuition et de la logique en mathématiques," in *Comptes Rendus du deuxième Congrès international des mathématiciens tenu à Paris du 6–12 août 1900*; Poincaré, *Foundations of Science* (1982), 210–11 に再録〔邦訳では『科学の価値』に相当する部分〕.
(59)　Poincaré, "La théorie de Lorentz" [1900], 464.
(60)　Lorentz, *Versuch einer Theorie* [1895].
(61)　Poincaré, *Électricité et optique* [1901], 530–32.
(62)　クリスティからポアンカレ宛，1899年8月3日付，クリスティからレーウィ宛，1898年12月1日付，およびクリスティからバッソ大佐（陸軍地理部長）宛，1899年2月9日付が伴う．Observatoire de Paris, ref. X5, C6. ポアンカレからクリスティ宛，1899年6月23日付，1899年8月9日付，日付なし（おそらく1899年8月9日の直後）は，いずれも Christie Papers, Cambridge University Archives, MSS RGO 7/261.
(63)　Poincaré, "La théorie de Lorentz" [1900], 483.
(64)　Bが正午にAに対して，AからBの距離ABにわたって信号を送るとすると，Bは時計を正午プラス伝送時間に合わせることになる（通常の手順）．しかし，左向きの速さは $c+v$ なので，向かい風の方向の伝送時間 t(向かい風) は AB/$(c-v)$ で，逆に，追い風方向の伝送時間は AB/$(c+v)$ となる．BからAの「真の」伝送時間は，往復時間の半分，1/2[t(向かい風)$+t$(追い風)] であるが，見かけの伝送時間は，t(追い風) である．そこで，伝送の見かけの時間を使うことによって生じる誤差は，真の時刻と見かけの時刻の差である．つまり，

$$\text{誤差} = 1/2[t(\text{向かい風}) + t(\text{追い風})] - t(\text{追い風})$$

上記の t(追い風) と t(向かい風) の定義を用いると，

$$\text{誤差} = 1/2[\mathrm{AB}/(c-v) - \mathrm{AB}/(c+v)] = (1/2)\mathrm{AB}(c+v-c+v)/(c^2-v^2) = \sim \mathrm{AB}v/c^2$$

Darrigol は，相対性理論の歴史家のほとんどは，この局所時間の時計合わせ解釈を無視していると正しく指摘する．*Electrodynamics* (2000), 359-60 ; Miller の広範な *Einstein, Picasso* (2001), 200-15 も．詳しい資料は，Stachel, *Einstein's Collected Papers*, vol. 2 (1989), 308n を参照．

(65) *Poincaré et les Physiciens*, the Henri Poincaré Archive : Annexe 3, document 205 にある未公刊の手紙，1902 年 1 月 31 日付．

(66) *Poincaré et les Physiciens*, the Henri Poincaré Archive : Annexe 3, document 205 にある未公刊の手紙，1902 年 1 月 31 日付．

(67) Poincaré, *The Foundations of Science* (1982), 352〔『科学の価値』〕．

(68) Henri Rollet, *Henri Poincaré. Des Math matiques à la Philosophie. Étudus du parcours intellectuel, social et politique d'un mathématicien au début du siècle*, 未公刊の博士論文，University of Nancy 2, 1999, 249ff の優れた記述を参照．引用は 263. また，Débarbat, "An Unusual Use" (1996) も参照．

(69) Poincaré, "Le Banquet du 11 Mai" (1903), 63.

(70) 同前，61-54.

(71) Débarbat, "An Unusual Use" (1996), 52.

(72) Darboux, Appell, and Poincaré, "Rapport" (1908), 538-49.

(73) Poincaré, "The Present State and Future of Mathematical Physics," 初出は "L'État actuel et l'avenir de la physique mathématique" [24 September 1904, Congress of Arts and Science at St. Louis, Missouri], in *Bulletin des Sciences Mathématiques* 28 (1904), 302-24. Poincaré, *Valeur de la Science* (1904), 123-47 に再録．この引用は 123 にある．

(74) Poincaré, "The Present State" [1904], 128.

(75) 同前．

(76) 同前，133. 英訳に手を加えた．"en retard" は，"offset to a later time"〔「遅れた時間に合わせる」〕とすべきだろう――時計が進む率が遅くなるという意味で「遅く」進むことはない．強調は付加．

(77) 同前，142, 145-47. *Poincaré et les Physiciens*, the Henri Poincaré Archive : document 174, 191-93 にある未公刊の手紙．ポアンカレからローレンツ宛，日付はないが，ポアンカレがセントルイスから戻ってから間もない頃のもの．

(78) Lorentz, "Electromagnetic phenomena" (1904).

(79) Poincaré, "Les Limites de la loi de Newton" (1953-54), 220, 222.

(80) Poincaré, "La Dynamique de l'électron" [1908], 567.

(81) Poincaré, "Sur la Dynamique," 同，*Mécanique Nouvelle* 22 に再録．Miller, *Einstein* (1981) で取り上げられている．

(82) *Poincaré et les Physiciens*, the Henri Poincaré Archive : letter 127 にある未公刊の手紙．ローレンツからポアンカレ宛，1906 年 3 月 8 日付．

第 5 章　アインシュタインの時計

(1) スイスにおける時間に関する優れた著書，Messerli, *Gleichmässig, pünktlich, schnell* (1995), とくに第 5 章を参照．マテウス・ヒップの伝記的詳細については，de Mestal,

Pionniers suisses（1960）, 9–34 を参照．また，Weber and Fawe, “Matthäus Hipp”（1897）; Kahlert, “Matthäus Hipp”（1989）も参照．ヒップと天文学者ヒルシュとの関係や，時間と高精度の同時性の新しい工業技術が実験心理学から天文学に至る実験の歴史に加わった様子については，以下の優れた著作を参照．Canales, “Exit the Frog”（2001）; Schmidgen, “Time and Noise”（2002）; Charlotte Bigg, *Behind the Lines. Spectroscopic Enterprises in Early Twentieth Century Europe*, 未公刊の博士論文，University of Cambridge, 2002.

（2） ヒップについては，Kahlert, “Matthäus Hipp”（1989）. Landes の著作，*Revolution in Time*（1983）, 237–337 は，スイスの時計産業について優れている．ただしこの本は，時計生産に注目していて，時計網ではない．

（3） Favarger, *L'Électricité*（1924）, 408–09.

（4） “Die Zukunft der oeffentlichen Zeit-Angaben”（1890 年 11 月 12 日）; Merle, “Tempo!”（1989）, 166–78, Dohrn-van Rossum, *History of the Hour*（1996）, 350 に引用されたもの．

（5） Favarger, “Sur la Distribution de l'heure civile”（1902）.

（6） 同前，199.

（7） 同前，200.

（8） 同前，201.

（9） Kropotkin, *Memoirs*（1989）, 287.

（10） Favarger, “Sur la Distribution de l'heure civile”（1902）, 202.

（11） 同前，203.

（12） 同前．Jakob Messerli, *Gleichmässig, pünktlich, schnell*（1995）, 126 に引用された新聞．

（13） Einstein, “On the Investigation of the State of the Ether”［1895］; Einstein, “Autobiographical Notes”（1969）, 53.

（14） Urner, “Vom Polytechnikum zur ETH,” 19–21.

（15） たとえば，ヴェーバーの講義についてのアインシュタインのノート．*Collected Papers*, vol. 1, 142. ヴェーバー自身の研究は，比熱の温度変化，黒体放射のエネルギー分布法則，交流回路，炭素フィラメントなど，実験や応用の方面の様々な主題にわたっていた．Editors' note, *Collected Papers* 1, 62 ; Barkan, *Nernst*（1999）, 115–17.

（16） ヴェーバーの講義についてのアインシュタインのノート．*Collected Papers*（英訳）, vol. 1, 51–53.

（17） アインシュタインからミレヴァ・マリッチ宛，1899 年 9 月 10 日付，item 52, *Collected Papers*（英訳）, vol. 1, 132–33.

（18） アインシュタインからミレヴァ・マリッチ宛，1899 年 8 月，Letter 8, Einstein, *Love Letters*（1992）, 10–11 ; *Collected Papers*（英訳）, vol. 1, 130–31 にも．アインシュタインの電気力学の各方面についての具体的知識については，Holton, *Thematic Origins*（1973）; Miller, *Einstein's Relativity*（1981）; Darrigol, *Electrodynamics*（2000）を参照．

（19） アインシュタインとエーテルについては，editors' contribution, “Einstein on the Electrodynamics of Moving Bodies,” in *Collected Papers*, vol. 1, 223–25 と，Darrigol, *Electrodynamics*（2000）, 373–80 を参照．アインシュタインの相対性原理の初期の使い方については，同，379 を参照．

（20） アインシュタインからミレヴァ・マリッチ宛，1901 年 5 月，item 111, *Collected Papers*

(英訳), vol. 1, 174.
(21) アインシュタインからミレヴァ・マリッチ宛，1901 年 6 月，item 112, *Collected Papers* (英訳), vol. 1, 174–75.
(22) アインシュタインからヨースト・ヴィンテラー宛，1901 年 7 月 8 日付，item 115, *Collected Papers* (英訳), vol. 1, 176–77. アインシュタインの戦いについては，Renn の優れた論文，“Controversy with Drude” (1997), 715–54 を参照.
(23) 内務省からアインシュタイン宛，1901 年 7 月 31 日付，item 120, *Collected Papers* (英訳), vol. 1, 179.
(24) アインシュタインからマルセル・グロスマン宛，1901 年 9 月，item 122, *Collected Papers* (英訳), vol. 1, 180–81.
(25) アインシュタインからスイス特許局宛，1901 年 12 月 18 日付，item 129, *Collected Papers* (英訳), vol. 1, 188.
(26) アインシュタインからミレヴァ・マリッチ宛，1901 年 12 月 19 日付，item 130, *Collected Papers* (英訳), vol. 1, 188–89.
(27) アインシュタインからミレヴァ・マリッチ宛，1901 年 12 月 17 日付，item 128, *Collected Papers* (英訳), vol. 1, 186–87.
(28) アインシュタインからミレヴァ・マリッチ宛，1901 年 12 月 19 日付，item 130, *Collected Papers* (英訳), vol. 1, 188–89. 英訳に手を加えた.
(29) アインシュタインからミレヴァ・マリッチ宛，1901 年 12 月 28 日付，item 131, *Collected Papers* (英訳), vol. 1, 189–90.
(30) アインシュタインからミレヴァ・マリッチ宛，1901 年 4 月 4 日付，item 96, *Collected Papers* (英訳), vol. 1, 162–63.
(31) アインシュタインの個人教授広告，1902 年 2 月 5 日，item 135, *Collected Papers* (英訳), vol. 1, 192.
(32) アインシュタインからミレヴァ・マリッチ宛，1902 年 2 月，item 136, *Collected Papers* (英訳), vol. 1, 192–93.
(33) Einstein, *Letters to Solovine* (1993), 9 のソロヴィーヌによる序文.
(34) Holton, *Thematic Origins* (1973), 第 7 章参照.
(35) Mach, *Science of Mechanics* [1893], 272–73.
(36) Einstein, “Ernst Mach,” 1916 年 4 月 1 日, document 29, in *Collected Papers*, vol. 6, 280.
(37) Pearson, *Grammar of Science* [1892], 204, 226, 227.
(38) Einstein, *Letters to Solovine* (1993), 8–9. Mill, *System of Logic* (1965), 322.
(39) Einstein, *Letters to Solovine* (1993), 8–9 ; アインシュタインとマッハについては，Holton, *Thematic Origins* (1973), 第 7 章を参照．グループで議論したことをソロヴィーヌがおぼえている他の著作は，Ampère, *Essai* (1834); Mill, *System of Logic* (1965); Pearson, *Grammar of Science* [1892]. Poincaré, *Wissenschaft und Hypothese* (1904).
(40) Poincaré, *Wissenschaft und Hypothese* (1904), 286–89.
(41) アインシュタインからシュリック宛，1915 年 12 月 14 日付，document 165, *Collected papers*, vol. 8a, 221 ; *Collected Papers* (英訳), 161.
(42) リンデマンの独訳では，ポアンカレの *convention* を *Übereinkommen* とする場合がいちば

ん多かった．しかし，たとえば，ポアンカレが『科学と仮説』で哲学者のE・ルロワに反論するところでは（英訳 xxiii）それが変化した．ポアンカレは，「この自由な規約という性格に目を奪われた人々もいるが［フランス語では，“de libre convention”, *Sciene et Hypothèse* (24)］，これは諸科学のある根本的な原理のうちにあると認められるかもしれない」と書いている．独訳は対応する部分を，“...den Charakter freier konventioneller Festsetzungen...” としている（Poincaré, *Wissenschaft und Hypothese*（1904), XIII).

(43)　アインシュタインからソロヴィーヌ宛，1924年10月30日付，Einstein, *Letters to Solovine*, 63.（とりわけ）マックス・プランクという，相対性理論を支持した最初の有名な理論家が，物理学で「便宜」などと言うことを馬鹿にして，普遍的で不変のことを喜んだという話が思い当たるだろう．たとえば，Heilbron, *Dilemmas*（1996), 48–52 を参照.

(44)　Einstein, “Autobiographische Skizze,” in Seelig, ed., *Helle Zeit, Dunkle Zeit*（1956), 12. アインシュタインからミレヴァ・マリッチ宛，1902年2月，item 137, *Collected Papers*（英訳), vol. 1, 193. 1902年6月2日，アインシュタインは特許局に年俸3,500スイスフランで採用されることを正式に知らされた．item 140, *Collected Papers*（英訳), vol. 1, 194–95 ; item 141, 1902年6月19日付，195も参照．正式の着任は1902年7月1日だった．item 142, 196.

(45)　ポアンカレの動力学と運動学の見方については，Miller, *Frontiers*（1986), parts I, III ; Paty, *Einstein Philosophe*（1993), 264–76 ; Darrigol, *Electrodynamics*（2000）を参照.

(46)　本書はアインシュタインの特殊相対性理論に向かう道のすべての面を細かく再構成する場ではない．読者にはスタチェルらの優れた短いまとめを薦めておく．Stachel et al., “Einstein on the Special Theory of Relativity,” editorial note in *Collected Papers*, vol. 2, 253–74, esp. 264–65. 初期の歴史の展開についての詳細は，たとえば，Miller, *Einstein's Relativity*（1981); Darrigol, *Electrodynamics*（2000); Pais, *Subtle Is the Lord*（1982）を参照.

(47)　Flückiger, *Albert Einstein*（1974), 58.

(48)　アインシュタインからハンス・ヴォールヴェント宛，1902年8月15日から10月3日，item 2, *Collected Papers*（英訳), vol. 5, 4–5.

(49)　Flückiger, *Albert Einstein*（1974), 58.

(50)　Flückiger, *Albert Einstein*（1974), 67 ; アインシュタインからミレヴァ・マリッチ宛，1903年9月，item 11, *Collected Papers*（英訳), vol. 5, 14–15.

(51)　Pais, *Subtle Is the Lord*（1982), 47–48 に，Flücktiger, *Albert Einstein*（1974）を挙げて引かれている資料.

(52)　Nicolas Stoïcheff, 特許30224号，1904年1月6日提出，1904年特許承認；American Electrical Novelty, “Stromschliessvorrichtung an elektrischen Pendelwerken,” 特許31055号，1904年3月16日提出，1905年特許承認.

(53)　Berner, *Initiation*（1912頃)，第10章にある特許の一覧による.

(54)　当該の年月（1902〜05）には，*Journal Suisse d'horlogerie*〔スイス時計ジャーナル〕に，関連する特許が何百と挙げられている．残念ながら，スイス特許局はアインシュタインが処理した書類をすべて，作成から18年後には，規定に従って廃棄した．これは特許についての見解に対する標準的な手順で，アインシュタインの名声をもってしても例外にはならなかった．Fölsing, *Einstein*（1997), 104 を参照.

(55)　アインシュタインの特許の仕事と科学上の研究とが最も細かくつながるのは，ジャイロ

コンパスと，アインシュタインによるアインシュタイン=ド・ハース効果という成果である．Galison, *How Experiments End*（1987）の第 2 章を参照；さらに，Hughes, "Einstein"（1993）と，Pyenson, *Young Einstein*（1985）も参照．アインシュタインが電気関連の特許評価の仕事を割り当てられたことについては，Flückiger, *Albert Einstein*（1974), 62 を参照．

(56) Flückiger, *Albert Einstein*（1974), 66.

(57) J. Einstein & Co. und Sebastian Kornprobst, "Vorrichtung zur Umwandlung der ungleichmässigen Zeigerausschläge von Elektrizitäts-Messern in eine gleichmässige, gradlinige Bewegung," Kaiserliches Patentamt 53546, 1890 年 2 月 26 日；同，"Neuerung an elektrischen Mess- und Anzeigeworrichtungen," Kaiserliches Patentamt 53846, 1889 年 11 月 21 日；同，"Federndes Reibrad", 60361, 1890 年 2 月 23 日；"Elektrizitätszähler der Firma J. Einstein & Cie., München (System Komprobst)"（1891), 949. Frenkel and Yavelov, *Einstein*（ロシア語)(1990), 75 ff. と，Pyenson, *Young Einstein*（1985), 39-42 も参照．電気時計と電気測定装置とのつながりについての詳細は，たとえば，Max Moeller, "Stromschlussvorrichtung an elektrischen Antriebsvorrichtungen fuer elektrische Uhren, Elektrizitätszähler und dergl."（Swiss patent 24342）を参照．

(58) スイス特許局から AEG 宛，1907 年 12 月 11 日付，item 67, *Collected Papers*（英訳), vol. 5, 46. アインシュタインの発電機に対する関心については，Miller, *Frontiers of Physics*（1986), 第 3 章を参照．アインシュタインは，自分が擁護している側に権利があると判断した場合に専門家の証言の役をしただけだと主張している．たとえば，1928 年には，ジーメンス＆ハルスケ社を，スタンダード・テレフォンズ＆ケーブルズに対して擁護している——Hughes, "Inventors"（1997), 34 を参照．

(59) Galison, *How Experiments End*（1987), 第 2 章.

(60) アインシュタインからハインリヒ・ツァンガー宛，1917 年 7 月 29 日付，document 365, *Collected Papers*, vol. 8a, 495-96.

(61) パウル・ハビヒトからアインシュタイン宛，1908 年 2 月 19 日付，item 86, *Collected Papers*（英訳), vol. 5, 58-61, 引用部分は 60.

(62) 「その小さな機械」については，editors' essay in *Collected Papers*, vol. 5, 51-54；Fölsing, *Einstein*（1997), 132, 241, 267-78；Frenkel and Yavelov, *Einstein*（1990), 第 4 章を参照．

(63) アインシュタインからアルベルト・ゴッケル宛，1909 年 3 月，item 144, *Collected Papers*（英訳), vol. 5, 102.

(64) アインシュタインからコンラート・ハビヒト宛，1907 年 12 月 24 日付，item 69, *Collected Papers*（英訳), vol. 5, 47；アインシュタインからヤーコプ・ラウプ宛，1908 年 11 月 1 日以後，item 125, *Collected Papers*（英訳), vol. 5, 90.「今は放射の問題について H・A・ローレンツときわめて興味深い手紙のやりとりをしていて，この人物には他にないほど感心している．愛していると言ってもいいくらいだ」，アインシュタインからヤーコプ・ラウプ宛，1909 年 5 月 19 日付，item 161, *Collected Papers*（英訳), vol. 5, 120-22, 引用部分は 121.

(65) C. Vigreux and L. Brillié, "Pendule avec dispositif électro-magnétique pour le réglage de sa marche," patent 33815.

(66) Einstein, "How I Created the Theory"（1982). アインシュタインが 1924 年，レコードに録音した見解も参照．「7 年間（1898〜1905）空しく考えた後，突然，私たちの空間と時間

の概念や法則は，それが私たちの経験との明瞭な関係に立ってこそ，妥当性を主張できるし，経験によって，そうした概念や法則を十分変えられると考えて答えが出てきました．同時性の概念をもっと柔軟な形に見直すことによって，特殊相対性理論に到達しました」Einstein, in *Collected Papers*（英訳）, vol. 2, 264.

（67） Joseph Sauter, "Comment j'ai appris à connaître Einstein," printed in Flückiger, *Albert Einstein in Bern*（1972）, 156 ; Fölsing, *Albert Einstein*（1997）, 155–56.

（68） アインシュタインからハビヒト宛，1905年5月，document 27, in *Collected Papers*（英訳）, vol. 5, 19–20, 引用部分は20.

（69） Einstein, "Conservation of Motion"［1906］in *Collected Papers*（英訳）, vol. 2, 200–206, とくに200.

（70） Cohn, "Elektrodynamik"（1904）.

（71） Einstein, "Relativity Principle"［1907］, document 47, in *Collected Papers*, vol. 2, 432–88, 引用部分は435 ; *Collected Papers*（英訳）, 252–311, 引用部分は254（英訳に手を加えた）；アインシュタインからシュタルク宛，1907年9月25日付，document 59, *Collected Papers*, vol. 5, 74–75. コーンの物理学については，Darrigol, *Electrodynamics*（2000）, 368, 382, 386–92を参照.

（72） Abraham, *Theorie der Elektrizität : Elektromagnetische Theorie der Strahlung*（Leipzig, 1905）, 366–79 ; Darrigol, *Electrodynamics*（2000）, 382に引用されたもの.

（73） Warwick, "Cambridge Mathematics"（1992, 1993）.

（74） Galison, "Minkowski"（1979）, 98, 112–13に挙げられたもの.

（75） Galison, "Minkowski"（1979）, 97.

（76） ミンコフスキー案の受容についての優れた解説が，Walter, "The non-Euclidean style"（1999）にある.

（77） Galison, "Minkowski"（1979）, 95に挙げられたもの〔『科学と方法』に所収〕.

（78） Einstein, "The Principle of Relativity and Its Consequences in Modern Physics"［1910］, document 2, *Collected Papers*（英訳）, vol. 3, 117–43, 引用部分は125.

（79） Einstein, "The Theory of Relativity"［1911］, document 17, *Collected Papers*（英訳）, vol. 3, 340–50, 引用部分は348, 350.

（80） 講演版の "The Theory of Relativity" に続く，"Discussion," document 18, *Collected Papers*（英訳）, vol. 3, 351–58, 引用部分は351–52.

（81） 講演版の "The Theory of Relativity" に続く，"Discussion," document 18, *Collected Papers*（英訳）, vol. 3, 351–58, 応答の引用部分は356–58 ; *Collected Papers*, vol. 3, 448–49にある，元の論文に対する註も参照．Poincaré, *La Science*（1905）, 引用部分は165.

（82） Laue, *Relativitätsprinzip*（1913）, 34.

（83） Planck, *Eight Lectures*（1998）, 120 ; 英訳は，Walter, "Minkowski"（1999）, 106に従って手を加えた．プランクの言葉とアインシュタインの職については，Illy, "Albert Einstein," 76を参照.

（84） Einstein, "On the Principle of Relativity"［1914］, document l, *Collected Papers*, vol. 6, 3–5, 引用部分は4 ; *Collected Papers*（英訳）, vol. 6, 4.

（85） Cohn, "Physikalisches"（1913）, 10 ; Einstein, "On the Principle of Relativity"［1914］,

document 1, *Collected Papers*（英訳）, vol. 6, 4.

(86) もっと正確に言えば，この単純な三角形は，二つの座標軸で測定された時間どうしの量的関係を示している．Δt を，光が距離 h を進むのにかかる時間とする（つまり，$h=c\Delta t$）．光時計は右へ速さ v で動いていて，光のパルスによる斜めの経路は，距離 D を時間 $\Delta t'$ で進むとする（つまり $D=c\Delta t'$）．光線が天井の鏡に届く時間 $\Delta t'$ 後には，その光線が発射された地点は右へ b だけ動いている．b は時計の速さに時間 $\Delta t'$ をかけたもの，つまり $b=v\Delta t'$ とならざるをえない．こうしてできる辺から，直角三角形が得られる（図 5.12b）．三平方の定理を適用すると，$D^2=b^2+h^2$ で，D，b，h の値を代入すると，$(c\Delta t')^2=(v\Delta t')^2+(c\Delta t)^2$ となる．両辺から $(v\Delta t')^2$ を引いて整理すると，$\Delta t'/\Delta t=1/\sqrt{1-v^2/c^2}$ が得られる．これこそが重大な結果だ．これが言っているのは，静止した座標軸で静止している時計の刻み（ここでは光は距離 h を進む）は，静止した観測者には，時計が速さ v で動いていると，もっと長い時間（$\Delta t'$）がかかるということだ．$v/c=4/5$ とすると，この比は 5/3 となる．つまり，光速の 4/5 で進む時計は，静止した時計からは，5/3 倍遅く〔「時間」がかかって〕進むように見える．もちろん，「静止している」とか「運動している」というのは，アインシュタインによれば，とことん相対的である．

(87) Howeth, *History*（1963）. 無線時刻合わせについては，たとえば，Roussel, *Premier Livre*（1922），とくに 150–52 を参照．Boulanger and Ferrié, *La Télégraphie*（1909）は，エッフェル塔無線局を 1903 年からとしている．Ferrié, “Sur quelques nouvelles applications de la Télégraphie”（1911），とくに 178 は，無線による時刻の整合のための計画は，無線についての作業開始のときに始まったことを示している．Rothé, *Les Applications de la Télégraphie*（1913）は，無線通信による時間の整合手順について詳細を述べている．

(88) Max Reithoffer and Franz Morawetz, “Einrichtung zur Fernbetätigung von elektrischen Uhren mittels elektrischer Wellen,” スイス特許 37912，1906 年 8 月 20 日提出．

(89) Depelley, *Les Cables sous-marins*（1896）, 20.

(90) Poincaré, “Notice sur la télégraphie sans fil”［1902］.

(91) Amoudy, *Le Général Ferrié*（1993）, 83–95.

(92) Conférence Internationale de l’heure, in *Annales du Bureau des Longitudes* 9, D17.

(93) Commission Technique Interministérielle de Télégraphe sans Fil, 1909 年 3 月 8 日第 7 回会合, MS 1060, II Fl, Archives of the Paris Observatory.

(94) Poincaré, “La Mécanique nouvelle”（1910）, 4, 51, 53–54.

(95) （承認）公教育芸術大臣からパリ天文台長宛，1909 年 7 月 17 日．（会議詳細）Commission Technique Interministérielle de Télégraphe sans Fil, 1909 年 6 月 26 日第 10 回会合. いずれの資料も，MS 1060, II Fl, Archives of the Paris Observatory.

(96) Poincaré, “La Mécanique Nouvelle”［1909］, 9. 原稿の写しの日付は 1909 年 7 月 24 日（Archives de l’Académie des Sciences）.

(97) Poincaré, “La Mécanique Nouvelle,” 1909 年 8 月 3 日火曜日.

(98) Amoudry, *Général Ferrié*（1993）, 109；また，*Comptes rendus de l’Académie des Sciences report* 31 January［1910］を参照.

(99) *Scientific Ameican* 109, 13 December 1913, 155；また，Joan Marie Mathys も参照（未公刊の修士論文，“The Right Place at the Right Time,” Marquette University, 30 September 1991）.

(100) Lallemand, "Projet d'organisation d'un service international de l'heure" (1912), エッフェル塔=アーリントン間の信号のやりとりについては，たとえば，Amoudry, *Général Ferrié* (1993), 117 ; Joan Marie Mathys（未公刊の修士論文，1991）; *Scientific American* 109, 13 December 1917, 115.

(101) Howse, *Greenwich* (1980), 155.

(102) 第11回および第13回の省庁間会合を参照．Commission Technique Interministérielle de Télégraphe sans Fil, 1911年3月21日および11月21日，MS 1060, II Fl, Archives of the Paris Observatory.

(103) Léon Bloch, *Le Principe de la relativité* (1922), 15–16. ドミニク・ペストルは，ブロック（とその兄）のことを，20世紀初頭の新しい物理学を肯定的に見た教科書を書いた物理学者で，具体から抽象への漸進的一般化を使って書くのが特徴だった（実験志向の同僚には魅力だったにちがいない），当時のフランスでは珍しい存在と規定している．Pestre, *Physique et Physiciens* (1984), 18, 56, 117 を参照．

(104) Bureau des Longitudes, *Réception des signaux horaires : Renseignements météorologiques, séismologiques, etc., transmis par les postes de télégraphie sans fil de la Tour Eiffel*, Lyon, Bordeaux, etc. (Bureau des Longitudes, Paris, 1924), 83–84.

(105) 修正は数多くの種類があり，衛星の運動の影響，衛星軌道の高さで重力場が弱くなる影響，地球の回転運動の影響などがある．ドップラー偏移の相対論的成分は，$v^2/2c^2$ で，これは衛星の速さにとっては，1日あたり100万分の7秒ほどに当たる．光速は衛星の速さよりもずっと大きいので，一般相対性理論の大部分は考慮に入れなくてもよいが，一般相対性理論の一部である等価性原理の部分は無視できない（等価性原理は，自由落下する箱の物理学と重力場がないときの箱の物理学は区別できないことを言う）．もっと厳密に分析すると，（とりわけ）衛星の軌道がいつも同じ重力場にあるわけではないこと，地上の観測者が地上を動いている場合があること，地球の重力場は地表のどこでも同じというわけではないこと，太陽の重力場の影響が地上の時計と衛星の時計とでは異なること，光の見かけの速さは地球の重力場で変化することも計算に入れることになる．

(106) Neil Ashby, "General Relativity in the Global Positioning System," www.phys.lsu.edu/mog/mog9/node9.html（2002年6月28日閲覧）.

(107) 活動家の行動の時系列は，www.plowshares.se/aktioner/plowcron5.htm（2002年2月19日閲覧〔翻訳時点では，www.plowshares.se/aktioner/plowcronology91-97.shtml にある〕）; また，*Los Angeles Times*, 1992年3月12日, "Men Arrested in Space Satellite Hacking Called Peace Activists," Metro part B, 12 も参照．

(108) Taylor, "Propaganda by Deed" (n. d.), 5, in "Greenwich Park Bomb file," Cambridge University archives. Serge F. Kovaleski, "1907 Conrad Novel May Have Inspired Unabomb Suspect," *Washington Post*, 1996年7月9日, A1.

(109) このことは何度も指摘されている．Infeld, *Albert Einstein* (1950), 23 ; Holton, *Thematic Origins* (1973); Miller, *Einstein's Relativity* (1981), 同, "The Special Relativity Theory" (1982), 3–26. アインシュタインは本文中で（脚注ではなく）「ローレンツの理論」を挙げている．

(110) Myers, "From Discovery to Invention" (1995), 77.

(111) 特許審査官は，法によって，独創性を求めるよう教示された．スイスでは，その新しさの追求は，特異な意味を持っていた．「発見が，スイスでの登録の時点で，技術的に熟達した者による開発がすでに可能なほどによく知られているなら，新しいうちには入らない」．隣国との対比は注目に値するだろう．フランスでは，独創性がないために却下するかどうかは，先行する成果に与えられる「公知性《パブリシティ》」に基づく．ドイツでは，同様の却下が行なえるのは，発明がこの一世紀の公式発表で伝えられているか，その使い方がよく知られていて，他の専門技術者にも十分使えると見られる場合だった．19 世紀末の特許便覧によれば，スイスの規則はフランス寄りだった．スイスでは独創性は，外国の無名の刊行物中に眠っているものかどうかとは無関係に，スイスで実際に知られていないということだった．

(112) Schanze, *Patentrecht* (1901), 33.

(113) 同前，33-34.

(114) Einstein, "The World as I See It," 同, *Ideas and Opinions* (1954) 所収, 10〔「私の世界観」〕.

第 6 章 時間の位置

(1) Einstein, "On the Relativity Principle and the Conclusions Drawn From It," [1907], document 47, *Collected Papers*, vol. 2, 432-88 ; *Collected Papers* (英訳), vol. 2, 252-55.

(2) アインシュタインは，1906 年の $E=mc^2$ を導いたエネルギーの慣性については，確かにポアンカレを引用している（"The Principle of Conservation of Motion of the Center of Gravity" [1906], document 35, *Collected Papers* (英訳), vol. 2, 200-206 ; その後，"On the Inertia of energy" [1907], document 45, *Collected Papers* (英訳), vol. 2, 238-50)．アインシュタインは，再びエネルギーの慣性について書いたときは，ポアンカレをまた省略した．

(3) Poincaré, "La Mécanique Nouvelle" [1909], 9. 原稿の写しの日付は 1909 年 7 月 24 日 (Archives de l'Académie des Sciences).

(4) Faguet, *Après l'École* (1927), 41.

(5) Einstein, "On the Development of our Views Concerning the Nature and Constitution of Radiation," document 60, *Collected Papers* (英訳), vol. 2, 379.

(6) "Discours du Duc M. de Broglie" in Poincaré, *Livre du centenaire* (1935), 71-78, 引用部分は 76.

(7) Langevin and de Broglie, *Théorie du rayonnement* (1912), 451 にある，ポアンカレの総括.

(8) この引用は *Collected Papers* の英訳を訳し直し，二次資料に紛れ込んだように見える余分な付け足しを直している．*gegen die Relativitätstheorie* という文言は，原典には見えない．アインシュタインからハインリヒ・ツァンガー宛，1911 年 11 月 15 日付，item 305, *Collected Papers*, vol. 5, 249-50.

(9) ポアンカレからワイス宛，Poincaré Papers の編者は日付を 1911 年 11 月頃としている．*Poincaré et les Physiciens*, Henri Poincaré Archive Zürich にある未公刊の書簡.

(10) Darboux, "Eloge historique" [1913], lxvii.

(11) Poincaré, "Space and Time" (1963), 18, 23.

(12) 同前，24.

(13) Poincaré, "Moral Alliance," *Last Essays* (1963), 114-17, 引用部分は 114, 117 ; ポアンカレの

最晩年については，Darboux, “Éloge”（1916）．ポアンカレの政治への関与については，Laurent Rollet, *Henri Poincaré. Des Mathématiques à la Philosophie. Étude du parcours intellectuel, social et politique d'un mathématicien au début du siècle*, 未公刊の博士論文，University of Nancy 2,1999, とくに 283–84 に優れた解説がある．

（14）“Discours du Prince Louis de Broglie”（1955）, 66.

（15）Poincaré, *Foundations of Science*（1982）, 352（英訳は少し手を加えた）．〔邦訳は『科学の価値』の部分〕．

（16）同前，232.

（17）Sherman, *Telling Time*（1996）．

（18）“Lettre de M. Pierre Boutroux à M. Mittag-Leffler”［1913 年 6 月 8 日］, in Poincaré, *Oeuvres*, vol. 11（1956）, 150.

（19）どちらの引用も，Einstein, *Ideas and Opinions*（1954）, 274 を参照〔「理論物理学の方法」〕．

（20）科学の宗教的な精神についてのアインシュタインの考え方は，*Mein Weltbild*［1934］による．同，*Ideas and Opinions*（1954）, 40 に再録されたもの〔「私の世界観」〕．

（21）Editors' Introduction to vol. 2, Einstein, *Collected Papers*, xxv–xxvi にある，編者による序文．

（22）アインシュタインからシュリック宛，1917 年 5 月 21 日付，*Collected Papers*（英訳）, vol. 8, 333. また，Holton は，*Thematic Origins*（1973）で，アインシュタインの形而上学での力点は，時間とともに変化したと論じている．

（23）Favarger, *L'Électricité*（1924）, 10.

（24）同前，11.

（25）アインシュタインの相対論を，ますます正確になる「非エーテル」的測定結果が蓄積した頂点とする表し方は多い．アインシュタインによる表し方を，初期のエーテル・電子理論の変種にすぎないとする試みでたぶん最も学術的な試みは，Edmund Whittaker, *History of the Theories of Aether*（1987）, 40 に見ることができる．この本の「ポアンカレとローレンツの相対性理論」という章には，こんな見解がついている．「アインシュタインはポアンカレとローレンツの相対性理論をいくらか増補して前に進める論文を発表し，それが大いに注目された．アインシュタインは光速の一定性を根本原理とした……それは当時，広く受け入れられたが，後の著述家たちによって厳しく批判されてきた」．Holton, *Thematic Origins*（1973）のとくに第 5 章と，Miller, *Einstein's Relativity*（1981）を参照．

（26）Schaffer, “Late Victorian metrology”（1992）, 23–49 ; Wise, “Mediating Machines”（1988）; Galison, *Image and Logic*（1997）．

（27）アインシュタインからソロヴィーヌ宛，プリンストン発，1953 年 4 月 3 日付．Einstein, *Letters to Solovine*（1987）, 143 ; 英訳は修正した．

（28）アインシュタインから，ミケーレ・ベッソの息子，妹宛，1955 年 3 月 21 日付．*Albert Einstein Michele Besso Correspondance*（1972）, 537–39.

参考文献

〔邦訳の有無にかかわらず，本書での訳文は本書訳者による私訳〕

Abraham, M. 1905. *Theorie der Elektrizität : Elektromagnetische Theorie der Strahlung*, Vol II. Leipzig B. G. Teubner.

Alder, Ken. 2002. *The Measure of All Things*. New York : The Free Press.〔オールダー『万物の尺度を求めて』吉田三知世訳，早川書房（2006)〕

Allen, John S. 1951. *Standard Time in America, Why and How it Came about and the Part Taken by the Railroads and William Frederick Allen*. New York : National Railway Publication Company.

Allen, William F. 1883. *Report on the Subject of National Standard Time Made to the General and Southern Railway. Time Conventions*. New York : National Railway Publication Company.

Allen, William F. 1884. *History of the Adoption of Standard Time Read before the American Metrological Society on December 27th 1883, With other Papers Relating Thereto*. New York : American Metrological Society.

Ambronn, Friedrich A. L. 1889. *Handbuch der astronomischen Instrumentenkunde, Eine Beschreibung der bei astronomischen Beobachtungen benutzten Instrumente sowie Erläuterung der ihrem Bau, ihrer Anwendung und Aufstellung zu Grunde liegenden Principien*, Vol. I. Berlin : Verlag von Julius Springer.

Amoudry, Michel, 1993. *Le général Ferrié. La naissance des transmissions et de la radiodiffusion*. Préface de Marcel Bleustein-Blanchet. Grenoble : Presses universitaires de Grenoble.

Ampère, André-Marie. 1834. *Essai sur la philosophie des sciences. Ou exposition analytique d'une classification naturelle de toutes les connaissances humaines*. Paris : Bachelier.

Andersson, K. G. 1994. "Poincaré's Discovery of Homoclinic Points." In *Archive for History of Exact Sciences*, Vol. 48, pp. 133–47.

Andrade, Jules. 1898. *Leçons de mécanique physique*. Paris : Société d'éditions scientifiques.

Aubin, David. "The Fading Star of the Paris Observatory in the Nineteenth Century : Astronomers' Urban Culture of Circulation and Observation." In *Science and the City* (Osiris 18), eds. Sven Dierig, Jens Lachmund, and Andrew Mendelsohn (forthcoming).〔2003, University of Chicago Press〕

Baczko, Bronislaw. 1992. "Le Calendrier républicain." In *Les lieux de mémoire* [1984], Vol. 1, ed. Pierre Nora. Paris : Gallimard.

Barkan, Diana Kormos. 1993. "The First Solvay. The Witches' Sabbath : The First International Solvay Congress of Physics." In *Science in Context* 6, pp. 59–82.

Barkan, Diana Kormos. 1999. *Walther Nernst and the Transition to Modern Science*. Cambridge : Cambridge University Press.

Barnard, F. A. P. 1882. "A Uniform System of Time Reckoning." In *The Association for the Reform and Codification of the Law of Nations. The Committee on Standard Time. Views of the American Members of the Committee, As to the Resolutions Proposed at Cologne Recommending a Uniform*

System of Time Regulation for the World. New York : Moggowan & Slipper, pp. 3–4.

Barnard, F. A. P. 1884. "The Metrology of the Great Pyramid." In *Proceedings of the American Metrological Society* 4, pp. 117–219.

Barrow-Green, June. 1997. "Poincaré and the Three Body Problem." In *History of Mathematics* 11. Providence, RI : American Mathematical Society.

Barthes, Roland. 1972. *Mythologies*. Selected and Translated from the French by Annette Lavers. London : Paladin Grafton Books, reprinted 1989.

Bartky, Ian R. 1983. "The Invention of Railroad Time." In *Railroad History Bulletin* 148, pp. 13–27.

Bartky, Ian R. 1989. "The Adoption of Standard Time." In *Technology and Culture* 30 (1), pp. 25–57.

Bartky, Ian R. 2000. *Selling the True Time. Nineteenth-Century Timekeeping in America*. Stanford : Stanford University Press.

Bennett, Jim. 2002. "The Travels and Trials of Mr. Harrison's Timekeeper." In *Instruments, Travel, and Science*, eds. Marie-Noëllel Bourguet, Christian Licoppe, and H. Otto Sibum. New York : Routledge.

Bergson, Henri. 2001. *Time and Free Will*. New York : Dover. 〔ベルクソン『時間と自由』中村文郎訳，岩波文庫（2001）など〕

Bernardières, O. de. 1884, "Déterminations télégraphiques de différences de longitude dans l'Amérique du Sud." In *Comptes Rendus de l'Académie des Sciences* 98, pp. 882–90.

Berner, Albert. ca. 1912. *Initiation de l'horloger à l'électricité et à ses applications*. Préface de L. Reverchon. La Chaux-de-Fonds, Switzerland : "Inventions-Revue."

Bernstein, A. 1897. *Naturwissenschaftliche Volksbücher*. Berlin : Ferd. Dummlers Verlagsbuchhandlung.

Blaise, Clark. 2000. *Time Lord. Sir Sandford Fleming and the Creation of Standard Time*. London : Weidenfeld & Nicolson.

Bloch, Léon. 1922. *Principe de la relativité et la théorie d'Einstein*. Paris : Gauthier-Villars et Fils.

Bond, W. C. 1856. "Report to the Director" [4 December 1850]. In *Annals of the Astronomical Observatary of Harvard College* 1, pp. cxl–cl.

Boulanger, Julien A., and G. A. Ferrié. 1909. *La Télégraphie sans fil et les ondes électriques*. Paris : Berger-Levrault et Fils.

Breguet, Antoine. 1880–1881. "L'unification de l'heure dans les grandes villes." In *Le Génie civil. Revue générale des industries Françaises et étrangères* 1, pp. 9–11.

Broglie, Louis-Victor de. 1955. "Discours du Prince de Broglie." In *Le livre du centenaire*. Paris : Gauthier-Villars et Fils, pp. 62–71.

Broglie, Maurice de. 1955. "Discours du Duc Maurice de Broglie. Henri Poincaré et la Philosohie." In *Le Livre du centenaire*. Paris : Gauthier-Villars et Fils, pp. 71–78.

Bucholz, Arden. 1991. *Moltke, Schlieffen, and Prussian War Planning*. New York, Oxford : Berg.

Bucholz, Arden. 2001. *Moltke and the German Wars, 1864–1871*. New York : Palgrave.

Burnett, D. Graham. 2000. *Masters of All They Surveyed*. Chicago : The University of Chicago Press.

Burpee, Lawrence J., and Sandford Fleming. 1915. *Empire Builder*. Oxford : Oxford University Press.

Cahan, David. 1989. *An Institute for an Empire. The Physikalisch-Technische Reichsanstalt 1871–1918*.

Cambridge : Cambridge University Press.

Calaprice, Alice (ed.). 1996. *The Quotable Einstein.* (With a Foreword by Freeman Dyson.) Princeton, NJ : Princeton University Press. 〔カラプリス編『アインシュタインは語る』林一訳，大月書店（1997)〕

Calinon, A. 1885. “Étude critique sur la mécanique.” In *Bulletin de la Société de Sciences de Nancy* 7, pp. 76–80.

Calinon, A. 1897. *Étude sur les diverses grandeurs en mathématiques*. Paris : Gauthier-Villars et Fils.

Canales, Jimena. 2001. “Exit the Frog : Physiology and Experimental Psychology in Nineteenth-Century Astronomy.” In *British Journal for the History of Science* 34, pp. 173–97.

Canales, Jimena. 2002. “Photogenic Venus. The ‘Cinematographic Turn’ and its Alternatives in Nineteenth-Century France.” In *Isis* 93, pp. 585–613.

Cantor, G. N., and M. J. S. Hodge (eds.). 1981. *Conceptions of Ether*. Cambridge : Cambridge University Press.

Cassidy, David. 2001. *Uncertainty. The Life and Science of Werner Heisenberg*. New York : Freeman. 〔キャシディ『不確定性』伊藤憲二ほか訳，白揚社（1998)〕

Cassidy, David. 2001. “Understanding the History of Special Relativity.” In *Science and Society : The History of Modern Physical Science in the Twentieth Century Vol. 1 : Making Special Relativity*, eds. P. Galison, M. Gordon, and D. Kaiser. New York : Routledge, pp. 229–47.

Chapuis, Alfred. 1920. *Histoire de la Pendulerie Neuchâteloise (Horlogerie de Gros et de Moyen Volume)*. Avec la collaboration de Léon Montandon, Marius Fallet, et Alfred Buhler. (Préface de Paul Robert.) Paris, Neuchâtel : Attinger Frères.

Christie, K. C. B. 1906. *Telegraphic Determinations of Longitude (Royal Observatory Greenwich), Made in the Years 1888 to 1902*. Edinburgh : Neill & Co.

Cohen, I. Bernard, and Anne Whitman. 1999. *Isaac Newton, The Principia*. California : University of California Press. 〔『プリンキピア』の邦訳としては，ニュートン『プリンシピア』中野猿人訳，講談社（1977）がある〕

Cohn, Emil. 1904. “Zur Elektrodynamik bewegter Systeme.” In *Sitzung der physikalisch-mathematischen Classe der Akademie der Wissenschaften*, Vol. 10. pp. 1294–1303, 1404–16.

Cohn, Emil. 1913. *Physikalisches über Raum und Zeit*. Leipzig, Berlin : B. G. Teubner.

Comptes rendus des sciences de la Douzième conférence générale de l’association géodésique internationale, Réunie à Stuttgart du 3 au 12 Octobre 1898. Neuchâtel : Paul Attinger, 1899.

Comptes rendus de l’Association Géodésique Internationale, 25 Septembre–6 Octobre 1900 [4 October 1900]. Neuchâtel : Paul Attinger, 1901.

Conférence générale des poids et mesures. *Rapport sur la construction, les comparaisons et les autres opérations ayant servi à déterminer les équations des nouveaux prototypes métriques*. Présenté par le Comité International des Poids et Mesures. Paris : Gauthier-Villars et Fils, 1889.

“Conférence Internationale de l’heure.” In *Annales du Bureau des Longitudes* 9, p. D17.

Conrad, Joseph. 1953, *The Secret Agent, A Simple Tale*, Stuttgart : Tauchnitz. 〔コンラッド『密偵』土岐恒二訳，岩波文庫（1990）など〕

Cornu, M. A. 1894. “La synchronisation électromagnétique (Conférence faite devant la Société

internationale des électriciens le 24 janvier 1894, Paris).” In *Bulletin de la Société internationale des Électriciens* 11, pp. 157–220.

Cornu, M. A. 1897. “La Décimalisation de l’heure et de la circonférence,” In *L’Eclairage Électrique* 11, pp. 385–90.

Creet, Mario. 1990. “Sandford Fleming and Universal Time.” In *Scientia Canadensis* 14, pp. 66–90.

Darboux, Gaston. 1916. “Éloge historique d’ Henri Poincaré.” In Poincaré, *Oeuvres*, Vol. 2, pp. VII–LXXI.

Darrigol, Oliver. 2000. *Electrodynamics from Ampère to Einstein*. Oxford : Oxford University Press.

Daston, L. J. 1986. “The Physicalist Tradition in Early Nineteenth Century French Geometry.” In *Studies in History and Philosophy of Science* 17, pp. 269–95.

Davis, C. H., J. A. Norris, C. Laird. 1885. *Telegraphic Determination of Longitudes in Mexico and Central America and on the West Coast of South America*, Washington : U. S. Government Printing Office.

Débarbat, Suzanne. 1996. “An Unusual Use of an Astronomical Instrument : The Dreyfus Affair and the Paris ‘Macro-Micromètre’.” In *Journal for the History of Astronomy* 27, pp, 45–52.

Depelley, M. J. 1896. *Les cables sous-marins et la défense de nos colonies*. Paris : Léon Chailley.

Diacu, Florin, and Philip Homes. 1996. *Celestial Encounters. The Origins of Chaos and Stability*. Princeton, NJ : Princeton University Press.〔ディアク，ホームズ『天体力学のパイオニアたち』上下，吉田春夫訳，シュプリンガー・フェアラーク東京（2004)/丸善出版（2012)〕

Documents de la Conférence Télégraphique Internationale de Paris（May-June 1890), Bureau International des administrations Télégraphiques. Berne : Imprimérie Rieder & Simmer, 1891.

Documents diplomatiques de la conférence du mètre, Paris : Imprimérie nationale, 1875.

Dohrn-van Rossum, Gerhard. 1996. *History of the Hour. Clocks and Modern Temporal Orders*. Trans. by Thomas Dunlap. Chicago : University of Chicago Press.〔ドールン-ファン・ロッスム『時間の歴史』藤田幸一郎ほか訳，大月書店（1999)〕

Dowd, Charles F. 1930. *A Narrative of His Services in Originating and Promoting the System of Standard Time Which Has Been Used in the United States of America and in Canada since 1883*. Ed. Charles N, Dowd. New York : Knickerbocker Press.

Einstein, Albert.［1895］. “On the Investigation of the State of the Ether in a Magnetic Field,” 同, *Collected Papers*, Vol. 1（1987), pp. 6–9 のもの.

Einstein, Albert. 1905. “Elektrodynamik bewegter Körper.” In *Annalen der Physik* 17, pp. 891–921.〔アインシュタイン「運動している物体の電気力学について」中村誠太郎訳，『アインシュタイン選集』1，共立出版（1971）所収〕

Einstein, Albert.［1949］. “Autobiographical Notes.” In *Albert Einstein*, Vol. 1 ed. P. A. Schilpp. La Salle, IL : Open Court, 1969, 1992.

Einstein, Albert. 1954. *Ideas and Opinions*. Ed. Carl Seelig.（New translations and revisions by Sonia Bargmann.）New York : Bonanza Books.〔アインシュタイン「信条と意見」，井上健訳，『アインシュタイン選集』第 3 巻，共立出版（1972）所収〕

Einstein, Albert. 1960. *Einstein on Peace*. Eds. Otto Nathan and Heinz Norden.（Preface by Bertrand Russel.）New York : Avenel Books.〔アインシュタイン『アインシュタイン平和書簡』全 3

巻，金子敏男訳，みすず書房（1974-1977)〕

Einstein, Albert. 1982. “How I Created the Theory of Relativity.” In *Physics Today* 35, pp. 45-47. Retranslated by Ryoichi Itagaki for the Einstein, *Collected Papers* (forthcoming).〔石原純『アインシュタイン講演録』東京図書（1971/1991）に所収〕

Einstein, Albert. 1987-. *The Collected Papers of Albert Einstein*. Ed. John Stachel et al. Translation by Anna Beck. Princeton : Princeton University Press.

Einstein, Albert. 1993. *Letters to Solovine*. (With an Introduction by Maurice Solovine, 1987.) New York : Carol Publishing Group.

Einstein, Albert, and Michele Besso. 1972. *Correspondence 1903-1955*. Traduction, notes et introduction de P. Speziali. Paris : Hermann.

Ekeland, Ivar. 1988. *Mathematics and the Unexpected*. (With a Foreword by Felix E. Browder.) Chicago : The University of Chicago Press.

Faguet, E., P. Painlevé, E. Perrier, and H. Poincaré. 1927. *Après l'École. Ce que disent les livres. Ce que disent les choses*. Paris : Hachette.

Favarger, M. A. 1884. “L' Électricité et ses applications à la chronométrie,” In *Journal Suisse d'Horlogerie. Revue Horlogère Universelle* (6), pp. 153-58.

Favarger, M. A. 1902. “Sur la distribution de l'heure civile.” In *Comptes rendus des travaux, procès-verbaux, rapports et mémoires*. Paris : Gauthier-Villars et Fils, pp. 198-203.

Favarger, M. A. 1920. “Les horloges électriques.” In *Histoire de la Pendulerie Neuchâteloise*, ed. Alfred Chapuis. Paris : Attinger, pp. 399-420.

Favarger, M. A. 1924. *L'Électricité et ses applications à la chronométrie*. Neuchâtel : Édition du journal suisse d'horlogerie et de bijouterie.

Ferrié, A. G. 1911. “Sur quelques nouvelles applications de la télégraphie sans fil.” In *Journal de Physique* 5, pp. 178-89.

Fleming, Sandford. 1876. *Terrestrial Time. A Memoir*. London : Edwin S. Boot. (Reprinted by the Canadian Institute for Historical Microreproductions, 1980).

Fleming, Sandford. 1879. “Longitude and Time-Reckoning.” In *Papers on Time-Reckoning. From the Proceedings of the Canadian Institute, Toronto*, Vol. 1 (4), pp. 52-63.

Fleming, Sandford. 1891. “General von Moltke on Time Reform.” In *Documents Relating to the Fixing of a Standard of Time and the Legalization Thereof*. Printed by Order of Canadian Parliament, Session 1891 (8). Ottawa : Brown Chamberlin, pp. 25-27.

Flückiger, Max. 1974. *Albert Einstein in Bern. Das Ringen um ein neues Weltbild. Eine dokumentarische Darstellung über den Aufstieg eines Genies*. Bern : Paul Haupt.〔フリュキガー『青春のアインシュタイン』金子務訳，東京図書（1978/1991)〕

Fölsing, Albrecht. 1997. *Albert Einstein. A Biography*. Trans. Ewald Osers, 1993. New York ; Penguin Books.

French, A. P. 1968. *Special Relativity*. Cambridge, MA : MIT Press.〔フレンチ『特殊相対性理論』平松惇監訳，培風館（1991)〕

Frenkel, W. J., and B. E. Yavelov. 1990. *Einstein : Invention and Experiment* (Russian). Moscow : Nauka.

Furet, François, and Mona Ozouf. 1992. *Dictionnaire critique de la Révolution Française. Institutions et créations*. Paris : Flammarion.〔フュレ，オズーフ『フランス革命事典4　制度』河野健二ほか監訳，みすずライブラリー（1999)〕

Galison, Peter. 1979. “Minkowski's Space-Time : From Visual Thinking to the Absolute World.” In *Historical Studies in the Physical Sciences* 10, pp. 85–121.

Galison, Peter. 1987. *How Experiments End*. Chicago : The University of Chicago Press.

Galison, Peter. 1997. *Image and Logic. A Material Culture of Microphysics*. Chicago : The University of Chicago Press.

Galison, Peter, Michael Gordin, and David Kaiser, eds. 2001. *Science and Society : The History of Modern Physical Science in the Twentieth Century, Volume 7 : Making Special Relativity*. New York : Routledge.

Giedymin, Jerzy. 1982. *Science and Convention. Essays on Henri Poincaré's Philosophy of Science and the Conventionalist Tradition*. Oxford : Pergamon Press.

Gilain, Christian. 1991. “La théorie qualitative de Poincaré et le problème de l'intégration des équations différentielles.” In *La France Mathématique*, ed. H. Gispert (Cahiers d'histoire et de philosophie de sciences 34). Paris : Centre de documentation sciences humaines, pp. 215–42.

Gray, Jeremy. 1997 . “Poincaré, Topological Dynamics, and the Stability of the Solar System.” In *The Investigation of Difficult Things*, eds. P. M. Harman and Alan E. Shapiro. Cambridge : Cambridge University Press, pp. 503–24.

Gray, Jeremy. 1997. “Poincaré in the Archives—Two Examples.” In *Philosophia Scientiae* 2, pp. 27–39.

Gray, Jeremy (ed.). 1999. *The Symbolic Universe*. Oxford : Oxford University Press.

Green, Francis M. 1877. *Report on the Telegraphic Determination of Differences of Longitude in the West Indies and Central America*. Washington : U. S. Government Printing Office.

Green, F. M., C. H. Davis, and I. A. Norris. 1880. *Telegraphic Determination of Longitudes of the East Coast of South America*. Washington : U. S. Government Printing Office.

Grünbaum, Adolf. 1968. “Carnap's Views on the Foundations of Geometry.” In Arthur P. Schilpp, *The Philosophy of Rudolf Carnap*, pp. 599–684.

Grünbaum, Adolf. 1968. *Geometry and Chronometry*. In *Philosophical Perspective*. Minneapolis : University of Minnesota Press.

Guillaume, C. E. 1890. “Travaux du Bureau International des Poids et Mesures.” In *La Nature*, Ser. 1, pp. 19–22.

Harman, P. M. and Alan E. Shapiro. 1992. *The Investigation of Difficult Things. Essays on Newton and the History of the Exact Sciences in Honour of D. T. Whiteside*. Cambridge : Cambridge University Press.

Hayles, Katherine N. (ed.). 1991. *Chaos and Order, Complex Dynamics in Literature and Science*. Chicago : The University of Chicago Press.

Headrick, Daniel R. 1988. *The Tentacles of Progress. Technology Transfer in the Age of Imperialism, 1850–1940*. New York, Oxford : Oxford University Press.

Heilbron, J. L. (1996). *The Dilemmas of an Upright Man. Max Planck and the Fortunes of German Science*. Cambridge, MA : Harvard University Press. (With a new Afterword, 2000.)〔ハイルブロ

ン『マックス・プランクの生涯』村岡晋一訳，法政大学出版局（2000）〕

Heinzmann, Gerhard. 2001. “The Foundations of Geometry and the Concept of Motion : Helmholtz and Poincaré.” In *Science in Context* 14, pp. 457–70.

“Historical Account of the Astronomical Observatory of Harvard College. From October 1855 to October 1876.” In *Annals of the Astronomical Observatory of Harvard* 8 (1877), pp. 10–65.

Holton, Gerald. 1973. *Thematic Origins of Scientific Thought. Kepler to Einstein*. Cambridge, MA : Harvard University Press, revised 1988.

Howard, Michael. 1961. *The Franco-Prussian War. The German Invasion of France, 1870–1871*. London, New York : Routledge, 1979.

Howeth, L. S. 1963. *History of Communications-Electronics in the United States Navy*. (With an Introduction by Chester W. Nimitz.) Washington : U. S. Government Printing Office.

Howse, Derek. 1980. *Greenwich Time and the Discovery of the Longitude*. Oxford : Oxford University Press. 〔ハウス『グリニッジ・タイム』橋爪若子訳，東洋書林（2007）〕

Hughes, Thomas. 1993. “Einstein, Inventors, and Invention.” In *Science in Context* 6, pp. 25–42.

Illy, J. 1979. “Albert Einstein in Prague.” In *Isis* 70, pp. 76–84.

Infeld, Leopold. 1950. *Albert Einstein. His Work and Its Influence on our World*. New York : Charles Scribner’s Sons, revised edition. 〔インフェルト『アインシュタインの世界』武谷三男ほか訳，講談社ブルーバックス（1975）〕

International Conference Held at Washington. For the Purpose of Fixing a Prime Meridian and a Universal Day. Washington : Gibson Bros., 1884.

Janssen, M. J. 1885. “Sur le congrès de Washington et sur les propositions qui y ont été adoptées touchant le premier Méridien, l’heure universelle et l’extension du système décimal à la mesure des angles et à celle du temps.” In *Comptes rendus de l’Académie des Sciences* 100, pp. 706–29.

Jones, Z., and L. G, Boyd. 1971. *The Harvard College Observatory : The First Four Directorships 1839–1919*. Cambridge, MA : Belknap Press.

Kahlert, Helmut. 1989. *Matthäus Hipp in Reutlingen. Entwicklungsjahre eines großen Erfinders (1813–1893). Sonderdruck aus : Zeitschrift für Würtembergische Landesgeschichte 48. Hg. von der Kommission für geschichtliche Landeskunde in Baden-Württemberg und dem Württembergischen Geschichts- und Altertumsverein*. Stuttgart : Kohlhammer.

Kern, Stephen. 1983. *The Culture of Time and Space 1880–1918*. Cambridge, MA : Harvard University Press. 〔カーン『時間と空間の文化』上下，浅野敏夫ほか訳，法政大学出版局（1993）〕

Kropotkin, P. 1899. *Memoirs of a Revolutionist*. Boston, New York : The Riverside Press. 〔クロポトキン『ある革命家の思い出』上下，高杉一郎訳，平凡社（2011）〕

La Grye, Bouquet de, and C. Pujazon. 1897. “Différences de Longitudes entre San Fernando, Santa Cruz de Tenerife, Saint-Louis et Dakar.” In *Annales du Bureau des Longitudes* 18.

La Porte, F. 1887. “Détermination de la longitude d’Haiphong (Tonkin) par le télégraphe” [29 August 1887]. In *Comptes rendus de l’Académie des Sciences* 105, pp. 404–6.

Lallemand, C. M. 1897. *L’unification internationale des heures et le système des fuseaux horaires*. Paris : Bureaux de la revue scientifique.

Lallemand, C. M. 1912. “Projet d’organisation d’un service international de l’heure.” In *Annales du*

Bureau des Longitudes 9, pp. D261–D268.

Landes, David S. 1983. *Revolution in Time. Clocks and the Making of the Modern World.* London : Cambridge, MA : Belknap Press (Harvard University Press).

Laue, M. 1913. *Das Relativitätsprinzip.* Braunschweig : Friedrich Vieweg & Sohn.

Le Livre du centenaire de la naissance de Henri Poincaré, 1851–1951. Paris : Gautlrier-Villars et Fils, 1959.

Loewy, M., F. Le Clerc, and O. de Bernardières. 1882. "Détermination des différences de longitude entre Paris-Berlin et entre Paris-Bonn." In *Annales du Bureau des Longitudes* 2.

Lorentz, H. A. 1904. "Electromagnetic Phenomena in a System Moving with Any Velocity Smaller Than That of Light." In *Proceedings of the Royal Academy of Amsterdam* 6, pp. 809–32.

Lorentz, H. A. 1937. "Versuch einer Theorie der electrischen und optischen Erscheinungen in bewegten Korpern." [1895]. In H. A. Lorentz, *Collected Papers*, Vol. 5. The Hague : Martinus Niihoff, pp. 1–139.

Mach, Ernst. [1893]. *The Science of Mechanics : A Critical and Historical Account of Its Development.* Trans. Thomas J. McCormack. New Introduction by Karl Menger. La Salle : The Open Court Publishing Company, 1960.〔マッハ『マッハ力学史』上下，岩野秀明訳，ちくま学芸文庫 (2006)〕

Merle, U. 1989. "Tempo ! Tempo ! Die Industrialisierung der Zeit im 19 jahrhundert." In *Uhrseiten. Die Geschichte der Uhr und ihres Gebrauches*, ed. Igor A. Jenzen. Marburg : Jonas Verlag.

Messerli, Jakob. 1995. *Gleichmässig, pünktlich, schnell. Zeiteinteilung und Zeitgebrauch in der Schweiz im 19. Jahrhundert.* Zürich : Chronos Verlag.

Mestral, Ayman de. 1960. *Mathius Hipp 1813–1893, Jean-Jacques Kohler 1860–1930, Eugene Faillettaz 1873–1943, Jean Landry 1875–1940.* (Pionniers suisses de l'économie et de la technique 5.) Zürich : Boillat.

Mill, John S. 1965. *A System of Logic. Ratiocinative and Inductive. Being a Connected View of the Principles of Evidence and the Methods of Scientific Investigation.* London : Spottiswoode, Ballantyne & Co.〔ミル『推理論』竹田加壽雄訳，白水社 (1950)〕

Miller, Arthur I. 1981. *Albert Einstein's Special Theory of Relativity. Emergence (1905) and Early Interpretation (1905–1911).* London : Addison-Wesley Publishing Company, Inc.

Miller, Arthur I. 1982. "The Special Relativity Theory : Einstein's Response to the Physics of 1905." In *Albert Einstein. Historical and Cultural Perspectives. The Centennial Symposium in Jerusalem*, eds. Gerald Holton and Yehuda Elkana. Princeton, NJ : Princeton University Press, pp. 3–26.

Miller, Arthur I. 1986. *Frontiers of Physics : 1900–1911. Selected Essays.* (With an Original Prologue and Postscript.) Basel : Birkheuser.

Miller, Arthur I. 2001. *Einstein, Picasso. Space, Time, and the Beauty That Causes Havoc.* New York : Basic Books.〔ミラー『アインシュタインとピカソ』松浦俊輔訳，TBS ブリタニカ (2002)〕

Moltke, Helmuth Graf von. 1892. "Dritte Berathung des Reichshaushaltsetats : Reichseisenbahnamt, Einheitszeit." 同, *Gesammelte Schriften und Denkwürdigkeiten des General-Feldmarschalls Grafen Helmuth von Moltke*, Vol. VII : Reden. Berlin : Ernst Siegfried Mittler und Sohn, pp. 38–43

のもの.
Moltke, Helmuth Graf von. [1891-1893]. *Gesammelte Schriften und Denkwürdigkeiten des General-Feldmarschalls Grafen Helmuth von Moltke*, 8 Vols. Berlin : Ernst Siegfried Mittler und Sohn.

Myers, Greg. 1995. "From Discovery to Invention : The Writing and Rewriting of Two Patents." In *Social Studies of Science* 25, pp. 57-105.

Newton, Isaac. 1952. *Newton's Philosophy of Nature. Selections from His Writings*. New York : Hafner.

Nordling, M. W. de. 1888. "L'unification des heures." In *Revue générale des chemins de fer*, pp. 193-211.

"Le Nouvel étalon du mètre." In *le Magasin Pittoresque* (1876), pp. 318-22.

Nye, Mary Jo. 1979. "The Boutroux Circle and Poincaré's Conventionalism." In *Journal of the History of Ideas* 40, pp. 107-20.

Olesko, Kathryn. 1991. *Physics as a Calling : Discipline and Practice in the Königsberg Seminar for Physics*. Ithaca, NY : Cornell University Press.

Ozouf, Mona. 1997. "Calendrier." In *Dictionnaire critique*, eds. F. Furet and M. Ozouf. Paris : Flammarion, pp. 91-105.

Pais, Abraham. 1982. *"Subtle is the Lord ..." The Science and the Life of Albert Einstein*. Oxford : Oxford University Press. 〔パイス『神は老獪にして…』金子務ほか訳，産業図書（1987)〕

Paty, Michel. 1997. *Einstein Philosophe*. Paris : Presses Universitaires de France.

Pearson, Karl. 1892. *The Grammar of Science*. (With an Introduction by Andrew Pyle.) Bristol : Thoemmes Antiquarian Books, reprinted 1991. 〔ピアスン『科学の文法』増訂第2版，安藤次郎訳，私家版（1982)〕

Pestre, Dominique. 1992. *Physique et physiciens en France 1918-1940*. Paris : Gordon and Breach Science Publishers S. A.

Pickering, Edward. 1877. *Annual Report of the Director of Harvard College Observatory*. Cambridge : John Wilson & Son.

Picon, Antoine. 1994. *La Formation polytechnicienne 1794-1994*. Paris : Dunod.

Planck, Max. 1998. *Eight Lectures on Theoretical Physics*. Trans. A. P. Wills. Mineola, NY : Dover Publications.

Poincaré, Henri. 1881. "Mémoire sur les courbes définies par une équation différentielle (première partie)." In *Journal de Mathématiques pures et appliquées*, Ser. 3, 7, pp. 375-422.

Poincaré, Henri. [1885]. "Sur les courbes définies par les équations différentielles," In *Oeuvres*, Vol. 1 (1928), pp. 9-161.

Poincaré, Henri. [1887]. "Sur les hypothèses fondamentales de la géométrie." In *Oeuvres*, Vol. 11 (1956), pp. 79-91.

Poincaré, Henri. [1890]. "Sur le problème des trois corps." In *Oeuvres*, Vol. 7 (1952), pp. 262-490.

Poincaré, Henri. 1894. *Les oscillations électriques, Leçons professées pendant le premier trimestre 1892-1893*. Paris : Georges Carré.

Poincaré, Henri. [1897]. "La décimalisation de l'heure et de la circonférence." In *Oeuvres*, Vol. 8 (1952), pp. 676-79.

Poincaré, Henri. 1897. "Rapport sur les résolutions de la commission chargée de l'étude des projets de

décimalisation du temps et de la circonférence." In *Commission de décimalisatian du temps et de la circonférence*, pp. 1-12.

Poincaré, Henri.［1898］"La logique et l'intuition dans la science mathématique et dans l'enseignement." In *Oeuvres*, Vol. 11 (1956), pp. 129-33.

Poincaré, Henri. 1900. "Rapport sur le projet de révision de l'arc meridien de Quito"［25 July 1900］. In *Comptes rendus de l'Académie des Sciences*, CXXXI, pp. 215-36. キト調査隊についてのその後の報告は，1907 年まで，同じ刊行物で毎年行なわれている．

Poincaré, Henri.［1900］. "La Dynamique de l'électron." In *Oeuvres*, Vol. 9 (1954), pp. 551-86.

Poincaré, Henri.［1900］. "La théorie de Lorentz et le principe de réaction." In *Oeuvres*, Vol. 9 (1954), pp. 464-93.

Poincaré, Henri.［1901］. *Électricité et optique. La lumière et les théories électrodynamiques*. Paris : Jacques Gabay, reprinted 1990.

Poincaré, Henri. 1902. "Notice sur la télégraphie sans fil." In *Oeuvres*, Vol. 10 (1954), pp. 604-22.

Poincaré, Henri.［1902］. *Science and Hypothesis*. With a Preface by J. Larmor. New York : Dover Publications, 1952.〔『科学と仮説』英語版〕

Poincaré, Henri. 1903. "Le Banquet du 11 Mai." In *Bulletin de l'Association*. Paris : L'Université de Paris, pp. 57-64.

Poincaré, Henri.［1904］. "Étude de la propagation du courant en période variable sur une ligne munie de récepteur." In *Oeuvres*, Vol. 10 (1954), pp. 445-86.

Poincaré, Henri. 1904. "The Present State and Future of Mathematical Physics" (orig. "L'État actuel et l'avenir de la physique mathématique"). In *Bulletin des Sciences Mathématiques* 28, pp. 302-24. (一部が，同，*Valeur de la Science*. Paris : Flammarion, pp. 123-47 に再録されている〔ポアンカレ『科学の価値』吉田洋一訳，岩波文庫（1977）など〕)

Poincaré, Henri. 1904. *Wissenschaft und Hypothese*. Deutsche Ausgabe mit erläuternden Anmerkungen von F. und L. Lindemann. Stuttgart : B. G. Teubner.〔『科学と仮説』ドイツ語版〕

Poincaré, Henri. 1905. *La science et l'hypothèse*. Paris : Flammarion.〔ポアンカレ『科学と仮説』河野伊三郎訳，岩波文庫（1938/1959）〕

Poincaré, Henri. 1909. "La mécanique nouvelle." In *La Mécanique nouvelle*. Paris : Jaques Gabay, 1989, pp. 1-17.

Poincaré, Henri, 1910. "Cornu." 同，*Savants et Ecivains*, pp. 103-24 のもの．

Poincaré, Henri. 1910. "La mécanique nouvelle." In *Sechs Vorträge über ausgewählte Gegenstände aus der reinen Mathematik und mathematischen Physik*. Leipzig, Berlin : B. G. Teubner, pp. 51-58 のもの．

Poincaré, Henri. 1910. "Les Polytechniciens." 同，*Savants et Écrivains*, pp. 265-79.

Poincaré, Henri. 1910. *Savants et Écrivains*. Paris : Flammarion.〔ポアンカレ『科学者と詩人』平林初之輔訳，岩波文庫（1928）〕

Poincaré, Henri. 1912. "General Conclusions." In *La théorie du rayonnement et les quanta. Rapports et discussions de la réunion tenue à Bruxelles, du 30 octobre au 3 novembre 1911*, eds. P. Langevin and M. de Broglie. Paris : Gauthier-Villars, pp. 451-54.

Poincaré, Henri. 1913. "Mathematical Creation." 同，*The Foundations of Science*, pp. 383-94 のもの．

〔この文章は，ポアンカレ「数学的創造」（『数学とはどんな学問か』遠山啓監訳，講談社ブルーバックス［1974］所収）〕

Poincaré, Henri. 1913. "The Measure of Time." 同，*The Foundations of Science*, pp. 223–34 のもの.

Poincaré, Henri. [1913]. "The Moral Alliance." 同，*Mathematics and Science : Last Essays*. Trans. J. W. Bolduc. New York : Dover Publications, 1963 のもの.

Poincaré, Henri. *Oeuvres*, Vol. 1 (1928)-Vol. 11 (1956), Paris : Gauthier-Villars.

Poincaré, Henri. 1952. "Rapport sur la proposition d'unification des jours astronomique et civil." In *Oeuvres*, Vol. 8, pp. 642–47.

Poincaré, Henri. 1953–54. "Les Limites de la loi de Newton." In *Bulletin Astronomique* 17, pp. 121–78, 181–269.

Poincaré, Henri. [1913]. "Space and Time." 同，*Mathematics and Science : Last Essays* (*Dernières pensées*). Trans. J. W. Bolduc. New York : Dover Publications, 1963, pp. 15–24 のもの.

Poincaré, Henri. 1970. "La mesure du temps." 同，*La valeur de la science*. Préface de Jules Vuillemin. Paris : Flammarion のもの.〔ポアンカレ「時間の測定」（『科学の価値』吉田洋一訳，岩波文庫［1977］などに所収〕

Poincaré, Henri. 1982. *The Foundations of Science* [1913]. Authorized trans. George Bruce Halsted (with a special Preface by Poincaré and an Introduction by Josiah Royce). Washington : University Press of America, Inc.

Poincaré, Henri. 1993. *New Methods of Celestial Mechanics*. (History of Modern Physics and Astronomy 13). Ed. Daniel L. Goroff. Boston : American Institute of Physics.〔ポアンカレ『常微分方程式』福原満州雄ほか訳，共立出版（1970）〕

Poincaré, Henri. 1997. *Trois suppléments sur la découverte des fonctions fuchsiennes. Three Supptementary Essays on the Discovery of Fuchsian Functions. Une édition critique des manuscrits avec une introduction. A Critical Edition of the Original Manuscripts with an Introductory Essay.* Ed. Jeremy J. Gray and Scott A. Walter, Berlin, Paris : Akademie-Verlag Berlin/Albert Blachard.

Poincaré, Henri. 1999. *La Correspondance entre Henri Poincaré et Gösta Mittag-Leffier, Avec en annexes les lettres échangées par Poincaré avec Fredholm, Gyldén et Phragmén*. Présentée et annotée par Philippe Nabonnand. Basel : Birkhäuser Verlag.

Poincaré, Henri, Jean Darboux, and Paul Appell. 1908. *Affaire Dreyfus, La Révision du Procès de Rennes, Enquête de la Chambre Criminelle de la Cour de Cassation*, Vol. 3. Paris : Ligue Française pour la défense des droits de l'homme et du citoyen, pp. 499–600.

Prescott, George B. [1866]. *History, Theory, and Practice of the Electric Telegraph*. Cambridge : Cambridge University Press, reprinted 1972.

Proceedings of the General Time Convention, Chicago, October 11, 1883. New York : National Railway Publication Company, 1883.

Proceedings of the Southern Railway Time Convention, New York, October 17, 1883.

Pyenson, Lewis. 1985. *The Young Einstein. The Advent of Relativity*. Bristol, Boston : Adam Hilger.〔パイエンソン『若きアインシュタイン』板垣良一ほか訳，共立出版（1988）〕

Quine, Willard Van Orman. 1990. *Dear Carnap, Dear Van : The Quine-Carnap Correspondence and Related Work*. Ed. Richard Creath. Berkeley : University of California Press.

Rayet, G., and Lieutenant Salats. 1890. "Détermination de la longitude de l'observatoire de Bordeaux." In *Annales du Bureau des Longitudes* 4.

Renn, Jürgen, and Robert Schulmann (eds.). 1992. *Albert Einstein-Mileva Marić. The Love Letters.* Trans. Shawn Smith. Princeton, NJ : Princeton University Press. 〔レン，シュルマン編『アインシュタイン愛の手紙』大貫昌子訳，岩波書店（1993)〕

Renn, Jürgen. 1997. "Einstein's Controversy with Drude and the Origin of Statistical Mechanics : A New Glimpse from the 'Love Letters'." In *Archive for History of Exact Sciences* 51, pp, 315-54.

"Report to the Board of Visitors, Nov. 4, 1864." In *Astronomical Observations Made at the Royal Observatory in Edinburgh* 13 (1871), pp. Rl2-R20.

"Report of the Committee on Standard Time" [May 1882-Dec. 1882]. In *Proceedings of the American Metrological Society* 3 (1883), pp. 27-30.

"Report of the Committee on Standard Time, May 1879" [Dec. 1878-Dec. 1879]. In *Proceedings of the American Metrological Society* 2 (1882), pp. 17-44.

"Report of the Director to the Visiting Committee of the Observatory of Harvard University." In *Annals of Astronomical Observatory of Harvard College*, Vol. 1. *Report of the Superintendent of the Coast Survey, Showing the Progress of the Survey During the Year 1860* (resp. 1861, 63, 64, 65, 67, 70, 74). Washington : U. S. Government Printing Office, 1861 (resp. 1862, 64, 66, 67, 69, 73, 77).

Rothé, Edmond. 1913. *Les applications de la Télégraphie sans fil : Traité pratique pour la réception des signaux horaires.* Paris : Berger-Levrault.

Roussel, Joseph. 1922. *Le premier livre de l'amateur de T. S. F.* Paris : Vuibert.

Roy, Maurice, and René Dugas. 1954. "Henri Poincaré, Ingénieur des Mines." In *Annales des Mines* 193, pp. 8-23.

Rynasiewicz, Robert. 1995. "By Their Properties, Causes and Effects : Newton's Scholium on Time, Space, Place and Motion, Part I : The Text." In *Studies in History and Philosophy of Science* 26, pp. 133-53 ; "Part II : The Context," pp. 295-321.

Sarrauton, Henri de. 1897. *L'heure décimale et la division de la circonférence.* Paris : E. Bernard.

Schaffer, Simon. 1992. "Late Victorian Metrology and Its Instrumentation : A Manufactory of Ohms." In *Invisible Connections. Instruments, Institutions, and Science*, eds. Robert Bud and Susan E. Cozzens. Washington : Spie Optical Engineering Press, pp. 23-56.

Schaffer, Simon. 1997. "Metrology, Metrication and Victorian Values." In *Victorian Science in Context*, ed. Bernard Lightman. Chicago : The University of Chicago Press, pp. 438-74.

Schanze, Oscar. 1903. *Das schweizerische Patentrecht und die zwischen dem Deutschen Reiche und der Schweiz geltenden patentrechtlichen Sonderbestimmungen.* Leipzig : Harry Buschmann.

Schiavon, Martina. n.d. "Savants officiers du Dépôt général de la Guerre (puis Service Géographique de l'Armée). Deux missions scientifiques de mesure d'arc de méridien de Quito (1901-1906)." In *Revue Scientifique et Technique de la Défense*, forthcoming. 〔"Les officiers géodésiens du Service géographique de l'armée et la mesure de l'arc de méridien de Quito (1901-1906)." in *Histoire & Mesure*, XXI-2, 2006, 55-94 として発表された〕

Schilpp, Arthur Paul (ed.). 1963. *The Philosophy of Rudolf Carnap.* (The Library of Living. Philosophers, Vol. XI.) London : Cambridge University Press.

Schilpp, Arthur Paul. 1970. *Albert Einstein : Philosopher-Scientist*, two Vols. La Salle : Open Court.

Schlick, Moritz. 1987. "Meaning and Verification." 同, *Problems of Philosophy*. (Vienna Circle Collection 18), ch. 14, pp. 127–73 のもの.

Schlick, Moritz. 1987. *The Problems of Philosophy in Their Interconnection ; Winter Semester Lectures, 1933–34*. Eds. Henk L. Mulder, A. J. Kox, and Rainer Hegselmann. Boston : D. Reidel Publishing Company.

Schmidgen, Henning. n.d. "Time and Noise : On the Stable Surroundings of Reaction Experiments (1860–1890)", forthcoming. 〔in *Studies in History and Philosophy of Science* Part C 34 (2): 237–275 (2003)〕

Seelig, Carl (ed.). 1956. *Helle Zeit—Dunkle Zeit, Jugend-Freundschaft-Welt der Atome. In Memoriam Alberr Einstein*. Zürich : Europa Verlag.

Septième conférence géodésique internationale. Rome : Imprimérie Royale D. Ripamonti, 1883.

Shaw, Robert B. 1978. *A History of Railroad Accidents. Safety, Precautions, and Operating Practices*. Binghamton, NY : Vail-Ballou Press.

Sherman, Stuart. 1996. *Telling Time. Clocks, Diaries, and English Diurnal Form, 1660–1785*. London, Chicago : The University of Chicago Press.

Shinn, Terry. 1980. *Savoir scientifique et pouvoir social. L'École Polytechnique*. Préface de François Furet. Paris : Presses de la Fondation Nationale des Sciences Politiques.

Shinn, Terry. 1989. "Progress and Paradoxes in French Science and Technology 1900–1930." In *Social Science Informatian* 28, pp. 659–83.

Smith, Crosbie, and M. Norton Wise. 1989. *Energy and Empire : A Biographical Study of Lord Kelvin*. Cambridge : Cambridge University Press.

Sobel, Dava. 1995. *Longitude, The True Story of a Lone Genius Who Solved the Greatest Scientific Problem of His Time*. New York : Walker and Company. 〔ソーベル『経度への挑戦』藤井留美訳，角川文庫 (2010)〕

Staley, Richard. 2002. "Travelling Light." In *Instruments, Travel and Science*, eds. Marie-Noëlle Bourguet, Christian Licoppe, and H. Otto Sibum. New York : Routledge.

Stephens, Carlene E. 1987. "Partners in Time : William Bond & Son of Boston and the Harvard College Observatory." In *Harvard Library Bulletin* 35, pp. 351–84.

Stephens, Carlene E. 1989. "'The Most Reliable Time': William Bond, the New England Railroads, and Time Awareness in the 19th-Century America." In *Technolagy and Culture* 30, pp. 1–24.

Taylor, Edwin, and John Wheeler. 1966. *Spacetime Physics*. New York : W. H. Freeman. 〔テイラー，ホイーラー『時空の物理学』曽我見郁夫ほか訳，現代数学社 (1981)〕

Urner, Klaus. 1980. "Vom Polytechnikum zur Eidgenössischen Technischen Hochschule : Die ersten hundert Jahre 1855–1955 im Ueberblick." In *Eidgenössische Technische Hochschule Zürich. Festschrift zum 125jährigen Bestehen (1955–1980)*. Zürich : Verlag Neue Zürcher Zeitung, pp. 17–59.

Walter, Scott. 1999. "The non-Euclidean Style of Minkowskian Relativity." In *The Symbolic Universe*, ed. Jeremy Gray. Oxford : Oxford University Press.

Warwick, Andrew. 1991/1992. "On the Role of the FitzGerald-Lorentz Contraction Hypothesis in the

Development of Joseph Larmor's Electronic Theory of Matter." In *Archive for History of Exact Sciences* 43, pp. 29–91.

Warwick, Andrew. 1992/1993. "Cambridge Mathematics and Cavendish Physics : Cunningham, Campbell and Einstein's Relativity 1905–1911. Part I : The Uses of Theory." In *Studies in History and Philosophy of Science* 23, pp. 625–56 ; "Part II : Comparing Traditions in Cambridge Physics." 同，24（1993）, pp. 1–25 のもの.

Weber, R., and L. Favre. 1897. "Matthäus Hipp, 1813–1893," In *Bulletin de la société des sciences naturelles de Neuchâtel* 24, pp. 1–30.

Welch, Kenneth F. 1972. *Time Measurement. An Introductory History*. Baskerville : Redwood Press Limited Trowbridge Wiltshire.

Whittaker, Edmund. 1953. *A History of the Theories of Aether and Electricity. Vol. II : The Modern Theories 1900–1926*. New York : Harper & Brothers, reprinted 1987.〔ホイッテーカー『エーテルと電気の歴史』上下，霜田光一ほか訳，講談社（1976）〕

Wise, Norton M. 1988. "Mediating Machines." In *Science in Context* 7, pp. 77–113.

Wise, Norton M.（ed.）. 1995. *The Values of Precision*. Princeton, NJ : Princeton University Press.

Wise, Norton M., and David C. Brock. 1998. "The Culture of Quantum Chaos." In *Studies in the History and Philosophy of Modern Physics* 29, pp. 369–89.